Evaluierung beispielhafter Geschäftsmodelle für das mobile Internet

Tim Eggers

Evaluierung beispielhafter Geschäftsmodelle für das mobile Internet

auf Basis von Marktbetrachtungen und technologischen Gegebenheiten

PETER LANG
Frankfurt am Main · Berlin · Bern · Bruxelles · New York · Oxford · Wien

Bibliografische Information Der Deutschen Bibliothek
Die Deutsche Bibliothek verzeichnet diese Publikation in der
Deutschen Nationalbibliografie; detaillierte bibliografische
Daten sind im Internet über <http://dnb.ddb.de> abrufbar.

Zugl.: Hamburg, Univ., Diss., 2004

D 18
ISBN 3-631-53999-1
© Peter Lang GmbH
Europäischer Verlag der Wissenschaften
Frankfurt am Main 2005
Alle Rechte vorbehalten.

Das Werk einschließlich aller seiner Teile ist urheberrechtlich
geschützt. Jede Verwertung außerhalb der engen Grenzen des
Urheberrechtsgesetzes ist ohne Zustimmung des Verlages
unzulässig und strafbar. Das gilt insbesondere für
Vervielfältigungen, Übersetzungen, Mikroverfilmungen und die
Einspeicherung und Verarbeitung in elektronischen Systemen.

www.peterlang.de

Inhaltsverzeichnis

Verzeichnis der Abbildungen: 11
Verzeichnis der Tabellen: 15
Verzeichnis der Abkürzungen: 17
1 Einleitung und Gang der Untersuchung 23
2 Definitionen und Abgrenzungen 29
   2.1 Betrachtete Märkte und Zielgruppen 29
   2.2 Geschäftsmodelle, Produkte und Anwendungen 29
   2.3 E-Commerce und M-Commerce 30
3 Technologien mobiler Netze 31
   3.1 Mobile Datenübertragungstechnologien 33
      3.1.1 Grundsätzliche Ausführungen zu Funkzellennetzen 33
         3.1.1.1 Datenübertragungstechnologien der Mobilfunknetze 35
         3.1.1.2 Global System for Mobile Communications - GSM -
         Mobilfunk der zweiten Generation 36
            3.1.1.2.1 CSD – Circuit Switched Data 38
            3.1.1.2.2 GPRS – General Packet Radio Service 39
            3.1.1.2.3 HSCSD – High Speed Circuit Switched Data 41
            3.1.1.2.4 EDGE - Enhanced Data Rates for GSM Evolution 42
      3.1.1.3 UMTS – Mobilfunk der dritten Generation 44
         3.1.1.3.1 W-CDMA 50
         3.1.1.3.2 CDMA2000 1XRTT und CDMA2000 1X EV-DO 50
      3.1.2 Mobile Datenübertragungstechnologien aus dem Umfeld der
      Computernetze 51
        3.1.2.1 Wi-Fi - Drahtlose Lokale Netzwerke – IEEE 802.11 52
           3.1.2.1.1 802.11a 55
           3.1.2.1.2 802.11b 57
           3.1.2.1.3 802.11d 62
           3.1.2.1.4 802.11e 62
           3.1.2.1.5 802.11f 64
           3.1.2.1.6 802.11g 64
           3.1.2.1.7 802.11h 66
           3.1.2.1.8 802.11i 66
      3.1.2.2 HomeRF 67
      3.1.2.3 High Performance Local Area Network - HiperLAN2 69
      3.1.2.4 Bluetooth 71

3.1.3 Übersicht der mobilen Datenübertragungstechnologien 76
3.2 Datendienste und mobile Anwendungen 79
   3.2.1 WAP - Wireless Application Protocol 79
   3.2.2 I-Mode 81
   3.2.3 SMS – Short Message Service 83
   3.2.4 MMS – Multimedia Message Service 85
   3.2.5 Java für Handys 86
3.3 Endgerätetechnologien 88
   3.3.1 Handys 88
   3.3.2 Smartphones 90
   3.3.3 PDAs 91
   3.3.4 Webpads und Tablet-PCs 93
   3.3.5 Notebooks 95
   3.3.6 Entwicklungen in der Endgerätetechnologie 96
3.4 Fazit und Thesen zum Technologieteil 98
   3.4.1 These zur Entwicklung der Übertragungstechnologien 98
      3.4.1.1.1 Annahme I: Nutzung einer Kombination von Übertragungstechnologien, Handover und Roaming 99
      3.4.1.1.2 Annahme II: Übertragungstechnologien, die sich nicht durchsetzen werden und Gründe für ihr Scheitern 100
      3.4.1.1.3 Annahme III: Übertragungstechnologien, die sich behaupten werden und ihre Einsatzgebiete 101
      3.4.1.1.4 Annahme IV: Neue Technologien zur Datenübertragung und ihre Adaption 103
     3.4.1.2 These: Die Entwicklung der Übertragungstechnologien 103
   3.4.2 These zur Entwicklung der Endgeräte 107
     3.4.2.1 Annahmen zur Entwicklung der Endgerätetechnologien 107
      3.4.2.1.1 Annahme I: Verbesserung von Bedienbarkeit und Benutzbarkeit der Endgeräte 107
      3.4.2.1.2 Annahme II: Weitere Erhöhung der technischen Leistungsfähigkeit 108
     3.4.2.2 These: Die Entwicklung der Endgeräte 109

4 Betrachtung der Marktenwicklungen 111
4.1 Entwicklung der mobilen Märkte in Zahlen 112
   4.1.1 Entwicklungen der mobilen Nutzerschaft 112
   4.1.2 Entwicklung der mobilen Märkte 116
   4.1.3 Entwicklungen der Dienste und Inhalte im mobilen Internet 120
4.2 Demographische Merkmale der mobilen Nutzerschaft 123
   4.2.1 Zunehmende Konvergenz von Internet- und Mobilfunkmärkten ..123
   4.2.2 Altersstruktur 124
   4.2.3 Einteilung der mobilen Nutzerschaft nach Berufsgruppen 126

4.2.4 Einteilung der mobilen Nutzerschaft nach Branchen................127
4.3 Bedürfnisse und Verhaltensweisen der mobilen Anwender................128
4.3.1 Bedürfnisse des Nutzers in Bezug auf mobile Kommunikation....128
4.3.2 Nutzerverhaltensweisen im Bezug auf mobile Kommunikation....133
4.3.3 Akzeptanz gegenüber kostenpflichtigen Diensten................134
4.4 Thesen und Fazit zu den Marktbetrachtungen................135
4.4.1 These: Entwicklung der Nutzerzahlen und Marktvolumina.........136
4.4.2 These: Nutzungsverhalten bei mobilen Anwendungen..................137
4.4.3 These: Akzeptanz gegenüber kostenpflichtigen Diensten............139
4.4.4 Fazit zu den Marktbetrachtungen................139

5 Vorstellung einer Metrik zur Evaluierung von Geschäftsmodellen für das mobile Internet................141
5.1 Vorgehensweise bei der Evaluierung der Geschäftsmodelle................142
5.2 Entwicklung einer Bewertungsmetrik und eines Kriterienkatalogs.....145

6 Evaluierung beispielhafter Geschäftsmodelle................149
6.1 Geschäftsmodelle der Netzbetreiber................152
6.1.1 Das UMTS-Mobilfunk Geschäftsmodell................152
6.1.1.1 Vorstellung des UMTS-Mobilfunk Geschäftsmodells...........153
6.1.1.2 Erläuterung zentraler technologischer Parameter des UMTS-Mobilfunk Geschäftsmodells................154
6.1.1.3 Prüfung der Marktchancen des UMTS-Mobilfunk Geschäftsmodells................156
6.1.1.4 Diskussion sonstiger Aspekte des UMTS-Mobilfunk Geschäftsmodells................157
6.1.1.5 UMTS Mobilfunk - Verdichtung des Gesamtbildes in einer Übersichtstabelle................160
6.1.1.6 Fazit zum UMTS-Mobilfunk Geschäftsmodell................162
6.1.2 Wi-Fi Hotspot Geschäftsmodelle................163
6.1.2.1 Vorstellung der Wi-Fi Hotspot Geschäftsmodelle..................163
6.1.2.2 Erläuterung zentraler technologischer Parameter der Wi-Fi Hotspot Geschäftsmodelle................165
6.1.2.3 Prüfung der Marktchancen von Wi-Fi Hotspot Geschäftsmodellen................167
6.1.2.4 Diskussion sonstiger Aspekte der Wi-Fi Hotspot Geschäftsmodelle................170
6.1.2.5 Wi-Fi Hotspot Geschäftsmodelle - Verdichtung des Gesamtbildes in der Übersichtstabelle................171
6.1.2.6 Fazit zu den Wi-Fi Hotspot Geschäftsmodellen................174
6.2 M-Content – Geschäftsmodelle mit mobil verfügbaren Inhalten........175
6.2.1 Mobile contentgetriebene Portale................175

6.2.1.1 Vorstellung eines Geschäftsmodells von mobilen contentgetriebenen Portalen 176
6.2.1.2 Erläuterung zentraler technologischer Parameter mobiler contentgetriebener Portale 179
6.2.1.3 Prüfung der Marktchancen des Geschäftsmodells mobiler contentgetriebener Portale 184
6.2.1.4 Diskussion sonstiger Aspekte des Geschäftsmodells mobiler contentgetriebener Portale 187
6.2.1.5 Mobile contentgetriebene Portale - Verdichtung des Gesamtbildes in der Übersichtstabelle 188
6.2.1.6 Fazit zum vorgestellten Geschäftsmodell mobiler contentgetriebener Portale 190
6.2.2 Mobile Content Syndication 190
6.2.2.1 Vorstellung des Geschäftsmodells Mobile Content Syndication 191
6.2.2.2 Erläuterung zentraler technologischer Parameter des Geschäftsmodells Mobile Content Syndication 191
6.2.2.3 Prüfung der Marktchancen des Geschäftsmodells Mobile Content Syndication 193
6.2.2.4 Diskussion sonstiger Aspekte des Geschäftsmodells Mobile Content Syndication 193
6.2.2.5 Mobile Content Syndication - Verdichtung des Gesamtbildes in einer Übersichtstabelle 194
6.2.2.6 Fazit zum Geschäftsmodell Mobile Content Syndication 197
6.3 Geschäftsmodelle mobiler Anwendungen und Dienstbetreiber 197
6.3.1 Location Based Services 198
6.3.1.1 Vorstellung verschiedener Geschäftsmodelle von Location Based Services 199
6.3.1.2 Erläuterung zentraler technologischer Parameter von Location Based Services 200
6.3.1.3 Prüfung der Marktchancen der Geschäftsmodelle von Location Based Services 206
6.3.1.4 Diskussion sonstiger Aspekte von Location Based Services .. 208
6.3.1.5 Location Based Services - Verdichtung des Gesamtbildes in einer Übersichtstabelle 210
6.3.1.6 Fazit zum Modell Location Based Services 212
6.3.2 M-Advertising – Geschäftsmodelle des mobilen Werbemarkts 213
6.3.2.1 Vorstellung des Geschäftsmodells M-Advertising 213
6.3.2.2 Erläuterung zentraler technologischer Parameter von M-Advertising 216
6.3.2.3 Prüfung der Marktchancen des Modells M-Advertising 220
6.3.2.4 Diskussion sonstiger Aspekte des Modells M-Advertising 221

6.3.2.5 M-Advertising - Verdichtung des Gesamtbildes in einer Übersichtstabelle ... 223
6.3.2.6 Fazit zum Geschäftsmodell M-Advertising ... 225
6.3.3 M-Payment Services – Mobile Bezahldienste ... 226
6.3.3.1 Vorstellung des Geschäftsmodells M-Payment Services ... 226
6.3.3.2 Erläuterung zentraler technologischer Parameter von M-Payment Services ... 227
6.3.3.3 Prüfung der Marktchancen des Modells M-Payment Services 231
6.3.3.4 Diskussion sonstiger Aspekte von M-Payment Services ... 232
6.3.3.5 M-Payment Services - Verdichtung des Gesamtbildes in Übersichtstabelle ... 233
6.3.3.6 Fazit zum Geschäftsmodell M-Payment Services ... 236
6.4 Geschäftsfeld Automotive Anwendungen ... 237
6.4.1 Vorstellung des Geschäftsmodells integrierter Automotive Anwendungen ... 238
6.4.2 Erläuterung zentraler technologischer Parameter integrierter Automotive Anwendungen ... 241
6.4.3 Prüfung der Marktchancen des Modells integrierter Automotive Anwendungen ... 250
6.4.4 Diskussion sonstiger Aspekte des Modells integrierter Automotive Anwendungen ... 252
6.4.5 Integrierte Automotive Anwendungen - Verdichtung des Gesamtbildes in einer Übersichtstabelle ... 254
6.4.6 Fazit zum vorgestellten Geschäftsmodell integrierter Automotive Anwendungen ... 256
6.5 Geschäftsfeld Mobile Gesundheitsüberwachung und Diagnose ... 258
6.5.1 Vorstellung des Geschäftsmodells mobile Gesundheitsüberwachung und Diagnose ... 258
6.5.2 Erläuterung zentraler technologischer Parameter mobiler Gesundheitsüberwachung und Diagnose ... 259
6.5.3 Prüfung der Marktchancen des Modells mobiler Gesundheitsüberwachung und Diagnose ... 262
6.5.4 Diskussion sonstiger Aspekte des Modells mobiler Gesundheitsüberwachung und Diagnose ... 264
6.5.5 Mobile Gesundheitsüberwachung und Diagnose - Verdichtung des Gesamtbildes in einer Übersichtstabelle ... 265
6.5.6 Fazit zum Geschäftsmodell mobile Gesundheitsüberwachung und Diagnose ... 267

7 Fazit und Ausblick ... 269

Verzeichnis der Quellen ... 277

Anhang 287
  Websites zum Thema 287
    Onlinepublikationen und Magazine: 287
    Datenübertragungsstandards, technische Informationen: 288
    Organisationen, Standardisierungsinstitute: 288
    Fachmessen, Kongresse, Verbände, Vereine etc.: 288
    Mobile Funknetzbetreiber: 289
    Marktforschung, Consultants, Marktinformationen: 289
    Industrie und Ausrüster: 290
    Sonstige Websites und Unternehmen 290
  Frequenzbänder der Mobilfunknetze 292

Verzeichnis der Abbildungen:

Abbildung 1: Wirkungssystem mobiler Geschäftsmodelle 25
Abbildung 2: Hierarchisches Technologiemodell der mobilen
Kommunikation 32
Abbildung 3: Schematischer Aufbau eines Funkzellennetzes 34
Abbildung 4: Schichtenmodell eines mobilen Endgeräts 35
Abbildung 5: Frequenzbänder für Mobilfunknetze 37
Abbildung 6: Vergleich der Modulationstechnologien von GMSK und 8PSK .. 43
Abbildung 7: Prinzip des CDMA - Übertragung mehrerer Funksignale auf
gleicher Frequenz zu gleichen Zeit 46
Abbildung 8: Geräteübersicht verschiedener Designstudien für UMTS 47
Abbildung 9: Ausbau der Versorgung mit UMTS in Deutschland 48
Abbildung 10: Nokia 6650 - Das erste UMTS/GSM-Handy,
Markteinführung 2003 49
Abbildung 11: Das Schichten-/Layermodell der 802.11-Standards 52
Abbildung 12: Das Wi-Fi Zertifikat 53
Abbildung 13: Entwicklung des Absatzes von W-LAN Ausrüstung 1998 bis
2005 54
Abbildung 14: Beispielhafte Geräteübersicht von 802.11a Access Points 55
Abbildung 15: Beispielhafte Geräteübersicht von 802.11a PCMCIA-Karten ... 56
Abbildung 16: D-Link DWL-A520 - Ein Beispiel für eine 802.11a PCI-
Steckkarte 57
Abbildung 17: Beispielhafte Geräteübersicht von 802.11b Access Points 58
Abbildung 18: Beispielhafte Geräteübersicht von 802.11b PCMCIA-Karten ... 59
Abbildung 19: Weitere Möglichkeiten für 802.11b Endgeräte 60
Abbildung 20: Layer- und Protokollmodell von HomeRF 68
Abbildung 21: Layermodell des HiperLAN2-Standards 70
Abbildung 22: Das offizielle Bluetooth Logo 72
Abbildung 23: Überblick des Aufbaus, der von Bluetooth benutzten
Protokolle 73
Abbildung 24: Geräteübersicht Bluetooth Headsets 74
Abbildung 25: Aussehen eines Bluetooth-Chips 75
Abbildung 26: Entwicklung des Absatzes von Bluetooth-Chipsätzen 2000
bis 2005 in Millionen Einheiten 76
Abbildung 27: Zeitliche Entwicklung der Übertragungsraten mobiler
Technologien 77
Abbildung 28: Screenshots einer beispielhaften WAP-Anwendung 80
Abbildung 29: Screenshots einer beispielhaften i-mode Anwendung 82
Abbildung 30: Entwicklung der SMS-Nutzung in Europa Januar 2000 bis
Mai 2002 84
Abbildung 31: Screenshots einer MMS 85

Abbildung 32: Screenshots des Midlet-Spiels Vega Warrior von Z-Group Mobile...86
Abbildung 33: Erscheinungsbild eines Midlets auf verschiedenen Endgeräten.87
Abbildung 34: Auswahl verschiedener Handys..89
Abbildung 35: Nokia 9210i Communicator in seiner aktuellen Version – Der Vorläufer 9000i war eines der ersten Smartphones........................90
Abbildung 36: Auswahl verschiedener Smartphones.......................................91
Abbildung 37: Auswahl verschiedener PDAs..92
Abbildung 38: Ein typischer Tablet-PC und seine Bedienelemente - Compaq Tablet PC TC-1000...94
Abbildung 39: Geräteübersicht verschiedener Tablet PCs................................93
Abbildung 40: All in One - Eine mögliche Zukunft der Endgeräte..................97
Abbildung 41: Geräteübersicht einiger schon heute verfügbarer Monitorbrillen...97
Abbildung 42: Geschätzte Entwicklung der Übertragungstechnologien 1998 – 2012 in % vom gesamten Transfervolumen mobiler Netze (Daten und Telefoniedienste)..105
Abbildung 43: Überblick der notwendigen Datenübertragungsraten für verschiedene Anwendungen..106
Abbildung 44: Entwicklung der Nutzerschaft Digitaler Medien weltweit.......113
Abbildung 45: Handybesitz und Kaufabsichten in Deutschland in Prozent - Zunehmende Marktsättigung..114
Abbildung 46: Erwartetes quantitatives Wachstum des Mobilfunkmarktes.....115
Abbildung 47: Erlös pro Mobilem Nutzer nach genutzten Diensten 2001 – 2007 in €..116
Abbildung 48: Entwicklung des M-Commerce-Umsatzes weltweit................117
Abbildung 49: Entwicklung der Umsätze des M-Advertising.........................118
Abbildung 50: Entwicklung des E-Commerce-Marktes 1999 - 2002..............119
Abbildung 51: Wie viel Prozent der Konsumenten könnten sich eine mobile Nutzung folgender Dienste vorstellen?..121
Abbildung 52: Umsatzprognose für die Entwicklung unterschiedlicher mobiler Dienste von 2001 bis 2010...122
Abbildung 53: Altersstruktur der Nutzerschaft in mobilen Märkten...............124
Abbildung 54: Anteil mobiler Nutzer nach Altersgruppen, 2000....................125
Abbildung 55: Berufsverteilung der Nutzer im M-Commerce Markt.............126
Abbildung 56: Branchenverteilung im M-Commerce Markt..........................127
Abbildung 57: Übersicht einiger Bedürfnisse der Nutzer mobiler Datendienste..131
Abbildung 58: Technologische Pushfaktoren und Pullfaktoren des Marktes bei der Entwicklung mobiler Anwendungen und Dienste.....................136
Abbildung 59: Beispielhafte mobile Anwendungen in allen Bereichen der Wertschöpfungskette nach Porter...149

Abbildung 60: Ordnung verschiedener Geschäftsmodelle im Umfeld mobiler Netze 150
Abbildung 61: Schematische Darstellung eines Funkzellennetzwerks 155
Abbildung 62: Prognostizierte Entwicklung der UMTS-Kunden für Deutschland in Millionen Nutzer 157
Abbildung 63: UMTS-Wirtschaftlichkeitsbetrachtung in Deutschland 159
Abbildung 64: Endgeräte, Nutzergruppen und beispielhafte Nutzungssituationen bei W-LAN-Nutzung 169
Abbildung 65: Ein mögliches Erlösportfolio einer redaktionellen Website 177
Abbildung 66: Mögliches Erlösportfolio eines mobilen Portalbetreibers 179
Abbildung 67: Schematische Darstellung eines Web-Content Management Systems 181
Abbildung 68: Schematische Darstellung eines Content Management Systems zur Belieferung unterschiedlicher, auch mobiler Ausgabekanäle 183
Abbildung 69: Prognose der Umsatzentwicklungen für contentbasierte Applikationen 2002 bis 2006 186
Abbildung 70: Funktionsweise der Ortung nach Cell-ID 200
Abbildung 71: Möglichkeiten zur Bestimmung der Cell-ID 201
Abbildung 72: Funktionsweise der Positionsbestimmung über 202
Abbildung 73: Ein klassischer ziviler GPS-Empfänger und Navigator – Garmin eTrex Vista 203
Abbildung 74: Funktionsweise der GPS-Triangulation 204
Abbildung 75: Beispielhafte Erweiterungsgeräte für die GPS-Nutzung mit mobilen Endgeräten 205
Abbildung 76: Ortung eines Mobiltelefons am Beispiel des Dienstes Trackyourkid.de 207
Abbildung 77: Profilierung und Personalisierung für Werbedienste über das klassische Internet - Beispiel Mr. Adgood 219
Abbildung 78: Grundsätzliche Funktionsweise eine mobilen Werbedienstes .. 220
Abbildung 79: Entwicklung des Marktvolumens für M-Advertising 2000 bis 2005 222
Abbildung 80: Schematische Darstellung eines beispielhaften Bezahlvorgangs in einem M-Payment Dienst mit Inkasso durch die Mobilfunkbetreiber und PIN-Authentifizierung durch den Nutzer 230
Abbildung 81: Grundsätzliche Funktionsweise der Anwendung aktive Navigation und Routenplanung 242
Abbildung 82: Grundsätzliche Funktionsweise der Anwendung Flottenmanagement und Warenverfolgung 244
Abbildung 83: Ansicht einer On Board Unit zur Mauterfassung durch Toll Collect 245

Abbildung 84: Grundsätzliche Funktionsweise der Anwendung
Straßennutzungsgebühren in einer Darstellung von Toll Collect 246
Abbildung 85: Grundsätzliche Funktionsweise der Anwendung technische
Überwachung und Fahrzeugdiagnostik 248
Abbildung 86: Erscheinungsbild eines integrierten Automotivesystems ist
primär ein leistungsfähiger Bildschirm 250
Abbildung 87: Schematische Darstellung der Anwendung mobile
Gesundheitsüberwachung und Diagnose 261
Abbildung 88: Typische Hype-Kurve, wie sie auch für den mobilen Markt
zutrifft 269

Verzeichnis der Tabellen:

Tabelle 1: Übersicht der Eckdaten physischer Standards zur mobilen Datenübertragung 78
Tabelle 2: Versendete SMS pro Nutzer pro Monat in verschiedenen europäischen Ländern 2002 und 2003, sowie Prognose für 2007 83
Tabelle 3: Westeuropäischer Umsatz von Datendiensten in Mobilfunknetzen und Anteile der Übertragungstechnologien an diesen Umsätzen 2002 und 2003 sowie Prognose für 2007 in US$ 104
Tabelle 4: Vergleich der Verhaltensweisen von Internetnutzern und mobilen Nutzern 137
Tabelle 5: Übersicht der Kundenanforderungen an mobile Dienste 138
Tabelle 6: Metrik zur Bewertung der Prüfparameter 146
Tabelle 7: Beispielhaft ausgefüllter Kriterienkatalog zur Bewertung der Geschäftsmodelle 146
Tabelle 8: Bewertungstabelle - UMTS-Mobilfunk Geschäftsmodell 160
Tabelle 9: Bewertungstabelle - Wi-Fi Hotspot Geschäftsmodelle 171
Tabelle 10: Bewertungstabelle - Mobile Contentgetriebene Portale 188
Tabelle 11: Bewertungstabelle - Mobile Content Syndication 194
Tabelle 12: Bewertungstabelle - Location Based Services 210
Tabelle 13: Mobile Advertising ist eine der kostengünstigsten Varianten des Direktmarketings 216
Tabelle 14: Bewertungstabelle - M-Advertising 223
Tabelle 15: Bewertungstabelle - M-Payment Services 233
Tabelle 16: Bewertungstabelle - Geschäftsfeld Automotive Anwendungen 254
Tabelle 17: Bewertungstabelle - Mobile Gesundheitsüberwachung und Diagnose 265
Tabelle 18: Übersicht der Bewertungen für die betrachteten Geschäftsmodelle 272

Verzeichnis der Abkürzungen:

3GPP   Third Generation Partnership Project – Projekt zur Standardisierung der dritten Mobilfunkgeneration zwischen den europäischen, koreanischen, japanischen und nordamerikanischen Standardinstituten.

8PSK   8-Phase Shift Keying – Modulationstechnologie der EGPRS oder EDGE-Netze.

ATM   Asynchronous Transfer Mode – Asynchrone Übertragung von Daten mit unterschiedlichen Up- und Downstreamraten.

B2B   Business to Business – Elektronischer Handel bzw. Elektronische Geschäftsbeziehungen zwischen Unternehmen.

B2C   Business to Customer - Elektronischer Handel bzw. Elektronische Geschäftsbeziehungen zwischen Privatpersonen.

B2E   Business to Employee – Bezeichnet die elektronische Interaktion zwischen einem Unternehmen und seinen Mitarbeitern mittels moderner, meist mobiler oder internetbasierter Kommunikationsmittel.

BD_ADDR   Bluetooth Device Address – IEEE 48Bit Adresse, die zur Idendifikation und Adressierung von Bluetoothgeräten genutzt wird.

CCK   Complementary Code Keying – Modulationsverfahren des IEEE-Standards 802.11b mit maximal 11 MBit/s Datendurchsatz. Dieses Verfahren wird von höheren Standards, die auf 802.11b abwärtskompatibel sind auch unterstützt (z.B. 802.11g).

CDA   Content Delivery Application – Teil eines Content Management Systems, der Inhalte für den Nutzer aufbereitet und ausliefert.

CDMA   Code Division Multiple Access – Verfahren zur Teilnehmertrennung in UMTS-Netzen bei dem Datensignale in breitbandigere Signale aufgespreizt werden um Störeinflüsse zu vermindern.

CFP   Content Free Period – Beschreibt ursprünglich die Zeitperioden, in denen in 802.11-Netzen keine Inhalte gesendet werden. Bezeichnet jedoch auch ein Verfahren zur Datenpufferung aus dem Standard 802.11e.

CMA   Content Management Application – Teil eines Content Management Systems, der die Erfassung von Inhalten oder die Datenpflege ermöglicht.

CMS	Content Management System – Software zur Pflege von digitalen Inhalten. Meist bestehend aus einer Eingabeinstanz (CMA) und einer Ausgabeinstanz (CDA).
COO	Cell Of Origin – Methode zur Standortbestimmung in Mobilfunknetzen, bei der die Funknetzzelle identifiziert wird, in der das Mobiltelefon gerade eingebucht ist.
DECT	Digital Enhanced Cordless Telephony – Etablierter, digitaler Standard zur drahtlosen Telefonie im Heimumfeld.
DFS	Dynamic Frequency Selection – Die Möglichkeit im Umfeld von W-LAN-Netzen die Funkfrequenz automatisch und dynamisch auszuwählen, die am wenigsten gestört wird und andere Systeme am wenigsten stört.
DSRC	Dedicated Short Range Communications – Auf 802.11a aufsetzender Standard zur Kurzstreckenkommunikation mit Fahrzeugen in den USA, Kanada und Mexiko.
DSSS	Direct Sequence Spread Spectrum – Übertragungsart des IEEE 802.11b-Standards.
ECSD	Enhanced Circuit Switched Data – Weiterentwicklung von CSD im Rahmen von EDGE.
EDGE	Enhanced Data Rates for GSM Evolution – Weiterentwicklung von GSM. Hochgeschwindigkeitsnetz der zweieinhalbten bzw. dritten Generation. Nutzt Frequenzen heutiger GSM-Netze.
EGPRS	Enhanced General Packet Radio Service – Weiterentwicklung von GPRS mittels der 8PSK-Modulation.
EOTD-Verfahren	Enhanced Observed Time Difference – Verfahren zur Messung der Laufzeitunterschiede von Signalen zu Antennen von Mobilfunknetzen und Positionsbestimmung hierüber.
ETSI	European Telecommunications Standards Institute – Europäisches Normungsinstitut für Telekommunikationsstandards.
FD	Frequency Division – Verfahren der Aufteilung der verfügbaren Frequenzen einer GSM-Basisstation in bis zu acht unterschiedliche Funkkanäle durch Verwendung unterschiedlicher Funkfrequenzen.
FDMA	Frequency Division Multiple Access – Übertragungsverfahren, bei dem jedem Benutzer eine bestimmte Frequenz aus dem verfügbaren Frequenzband zugeteilt wird.

FD/TDMA	Frequency Division / Time Division Multiple Access – Verfahren zur kombinierten Aufteilung der Ressourcen einer GSM-Basisstation über Frequenzen (FD) und Zeitschlitze (TDMA) zur Erreichung von bis zu 56 gleichzeitig bedienbaren Gesprächen.
FEC	Foward Error Correcting – Verfahren zur Fehlerkorrektur und Nutzung weniger Fehleranfälliger Kanäle um Umfeld von 802.11-Netzen. Teil des Standards 802.11e.
FHSS	Frequency Hopping Spread Spectrum – Übertragungsart des IEEE 802.11b- und des HomeRF-Standards, bei der die Funkfrequenzen in hoher Geschwindigkeit gewechselt werden, um Störungen durch andere Sender zu minimieren.
FPLMTS	Future Public Land Mobile Telecommunication System – Alter Name von UMTS.
GFSK	Gaussian Frequency Shift Keying – Modulationsverfahren des Bluetooth-Standards.
GMSK	Gaussian Minimum Shift Keying – Modulationstechnologie der GSM, GPRS und HSCSD-Netze.
GPRS	General Packet Radio Service – Datenübertragungstechnologie aus dem Umfeld der GSM-Netze
GPS	Global Positioning System – Satellitengestütztes, weltweites Ortungssystem. Einsatz für Militär, Schiff- und Luftfahrt, zunehmend auch in Kfz.
GSM	Global System for Mobile Communications – Standard auf dem heutige Mobilfunknetze der 2.Generartion beruhen.
H2U	Higher Capacity to UMTS – Roamingtechnologie zum vollautomatischen Umschalten zwischen 802.11-Netzen und Mobilfunknetzen.
HiPerLAN2	High Performace Local Area Network – Physischer Funkstandard der ETSI, der eine Übertragungsrate von bis zu 54 MBit/s im 5GHz Frequenzband ermöglicht.
HSCSD	High Speed Circuit Switched Data – Datenübertragungstechnologie aus dem Umfeld der GSM-Netze.
IEEE	Institute of Electrical and Electronical Engineers – Standardsetzende Organisation die beispielsweise die 802.11-Familie verwaltet

IPv4 und IPv6	Internet Protocol Version 4 und Version 6 – Grundlegendes Kommunikationsprotokoll des Internets, das die Adressierung von Kommunikationspartnern regelt. In der Version 4 im Einsatz, aufgrund begrenzter Adressräume ist eine Umrüstung auf die Version 6 zu erwarten.
ISM	Industrial/Scientifical/Medical – Beiname des lizenzfreien 2,4 GHz Frequenzbands
ITS	Intelligent Transportations System – Mobile Pilotanwendung für Flottenmanagement und Warenverfolgung.
ITU	International Telecommunications Union – Gremium zur Standardisierung von Daten – und Sprachdiensten.
J2ME	Java To Mobile Edition – Javaumgebung, die speziell für die Verwendung auf mobilen Endgeräten entwickelt wurde.
LBS	Location Based Services – Beschreibung einer Gruppe von Diensten für das mobile Internet, die Bezug auf die geographische Position des Nutzers nehmen.
LOON	Logistic Offer an Order Network – Mobile Pilotanwendung für Flottenmanagement und Warenverfolgung.
MAC	Media Access Control – Adressen, die ein WLAN Endgerät im 802.11-Umfeld eindeutig identifizieren.
MAN	Metropolitan Area Network – Funknetzwerke für Metropolen
MIDP	Mobile Information Device Profile – Profil, dass einer Java-Laufzeitumgebung Hardwareinformationen über das entsprechende Endgerät (Speicher, Bildschirm, etc.) bereitstellt.
MMS	Multimedia Message Service – Erweiterung des SMS um Multimedia-Funktionen.
NMT	Nordic Mobile Telephone – Skandinavischer Mobiltelefoniestandard der ersten Generation, basierend auf 450 MHz Frequenzbändern.
OBU	On Board Unit – Mobiles Endgerät von Automotiveanwendungen zum Einbau in Kraftfahrzeugen.
OFDM	Orthogonal Frequency Division Multiplexing – Modulationsmethode des IEEE Standards 802.11g mit maximal 54 MBit/s Datendurchsatz.
OTD	Observed Time Difference – Methode zur Standortbestimmung in Mobilfunknetzen, bei der die beobachteten Laufzeitunterschiede von Funksignalen zu bekannten Basisstationen trianguliert werden.

PAN	Personal Area Network – Funknetzwerk für das persönliche Umfeld, z.B. zur Vernetzung am Körper getragener Geräte.
PDA	Personal Digital Assistant – Computer im Taschenformat. Sammelbegriff für Handheld PCs, Pocket PCs und elektronische Organizer.
PBCC	Packet Binary Convolutional Coding – Optionale Modulationsmethode des IEEE Standards 802.11g mit maximal 72 MBit/s Datendurchsatz.
QoS	Quality of Service – Qualität eines angebotenen Dienstes in Verfügbarkeit, Leistung, Störungsfreiheit, etc.
QPSK	Quadrature Phase Shift Keying – Modulationsverfahren zur Datenübertragung in UMTS-Netzen.
SDMA	Space Division Multiple Access – Räumlicher Mehrfachzugriff bei denen Nutzer durch gezielt gerichtete Funkkeulen angesprochen werden. Hierdurch ist die Mehrfachnutzung einer Frequenz in einer Zelle möglich.
SIG	Bluetooth Special Interest Group – Den Bluetooth Standard prägende Organisation.
SIM	Subscriber Identity Module – Chipkarte zur Identifizierung des Nutzers in GSM-Geräten.
SMS	Short Message Service – Dienst zur Übertragung von kurzen Texten bis 160 Zeichen zwischen GSM-Geräten.
SMTP	Simple Mail Transfer Protocol – Protokoll zur Übertragung von Textnachrichten aus dem Umfeld des stationären Internets, dass auch bei diversen mobilen Technologien eingesetzt wird.
SSID	Service Set Identifier – Sicherheitseinrichtung aus dem 802.11b-Umfeld, das eine Basisstation ähnlich einem Passwort identifiziert.
SSL	Secure Socket Layer – Verschlüsselungstechnologie, die im Internetumfeld zur sicheren Datenübertragung genutzt wird.
TCP	Transmission Control Protocol – Grundlegendes, auf IP aufsetzendes Kommunikationsprotokoll der Internettechnologie, das den Datentransfer kontrolliert.
TDD	Time Division Duplex – Verfahren aus dem Umfeld des HipeLAN, das eine asymetrische Ausnutzung der Kapazitäten eines Funknetzes ermöglicht.

TDMA	Time Division Multiple Access – Verfahren aus dem Umfeld der Mobilfunktechnik, bei dem ein Kanal über einen zeitlichen Umlauf üblicherweise acht Signale aufgeprägt werden.
TKIP	Temporary Key Integrity Protocol – Neues Protokoll aus dem Umfeld der IEEE 802.11x-Familie von W-LAN-Standards, auf dessen Basis im Rahmen des 802.11i-Standards große Sicherheitsprobleme der 802.11x-Standards beseitig werden sollen.
TOA	Time Of Arrival – Andere Bezeichnung für Observed Time Difference (OTD)
TPC	Transmission Power Control – Möglichkeit, die Sendeintensität bei W-LAN-Netzen auf den geringsten notwendigen Pegel zu begrenzen.
UDP	User Datagram Protocol – Auf IP aufsetzendes Protokoll zur Datenübertragung im Internet ohne Verbindungsunterbrechungen (Streaming).
UMTS	Universal Mobile Telecommunications System – Allgemeine Bezeichnung für Mobilfunknetze der 3. Generation.
VoIP	Voice over IP – Sprachtelefonie in IP-Netzen.
VPN	Virtual Private Network – Möglichkeit zur softwareseitigen Einrichtung von sehr sicheren privaten Netzwerken im Internet, die auch im W-LAN-Umfeld genutzt werden kann.
WAP	Wireless Application Protocol – Protokoll für die Nutzung einer internet-ähnlichen Anwendung auf GSM-Geräten.
WML	Wireless Markup Language – An HTML angelehnte Sprache für mobile Endgeräte.
WECA	Wireless Ethernet Compatibility Alliance – Organisation, die Geräte der 802.11-Familie auf Interoperabilität und Konformität mit den IEEE-Standards und untereinander überprüft.
WEP	Web Equivalent Privacy – Sicherheitseinrichtung aus dem 802.11b-Umfeld. WEP ist ein Schlüssel, der auf Basistation und Endgerät zusammenpassen muss.
WISP	Wireless Internet Service Provider
WTLS	Wireless Transport Layer Security – Sicherheitserweiterung aus dem Umfeld der Datendienste in GSM-Mobilfunknetzen.

1 Einleitung und Gang der Untersuchung

Mobile Netze für Sprachübertragung, vor allem aber auch für Datenübertragung haben in den letzten Jahren einen sehr hohen Aufmerksamkeitsgrad in Medien und öffentlicher Wahrnehmung erreicht. Sie werden oft als das nächste, das mobile Internet angesehen. Sie wurden als die nächste Ausbaustufe zum Netz der Netze, vom Internet zum „Evernet", dargestellt.

Durch diese Darstellung, beginnend mit WAP und zuletzt vor allem durch UMTS Lizenzinhaber in teuren Marketingkampagnen weit verbreitet, wurde das Phänomen mobiler Datendienste seit den späten 90er Jahren sehr stark aufgebaut. Es wurden umfangreiche Erwartungshaltungen sowohl in der Industrie als auch bei globalen Telekommunikationsgesellschaften, Software-herstellern und Endnutzern geweckt, kurzum bei der gesamten Wertschöpfungskette mobiler Dienste.

Es ist heute erkennbar, dass mobile Kommunikation ein ganz normaler Bestandteil unseres täglichen Lebens ist.[1] Die an verschiedenen Stellen immer wieder formulierten Annahmen zur Entwicklung des mobilen Internets gehen jedoch weit hierüber hinaus:

Das mobile Internet soll die geschäftlichen und sozialen Beziehungen der Menschen grundlegend verändern, wie es das Internet durch seine Begrenztheit an einen Ort nicht vermocht hat.[2] Dieses postulieren zumindest Industrie, Markforschungsunternehmen und Telekommunikationsanbieter mehr oder weniger direkt in ihrer Werbung und in Veröffentlichungen.

Tatsache ist, dass wir in der modernen Gesellschaft Zugang zu Informationen immer und überall quasi in Echtzeit erwarten.[3] Wir bewegen uns in Beruf und Privatleben immer mobiler von Ort zu Ort. Die Arbeit wird dabei mitgenommen oder sogar unterwegs erledigt. Bereits heute werden 60% aller Laptops regelmäßig zwischen Arbeitsplatz und Wohnung des Besitzers bewegt.[4] Zumindest für die Berufswelt gilt heute schon oft:

„Work is no longer a place"[5]

Privat wird sich die Gesellschaft wohl in ähnlicher Weise entwickeln. Mobile Netze sind keine technische Spielerei mehr, sondern sie entwickeln sich mehr und mehr über eine berufliche Notwendigkeit zu einem privaten Bedürfnis der mobilen Gesellschaft.

---

[1] Vgl. **Hooley, M.** (2001)
[2] Vgl. **Jones, N.**(2001)
[3] Vgl. **Setälä, M.** (2000) und **Erhard, J.** in Gora, W. (2002) S. 115 ff.
[4] Vgl. **HomeRF Working Group** (2001)
[5] **Setälä, M.** (2000)

Vor diesem Hintergrund wird die Zukunft mobiler Netze sehr positiv gezeichnet. Bis 2010 sollen 75% der nordamerikanischen Bevölkerung ein mobiles Endgerät (Device) täglich bei sich tragen. Der größte Teil der weltweiten Kommunikation soll dann über IP-basierte Netze abgewickelt werden.[6] Das Marktforschungsunternehmen Forrest & Sullivan prognostizierte, dass mobile Datendienste aufgrund neuer Technologien und Anwendungen sowie sinkender Preise in den nächsten Jahren einen drastischen Popularitätszuwachs erfahren werden. Die Erlöse werden doppelt so hoch sein wie die der mobilen Sprachdienste.[7] Der Ausbau der mobilen Datennetze und die Weiterentwicklung der Endgeräte sollen hierbei Hand in Hand gehen und sich gegenseitig vorantreiben.[8]

Die Erfahrungen aus dem Boom und dem Niedergang der New Economy lassen uns zweifeln. Vor dem Hintergrund weltweit schwieriger Marktbedingungen, der Tatsache, dass die meisten Anbieter im Internet es noch nicht geschafft haben, ihre Aktivitäten auf eine tragfähige Erlösbasis zu stellen[9] und den immer deutlicheren Problemen der großen Telefongesellschaften im Umfeld der UMTS-Pläne,[10] lassen die ehrgeizige Pläne für die mobile, neue Welt in einem anderen Licht erscheinen.

Wie erfolgversprechend sind die Geschäftsmodelle für die mobile Zukunft wirklich?

Diese Frage anhand beispielhafter Geschäftsmodelle zu klären, ist das Ziel dieser Dissertation. Die Basis eines jeden Geschäftsmodells im Umfeld von Internet, Mobilfunk oder elektronischen Medien sind hierbei die Technologie und Marktumfeld. Technische Möglichkeiten und Grenzen sowie Marktentwicklungen und Potenziale bilden die Grundlage eines jeden Geschäftsmodells und seiner Erlösquellen.[11]

Nur Geschäftsmodelle, die die technischen Grenzen des neuen Mediums richtig einschätzen und realistische technische Annahmen als Grundlage haben, haben überhaupt eine Chance, in dem neuen Umfeld – im wahrsten Sinne des Wortes – zu funktionieren. Modelle, die die technischen Gegebenheiten und die Anforderungen des Marktes missachten, sind von vorn herein zum Scheitern verurteilt. Ein Geschäftsmodell muss sich Kundenbedürfnissen und technischen Gegebenheiten anpassen und im Spannungsfeld dieser beiden Parameter funktionieren.

„Die Geschäftsfälle ... sind durch die Kommunikationslandschaft und den Stand der Technik geprägt."[12]

---

[6] Vgl. **Magrassi, P.** (2001)
[7] Vgl. **Zivandinovic, D.** (2001) in c't 21/2001, S.178 ff.
[8] Vgl. **Ambrosini, C.** (2002)
[9] Vgl. **Kohlschein, I.** (2001)
[10] Vgl. **Schmund, H.** (2002)
[11] Vgl. **Zobel, J.** (2001) S. 214f. und **Röttger-Gerigk, S.** (2002), S.25
[12] **Müller, C.; Trinkel, M.** (2002), S.163

Ähnlich der Abhängigkeit von technischen Gegebenheiten ist auch die Abhängigkeit vom Markt zu betrachten. Hier ist die Akzeptanz der Nutzer gegenüber Geschäftsmodellen und ihren Anwendungen zu betrachten. Welche Zielgruppen entstehen, mit welchen Technologien werden diese Zielgruppen erreichbar sein, über welche Endgerätetechnologien werden sie verfügen? Wie sehen die Kaufkraft und die Interessen der Zielgruppen aus, welche Bedürfnisse einer Zielgruppe werden durch einen mobilen Datendienst befriedigt? Und vor allem – wie sieht die Akzeptanz der Zielgruppe gegenüber bestimmten Themen aus? Besteht die Bereitschaft, für Inhalte zu bezahlen? Besteht die Bereitschaft, Werbung in Kauf zu nehmen? Wird ein Dienst durch seine Zielgruppe überhaupt akzeptiert und angenommen?

Abbildung 1: Wirkungssystem mobiler Geschäftsmodelle

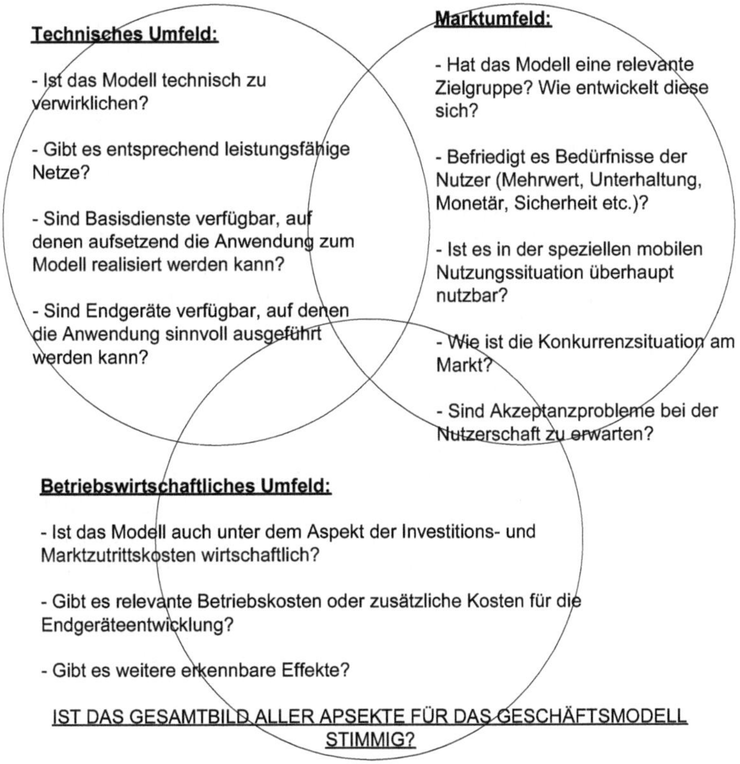

Technisches Umfeld:

- Ist das Modell technisch zu verwirklichen?

- Gibt es entsprechend leistungsfähige Netze?

- Sind Basisdienste verfügbar, auf denen aufsetzend die Anwendung zum Modell realisiert werden kann?

- Sind Endgeräte verfügbar, auf denen die Anwendung sinnvoll ausgeführt werden kann?

Marktumfeld:

- Hat das Modell eine relevante Zielgruppe? Wie entwickelt diese sich?

- Befriedigt es Bedürfnisse der Nutzer (Mehrwert, Unterhaltung, Monetär, Sicherheit etc.)?

- Ist es in der speziellen mobilen Nutzungssituation überhaupt nutzbar?

- Wie ist die Konkurrenzsituation am Markt?

- Sind Akzeptanzprobleme bei der Nutzerschaft zu erwarten?

Betriebswirtschaftliches Umfeld:

- Ist das Modell auch unter dem Aspekt der Investitions- und Marktzutrittskosten wirtschaftlich?

- Gibt es relevante Betriebskosten oder zusätzliche Kosten für die Endgeräteentwicklung?

- Gibt es weitere erkennbare Effekte?

IST DAS GESAMTBILD ALLER APSEKTE FÜR DAS GESCHÄFTSMODELL STIMMIG?

Um die Geschäftsmodelle sinnvoll evaluieren zu können, ist daher eine Betrachtung sowohl der technischen Grundlagen und Möglichkeiten als auch der Marktentwicklungen und erkennbaren Bedürfnisse und Wünsche der Nutzerschaft notwendig. Schließlich ist das einzelne Geschäftsmodell auf diese Parameter unter Einbeziehung betriebswirtschaftlicher Überlegungen zu überprüfen. Der Gang der Untersuchung dieser Arbeit soll sich an diesem grundlegenden Wirkungssystem des mobilen Umfelds orientieren.

Zunächst sollen die technologischen Grundlagen betrachtet werden. Hierbei sollen Datendienste, Übertragungs- und Endgerätetechnologien detailliert vorgestellt werden. Im Verlauf der Technologiebetrachtungen sollen Übertragungstechnologien und Endgeräte möglichst weitgehend begreifbar gemacht werden, so dass später eine bildliche Vorstellung vom Erscheinungsbild der Anwendungen und Geschäftsmodelle auf verschiedenen Endgeräten und auf Basis verschiedener Übertragungstechnologien sowie eine praktische Vorstellung von den verwendeten Infrastrukturen möglich wird. Abschließend sollen Aussagen über eine wahrscheinliche zukünftige Infrastruktur für das mobile Internet getroffen werden.

Im zweiten Teil sollen Märkte und ihre Entwicklungen betrachtet werden. Hierbei sollen insbesondere die Nutzerschaft des Internets und des Mobilfunkbereichs auf ihre zahlenmäßige Entwicklung, Gemeinsamkeiten und Unterschiede geprüft werden. Die demographische Verteilung innerhalb der Nutzerschaft, ihre Akzeptanz gegenüber Diensten und ihre Bedürfnisse spielen weitere Rollen bei der späteren Evaluierung von Geschäftsmodellen. Schließlich sind in diesem Umfeld auch die spezielle Nutzungssituation mobiler Datendienste und die fomulierbaren Bedürfnisse der Nutzer von Interesse.

Abschließend sollen im dritten Teil der Untersuchung beispielhafte Geschäftsmodelle des Bereichs überprüft werden.

Es soll versucht werden, prinzipielle Aussagen über zu erwartende Investitionen in Infrastruktur, Lizenzen und Software, die absehbaren Projekte zur Realisierung der Anwendungen und ihre größten Projektrisiken zu treffen, die Anforderungen an die Leistungsfähigkeit der Endgeräte in Beziehung auf Bildschirmgröße, Benutzerschnittstelle oder auch Stromversorgung mit den entsprechenden Marktpotentialen in Beziehung zu setzen und somit eine Aussage über die zu erwartende Tragfähigkeit des betrachteten Geschäftsmodells zu entwickeln. Die Einschätzungen von Investitionsvolumina und Erscheinungsbildern mobiler Datendienste sind selbstverständlich auf einer abstrakt theoretischen Ebene immer nur relativ grob möglich.

Zur Beurteilung der beispielhaften Geschäftsmodelle soll eine Metrik zur Evaluierung der Geschäftsmodelle entwickelt werden, die die einzelnen, das Modell bestimmenden Faktoren entsprechend dem Wirkungssystem mobiler Datendienste anspricht und bewertet. Die Summe dieser Bewertungen wird die Grundlage für die abschließende Einschätzung des Geschäftsmodells bilden. In einzelnen Fällen ist es nicht möglich, die exakt gleiche Metrik auf alle Modelle anzuwenden. Zu unterschiedlich sind beispielsweise Benutzung oder technische Grundlagen bei verschiedenen der betrachteten Modelle. Ein Ermessensspielraum bleibt auch immer bei der Gewichtung der einzelnen Punkte gegeben. Auf Basis dieser Ausarbeitungen soll jedoch zu jedem Geschäftsmodell eine abschließende Bewertung in einem Fazit getroffen werden. Sollte eine überproportionale Gewichtung einzelner Punkte nötig sein, so wird dieses explizit ausgeführt und begründet.

Die zu betrachtenden Geschäftsmodelle bilden einen Querschnitt des gesamten Sektors mobiles Internet. Es werden zunächst die Ansätze der Netzbetreiber betrachtet, hier das UMTS-Modell der Mobilfunkbetreiber und einige Ansätze von W-LAN-Betreibern. Anschließend werden Contentbasierte Modelle des Mediensektors und anwendungsbezogene Modelle wie Location Based Services oder mobile Payment betrachtet. Schließlich werden noch zwei spezielle Modelle des Sektors betrachtet: Automotiveanwendungen und medizinische Anwendungen. Für beide Sektoren wurde jeweils ein beispielhaftes Modell auf Basis einer denkbaren Anwendung entwickelt und beurteilt.

Nach Betrachtung aller beschriebenen Elemente im Umfeld des mobilen Internets soll ein Gesamtbild für mögliche Geschäftsmodelle im mobilen Internet abschätzbar werden. Es sollen Aussagen über Modelle getroffen werden, die technisch bereits heute etablierbar wären oder etabliert wurden und über die technischen Entwicklungen sowie die Entwicklungen an den Nutzermärkten. Auf Basis dieser Erkenntnisse soll abschließend eine qualifizierte These über die Entwicklung des gesamten Sektors formuliert werden.

2 Definitionen und Abgrenzungen

Diese Arbeit behandelt Geschäftsmodelle des mobilen Internets und die ihnen zugrundeliegenden Voraussetzungen. Zum besseren Verständnis sind zunächst einige Definitionen notwendig, die die betrachteten Märkte und Zielgruppen sowie die Zusammenhänge zwischen Geschäftsmodellen, Produkten und Anwendungen darstellen und e- und m-commerce voneinander abgrenzen.

2.1 Betrachtete Märkte und Zielgruppen

Es werden in den unterschiedlichen Kapiteln verschiedene Märkte erwähnt. Im Bereich der Technologiebetrachtungen ist der geographische Markt, in dem eine Technologie betrachtet beziehungsweise verwendet wird, direkt mit angegeben. Dieses gilt auch für den Bereich der Marktbetrachtungen. Bei der Evaluierung der Geschäftsmodelle liegt grundsätzlich, soweit nicht ausdrücklich anders erwähnt, immer eine Betrachtung und Einschätzung des deutschen Marktes zugrunde. Diese Betrachtungen können erfahrungsgemäß relativ gut auf dem Markt der europäischen Union ausgedehnt werden. In anderen Kulturräumen, speziell im fernen Osten, gehen die Marktteilnehmer jedoch vollkommen anders mit bestimmten Technologien und Anwendungen um. Auch in den USA ist bereits ein deutlicher Unterschied zu betrachten, der sich beispielsweise schon in den genutzten Übertragungstechnologien äußert. Wenn im weiteren Verlauf von „dem Markt" gesprochen wird, ist also immer der deutsche, in einem gröberen Fokus auch der europäische Markt gemeint.

2.2 Geschäftsmodelle, Produkte und Anwendungen

Diese Arbeit beschäftigt sich mit der Evaluierung von Geschäftsmodellen auf Basis der technischen Gegebenheiten und auf Basis von Marktbetrachtungen. Hierbei werden laufend die Begriffe Geschäftsmodell (auch Modell), Produkt und Anwendung verwendet.
Geschäftsmodelle sind in diesem Zusammenhang relativ vielfältig zu definieren. Sie sind einerseits Beschreibungen, welchen Mehrwert Kunden oder Partnerunternehmen durch die Verbindung mit einem Unternehmen erzielen können. Dieser Gesichtspunkt wird auch *Value Proposition* bezeichnet. Andererseits beschreibt ein Geschäftsmodell aber auch die Art der Leistungserbringung, hier die *technische Architektur*, und die Frage, wie in dem Modell Geld verdient wird. Letzteres nennt man auch das *Ertragsmodell*.[13]
Jedes Geschäftsmodell baut im Umfeld des mobilen Internets auf ein Produkt auf, dem wiederum eine oder mehrere Anwendungen zugrunde liegen.
Das **Produkt** ist im Zusammenhang dieser Arbeit der Dienst, durch den das Unternehmen eine Wertschöpfung generiert. Solche Produkte können das Angebot

---

[13] Ähnlich: **Stähler, P.** (2001), S. 41

von Netzzugängen, das Angebot von Inhalten oder spezieller, zum Beispiel ortsabhängiger Informationen sein. Produkte im Umfeld des mobilen Internets bauen aufgrund der technischen Architektur des Trägermediums in jedem Fall auf **Anwendungen** auf, die den Dienst bereitstellen. Dieses sind üblicherweise Softwareprogramme, die in Abhängigkeit vom jeweiligen Geschäftsmodell unterschiedlich Systemnah sein können. Bei einigen Modellen kann die Entwicklung einer Anwendung auf Ebene eines relativ systemunabhängigen Layers der Architektur mobiler Kommunikation ausreichen. Andere Anwendungen, wie zum Beispiel zum Betrieb von Mobilfunknetzen, sind auf die Verwendung hardwarenaher Anwendungen (beispielsweise Betriebssysteme für Basisstationen) angewiesen. Die Entwicklung eines Geschäftsmodells erfordert folglich immer auch die Entwicklung des Produktes mit den zugehörigen Anwendungen. In Einzelfällen sind auch Arbeiten in der Hardwareentwicklung erforderlich, während die meisten Modelle allerdings lediglich die bestehende Hardwaretechnologie nutzen.

2.3 E-Commerce und M-Commerce

Electronic Commerce (im folgenden e-commerce) ist die weitgehend papierlose Abwicklung von Geschäftsvorgängen unter Einsatz von Computertechnik, speziell die Kommunikation zur Abwicklung von Geschäftskontakten mit Mitteln der Netzwerktechnologie und des Internets allgemein.[14]

Mobile Commerce (im folgenden m-commerce) „umfasst die ortsungebundene (mobile) Beschaffung, Verarbeitung und Bereitstellung von Informationen aller Art, zur Abwicklung von Geschäfts- und Kommunikationsvorgängen unter Einsatz mobiler Endgeräte und Nutzung geeigneter Dienste und Netzinfrastrukturen".[15]

---

[14] Ähnlich: **Steimer, F.; Maier, I.; Spinner, M.** (2001), S. 9
[15] **Steimer, F.; Maier, I.; Spinner, M.** (2001), S. 10, ähnlich: **Michelsen, D.; Schaale, A.** (2002), S.11, ähnlich: **Meta Group Deutschland** GmbH (2000)

3 Technologien mobiler Netze

Der Technologieteil bildet den ersten Schwerpunkt dieser Arbeit. Insbesondere die Möglichkeiten und Grenzen von Datenübertragungstechnologien und Endgeräten haben sehr große Auswirkungen auf den Erfolg oder den Misserfolg von Geschäftsmodellen im Umfeld des mobilen Internets.
Die Datenübertragungstechnologien begrenzen mögliche Geschäftsmodelle durch die Verfügbarkeit von unterschiedlichen Funknetzen, die wiederum unterschiedliche Bandbreiten zur möglichen Datenübertragungen zur Verfügung stellen. Unterschiedliche Datenübertragungstechnologien haben darüber hinaus großen Einfluss auf die Kosten und die Erreichbarkeit. Die Kosten für den Endnutzer werden wiederum direkt durch die genutzten Technologien beeinflusst, da die Abrechnung ganz unterschiedlich pro Onlineminute oder beförderte Datenmenge erfolgt. Die Erreichbarkeit ist bei Datenübertragungstechnologien mit Zeitabrechnung naturgemäß schlechter, da der Nutzer versuchen wird, möglichst wenig teure Onlinezeit zu generieren. Bei datenabhängiger Abrechnung kann er hingegen immer erreichbar sein, ohne hierdurch zusätzliche Kosten zu generieren. Die verfügbaren physischen Netze, die zur mobilen Datenübertragung genutzt werden können, sollen daher als erstes betrachtet werden.
Auf Basis der rein physischen Datenübertragung setzen die Datendienste auf. Sie stellen den zweiten technologischen Faktor bei der Betrachtung von Geschäftsmodellen im mobilen Internet dar. Dienste sind hier im Prinzip eine Summe verschiedener Definitionen zu verwendeten und verwendbaren Programmier- und Darstellungsstandards. Auf Basis dieser Dienste können Anwendungen entwickelt werden, die schließlich auf unterschiedlichen mobilen Endgeräten dargestellt und bedient werden müssen. Verschiedene Dienste stellen den möglichen Anwendungen in diesem Zusammenhang unterschiedliche leistungsfähige Möglichkeiten in Bezug auf Grafik, Übertragung, etc. zur Verfügung.
Die Endgerätetechnologien schließlich begrenzen die möglichen Geschäftsmodelle in ihren realen, physischen Dimensionen. Welche Darstellungsmöglichkeiten bietet beispielsweise ein Bildschirm? Wie viele Farben, kann man bei Tageslicht noch etwas auf ihm erkennen? Niemand möchte kostenpflichtige Videos auf einem herkömmlichen Handybildschirm sehen. Wie ist die Nutzerschnittstelle? Es ist nicht sinnvoll möglich, umfangreiche Dateneingaben am Handy oder an einem PDA vorzunehmen, wie sieht es mit dem Stromverbrauch aus? Wie lange kann das Gerät eine komplexe Anwendung ausführen, bevor der Akku aufgibt? Dieses sind nur einige Aspekte, die die Wichtigkeit der Frage nach dem zukünftigen Endgerät verdeutlichen.

Aus diesen Überlegungen lässt sich bereits das hierarchische, technische Wirkungssystem mobiler Anwendungen erkennen. Von der grundsätzlichen Übertragungstechnologie über Übertragungsprotokolle und Anwendungen bis zum

Endgerät bauen alle Schichten dieses Systems aufeinander auf und müssen dementsprechend aufeinander abgestimmt sein.

Abbildung 2: Hierarchisches Technologiemodell der mobilen Kommunikation

Endgeräte (Handys, PDAs, Notebooks, Smartphones, etc.)	**Endgerätetechnologie** Die Engerätetechnologie schließlich begrenzt direkt die Möglichkeiten mobiler Anwendungen. Das Gerät in der Hand des Nutzers schreibt final vor, welche Standards zu nutzen sind, welcher Bildschirm, Speicherplatz und Datenerfassungsmöglichkeiten vorhanden sind und bestimmt somit, welche Anwendung und welches Geschäftsmodell Erfolg hat oder nicht.
Mobile Anwendungen	**Dienste, Darstellungs- und Programmierstandards**
Dienste, Darstellungs- und Programmier-standards (WAP, i-mode, SMS, MMS, HTML, c-HTML, WML, Java, etc.)	Auf der technischen Grundlage der Übertragungstechnologie aufsetzend, spielen Dienste und Darstellungs- und Programmierstandards eine entscheidende Rolle. Mit ihnen werden Anwendungen entwickelt, die schließlich durch den Nutzer auf den Endgeräten ausgeführt werden sollen. Auch hier spielen aus dem Internet bekannte oder aus Internettechnologie weiterentwickelte Verfahren die wichtigste Rolle.
Basisprotokolle (TCP, IP, HTTP, WAP, UDP, etc.)	**Übertragungstechnologien und Basisprotokolle**
Physische Übertragungsverfahren (GSM, UMTS, W-LAN, HiperLAN2, etc.)	Die Übertragungstechnologien bilden die Grundlage jeder mobilen Kommunikationsanwendung. Sie bestehen aus drei grundsätzlichen Schichten: Den terrestrischen (festen) oder ätherischen (satellitengestützte und funkbasierte) Netzen, den auf den Netzen aufsetzenden Übertragungsverfahren, wie den Mobilfunkverfahren, aber auch ISDN oder DSL in festen Netzen und schließlich den grundlegenden Protokollen zur Kommunikation. Die wichtigsten Protokolle sind hierbei die aus dem Internet bekannten Protokolle sowie spezifische Protokolle der Mobilfunktechnologie.
Terrestrische und ätheristische Netze	

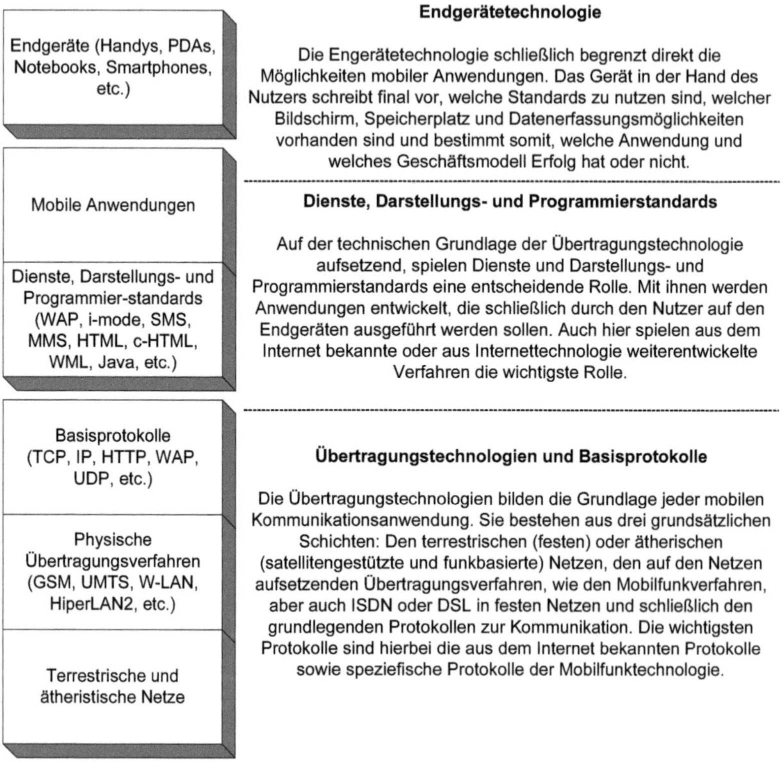

Ähnlich: **Steimer, F.; Maier, I.; Spinner, M.** (2001),S. 28

Nur Geschäftsmodelle, die sich im technischen Wirkungssystem realisieren lassen, können erfolgversprechend sein. Modelle, die diese Gegebenheiten missachten, beispielsweise auf die Übertragung großer Datenmengen wie zum Videostreaming auf Handys oder die Darstellung von eventuell recht umfangreichen WAP-Seiten mit den kleinen monochromen Bildschirmen der Handys in den späten 90er Jahren aufbauen, sind kaum erfolgversprechend.

Im Folgenden sollen die wichtigen Parameter des technischen Wirkungssystems ausführlich vorgestellt werden. Hierzu sollen zunächst die Datenübertragungstechnologien betrachtet und ihre Möglichkeiten dargestellt werden. Anschließend sollen Dienste und ihre Möglichkeiten zur Softwareentwicklung kurz dargestellt werden. Auch die Darstellungsmöglichkeiten der verschiedenen Dienste sollen behandelt werden. Abschließend sollen die Endgerätetechnologien ausführlich behandelt werden. Hierbei werden die Endgeräte in Geräteklassen eingeteilt und ihre jeweiligen Besonderheiten erläutert. Auch einige Ausblicke auf kommende Entwicklungen sollen gegeben werden.

Zu allen technischen Elementen sollen abschließend Zusammenfassungen und Thesen erstellt werden, um eine Einschätzung der Entwicklung in allen entscheidenden Elementen des Technologiebereichs zu ermöglichen.

3.1 Mobile Datenübertragungstechnologien

Die mobilen Datenübertragungstechnologien sind primär in zwei Technologiefamilien zu unterteilen: Technologien aus dem Umfeld der Mobiltelefonie und aus dem Umfeld drahtloser Computernetze. In jeder Familie haben sich verschiedene Standards mit jeweils unterschiedlichen Leistungen in Bezug auf Übertragungskapazitäten, Reichweite von Basisstationen, Datensicherheit und eine Anzahl weiterer Parameter entwickelt, die in unterschiedlichen geographischen Gebieten unterschiedlich erfolgreich eingesetzt werden. Die wichtigsten Technologien sollen im Folgenden nach einer kurzen allgemeinen Einführung vorgestellt werden.

3.1.1 Grundsätzliche Ausführungen zu Funkzellennetzen

Alle betrachteten und für diese Arbeit wichtigen Netztechnologien beruhen auf dem Prinzip des Funkzellennetzes. Das allgemeine Konstruktionsprinzip von Funkzellennetzen soll daher noch einmal kurz vorgestellt werden. Es wird sowohl für Mobilfunk („Cellphones") als auch Drahtlose Computernetze genutzt. Funkzellennetze werden aus einer Anzahl unterschiedlicher Basistationen konstruiert, die in einem bestimmten Abstand zueinander errichtet werden. Um eine flächendeckende Versorgung zu erreichen, muss der Abstand der Basisstationen zueinander dabei so bemessen sein, dass eine wabenartige Struktur von Funkzellen um einzelne Basisstationen entseht. Die Wabenstruktur bietet dabei das theoretisch beste Verhältnis von abgedeckter Fläche zu Anzahl der Basisstationen.

In der Realität werden die Reichweiten der Basisstationen jedoch durch geographische Faktoren wie Häuser oder Erhebungen ungleichmäßig begrenzt. Auch ist es in Ballungszentren eventuell notwendig, eine höhere Dichte an Basisstationen zu unterhalten, um die anfallenden Anfragen mit den begrenzten Kapazitäten einzelner Basisstationen abwickeln zu können. Schließlich dürfen Netzbetreiber auch nicht an jedem beliebigen Ort Basisstationen errichten.

Abbildung 3: Schematischer Aufbau eines Funkzellennetzes

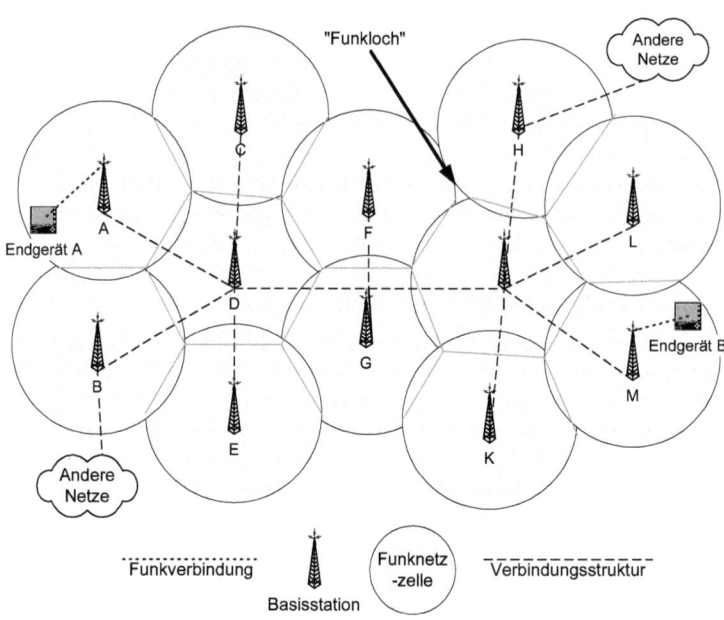

Auf diese Weise entsteht in der Praxis ein unregelmäßiges Bild aus Basistationen. An wenig besiedelten Stellen können auch sogenannte „Funklöcher" entstehen, wenn Basistationen entweder zu weit auseinander montiert wurden oder geographische Besonderheiten die Reichweite entsprechend stark verkürzen.
Die einzelnen Stationen werden in der Regel durch spezielle Verbindungsstrukturen miteinander verbunden, die die Kommunikation der Stationen untereinander abwickeln. Dieses können herkömmliche draht- oder glasfasergebundene Netzwerke, Standleitungen oder auch Datenrichtfunkleitungen sein. Bei entsprechend enger Aufstellung der Basistationen ist es in einigen Netzen auch möglich, die Funkzellen selbst für die Kommunikation untereinander zu nutzen.[16] Auf gleiche Weise können fremde Netze mit dem Funkzellennetz verbunden werden.
Ein Endgerät bucht sich in einem Funkzellennetz auf der nächstverfügbaren Basistation ein. Es ist damit im Netz bekannt und über die Basistation zumindest grob auch seine geographische Lokalisierung. Baut ein Endgerät nun eine Verbindung auf, so stellt es über Funk zunächst eine Verbindung zu seiner Basista-

---

[16] Zivadinovic, D. (2002)

tion her und teilt dieser das gewünschte Gegengerät zur Kommunikation mit. Dieses kann ein Computer, ein Drucker oder auch ein Handy sein. Das Funkzellennetz fragt nun die Funkzelle ab, in der sich das Gegengerät befindet und baut eine dynamische Route zu dem Gegengerät auf, über die die Kommunikation dann stattfindet. Durch die speziellen Eigenschaften einer Funkverbindung ist es notwendig, zentrale Funktionen des Endgeräts zu erweitern. Auf der physischen Ebene ist dieses zunächst einmal ganz einfach das Vorhandensein einer Funkeinheit und zum Beispiel eines Akkus. Darüber gelagert jedoch ist es notwendig, Endgeräte in einer Funkzelle zu identifizieren, authentifizieren und zu adressieren. Dieses wird in der sogenannten Media Access Controller (im folgenden MAC) geleistet. Auf den MAC aufsetzend werden die bekannten Protokolle der unterschiedlichen Anwendungen eingesetzt.[17]

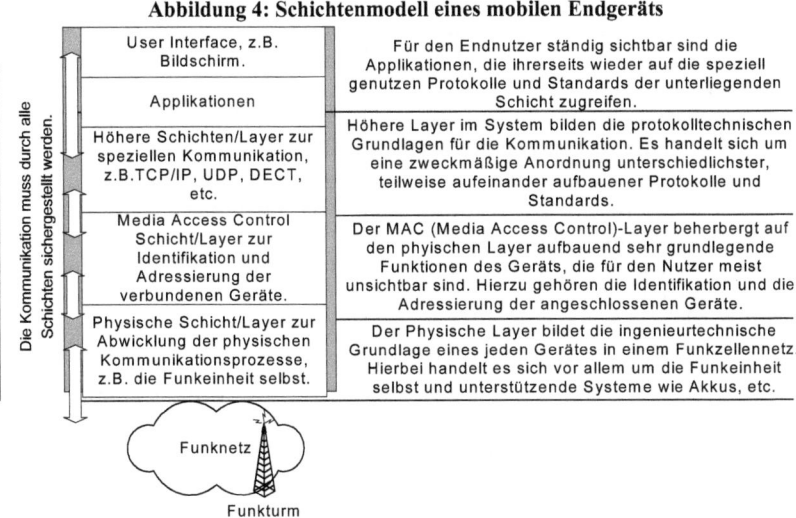

Abbildung 4: Schichtenmodell eines mobilen Endgeräts

3.1.1.1.1 Datenübertragungstechnologien der Mobilfunknetze

Die Mobiltelefonie hat vor allem in der zweiten Hälfte der neunziger Jahre einen sehr starken Aufschwung erlebt. Die aktuell weltweit installierten und benutzten Funknetze nutzen zum Beispiel den GSM-Standard,[18] der auch als Mobilfunk der zweiten Generation bezeichnet wird. Neben dem GSM-Netz ist auch das

---

[17] Vgl. **Gerlach, M.** (2001)
[18] Vgl. **Xircom** (1997)

UMTS-Netz,[19] das als Mobilfunk der dritten Generation bezeichnet wird, als eine Datenübertragungstechnologie aus dem Umfeld der Mobiltelefonie zu nennen. Diese beiden Beispiele gelten allerdings vor allem für den europäischen Raum. In Ostasien sind zum Beispiel mit CDMA-Varianten andere Übertragungstechnologien für die dritte Mobilfunkgeneration als das für das europäische UMTS vorgesehene W-CDMA bereits im Einsatz.

3.1.1.2 Global System for Mobile Communications - GSM - Mobilfunk der zweiten Generation

Der Standard Global System for Mobile Communications (im folgenden GSM) wurde grundsätzlich 1987 definiert. Dreizehn europäische Staaten unterzeichneten ein Memorandum zum Aufbau eines standardisierten Funknetzes im 900MHz Frequenzband, auf dessen Basis das GSM, ein digitales, Funkzellenbasiertes Netz für mobiles Telefonieren entwickelt wurde. Die Technologie löste verschiedene, meist analoge Mobilfunkstandards der ersten Generation ab.[20] Hierzu zählen zum Beispiel die österreichischen D-Netze, das deutsche C-Netz oder der skandinavische Mobilfunkstandard Nordic Mobile Telephone (im folgenden NMT).

Heute ist GSM in mehr als hundert Ländern vertreten. Obwohl es sich in Nordamerika nicht durchsetzen konnte, wird es in Europa, Australien, Japan, Hong Kong, Singapur, Südafrika und über hundert weiteren Staaten genutzt. Einige GSM-Netze operieren heute auch im 1800MHz Frequenzband. Dieses Frequenzband hat kleinere Zellengrößen und wird vor allem in Bereichen mit großer Nutzungsdichte wie Städten genutzt. Weit über 100 Millionen Menschen nutzen GSM weltweit.[21]

GSM selbst wird als Mobilfunk der zweiten Generation oder 2G bezeichnet. Wie alle anderen mobilen Datenübertragungstechnologien baut auch GSM auf ein Netz von Funkzellen auf, die wiederum durch GSM-Basisstationen gebildet werden. Die Reichweite von GSM-Basisstationen hängt wie beschrieben von geographischen Faktoren ab, jedoch auch von dem genutzten Frequenzband, den verwendeten Antennen und vielen weiteren Faktoren. Grundsätzlich gilt, dass langwelligere Frequenzen im niedrigeren MHz-Bereich weiter getragen werden als kurzwelligere Frequenzen, die daher in Ballungsräumen, in denen ohnehin eine höhere Anzahl an Basisstationen notwendig ist, sinnvoll sind. Die Reichweite von GSM-Basisstationen wird daher ebenso wie die Reichweiten der UMTS-Basisstationen relativ unscharf mit einem bis zehn Kilometern angegeben.[22]

---

[19] Vgl. **Steuer, J.; Meincke, M.; Tondl, P.** (2002)
[20] Vgl. **Steuer, J.; Meincke, M.; Tondl, P.** (2002)
[21] Vgl.: **Xircom** (1997)
[22] Vgl. **Schmund, H.** (2002)

GSM nutzt je nach geographischer Position verschiedene Frequenzbänder. In Europa vor allem das 900MHz-Frequenzband (880 – 960MHz) und das 1800 MHz-Frequenzband (1710-1880MHz). Die Richtungen der Datenkommunikation sind hierbei strikt unterteilt, nämlich im 900MHz-Frequenzband 880-915MHz für die Kommunikation vom Endgerät zur Basistation (Upstream) und 925-960MHz für die Kommunikation von der Basisstation zum Endgerät (Downstream). Im 1800 MHz-Frequenzband 1710-1785MHz für den Upstream und 1805-1880MHz für den Downstream zum Endgerät. In Nord- und Südamerika nutzt es ein Frequenzband im Bereich von 1850-1980MHz, dessen Datenkommunikationsrichtungen sehr fein aufgespalten sind.[23] Dieses Frequenzband wird als 1900MHz Frequenzband bezeichnet.[24]

Abbildung 5: Frequenzbänder für Mobilfunknetze

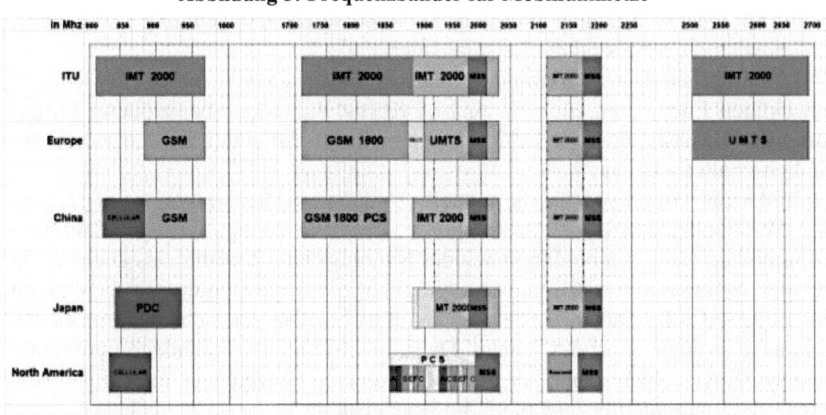

Quelle: o.V., im Internet : http://www.3g-generation.com/3g_spectrum.htm

GSM nutzt für die Funkübertragung zwei grundlegende Technologien: Funkkanäle und Zeitschlitze. Jede GSM-Basistation verfügt über bis zu acht Funkkanäle, deren Frequenzen sich unterscheiden (Frequency Division, FD).[25] Auf jedem Funkkanal wiederum werden acht umlaufende Zeitperioden moduliert, so dass jeder Kanal bis zu acht Gespräche auf diesen Zeitperioden tragen kann. Hierzu werden die für ein Endgerät relevanten Daten jeweils der entsprechenden Periode des Umlaufs aufgeprägt. Dieses Verfahren heißt „Time Division Multiple Access" (im folgenden TDMA). Die Kombination beider Verfahren ermöglicht einer GSM-Basistation die gleichzeitige Bearbeitung von bis zu 56 Te-

---

[23] Vgl.: o.V. (f) und **Michelsen, D.; Schaale, A.** (2002), S.31
[24] Vgl.: **WirelessDevNet** (2002)
[25] Vgl. **Steuer, J.; Meincke, M.; Tondl, P.** (2002)

lefongesprächen und wird als FD/TDMA (Frequency Division / Time Division Multiple Access) bezeichnet.[26]
GSM nutzt digitale Übertragung, in der - ähnlich einem ISDN-Netz - zwei Kanäle zur Verfügung stehen. Ein D-Kanal für die Signalübermittlung und ein A-Kanal für die eigentliche Datenübertragung.[27] Innerhalb der GSM-Technologie wurden eine Reihe an Datenübertragungstechnologien als Weiterentwicklungen des grundlegenden Standards etabliert, um die Zeit bis zur Verfügbarkeit des UMTS-Netzes der dritten Mobilfunkgeneration (3G) quasi zu überbrücken.[28]

3.1.1.2.1 CSD – Circuit Switched Data

Bereits innerhalb des ursprünglichen GSM-Standards wurde mit Circuit Switched Data (im folgenden CSD) von Anfang an eine Datenübertragungstechnologie vorgesehen. Die Datenübertragung wurde in dem GSM-Netz mit Schwerpunkt Sprachanwendungen allerdings nur als eine Randanwendung[29] eingeplant. Entsprechend gering sind die Leistungsmerkmale.[30]

CSD ermöglicht Datenübertragungsgeschwindigkeiten von bis zu 9,6 Kbit/s[31], bei einigen Endgeräten auch bis zu 14,5 Kbit/s, die jedoch bei größerer Entfernung zur Basisstation oder Fehlerrate schnell auf die stabileren 9,6 Kbit/s zurückgeschaltet werden.[32]

Es bildet die Grundlage für die aktuell verfügbaren Dienste von GSM-Handys wie WAP oder SMS. Die Abrechnung von CSD erfolgt wie bei einer herkömmlichen Handyverbindung nach der Nutzungszeit (Airtime) des Dienstes, in der der A-Kanal aktiv ist[33] und es ermöglicht nicht die ständige Erreichbarkeit des Endgerätes für Datendienste. Das Gerät ist nur dann erreichbar, wenn es den Datendienst auch selbst aktiv nutzt. Diese in CSD nicht vorhandene Funktionalität wird als „always on" oder immer erreichbar bezeichnet und bildet eine wichtige Grundlage für viele moderne Datendienste.

In Anbetracht der heutigen Anforderungen an eine Datenübertragungstechnologie ist CSD nicht leistungsfähig genug und veraltet. Durch die Kombination von zeitabhängiger Abrechnung, fehlender durchgängiger Erreichbarkeit sowie der viel zu geringen Datenübertragungskapazität wird CSD in der Zukunft des mobilen Internets keine große Bedeutung mehr haben. Interessanter sind bereits heute in GSM-Netzen verfügbare leistungsfähigere Datenübertragungstechnologien. Dieses sind jüngere Weiterentwicklungen auf Basis von GSM und CSD.

---

[26] Vgl. **Steuer, J.**; **Meincke, M.**; **Tondl, P.** (2002)
[27] Vgl. **Xircom** (1997)
[28] Vgl. **Zivandinovic, D.** (2001) in c't 21/2001, S.178 ff.
[29] Vgl. **Zivandinovic, D.** (2001) in c't 21/2001, S.178 ff.
[30] Vgl. **Bager, J.** (2002)
[31] Vgl. o.V. (c) (2002)
[32] Vgl. **Steuer, J.**; **Meincke, M.**; **Tondl, P.** (2002)
[33] Vgl. **Zivandinovic, D.** (2001) in c't 21/2001, S.178 ff., **Bager, J.** (2002)

3.1.1.2.2 GPRS – General Packet Radio Service

General Packet Radio Service (im Folgenden GPRS) wurde entwickelt, um auf Basis der bestehenden GSM-Netze größere Datenübertragungskapazitäten zu realisieren. Es bedient sich hierbei der Möglichkeit, die Funkkanäle einer GSM-Basistation gebündelt zu nutzen.[34] Eine GSM-Basistation verfügt über bis zu acht solcher Funkkanäle und jeder Funkkanal kann wiederum über die Nutzung von Zeitschlitzen („Time Division Multiple Access", TDMA)[35] bis zu acht Telefongespräche gleichzeitig abwickeln.[36]
Theoretisch kann GPRS alle acht Funkkanäle einer Basistation zu je 21,4 KiloBit bündeln und somit einen Bruttodatendurchsatz 171,2 KiloBit erreichen. Aktuell versprechen die Netzbetreiber jedoch maximal 107,2 KiloBit, was 13,4 KiloBit von jedem Kanal, also ca. die Kapazität von vier Gesprächen pro Kanal, bedeutet. Die senderseitige Kapazität wird auf diese Größe begrenzt, um die Netzressourcen zu schonen.[37]
Die aktuellen Handys können technisch allerdings nur bis zu 4 Kanäle bündeln und erreichen daher nur maximal 4x13,4 Kbit/s, also 53,6 KiloBit Bruttodatendurchsatz.[38] In der Praxis werden ca. 40 Kbit/s tatsächlich erreicht, da die Kapazitäten des Funknetzes dem Nutzer nicht exklusiv zur Verfügung gestellt werden[39]. Diese Leistung ist einem modernen analogen Modem vergleichbar, jedoch bereits deutlich schneller als CSD.[40]
Zur Einführung der GPRS-Funktionalität in den bestehenden GSM-Netzen waren umfangreiche Investitionen für die Weiterentwicklung und Einführung einer Vielzahl von neuen Übertragungsprotokollen notwendig.[41] Es bietet unter anderem auch einen eigenen Kanal zur SMS-Kommunikation, die bisher über den GSM-Steuer- oder Signalkanal abgewickelt wurde[42] und ist asynchron aufgebaut. Es nutzt heute zum Beispiel vier Kanäle zum Herunterladen von Daten, aber ähnlich ADSL nur einen Kanal zum Hochladen von Daten.[43] Die Funktionalität des SMS-Kanals wird von den Netzanbietern bisher allerdings noch nicht unterstützt.[44]
GPRS hat jedoch neben der reinen Datenübertragungskapazität gegenüber anderen aktuell verfügbaren Standards auf Basis des GSM-Netzes weitere große Vor-

---

[34] Vgl. **Bager, J.** (2002), o.V. (c) (2002)
[35] Vgl. **Steuer, J.; Meincke, M.; Tondl, P.** (2002)
[36] Vgl. o.V. (b) (2002)
[37] Vgl. **Zivandinovic, D.** (2001) in c't 21/2001, S.178 ff. oder **Ericsson** (2002)
[38] Vgl. **Zivandinovic, D.** (2001) in c't 21/2001, S.178 ff.
[39] Vgl. o.V. (b) (2002)
[40] Vgl. **Dulaney, K.; Tornbohm, C.; Hooley, M.** (2001)
[41] Vgl. **Ericsson** (2002)
[42] Vgl. **Zivandinovic, D.** (2001) in c't 21/2001, S.178 ff.
[43] Vgl. o.V. (b) (2002)
[44] Vgl. **Zivandinovic, D.** (2001) in c't 21/2001, S.178 ff.

teile. Hierzu zählen paketweise Datenverschickung, nicht exklusive Belegung der Netzkapazitäten, ständige Erreichbarkeit durch Datendienste (always on) und Paralleles Nutzen der Sprach- und Datenübertragung.

Diese Merkmale sollen im Folgenden näher dargestellt werden.

Paketweise Datenverschickung:
GPRS nutzt erstmals im Umfeld der Mobiltelefonie die aus dem Internet bekannte paketweise Verschickung von Daten. Diese paketweise Verschickung bedeutet, dass die Daten an das Endgerät adressiert und über die gerade verfügbaren Netzkapazitäten zugestellt bzw. geroutet werden. Das Endgerät prüft den Erhalt der Pakete und verlorene Daten werden erneut geschickt.[45] Der größte Vorteil hierbei ist zunächst die Möglichkeit, gerade verfügbare Netzressourcen maximal zu nutzen. Jedes Paket kann einzeln über einen freien Funkkanal zugestellt werden. Anschließend wird der Kanal wieder freigegeben.

Keine exklusive Belegung der Kapazitäten des Funknetzes:
GPRS kann somit die verfügbaren Netzressourcen optimal ausnutzen, ohne große Ressourcen für sich zu blockieren. Ein Funkkanal kann mehreren Nutzern zur Verfügung gestellt werden, der Nutzer kann aber gleichzeitig auch mehrere Kanäle nutzen. Das System verteilt die verfügbaren Ressourcen immer dynamisch und optimal unter den Nutzern. Allerdings bedeutet dieses auch, dass die Nutzer sich die Ressourcen teilen und somit keine exklusiven Übertragungskapazitäten zur Verfügung haben. Wenn gerade mehrere Nutzer im Netz sind, bleibt für den einzelnen eine entsprechend geringere Kapazität.[46]

Ständige Erreichbarkeit - „Always On":
Die Technik der paketweisen Verschickung und der Nutzung unterschiedlicher paralleler Funkkanäle ermöglichet die Nutzung des Signalkanals auch ohne eine aktive Verbindung. Ein Nutzer muss mit GPRS keine klassische Telefonieverbindung zum Netz mehr aufrechterhalten, die zeitabhängig abzurechnen wäre. Es reicht aus, in dem Mobilfunknetz eingebucht zu sein. Mit GPRS ist das Endgerät dann ebenso für Datenverkehr erreichbar, wie es für einen Anruf erreichbar ist, ohne dass hierfür weitere Kosten entstehen würden.[47]

Gleichzeitige Nutzung von Telefonie und Datenübertragung:
Durch die Möglichkeit der Kanalspaltung und die Nutzung mehrerer Kanäle durch ein Endgerät werden gleichzeitige Datenübertragung und Telefonieren möglich. Für das Telefonieren wird hierbei einer der offenen Datenkanäle genutzt, ohne dass die anderen geschlossen werden müssen.[48]

---

[45] Vgl. **o.V.** (b) (2002)
[46] Vgl. **o.V.** (b) (2002)
[47] Vgl. **Zivandinovic, D.** (2001) in c't 21/2001, S.178 ff., **Bager, J.** (2002), **o.V.** (b) (2002)
[48] Vgl. **Zivandinovic, D.** (2001) in c't 21/2001, S.179

GPRS ermöglicht durch seine spezielle Konstruktion unter Nutzung der paketgebundenen Datenübertragung und der ständigen Erreichbarkeit über den Signalkanal als erster mobiler Datenservice aus dem Umfeld der Mobiltelefonie eine zeitunabhängige Abrechnung.
Ähnlich einem modernen Internetzugang kann die Abrechnung datenvolumenabhängig erfolgen.[49] Eine Entwicklung, die im Internet ebenfalls vor noch gar nicht langer Zeit begonnen hat.
Die Preise der Anbieter sind zum aktuellen Zeitpunkt noch so teuer, dass der Dienst nur sehr zögernd genutzt wird. Ein Megabyte Daten konnte über GPRS in der Anfangszeit schon 9,50 DM kosten. GPRS wird sich erst dann durchsetzen wenn von den Anbietern attraktivere Preismodelle angeboten werden.[50] Beim Transfer großer Datenmengen hat es preislich klare Nachteile gegenüber HSCSD.[51]
Primär aufgrund der schonenden Nutzung von Netzkapazitäten wird GPRS heute bereits von allen großen Netzanbietern unterstützt. Es hat dadurch gegenüber HSCSD Vorteile im Wechsel (Roaming) zwischen verschiedenen Netzen. Laut Gartner wird es bis 2006 der einzig flächendeckende Datenservice mit der Funktionalität der ständigen Erreichbarkeit in Europa sein.[52]

3.1.1.2.3 HSCSD – High Speed Circuit Switched Data

High Speed Circuit Switched Data (HSCSD) ist ähnlich wie GPRS eine Weiterentwicklung des GSM-Standards zur Bereitstellung höherer Datentransferraten in GSM-Netzen.[53] Auch HSCSD nutzt grundsätzlich die bestehende GSM Netzinfrastruktur. Weiterentwicklungen in Bezug auf die Übertragungstechnologien der ursprünglichen GSM-Netze waren jedoch auch für HSCSD notwendig.
Das technologische Verfahren von HSCSD nutzt wie GPRS die Möglichkeit zur Kanalbündelung. Es werden hier bis zu vier Funkkanäle zu je maximal 14,4 KiloBit gebündelt. Der Unterschied zu den erreichten Datenvolumina beim GPRS resultiert aus einem geringeren Steueraufwand (Overhead), so dass geringfügig höhere Nettoraten pro Kanal möglich sind. Insgesamt erreicht HSCSD somit bis max. 57,6 Kbit/s, was ähnlich der GPRS-Leistung in etwa einem modernen, analogen Modem entspricht.[54] In der Praxis liegt die Leistung allerdings meist deutlich unter diesen Werten, da bei HSCSD alle Kanäle einer Basistation zur Verfügung gestellt werden müssen. Die Station müsste folglich zur Erreichung der

---

[49] Vgl. **Zivandinovic, D.** (2001) in c't 21/2001, S.178 ff., **Bager, J.** (2002), **o.V.** (d) (2002), **o.V.** (b) (2002)
[50] Vgl. **o.V.** (b) (2002), und **Zivandinovic, D.** (2001) in c't 21/2001, S.179
[51] Vgl. **Zivandinovic, D.** (2001) in c't 21/2001, S.178 ff.
[52] Vgl. **Deighton, N.; Hooley, M.** (2001)
[53] **Zivandinovic, D.** (2001) in c't 21/2001, S.178 ff.
[54] Vgl. **Bager, J.** (2002), S.2, **Zivandinovic, D.** (2001) in c't 21/2001, S.178 ff., **o.V.** (d) (2002)

maximalen Übertragungsgeschwindigkeit ausschließlich einem Nutzer zur Verfügung stehen.[55] Darüber hinaus sind die meisten aktuellen Handys auch nicht in der Lage, vier HSCSD-Kanäle zu bündeln.[56] Die tatsächliche Leistungsfähigkeit von HSCSD hängt folglich stark von der Netzauslastung, also der Zahl der verfügbaren Kanäle und dem Endgerät selbst ab.
HSDSC ist aufgrund seiner technischen Merkmale nicht ständig erreichbar. Es nutzt im Gegensatz zu GPRS nicht den Signalkanal des GSM-Netzes, um den Kontakt zum Netz zu halten. Daher ist ein Verbindungsaufbau zur Datenübertragung notwendig.[57]
Die von einer HSCSD-Verbindung einmal belegten Kanäle stehen dieser Verbindung im Gegensatz zu GPRS anschließend exklusiv zur Verfügung. Diese Exklusivität bedeutet für den Nutzer nach Einwahl stabile Übertragungsraten, im Umkehrschluss jedoch eine starke Netzbelastung.[58] Wohl auch aufgrund dieses nachteiligen Verbrauchs von Netzressourcen wird GPRS von den Netzbetreibern gegenüber HSCSD bevorzugt, das nur von wenigen europäischen Netzbetreibern angeboten wird. GPRS ist daher durch die weit größere Verbreitung im Bezug auf den freien Wechsel (Roaming) zwischen verschiedenen Netzen im Vorteil.[59]
Die Abrechnung von HSCSD erfolgt wie vom Handy gewohnt pro Verbindungsminute.[60] Im Vergleich zu GPRS, dessen Datentransferpreise derzeit noch sehr teuer sind, bietet HSCSD mit ca. 20 Cent pro Onlineminute bei der Übertragung größerer Datenmengen derzeit einen Kostenvorteil.[61]

3.1.1.2.4 EDGE - Enhanced Data Rates for GSM Evolution
Enhanced Data Rates for GSM Evolution (im Folgenden EDGE)[62] ist eine Weiterentwicklung der GPRS- und HSCSD-Technologien, die in modernen GSM-Netzen bereits bestehen. EDGE nutzt hierzu lediglich im Bereich der Funkverbindung zwischen Endgerät und Basistation ein anderes Protokoll als GPRS. Ansonsten benutzt es weitestgehend die bestehende GPRS–Infrastruktur, weswegen auch von Enhanced GPRS (im folgenden EGPRS)[63] gesprochen werden kann. Technisch handelt es sich somit weitgehend um eine aufsetzende Technologie, um ein sogenanntes „Add on" zu GPRS.[64]

---

[55] **Zivandinovic, D.** (2001) in c't 21/2001, S.178 ff., **Bager, J.** (2002)
[56] Vgl. **o.V.** (c) (2002) und **Bager, J.** (2002)
[57] **o.V.** (c) (2002)
[58] Vgl. **o.V.** (b) (2002) und **o.V.** (c) (2002)
[59] Vgl. **Deighton, N.; Hooley, M.** (2001)
[60] Vgl. **Zivandinovic, D.** (2001) in c't 21/2001, S.178 ff. und **Bager, J.** (2002)
[61] Vgl. **o.V.** (d) (2002) und **Zivandinovic, D.** (2001) in c't 21/2001, S.178 ff.
[62] Vgl. **Aberdeen Group** (2000)
[63] Vgl. **Aberdeen Group** (2000) und **Ericsson** (2002)
[64] Vgl. **Ericsson** (2002)

Abbildung 6: Vergleich der Modulationstechnologien von GMSK und 8PSK

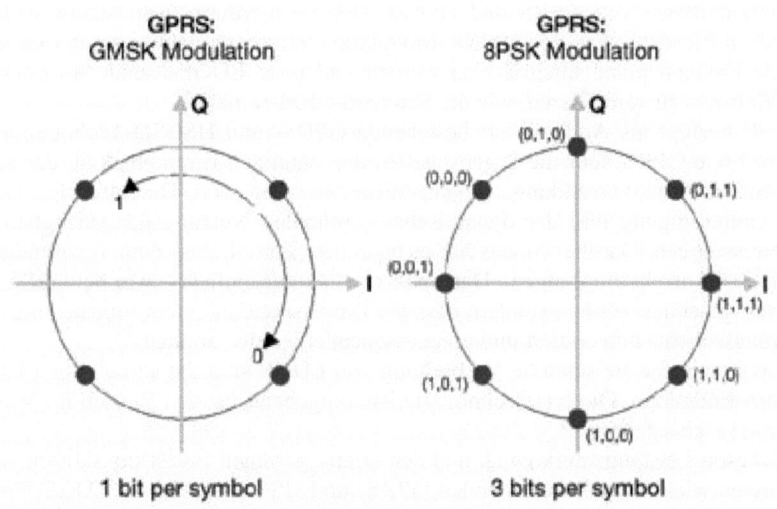

Quelle: **Ericsson** (2002), im Internet:
http://www.3gamericas.org/pdfs/Ericsson_EDGE_WP_tech_2002.pdf

Beim Datendurchsatz liegt EDGE deutlich über GPRS und HSCSD. Es erreicht Brutto theoretisch 473,6 Kbit/s, Netto immerhin noch maximal 384 Kbit/s.[65] Diese Leistung entspricht dem dreifachen Datendurchsatz einer maximalen GPRS-Verbindung oder ca. sechsfacher ISDN-Geschwindigkeit.
Diese Leistungen werden im GSM-Netz durch eine neue Modulationstechnologie bei der Funkübertragung erzeugt. Im Gegensatz zu HSCSD oder GPRS beschränkt sich EDGE also nicht darauf, die bestehenden Kanäle zu bündeln, sondern es ändert die Art der Datenübertragung innerhalb der Kanäle. Die Modulationstechnik beschreibt dabei die Art, wie innerhalb einer Zeiteinheit (Zeitschlitz oder Symbol) die Daten auf der Funkstrecke codiert werden. Die herkömmliche GMSK (Gaussian Minimum Shift Keying) überträgt hierbei pro Zeiteinheit (Symbol) ein Bit. Durch Änderung der Modulationstechnologie aus 8PSK (8-phase Shift Keying) können in der gleichen Zeiteinheit (Symbol) drei Bit übertragen werden.[66]

---

[65] Vgl. **Ericsson** (2002) und **Aberdeen Group** (2000), **Northstream** (2002a) und **Steuer, J.; Meincke, M.; Tondl, P.** (2002)

[66] Vgl. **Aberdeen Group** (2000) und **Ericsson** (2002)

EDGE nutzt durch den 8PSK-Modulationsstandard die gleiche Kanalstruktur, Kanalbreite und Kanalcodierung sowie weitere existierende Mechanismen und Funktionalitäten von GPRS und HSCSD. Es hat hierdurch weitestgehend die gleichen Eigenschaften wie GMSK-Modulation und ermöglicht es so, in existierende Frequenzpläne integriert zu werden und neue EDGE-Kanäle im GSM-Netz ebenso zu vereinbaren, wie die Standard-GSM-Kanäle.[67]
EDGE verfügt als Add On auf bestehende GPRS- und HSCSD-Technologien ebenso wie GPRS über die Eigenschaften der ständigen Erreichbarkeit, der paketweisen Datenversendung, gleichzeitiger Nutzung von Datentransfer und Stimmübertragung und der dynamischen, optimalen Nutzung der verfügbaren Netzressourcen. Darüber hinaus hat es noch den Vorteil, dass einmal gesendete und nicht korrekt empfangene Datenpakete nicht nur einfach – wie bei GPRS – wieder gesendet werden, sondern dass die Datenpakete in einem robusteren Codierungsschema neu codiert und erneut versendet werden können.[68]
Hauptgrenze für die schnelle Verbreitung von EDGE sind die aktuell noch fehlenden Endgeräte. Die Netztechnologie ist weitgehend für den Betrieb im Massenmarkt einsatzbereit.[69]
Mit diesen Leistungsmerkmalen und den relativ geringen Investitionskosten zur Weiterentwicklung der bestehenden GPRS- und HSCSD-Netze zu EDGE-fähigen Netzen, bietet EDGE eventuell eine interessante Alternative oder wenigstens eine leistungsfähige Übergangstechnologie zu UMTS. Teilweise wird von EDGE als dem ersten Mobilfunkstandard der dritten Generation (im Folgenden auch 3G) gesprochen. Es ermöglicht die Realisierung vieler Breitbanddienste, mit denen in für UMTS geworben wurde, bei geringeren Investitionskosten. Auch viele der kommerziell wichtigen Dienste der nahen und mittleren Zukunft können mit den Kapazitäten von EDGE abgewickelt werden.[70]
Aus Nutzersicht könnte EDGE sozusagen schon die dritte Generation des Mobilfunks sein, also 3G ohne UMTS.[71]

3.1.1.3 UMTS – Mobilfunk der dritten Generation

Universal Mobile Telecommunication System (im folgenden UMTS) wird allgemein als der Nachfolgestandard für die aktuellen GSM-Netze zur Mobiltelefonie angesehen. Als solches wird UMTS auch oft als dritte Generation des Mobilfunks oder kurz 3G bezeichnet.[72] UMTS wurde seit 1992 mit dem Ziel entwickelt, ein weltweites einheitliches Mobilfunknetz zu schaffen. Bereits 1992 wurde ein 230 MHz breites Frequenzband im 2 GHz-Bereich für „International

---

[67] Vgl. **Ericsson** (2002)
[68] Vgl. **Ericsson** (2002)
[69] Vgl. **Aberdeen Group** (2000)
[70] Vgl. **Northstream** (2002a)
[71] Vgl. **Aberdeen Group** (2000)
[72] Vgl. **Zivandinovic, D.** (2001), in c't 21/2001, S.178 ff.

Telecommunications at 2000 MHz" (im folgenden IMT-2000) reserviert. IMT-2000 ist somit ein Dachbegriff für die Mobilfunksysteme der dritten Generation, die in diesem Rahmen entwickelt wurden. Das erste öffentliche UMTS-Netz wurde bereits im Oktober 2000 in Südkorea in Betrieb genommen. Die angestrebte Einheitlichkeit des Netzes wurde durch das 3rd Generation Partnership Project (im folgenden 3GPP) vorangetrieben, das sich um die Etablierung einheitlicher Standards bemühte. In der Realität entscheiden jedoch lokale Standards über die endgültige Ausprägung des Netzes. Hierdurch wurde der wichtige Anspruch des weltweit einheitlichen Netzes bereits derart untergraben, dass in Amerika mit CDMA2000 eine Mobilfunktechnologie eingerichtet werden soll, die mit UMTS nicht kompatibel ist. Neben CDMA2000 sind noch drei weitere untereinander inkompatible Standards im Gespräch: IS-136-EDGE, Time Division Synchronous Code Division Multiple Access (TD-SCDMA) und eine erweiterte DECT-Variante.[73] Vor allem UMTS, das W-CDMA benutzt und die CDMA2000-Technologien scheinen den zukünftigen Markt unter sich aufzuteilen.[74] Sie sollen im Folgenden daher noch näher betrachtet werden.

Die Frequenzbänder für UMTS wurden im IMT2000-Standard der International Telecoms Union definiert. Dieser Standard ist für Europa und den größten Teil Asiens festgeschrieben und sichert den UMTS-Mobilfunkbetreibern exklusiv nutzbare Funkfrequenzen im Bereich von 1900 bis 1980 MHz, 2010 bis 2025 MHz und 2110 bis 2170 MHz zu.[75] Auch diese Frequenzen sind weltweit jedoch nicht einheitlich.[76] Die Exklusivität dieser Frequenzen wurde durch die UMTS-Lizenznehmer im Rahmen der Lizenzvergabe von den jeweiligen Staaten zum Höhepunkt des Internet- und New Economy-Booms ersteigert. Die Preise für die Lizenzen waren hierbei oft so hoch und mit Bedingungen in Bezug auf die Realisierung des Netzes verbunden, dass die Art der Lizenzierung bei der Betrachtung einer jeden Wirtschaftlichkeit in Zusammenhang mit UMTS eine entscheidende Rolle spielt. Dieses ist später bei der Evaluierung der Geschäftsmodelle näher zu beachten.

UMTS selbst arbeitet wie GPRS paketbasiert und ermöglicht somit auch die Funktionalität ständiger Erreichbarkeit.[77] Es erreicht theoretisch Übertragungsraten bis 2 Mbit/s.[78]

Diese höheren Übertragungsraten erreicht UMTS durch eine weitgehend neue Technologiebasis im Bereich der Funkzellen. Zunächst verwendet es eine neue, noch höherwertige Modulationstechnologie als GPRS, bei der auf jedem Zeit-

---

[73] Vgl. **Steuer, J.**; **Meincke, M.**; **Tondl, P.** (2002)
[74] Vgl. **o.V.** (2002e), **Aberdeen Group** (2001) und **Northstream** (2002a)
[75] Vgl. **Aberdeen Group** (2001) und **Northstream** (2002a)
[76] Vgl. **Steuer, J.**; **Meincke, M.**; **Tondl, P.** (2002)
[77] Vgl. **o.V.** (2001a) und **Steuer, J.**; **Meincke, M.**; **Tondl, P.** (2002)
[78] Vgl. **Deighton, N.**; **Hooley, M.** (2001), **Zivandinovic, D.** (2001) in c't 21/2001, S.178 ff. und **Övrebö, O.**; **Schwan, B.** (2002), **o.V.** (2001b)

schlitz zwei Bit gesendet werden. Diese Modulationstechnologie heißt Quadrature Phase Shift Keying (im folgenden QPSK).[79]

Abbildung 7: Prinzip des CDMA - Übertragung mehrerer Funksignale auf gleicher Frequenz zu gleichen Zeit

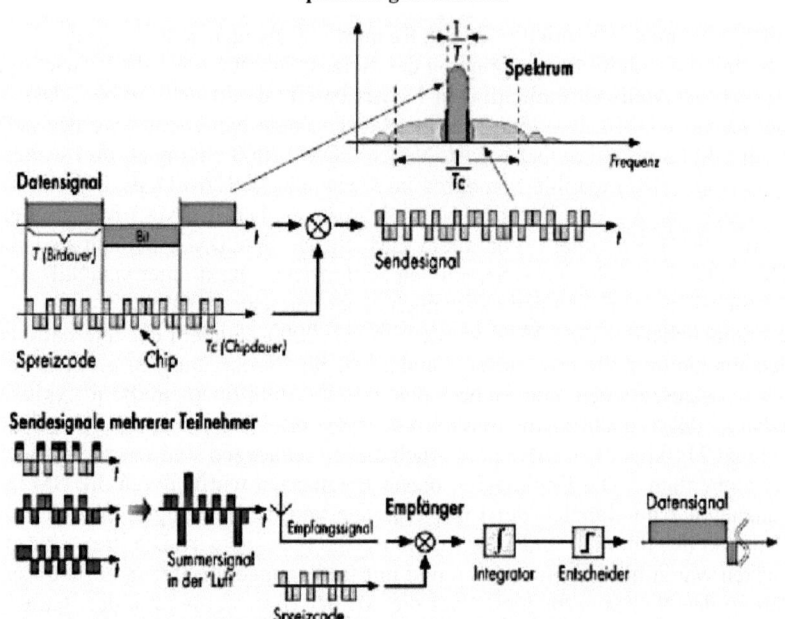

Das Schaubild verdeutlicht das Prinzip des CDMA. Das ursprüngliche Datensignal wird mit einem Spreizcode in ein Sendesignal umgerechnet. Dieses Signal wird zusammen mit anderen Signalen gesendet und ergibt einer „Summersignal" auf der Luftstrecke. Das komplette „Summersignal" wird empfangen und mit dem Spreizcode multipliziert. Dadurch wird das Datensignal zurückgewonnen.

Quelle: **Steuer, J.; Meincke, M.; Tondl, P.**(2002)

Während GSM mit der Aufteilung der Ressourcen nach Frequenzen (Kanälen, FD) und Zeitschlitzen (TDMA) eine relativ simple Unterteilung vornimmt, geht UMTS hier vollkommen andere Wege. Die Teilnehmertrennung bei UMTS-Netzen erfolgt über Code Division Multiple Access (im folgenden CDMA). Hierzu wird das Funksignal für einen Empfänger über eine bestimmte Technik

---

[79] Vgl. **Steuer, J.; Meincke, M.; Tondl, P.** (2002)

auf ein breiteres Frequenzspektrum „gespreizt" und versendet. Durch diese Spreizung können auf einer Frequenz Signale für mehrere Empfänger gleichzeitig versendet werden. Die Intensität für den einzelnen Nutzer auf der Frequenz ist niedriger und es werden mehrere Nutzer gleichzeitig auf dieser Frequenz versorgt.

Das Endgerät empfängt jedoch bei dieser Vorgehensweise zunächst grundsätzlich alle Signale auf seiner Frequenz. Es rechnet nun durch Multiplikation der Signale mit dem Umkehrcode der senderseitigen Codierung sein Signal quasi wie mit einer Harke aus dem Durcheinander wieder heraus. Dieses Verfahren bietet einen Vorteil in Bezug auf die Störanfälligkeit. Da das Signal über ein größeres Frequenzband gespreizt wurde, sind die Fehlerquellen, die meist auf engen Frequenzbändern funken, nur Störer für einen kleinen Ausschnitt des Gesamtsignals. Durch die Filterung anhand der Rückrechnung der Codes wird auch das Hintergrundrauschen der Funkfrequenzen stark vermindert. Ebenso wie die Signale anderer UMTS-Geräte erscheint es nach dem Rückrechnen des eigenen Signals für das Endgerät weiterhin im Spektrum „verschmiert", da der Code für die Rückrechnung nicht angewendet werden konnte. Es wird daher ebenso wie die anderen Funksignale vom Endgerät sauber ignoriert.[80]

Abbildung 8: Geräteübersicht verschiedener Designstudien für UMTS

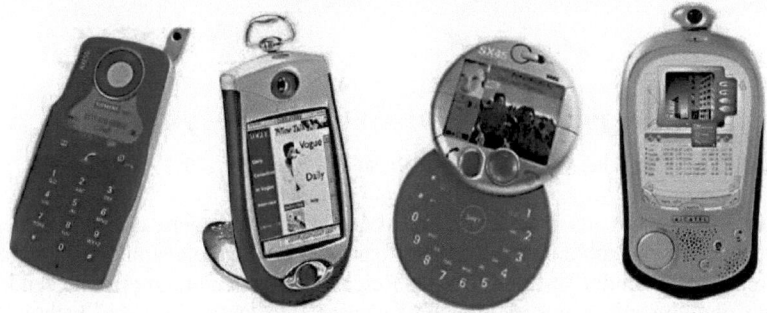

Quelle: http://www.systems-world.de

Das Prinzip der Codespreizung bringt jedoch auch negative Effekte mit sich. Da die verschiedenen Endgeräte in einem gleichen Frequenzbereich und in einem gleichen Zeitraum kommunizieren, kann es zu gegenseitiger Überdeckung

---

[80] Vgl. **Steuer, J.; Meincke, M.; Tondl, P.** (2002)

kommen. Bei zunehmender Entfernung steigt die hiermit verbundene Signalbedämpfung, so dass nahe Teilnehmersignale weit entfernte überdecken.

Abbildung 9: Ausbau der Versorgung mit UMTS in Deutschland

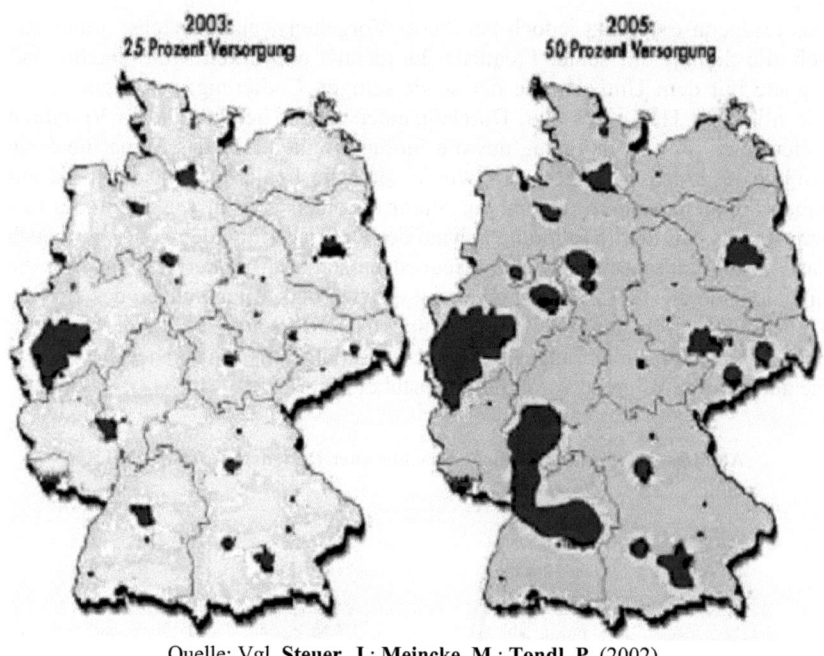

Quelle: Vgl. **Steuer, J.**; **Meincke, M.**; **Tondl, P.** (2002)

Dieser Effekt wird als Near-Far-Effekt bezeichnet. In einem engen Rahmen kann man dieses Problem durch eine Anpassung der Sendeleistung des Endgeräts regeln. Ein Endgerät am Ende der Reichweite seiner Funknetzzelle sendet jedoch ohnehin mit seiner maximalen Leistung und kann diese rein technisch nicht mehr erhöhen. Beim Hinzukommen von näheren – und damit für die Basistation stärkeren – Funksignalen wird das sehr weit entfernte Signal durch den Near-far-Effekt überdeckt. Im Extremfall führt dieses dazu, dass das weit entfernte Signal nicht mehr wahrnehmbar ist. Die Funkzelle hat somit ihre Reichweite aufgrund der Teilnehmer in der Zelle verringert. Man spricht davon, dass UMTS-Funknetzzellen in ihrer Reichweite „pumpen". Dieses Verhalten stellt die Planer solcher Netze vor größere Herausforderungen.[81] Die Lösung des Problems ist eine schnelle und aufwendige Leistungsregelung. Diese Regelung

---

[81] Vgl. **Steuer, J.**; **Meincke, M.**; **Tondl, P.** (2002)

funktioniert über Codefolgen verschiedener Länge, die ein orthogonaler Spreizbaum liefert.[82]

Abbildung 10: Nokia 6650 - Das erste UMTS/GSM-Handy, Markteinführung 2003

Quelle: http://www.nokia.at/pool/pics/6650_popup.jpg

Dieses grundlegende Prinzip von UMTS ermöglicht die hohen theoretischen Übertragungskapazitäten von bis zu 2 Mbit/s. Da die tatsächliche Leistungsfähigkeit aber wie bei allen anderen Funkzellentechnologien von der verfügbaren Infrastruktur und der Zahl der Nutzer, die gleichzeitig den Dienst nutzen, abhängig ist, wird die Leistungsfähigkeit in der Praxis deutlich geringer sein. Die real zur Verfügung stehende Bandbreite wird teilweise nur auf 64 bis 144 Kbit/s,[83] in anderen Quellen auf nicht über 384 Kbit/s geschätzt.[84]

Neben den somit bereits im Vorwege begrenzten Leistungen existieren im Umfeld der UMTS-Technologie noch eine Reihe weiterer Probleme. Infrastruktur und Endgeräte waren lange Zeit technische nicht ausgereift. Unterschiedliche Quellen sagten eine Einführung in den Markt nicht vor Mitte 2004, eher später, voraus.[85] Die Gartner Group prognostizierte sogar mit einer 70%-Wahrscheinlichkeit, dass es den UMTS-Anbietern bis 2006 nicht gelingen wird, 20% der europäischen Bevölkerung mit UMTS zu versorgen.[86] Die Vergabebe-

---

[82] Vgl. **Steuer, J.; Meincke, M.; Tondl, P.** (2002)
[83] Vgl. **Deighton, N.; Hooley, M.** (2001)
[84] Vgl. **Steuer, J.; Meincke, M.; Tondl, P.** (2002)
[85] Vgl. **Aberdeen Group** (2000)
[86] Vgl. **Paulak, E.; Hooley, M.** (2001) und **Poropudas, T.** (2002)

dingungen für die UMTS-Lizenzen in Deutschland schreiben jedoch eine 25-prozentige Versorgung der Gesamtbevölkerung bis Ende 2003 und eine 50-prozentige Versorgung bis 2005 vor. Diese Eckdaten könnten über gezielte Versorgung der Ballungsgebiete erreicht werden. Von einer flächendeckenden Versorgung ist jedoch dann noch lange nicht zu sprechen.[87]

3.1.1.3.1 W-CDMA

Bei W-CDMA handelt es sich um die CDMA-Technologie, die den europäischen UMTS-Netzen zu Grunde liegt.[88] Diese Technologie wird von den großen europäischen, einigen asiatischen und den nordamerikanischen Mobilfunkkonzernen AT&T Wireless und Voicestream gefördert.[89]
W-CDMA hatte jedoch lange schwere technische Probleme. Neben einigen Testinstallationen, zum Beispiel auf der Isle of Wight, gab es bis Mitte 2002 keine funktionierenden UMTS-Netze. Erst Ende 2002, Anfang 2003 wurden die ersten großflächigeren UMTS-Netze auf W-CDMA-Basis in Österreich und Großbritannien in Betrieb genommen. In Österreich wurden beispielsweise Ende 2003 alle Landeshauptstädte außer Salzburg durch den Taiwanesischen Mischkonzern Hutchison Whampoa (der unter dem Markennamen „3" auftritt) mit einem öffentlich zugänglichen UMTS-Netz versorgt.
Nachdem die technischen Probleme im Bereich der Netzausrüstung Ende 2002 weitestgehend gelöst waren, erschienen ab Mitte 2003 auch die ersten UMTS-fähigen Mobiltelefone auf dem europäischen Markt.[90] Diese Geräte nutzen sowohl die bestehenden GSM-Netze als auch die neuen UMTS-Netze, um eine flächendeckende Versorgung mit Sprachdiensten sicherzustellen.
Diese Probleme bei der Endgerätetechnologie als auch im Bereich der Netzwerkausrüstung haben zu einer zeitlichen Verzögerung der W-CDMA-Technologie gegenüber CDMA-2000-Technologien von gut zwei Jahren geführt.[91]

3.1.1.3.2 CDMA2000 1XRTT und CDMA2000 1X EV-DO

CDMA2000 ist die am weitesten entwickelte UMTS-Technologie und wird als Hauptkonkurrent der W-CDMA-Technologie angesehen. Das erste öffentliche UMTS-Netz mit CDMA2000-Technologie wurde bereits im Oktober 2000 in Südkorea in Betrieb genommen. Das Netz in Südkorea konnte bis Ende 2001 2,68 Millionen Benutzer gewinnen. Bis Ende 2003 sollte die Technologie in

---

[87] Vgl. **Steuer, J.**; **Meincke, M.**; **Tondl, P.** (2002)
[88] Vgl. **Northstream** (2002a)
[89] Vgl. **o.V.** (2002e)
[90] Nokia 6650 im Internet: http://www.nokia.at/german/phones/6650/index.html
[91] Vgl. **Steuer, J.**; **Meincke, M.**; **Tondl, P.** (2002)

Ostasien laut einer Studie von Morgan Stanley mehr als 17 Millionen Benutzer haben.[92]
Die Technologie wird von Verizon und Sprint PCS unterstützt. Somit ist in Ostasien und Nordamerika von der Einführung von UMTS-Netzen auf W-CDMA und CDMA2000 Technologie auszugehen. Die großen Märkte in China, Indien, Südamerika und Afrika sind in dieser Hinsicht noch als unentschieden zu bezeichnen.[93]
Die Technologie selbst steht in zwei unterschiedlichen Standards zur Verfügung: 1XRTT und 1X EV-DO. Die bestehenden Netze basieren hierbei auf dem älteren 1XRTT-Standard, der allerdings nur Datenübertragungsraten bis 144 Kbit/s erreicht und damit noch nicht einmal die Leistungsfähigkeit von EDGE erreicht. Erst Anfang 2003 wurden in Japan die ersten auf 1X EV-DO basierenden Netze eingeführt. Diese Technologie erreicht eine maximale Datenübertragungsrate von bis zu 2,4 Mbit/s und ist UMTS beziehungsweise W-CDMA daher vergleichbar.
Neben dem Zeitvorteil von gut zwei Jahren ist noch der Vorteil ausgereifterer Infrastruktur und Endgerätetechnologien zu nennen.
Die Technologien W-CDMA und CDMA2000 sind untereinander nicht kompatibel. So nutzen sie beispielsweise zur Signalisierung im Kernnetz unterschiedliche Spezifikationen. W-CDMA setzt hier aus die Spezifikation SS7/MAP, während CDMA2000 ANSI41 verwendet. Hieran ist bereits die Aufweichung des ursprünglichen Ansatzes, mit UMTS ein weltweit einheitliches Kommunikationssystem zu schaffen, zu erkennen.[94]

3.1.2 Mobile Datenübertragungstechnologien aus dem Umfeld der Computernetze

Neben den Entwicklungen im Bereich der mobilen Telefonie haben sich im Bereich der Computernetzwerke eine Anzahl drahtloser Kommunikationsstandards mit unterschiedlichen Leistungsmerkmalen und Einsatzgebieten entwickelt. Einige von ihnen eignen sich auch für den Einsatz für das mobile Internet oder seine Endgeräte und spielen somit eine wichtige Rolle bei der Klärung der technischen Rahmenbedingungen für das mobile Internet. Andere spielen aus unterschiedlichen Gründen keine Rolle.
Im Folgenden sollen die bestehenden und zukünftigen Standards mit Ihren Leistungsmerkmalen vorgestellt werden. Hierbei wird entsprechend der Zugehörigkeit zu technischen Produkt- und Standardfamilien nach Standards der Wireless Local Area Network beziehungsweise Wireless Fidelity (im folgenden W-

---

[92] Vgl. **Steuer, J.; Meincke, M.; Tondl, P.**(2002)
[93] Vgl. **Steuer, J.; Meincke, M.; Tondl, P.** (2002)
[94] Vgl. **Steuer, J.; Meincke, M.; Tondl, P.** (2002)

LAN oder auch Wi-Fi) Technologie, nach HiperLAN2 und Bluetooth unterschieden.

3.1.2.1 Wi-Fi - Drahtlose Lokale Netzwerke – IEEE 802.11

Drahtlose lokale Computernetzwerke wurden für den Einsatz in Unternehmen entwickelt. Ihre ursprüngliche Aufgabe ist die drahtlose Vernetzung von Bürogeräten und Arbeitsplätzen innerhalb von Gebäuden beziehungsweise die Vernetzung von Gebäuden auf einem Betriebsgelände, um die Beweglichkeit von Arbeitsplätzen zu erhöhen und Einsparungspotentiale bei der Netzwerkinfrastruktur der Betriebsgelände und Gebäude zu realisieren.[95]

Abbildung 11: Das Schichten-/Layermodell der 802.11-Standards

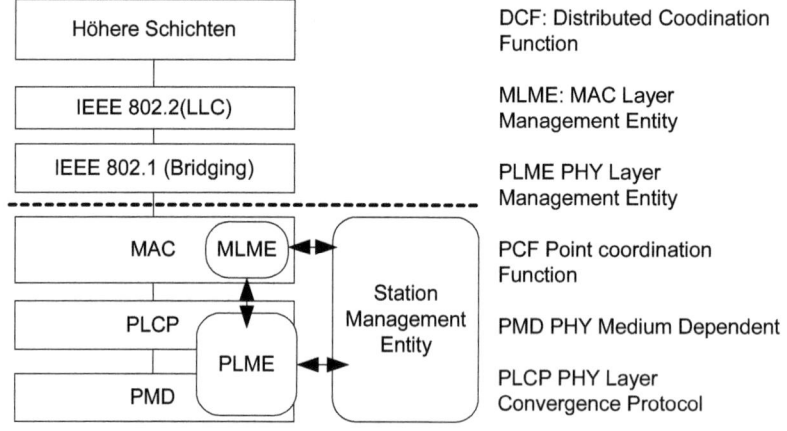

Quelle: **Gerlach, M.**(2001)

W-LAN-Technologie wird aufgrund deutlich günstigerer Preise bereits heute massenweise verkauft. Die Infrastruktur eines Wi-Fi Funkzellennetzes ist der eines Mobilfunknetzes durchaus vergleichbar. Es gibt auch hier Basisstationen, Verbindungsstrukturen und Endgeräte.

Der Funkstandard ist hierbei zur Überbrückung der Luftstrecke zwischen Basisstation und Endgerät zuständig. Die Standards auf dem Wi-Fi-Umfeld werden durch das Institute of Electrical and Electronic Engineers[96] (im folgenden IEEE) in der 802.11-Standardfamilie definiert. Es existieren zwei physische Standards: 802.11a im 5 GHz Frequenzband und 802.11b im 2,4 GHz Frequenzband. Ein

---

[95] Vgl. **Ambrosini, C.** (2002)
[96] IEEE im Internet : http://www.ieee.org

dritter physischer Standard ist kurz vor der Einführung: 802.11g, der das 2,4 GHz und das 5 GHz Frequenzband nutzen soll. Darüber hinaus gibt es unterschiedliche Softwarestandards, die zum Beispiel die Sicherheit erhöhen oder die Servicequalität verbessern sollen.[97] Offiziell anerkannt sind bisher nur die beiden physischen Standards 802.11a und 802.11b.[98] Der grundlegende Standard 802.11 wurde bereits 1997 verabschiedet und stellt ein einfaches Framework zur Verfügung, das auf Basis des Modulationsverfahrens Carrier Sense Multiple Access / Collision Avoidance (im folgenden CSMA/CA) Datenübertragungsraten von 1 Mbit/s bis 54 Mbit/s zur ermöglicht.

Abbildung 12: Das Wi-Fi Zertifikat

Durch dieses Logo wird die Interoperabilität und die Standardkonformität eines Produktes zu einem offiziellen Standard der IEEE 802.11 Familie testiert.
Quelle: http://www.weca.net/OpenSection/wi-fi_important.asp?TID=2

Die Wireless Ethernet Compatibility Alliance[99] (im folgenden WECA) testet Geräte der Standards auf Interoperabilität und Konformität untereinander und zum Standard und testiert diese mit den verschiedenen, sogenannten Wi-Fi Markierungen.[100] Diese Marken haben den drahtlosen Ethernets oder W-LANs den Beinamen Wi-Fi eingebracht.[101]
Durch die Nutzung lizenzfreier Funkfrequenzen, Massenproduktion und geringe Sendeleistungen sind Wi-Fi-Netze sehr günstig. Sie sind deutlich günstiger als Mobilfunknetze oder selbst DSL-Netze.[102] Der Absatz an Ausrüstung boomt nach der Einführung der ersten Geräte 1998 seit etwa 2001.[103]
Viele Nutzer sind hier Privatpersonen, oft zu Kollektiven oder Vereinen zusammengeschlossen, die teilweise große Netze mit mehreren tausend registrierten Nutzern betreiben. Dieses oft ohne Gewinnstreben, sondern nur zur Selbstversorgung.[104] Dieses ist eine Einstellung die stark an die der Internetpioniere

---

[97] Vgl. **Keen, I.** (2002)
[98] Vgl. **Burns, T.** (2002), **Keen, I.** (2002)
[99] WECA im Internet: http://www.weca.net
[100] Vgl. **Keen, I.** (2002)
[101] Eine Liste der von der WECA anerkannten Geräte im Internet: http://www.weca.net/ OpenSection/Certified_Products.asp?TID=2
[102] Vgl. **Sanders, T.** (2001)
[103] Vgl. **Keen, I.** (2002)
[104] Vgl. **Ambrosini, C.** (2001)

Ende der 1980er, Anfang der 1990er Jahre erinnert.[105] Die notwendigen Informationen über verfügbare Einwahlpunkte (auch Hotspots oder Access-Points) können auf verschiedenen Seiten im Internet gefunden werden.[106] Bisweilen machen Wi-Fi-Kollektive auch durch spektakuläre Aktionen auf sich aufmerksam, die den Geist gut wiederspiegeln. So wurde im Jahr 2002 die Londoner Innenstadt quasi über Nacht mit geheimnisvollen Kreidezeichen an Gebäudewänden überzogen. Sie zeigten dem Eingeweihten die Verfügbarkeit und Daten von Wi-Fi-Netzen an seinem Standort an.

Abbildung 13: Entwicklung des Absatzes von W-LAN Ausrüstung 1998 bis 2005

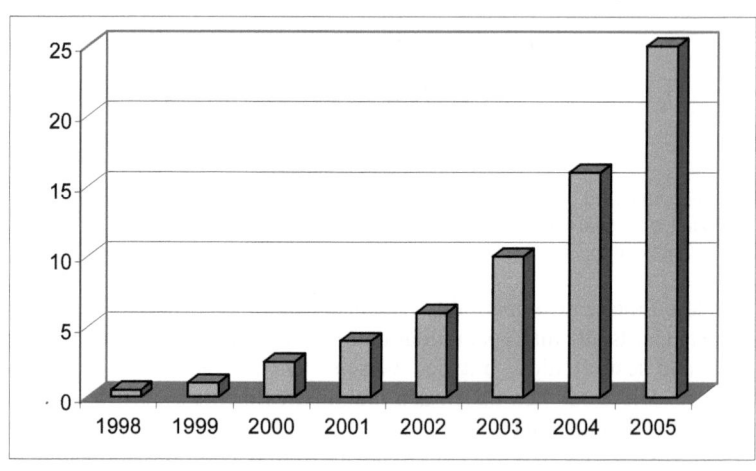

Quelle: **Micrologic Research**, im Internet:
http://www.shorecliffcommunications.com/magaz.../print_article.asp?vol=24&story=20

Betrachtet man nur den Datendurchsatz, sind Wi-Fi-Netze schon heute deutlich leistungsfähiger als Mobilfunknetze. Einige Standards sind bereits seit mehreren Jahren im Markt eingeführt, werden massenweise abgesetzt und übertreffen auch die modernsten UMTS-Netze um ein mehrfaches an Leistung bei deutlich geringeren Investitionskosten.

Wi-Fi-Netze werden inzwischen auch von großen UMTS-Lizenznehmern wie T-Mobile oder Voicestream unterstützt und es wird an einem Roaming zu den GSM- und UMTS-Mobilfunknetzen gearbeitet.[107] Parallel hierzu sind in vielen

---

[105] Vgl. **Ambrosini, C.** (2001)
[106] Vgl. **Schmund, H.** (2002) und im Internet: http://www.freenetworks.org oder http://www.mobileaccess.de
[107] Vgl. **Schmund, H.** (2002)

Hotels, Flughäfen, Kaffeehäusern oder Universitäten[108] oder in Parks (zum Beispiel im englischen Garten in München[109]) auch kommerzielle kleine Hotspots entstanden. Von Industrie und Finanzmärkten im Schatten von UMTS lange unbeobachtet,[110] ist W-LAN somit inzwischen auf breiter Linie gestartet. Die größten Nachteile von W-LANs sind jedoch die deutlich geringere Reichweite der Basistationen, Mängel bei Sicherheit und Dienstqualität (Quality of Service oder QoS),[111] und schlechtes oder fehlendes Roaming. Die einzelnen Standards sollen im Folgenden näher betrachtet werden.

3.1.2.1.1 802.11a

Bei IEEE 802.11a handelt es sich um einen Wi-Fi-Standard, der im lizenzfreien 5 GHz Frequenzband funkt. Hier wurden Frequenzen im Bereich 5150 MHz, 5350 MHz und 5725 MHz belegt.[112] Das 5 GHz Frequenzband beherbergt funktechnisch auch Radar- und Satellitenapplikationen, die bei der Implementierung eines 802.11a-Netzes nicht gestört werden dürfen. In einigen europäischen und auch anderen Ländern sind daher regulatorische Einschränkungen zu berücksichtigen. Teilweise sind nicht alle der theoretisch 8 verfügbaren Funkkanäle des Standards nutzbar.[113]

Abbildung 14: Beispielhafte Geräteübersicht von 802.11a Access Points

Es handelt sich um einen der beiden offiziellen, physischen IEEE-Standards. Der Standard wurde bereits 1999 verabschiedet, und seit ca. 2001 gibt es am Markt eine Auswahl an verfügbaren Geräten. Dieses allerdings aufgrund der re-

---

108	Vgl. **Siegle, J.** (2002)
109	Vgl. **Ambrosini, C.** (2001)
110	Vgl. **Ambrosini, C.** (2001)
111	Vgl. **Ambrosini, C.** (2002)
112	Vgl. **Ambrosini, C.** (2002)
113	Vgl. **Burns, T.** (2002) und **Ahlers, E.; Zivadinovic, D.** (2002)

gulatorischen Probleme in Europa vor allem in Nordamerika.[114] Die Konformität und Interoperabilität wird durch das Wi-Fi-Zeichen der WECA testiert.[115]
Die theoretisch maximale Leistungsfähigkeit des Standards liegt bei bis zu 54 Mbit/s. In der Praxis werden immerhin noch mit Übertragungsraten bis zu 30 Mbit/s erreicht. Der Verlust resultiert wie bei den Mobilfunknetzen aus der Tatsache, dass sich mehrere gleichzeitige Nutzer einer Funknetzzelle deren Kapazität teilen müssen sowie aus einem gewissen Overhead an netzseitigen Daten, die zur Adressierung etc. verwendet werden.[116]

Durch Nutzung des 5 GHz-Frequenzbandes, einer deutlich höheren Frequenz also als Mobilfunknetze oder der im 2,4 GHz ISM Frequenzband funkende 802.11b-Standard, verringert sich die Reichweite der Funkstrecken erheblich auf nur ca. 100 Meter. Außerdem durchdringen Frequenzen im 5 GHz-Bereich bei geringer Sendeintensität kaum noch Wände oder andere Hindernisse. Somit müssen Basisstationen für 802.11a-Netze deutlich enger stehen als die der 802.11b-Netze oder gar die der Mobilfunknetze aus den GSM oder UMTS-Familien, was die Kosten für die Errichtung solcher Netze wiederum in die Höhe treibt.[117] Die Kosten einzelner Basisstationen sind allerdings trotzdem bei weitem geringer als die der angesprochen Mobilfunknetze.

Die Verfügbarkeit von bis zu 8 Funkkanälen ermöglicht eine bessere Netzwerkplanung und geringere Überschneidungen und gegenseitige Störungen zwischen benachbarten Funkzellen. Es bietet auch eine größere Robustheit gegen externe Störungen als beispielsweise der 802.11b-Standard mit nur drei Kanälen.[118]

Abbildung 15: Beispielhafte Geräteübersicht von 802.11a PCMCIA-Karten

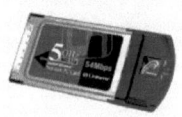

Eines der Hauptprobleme des Standards in Europa ist aktuell noch der Mangel an Ausrüstung. Sowohl Netzinfrastruktur als auch Endgeräte werden am europäischen Markt trotz technischer Verfügbarkeit noch sehr wenig angeboten. Der 802.11a-Standard wurde allerdings zum Standard für Dedicated Short Range Communications (im folgenden DSRC) für die USA und Kanada bestimmt. Per DSRC sollen zukünftig beispielsweise Ampeln bei herannahenden Rettungsfahrzeugen entsprechend geschaltet werden oder Verkehrsinformationen wäh-

---

[114] Vgl. **Burns, T.** (2002) und **Keen, I.** (2002)
[115] Vgl. **Keen, I.** (2002)
[116] Vgl. **Ambrosini, C.** (2002), **Burns, T.** (2002) und **Keen, I.** (2002)
[117] Vgl. **Ambrosini, C.** (2002)
[118] Vgl. **Keen, I.** (2002)

rend der Fahrt an Fahrzeuge übermittelt werden, die anhand dieser ihre Routenplanung entsprechend der Verkehrslage optimieren könnten. Durch diese Festlegung verspricht man sich einen starken Entwicklungsschub für den Standard.[119]

Abbildung 16: D-Link DWL-A520 - Ein Beispiel für eine 802.11a PCI-Steckkarte

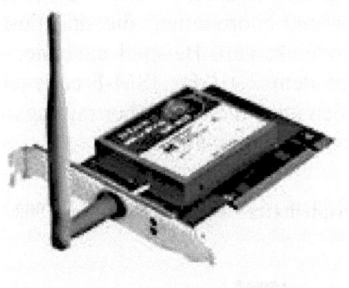

Schließlich ist zu erwähnen, dass es sich theoretisch um eine Konkurrenztechnologie zum Standard IEEE 802.11g handelt, der im 2,4 GHz-Bereich funkt. Es wird jedoch erwartet, dass der 802.11a Standard dem 802.11g Standard überlegen sein wird, da er mit bis zu 8 Kanälen und höherer Datendurchsatzrate in seinen Leistungsparametern voraus ist. Hinzu kommt, dass 802.11a etwa 12 Monate Zeitvorteil hat und dass es im 5 GHz Frequenzbereich neben den erwähnten Radar- und Satellitenanwendungen nur wenige Störquellen gibt. Im 2,4 GHz-Bereich existieren von kabellosen Telefonen über Inventurscanner bis zu medizinischen Anwendungen eine Fülle man potentiellen Störquellen.[120]

3.1.2.1.2 802.11b

Wenn heute von Wi-Fi oder Wireless LAN, Hotspots oder ähnlichem gesprochen wird, verbirgt sich üblicherweise Technologie der 802.11b-Standard dahinter. Ähnliche Verbreitung kann heute höchstens der Bluetooth-Standard vorweisen. Es handelt sich wie 802.11a um einen von dem IEEE anerkannten Gerätestandard,[121] für den es bereits seit 1998 am Markt Infrastruktur und Endgeräte als Serienprodukte gibt. Der Standard selbst wurde allerdings erst 1999 offiziell verabschiedet.[122]

Der 802.11b-Standard nutzt das lizenzfreie 2,4 Ghz ISM Frequenzband, was einer Funkwellenlänge von etwa 13 cm entspricht.[123] Auf dieser Frequenz erreicht

---

[119] Vgl. **Pundari, M.** (2002)
[120] Vgl. **Burns, T.** (2002)
[121] Vgl. **Burns, T.** (2002), **Ahlers, E.; Ziegler, P.** (2001) S216
[122] Vgl. **Keen, I.** (2002)
[123] Vgl. **Ambrosini, C.** (2002), **Meyfarth, R.** (2001)

der Standard mit seinem Modulationsverfahren Direct Sequence Spread Spectrum (im folgenden DSSS)[124] theoretisch bis zu 11 Mbit/s Datendurchsatz.[125] In der Praxis erreichen die Geräte einen Datendurchsatz von 400 bis 600 Kbit/s, was aus der Aufteilung der Kapazität einer Funknetzzelle auf alle gleichzeitig angeschlossenen Endgeräte sowie einem gewissen Overhead für netzwerkseitige Adressierung etc. resultiert.[126] Die Leistung ist auch stark von der Entfernung zum Sender und Störquellen, die das Funksignal beeinträchtigen könnten, abhängig.[127] So funkt zum Beispiel auch der Nahverkehrsfunk Bluetooth (IEEE 802.15) auf dem 2,4 GHz ISM-Frequenzband. Bei Anwesenheit von Bluetooth Funkquellen kann die Datenübertragungsrate von 802.11b-Netzen um bis zu fünfzig Prozent verringert werden.[128]

Abbildung 17: Beispielhafte Geräteübersicht von 802.11b Access Points

Der Standard verfügt maximal über drei Funkkanäle. Hierdurch können sich weitere Probleme durch gegenseitige Störung benachbarter Funknetzzellen ergeben und die Anzahl der Endgeräte an einer Station ist gegenüber dem 802.11a-Standard geringer.[129]
Die Reichweite der Basisstationen ist wie bei allen anderen Funkzellennetzen stark von der Umgebung und der Sendeintensität sowie den genutzten Antennen abhängig.[130] 802.11b erreicht im Freien bei normaler Ausrüstung Reichweiten von bis zu 300 Metern. In Gebäuden sinkt diese Reichweite oft auf 30 Meter oder weniger. Unter Benutzung entsprechender Antennen, z.B. Richtfunkanten-

---

[124] Vgl. **HomeRF Working Group** (2001a)
[125] Vgl. **Meyfarth, R.** (2001)
[126] Vgl. **Opitz, R.; Ahlers, E.** (2001) S.134, **Keen, I.** (2002)
[127] Vgl. **Keen, I.** (2002)
[128] Vgl. **Ahlers, E.; Zivadinovic, D.** (2002), **Ambrosini, C.** (2002), **Burns, T.** (2002)
[129] Vgl. **Keen, I.** (2002)
[130] Vgl. **Ambrosini, C.** (2002)

nen ist es jedoch auch möglich, deutlich höhere Reichweiten bis über fünf Kilometer zu realisieren.[131]
Die Übertragung bei 802.11b-Geräten funktioniert auf Basis zweier Übertragungsarten: Frequency Hopping Spread Spectrum (im folgenden FHSS) und Direct Sequence Spread Spectrum (im folgenden DSSS), die durch die Endgeräte je nach Qualität des Funksignals selbständig ausgewählt werden. Auf Basis dieser Übertragungsarten vereinbaren die Geräte ebenso vollautomatisch die höchstmögliche Datenübertragungsrate. Es sind hierzu Profile von 1, 2, 5 und den maximalen 11 Mbit/s vorgesehen.[132]
Die größten Mängel des Standards 802.11b sind mangelnde Datensicherheit und der Signalqualität. Bewegungen des Endgerätes vermindern die Signalqualität z.B. deutlich.[133]
Der Standard bietet einige integrierte Sicherheitsvorkehrungen. Immerhin muss man bei einem Wireless LAN nicht mal mehr in ein Gebäude eindringen, um an einer Ethernet-Steckdose angeschlossen in das Netz einzudringen – es reicht, sich mit seinem Laptop ins Café gegenüber zu setzen und den Zugang zum Netz zu hacken.
Es wurden daher verschiedene Vorkehrungen zur Zugangskontrolle in die Standards integriert. Geräteidentifikation, Zulassung identifizierbarer Geräte zu einem Netz und Verschlüsselung der übertragenen Daten sind solche Sicherheitsvorkehrungen.

Abbildung 18: Beispielhafte Geräteübersicht von 802.11b PCMCIA-Karten

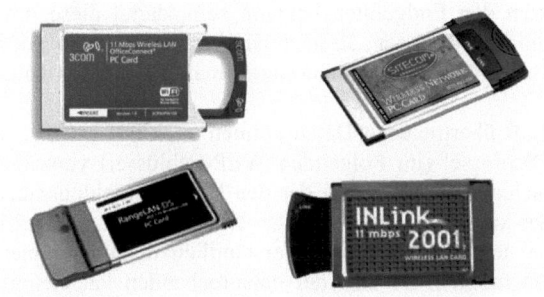

Endgeräte eines Wireless LANs werden per weltweit eindeutiger Media Access Controller Adresse (im folgenden MAC-Adresse) identifiziert. Diese MAC-Adressen sind schon beim Bau den Endgeräten mitgegeben, vom Grundgedanken

---

[131] Vgl. **Casonato, R.** (2001), **Ambrosini, C.** (2001) und **Opitz, R.; Ahlers, E.**(2001) S.134, **Siering, P.** (2001), S. 122
[132] Vgl. **Ahlers, E.; Ziegler, P.** (2001) S.217
[133] Vgl. **Ahlers, E.; Ziegler, P.** (2001) S.217

also der Fahrgestellnummer eines Autos vergleichbar. Sie sind allerdings über spezielle Firmware den Endgeräten auch zuweisbar, wodurch sie gleichzeitig auch fälschbar werden.[134] Eine MAC-Adresse muss auf einer Basisstation zugelassen werden, damit diese mit dem entsprechenden Endgerät kommuniziert.[135]

Abbildung 19: Weitere Möglichkeiten für 802.11b Endgeräte

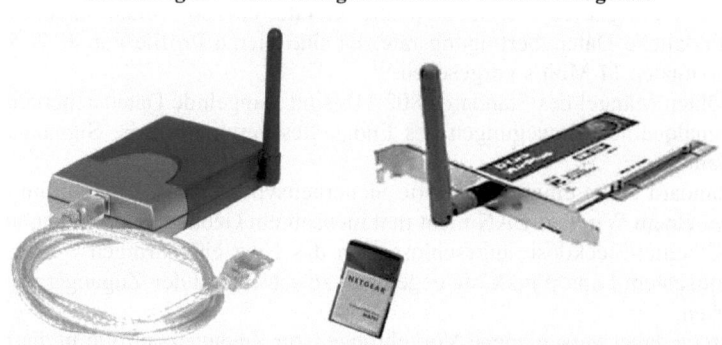

Das Gegenstück zu den MAC-Adressen der Endgeräte sind die Service Set Identifier Adressen (im folgenden SSID-Adressen) der Access-Points. Über diese Adressen können die Access Points eindeutig identifiziert werden und es ist möglich, einzugrenzen, welche Adressen ansprechbar sein sollen. Die SSID-Adressen müssen den Endgeräten bekannt sein, damit diese mit den Access-Points kommunizieren können. Je nach Sicherheitseinstellung des Netzes werden die Daten allerdings auch vollautomatisch an die „anklopfenden" Endgeräte gesendet.[136]
Die über die Luft übertragenen Daten können auch mit einem „Wired Equivalent Privacy" Schlüssel (im Folgenden WEP-Schlüssel) verschlüsselt werden. Ein Verschlüsselungsmechanismus, der den Verschlüsselungsmechanismen aus dem Umfeld des kabelbasierten Internets vergleichbar ist. Die Schlüssel müssen auf Basisstation und Endgerät selbstverständlich übereinstimmen, damit eine Kommunikation möglich ist. Mit der entsprechenden Fachkenntnis sind auch WEP-Schlüssel relativ leicht zu entschlüsseln,[137] so dass auch durch diesen Mechanismus keine verlässliche Datensicherheit gegeben ist.[138] Darüber hinaus ist

---

[134] Vgl. **Ahlers, E.; Ziegler, P.** (2001) S.128, **Siering, P.** (2001), S. 124, **Thorne, M.** (2001)
[135] Vgl. **Thorne, M.** (2001)
[136] Vgl. **Thorne, M.** (2001)
[137] Vgl. **Ambrosini, C.** (2002)
[138] Vgl. **Ahlers, E.; Ziegler, P.** (2001) S.128, **Thorne, M.** (2001)

auch die Verschlüsselung und die Verschlüsselungstiefe von den Sicherheitseinstellungen des Netzes überhaupt abhängig. Viele in der jüngeren Vergangenheit eingerichtete Netze verzichten fahrlässig oder aus Unkenntnis auf eine Verschlüsselung oder Zugangskontrolle.
Die Datensicherheit der übertragenen Daten kann jedoch auch relativ einfach und zuverlässig durch Sicherheitsmaßnahmen aus dem Internetumfeld gewährleistet werden. Durch Einrichtung eines Virtual Private Network (im folgenden VPN), dass nur gegen ganz bestimmte Stellen geöffnet wird, ist die Datensicherheit herstellbar.[139]
Ein weiteres Manko der beschriebenen Sicherheitsvorkehrungen ist die schlechte Pflegbarkeit. Die MAC- und SSID-Adressen und die Schlüssel müssen derzeit noch von Hand oder durch selbst gebaute Datenbanklösungen verwaltet werden. Eine effiziente Verwaltung größerer Netzwerke ist daher problematisch.[140] Alles in allem werden Netzen des 802.11b-Standards inzwischen schon fast sprichwörtlich große Sicherheitsprobleme nachgesagt.[141]
Während das allseits bekannte UMTS, dass nicht einmal ein fünftel des theoretischen Datendurchsatzes des 802.11b-Standards erreicht, noch mit schwerwiegenden technologischen Problemen zu kämpfen hatte, hatten Hotels, Flughäfen, Universitäten, selbst die Kaffeehauskette Starbucks oder auch der Biergarten am chinesischen Turm im englischen Garten in München längst funktionsfähige 802.11b-Netze eingerichtet.[142] Dieses ungeachtet der technischen Unzulänglichkeiten wie den angesprochenen Sicherheitsproblemen, der fehlenden voreingebauten Unterstützung für Sprachapplikationen oder Qualitätssicherung und Überwachung des Dienstes,[143] aber angetrieben von der deutlich schnelleren Entwicklung der Technologie und den viel geringeren Investitionskosten.[144]
Schließlich ist zu bemerken, dass die 802.11b-Netze tatsächlich eine ähnliche Entwicklungsrichtung einzuschlagen scheinen wie es das Internet vor etwa zehn bis fünfzehn Jahren tat. Weltweit arbeiten viele Entwickler Lösungen für den Standard. So gibt es längst Lösungen zur Sprachübertragung, die Multimedia, beziehungsweise Ton und Videoübertragung wird zwar nicht speziell unterstützt, die verfügbaren Anwendungen jedoch leisten bereits heute deutlich mehr als es UMTS-Technologien in der Zukunft versprechen und schließlich ist auch die Sicherheitslösung mittels VPN eine Übernahme von Internettechnologien.[145] Neben den Anwendungen wird auch der Standard selbst offen weiterentwickelt. Es wird beispielsweise bereits an einem Roaming zwischen 802.11b- und Mo-

---

[139] Vgl. **Ahlers, E.; Ziegler, P.** (2001) S.128
[140] Vgl. **Thorne, M.** (2001)
[141] Vgl. **Övrebö, Ol.; Schwan, B.** (2002)
[142] Vgl. **Siering, P.** (2001), S.122
[143] Vgl. **Ambrosini, C.** (2002)
[144] Vgl. **Övrebö, O.; Schwan, B.** (2002)
[145] Vgl. **Ambrosini, C.** (2002), **Setälä, M.** (2000), S.6

bilfunknetzen gearbeitet. Diese Umschalttechnologie wird bereits unter einem eigenen Namen geführt: Higher Capacity to UMTS (im folgenden H2U).[146]
Auch aufgrund dieser Ausgangslage wird den Netzen der 802.11er-Familie und hier vor allem den Standards 802.11b und in der Zukunft 802.11a eine sehr dynamische Entwicklung vorausgesagt.

3.1.2.1.3 802.11d

Hierbei handelt es sich um einen Softwarestandard, der den grundlegenden MAC-Layer zur Adressierung und Kommunikation von Geräten der 802.11-Familie erweitern soll. Er soll hierbei primär Probleme durch die gleichzeitige Nutzung von Frequenzen mit anderen Anwendungen lösen. Beispielsweise Probleme mit den erwähnten Radar- und Satellitenapplikationen in Europa. Hierzu sollen Funktionen entwickelt werden, die es Basisstationen und Endgeräten erlauben, die genutzten Funkkanäle einzuschränken.[147]
Der Standard 802.11d spielt für die weitere Betrachtung in dieser Arbeit nur eine untergeordnete Rolle. Seine Implementierung wird zwar Einfluss auf die Verbreitung von 802.11a-Netzen in Europa und anderen Gebieten mit Frequenzregulationen im 5 GHz-Bereich haben, was bei der Betrachtung der Entwicklung dieser Technologien eine Rolle spielt, auf die eigentliche Leistungsfähigkeit der physischen Standards im 5 GHz Frequenzband hat der Standard jedoch keinen Einfluss.
Zeitlich wird der Standard an die Einführung des 802.11h-Standards für die 5 GHz Kommunikation in Europa gekoppelt sein.[148]

3.1.2.1.4 802.11e

Beim IEEE 802.11e handelt es sich um einen Softwarestandard, der bei Übertragung und Protokollen der 802.11-Familie Mängel in den Bereichen Servicequalität (Quality of Service, kurz QoS) und Support für Multimedia beseitigen soll. Er ist mit dieser Zielsetzung speziell für Privatnutzer interessant, die das System oft zur Sprach- oder Videoübertragung nutzen wollen. Diese sehr zeitkritischen Anwendungen sind mit den bestehenden Standards 802.11a und 802.11b bei schlechten Signalen schnell so verzerrt, dass die Nutzung nicht mehr möglich ist. Während eine Verzerrung von einer Sekunde beim Download eines Programms oder einer Internetseite eigentlich keine Rolle spielt, merkt man die gleiche Verzögerung bei laufenden Sprach- oder Videoübertragungen sofort. Leider sind solche kleinen Verzögerungen jedoch aufgrund unterschiedlicher Störpegel und Signalqualitäten in Wi-Fi-Netzen weit verbreitet.[149] Für

---

[146] Vgl. **Övrebö, O.; Schwan, B.** (2002)
[147] Vgl. **Keen, I.** (2002)
[148] Vgl. **Keen, I.** (2002)
[149] Vgl. **Keen, I.** (2002) und **Ambrosini, C.** (2002)

professionelles Angebot, beispielsweise als drahtloser Internet Service Provider (Wireless Internet Service Provider, im folgenden WISP), ist die Unterstützung von QoS und Multimedia daher von großer Bedeutung, vor allem auch für neue Geschäftsmodelle und Anwendungen des Internetbereichs oder der Mobiltelefonie, die speziell auf die Multimediaanwendungen ausgerichtet sind.[150]
Die angestrebten Verbesserungen soll 802.11e durch leichte Änderungen der Übertragungsarten erreichen, die allerdings Erweiterungen des grundlegenden MAC-Layers zur Adressierung und Kommunikation bei der 802.11-Familie bedeuten.[151]
Zentrale Konzepte für diese Verbesserungen sind die Nutzung bisher sendefreier Zeiten zum Aufbau von Puffern für zeitkritische Datenströme, die Differenzierung der einzelnen Datenströme sowie verbesserte Fehlerkorrektur und robustere Sendekanäle. Diese Mechanismen werden im Folgenden kurz erläutert.

Nutzung freier Sendekapazitäten – CFP:
Die Pufferung von Daten ist ein alter Gedanke, der bei unterschiedlichsten Applikationen eingesetzt wird, um Ungleichmäßigkeiten in der Übertragung auszugleichen. Das Prinzip wird beispielsweise zur Erschütterungsabsorption bei CD-Playern oder zur Datenpufferung beim empfindlichen Schreibvorgang in CD-Writern genutzt. Im 802.11 Umfeld werden inhaltlich sendefreie Zeitperioden (Content Free Periods, im folgenden CFP) zwischen Übertragungen dazu genutzt, Daten bereits vor der eigentlich fälligen Übertragungszeit zu schicken und somit eine beim Endgerät „vorgespeicherte" Datenmenge vor dem Abspielzeitraum aufzubauen: Einen Puffer.[152]

Selektion der Datenströme:
Die Selektion der einzelnen Datenströme ist hingegen neu. In den Kopfzeilen der Datenpakete (Header) wird vermerkt, um welche Applikation es sich beim entsprechenden Datenstrom handelt. Anhand dieser Identifikation ist es einem zentralen Planer (Scheduler) möglich, die Priorität der einzelnen Datenströme einzuordnen. Video und Sprache sind grundsätzlich zeitkritischer als Programmdaten oder Webseiten. Die Auslieferung der Daten wird nun über den zentralen Scheduler gesteuert. Es wird möglich, zeitkritische Daten vorab zu verschicken oder höher zu priorisieren und auf diese Weise zum Beispiel die angesprochenen Puffer aufzubauen.[153]

Intelligente Fehlerkorrektur – FEC:
Schließlich wird eine intelligente Fehlerkorrektur eingerichtet. Diese Fehlerkorrekturmechanismen (Forward Error Correctors, im folgenden FEC) können gezielt robustere, also weniger störanfällige Sendekanäle nutzen und verlorene Da-

---

[150] Vgl. **Keen, I.** (2002)
[151] Vgl. **Burns, T.** (2002)
[152] Vgl. **Parks, G.** (2001), **Wexler, J.** (2000) und **Ahlers, E.; Zivadinovic, D.** (2002)
[153] Vgl. **Parks, G.** (2001), **Wexler, J.** (2000) und **Ahlers, E.; Zivadinovic, D.** (2002)

tenpakete erneut senden. Ein Mechanismus, der grundsätzlich bereits aus dem GPRS-Umfeld bekannt ist.[154]
Selbstverständlich haben diese Erweiterungen relativ große Einflüsse auf die Übertragungsmechanismen und Protokolle der Technologie. Trotzdem ist der zukünftige Standard kompatibel mit Geräten der bestehenden physischen Standards 802.11a und 802.11b sowie dem in Entwicklung befindlichen physischen Standard 802.11g. Es handelt sich quasi um eine Erweiterung dieser Standards.[155] Die offizielle Verabschiedung des Standards wurde für Ende 2002 erwartet, die breite Verfügbarkeit von Geräten mit Unterstützung des Standards für Ende 2003.[156]
Die Wichtigkeit der im 802.11e enthaltenen Funktionalitäten kann man daran erkennen, dass bereits Mitte 2002 die ersten Geräte am Markt eingeführt wurden,
die diesen Standard angeblich unterstützen. Hersteller nennen die Unterstützung von QoS und Multimedia als ein wichtiges Differenzierungsmerkmal. Vor Verabschiedung des Standards selbst ist hier jedoch höchstwahrscheinlich nur von Standardnahen Methoden zu sprechen.[157]
Schließlich ist zu erwähnen, dass es sich um eine Konkurrenz zum Standard Home RF handelt, der alle angesprochenen Features bereits unterstützt. 802.11e könnte Home RF in der Zukunft ersetzen.[158]

3.1.2.1.5 802.11f

Bei 802.11f handelt es sich um einen Softwarestandard, der vor allem die Kommunikation und Adressierung beziehungsweise Registration von Access Points unterschiedlicher Hersteller untereinander sowie die Übergabe eines Nutzers zwischen verschiedenen Basisstationen regelt. Die Einführung des Standards ist daher wichtig für die Errichtung großer Netze mit einer Vielzahl von Basisstationen unterschiedlicher Ausrüster.
Der Standard wurde Mitte 2003 gemeinsam mit dem 802.11g-Standard ratifiziert. Die Verfügbarkeit von Geräten wird spätestens für das erste Halbjahr 2004 erwartet.[159]

3.1.2.1.6 802.11g

Beim Standard 802.11g handelt es sich um einen physischen Funkstandard, der sowohl das 5 GHz als auch das 2,4 GHz ISM-Band nutzen soll. Diese Fähigkeit

---

[154] Vgl. **Parks, G.** (2001), **Wexler, J.** (2000) und **Ahlers, E.; Zivadinovic, D.** (2002)
[155] Vgl. **Parks, G.** (2001), **Wexler, J.** (2000) und **Ahlers, E.; Zivadinovic, D.** (2002)
[156] Vgl. **Ahlers, E.; Zivadinovic, D.** (2002) und **Thomas, J.** (2003)
[157] Vgl. **Peretz, M.** (2001) und **Ahlers, E.; Zivadinovic, D.** (2002)
[158] Vgl. **Ambrosini, C.** (2002)
[159] Vgl. **Ahlers, E.; Zivadinovic, D.** (2002) und **Smith, T.** (2003)

ist das hauptsächliche Unterscheidungsmerkmal zu den anderen physischen Funkstandards der 802.11 Familie.[160]
Hierfür werden im Standard 802.11g verschiedene Modulationstechnologien definiert, die je nach Gerätetypen und Funkfrequenz einsetzbar sein sollen. Der Standard unterstützt Orthogonal Frequency Division Multiplexing (im Folgenden OFDM) und um die Abwärtskompatibilität zum Standard 802.11b sicherzustellen, auch dessen Modulation Complementary Code Keying (im Folgenden CCK). Zusätzlich unterstützen einige Geräte auch noch die optionale Modulationstechnik Packet Binary Convolutional Coding (im Folgenden PBCC), die eine noch schnellere Verbindung als OFDM ermöglicht. In der Vereinbarung des Standards gab es interne Probleme wegen der zu unterstützenden Datenmodulationen. Der Standard wurde im Sommer 2003 offiziell verabschiedet.[161]
Die maximale Datendurchsatzrate für 802.11g beträgt wie bei 802.11a 54 Mbit/s. Bei Nutzung des Modulationsverfahrens PBCC sind theoretisch auch größere Durchsatzraten bis 72 Mbit/s möglich. Bei Nutzung des Modulationsverfahrens CCK im 2,4 GHz Frequenzbereich immerhin bis zu 20 Mbit/s.[162] Im realen Einsatz wird die Durchsatzrate allerdings im Schnitt auch hier aufgrund der schon mehrfach genannten Einschränkungen nur bei höchstens der Hälfte der theoretischen Kapazität liegen.[163]
Der Standard definiert nur drei verschiedene Funkkanäle. Hierdurch können sich bei größeren Installationen Schwierigkeiten in der Netzwerkplanung durch gegenseitige Störungen benachbarter Funkzellen ergeben. Dieses ist auch ein klarer Nachteil gegenüber dem älteren Standard 802.11a.[164]
Nach der Beseitigung größerer Probleme mit der angestrebten Integration von QoS im MAC-Layer[165] wurde der Standard Mitte 2003 ratifiziert. Bereits vor der offiziellen Ratifizierung standen erste Geräte zur Verfügung.
Der Standard 802.11g hat einige Nachteile gegenüber anderen Standards. Vor allem gegenüber 802.11a dürften sich der Zeitnachteil und die Beschränkung auf nur bis zu drei Kanäle auswirken.[166] Alles in allem ist der Standard durch Verwendung der unterschiedlichen Modulationsmethoden relativ komplex und relativ spät.[167] Der entscheidende Vorteil liegt allerdings in der Nutzung beider Frequenzbänder der 802.11-Familie. Besonders in Europa gibt es regulatorische Grenzen bei der Nutzung des 5 GHz Frequenzbandes.[168] Aufgrund dieser Gege-

---

[160] Vgl. **Ambrosini, C.** (2002) und **Keen, I.** (2002)
[161] Vgl. **Ahlers, E.; Zivadinovic, D.** (2002) und **Smith, T.** (2003)
[162] Vgl. **Ambrosini, C.** (2002)
[163] Vgl. **Burns, T.** (2002), **Ahlers, E.; Zivadinovic, D.** (2002) und **Ambrosini, C.** (2002)
[164] Vgl. **Ahlers, E.; Zivadinovic, D.** (2002) und **Burns, T.** (2002)
[165] Vgl. **Burns, T.** (2002)
[166] Vgl. **Burns, T.** (2002)
[167] Vgl. **Ahlers, E.; Zivadinovic, D.** (2002)
[168] Vgl. **Burns, T.** (2002)

benheiten wird parallel an der Entwicklung des IEEE-Standards 802.11h gearbeitet, der speziell den europäischen Anforderungen genügen soll. Sollte dieser Standard allerdings nicht innerhalb eines kurzen Zeitraums, etwa bis Ende 2004 für Europa verabschiedet sein, so könnte 802.11g der Hochgeschwindigkeitsstandard für W-LANs in Europa werden.[169]

3.1.2.1.7 802.11h

Beim Standard 802.11h handelt es sich um einen Softwarestandard, der in erster Linie eine Ergänzung zum MAC-Layer für die Adressierung und Identifikation von Geräten in Netzen der 802.11-Familie ist.
Ziel des Standards ist es, schnelle W-LAN-Technologie im 5 GHz Frequenzbereich den europäischen Bestimmungen anzupassen. Die Europäer fordern für diese Technologie in erster Linie zwei Erweiterungen: Kontrolle über die Sendeintensität und dynamische Frequenzauswahl.[170]
Die Kontrolle über die Sendeintensität (Transmission Power Control, im Folgenden TPC) bedeutet, dass die Basisstationen gerade mit so viel Energie senden wie notwendig ist, um den weitest entfernten Benutzer zu erreichen und dient damit der weitestmöglichen Emissionsvermeidung. Hierzu ist allerdings eine ganze Reihe an Anpassungen notwendig. Der Grund für diese Erweiterung ist primär die Vorschriften über Strahlungsemissionen in Europa.
Dynamische Frequenzauswahl (Dynamic Frequency Selection, im Folgenden DFS) dient dazu, automatisch den Funkkanal mit den geringsten Störungen anderer Systeme auszuwählen. Dieses ist besonders aufgrund der kritischen Anwendungen, die sonst im europäischen 5 GHz-Bereich angesiedelt sind (Radar und Satellitenkommunikation), notwendig.[171]
Der Standard stand Ende 2003 kurz vor seiner Verabschiedung. Schließlich ist anzumerken, dass es sich um einen Konkurrenzstandard zum europäischen HiperLAN-Standard der ETSI handelt, der alle hierin formulierten Anforderungen und Vorteile gegenüber den älteren IEEE-Standards dieser Familie erfüllt.[172]

3.1.2.1.8 802.11i

IEEE 802.11i ist ein Softwarestandard zur Ergänzung wichtiger sicherheitstechnischer Verbesserungen in der 802.11-Familie. Als solches wird es ein Ergänzungsstandard zu den drei physischen Standards 802.11a, b und g sein.
Die Sicherheitsprobleme der 802.11-Familie wurden in der Beschreibung der physischen Standards bereits detailliert erklärt. Mit 802.11i soll eine Alternative

---

[169] Vgl. **Ahlers, E.; Zivadinovic, D.** (2002)
[170] Vgl. **Ahlers, E.; Zivadinovic, D.** (2002)
[171] Vgl. **Ahlers, E.; Zivadinovic, D.** (2002)
[172] Vgl. **Ahlers, E.; Zivadinovic, D.** (2002)

zu WEP eingeführt werden. Diese Alternative soll durch Integration des Temporal Key Integrity Protocols (im folgenden TKIP) in die Infrastruktur erfolgen. Die Verabschiedung des Standards war ursprünglich für Ende 2002 geplant. Die Verfügbarkeit von Produkten mit Unterstützung für den Standard wird gegen Ende 2003 erwartet. Ende 2003 wartete der Standard allerdings noch immer auf die Ratifizierung durch die IEEE.[173] Die Beseitigung der Sicherheitsprobleme ist für die weitere Entwicklung der 802.11-Familie von entscheidender Bedeutung. Die Standardfamilie hat durch ihre frühe Marktreife umfangreiche Marktanteile gewinnen können.

3.1.2.2 HomeRF

HomeRF ist ein Standard, der speziell für die drahtlose Vernetzung von Geräten im Heimumfeld geschaffen wurde. Unter diesen Voraussetzungen standen bei der Entwicklung andere Prioritäten im Vordergrund als bei der 802.11-Familie, die primär den Geschäftskundenmarkt adressiert[174] oder dem folgenden Bluetooth, das ursprünglich in erster Linie auf die drahtlose Vernetzung beieinander stehender Geräte, zum Beispiel PC, Drucker, Scanner etc. adressierte.[175]
Technisch liegt der Standard nahe am 802.11b-Standard. Aufgrund seiner speziellen Ausrichtung sind bei HomeRF QoS, Sprach- und Multimediaunterstützung bereits integriert.[176]
HomeRF nutzt das lizenzfreie 2,4 GHz ISM Frequenzband. Die genutzte Frequenz wird per Frequency Hopping Spread Spectrum (im folgenden FHSS) fünfzigmal pro Sekunde gewechselt. Auf diese Weise wird eine gewisse Sicherheit gegen Störungen im stark genutzten 2,4 GHz ISM Frequenzband gewährleistet. Auch die Sicherheit gegen Abhören wird hierdurch erhöht. Im Bereich der Sicherheitsvorkehrungen bringt HomeRF auch in der Identifizierung und Adressierung der Geräte auf dem MAC-Layer automatische Erweiterungen gegenüber den 802.11b-Geräten mit. Der Standard bietet größere Sicherheit als 802.11b. Die Daten werden grundsätzlich per 128bit-Verschlüsselung codiert und versendet. HomeRF ist damit gegenüber einer einfachen, oft ungesicherten 802.11-Installation im Vorteil. Es verfügt jedoch grundsätzlich nur über diese voreingestellten Sicherheitsmaßnahmen und ist damit ebenso wie alle anderen Funknetze auch aushorchbar.[177]
Die maximale Reichweite von HomeRF-Geräten liegt bei ca. 50 Meter[178] und die maximale Übertragungrate bei 10 Mbit/s. Realistisch sind aus den bekannten

---

[173] Vgl. **Keen, I.** (2002)
[174] Vgl. **HomeRF Working Group** (2001b)
[175] Vgl. **Ahlers, E.; Zivadinovic, D.**(2002)
[176] Vgl. **HomeRF Working Group** (2001a)
[177] Vgl. **HomeRF Working Group** (2001b)
[178] Vgl. **HomeRF Working Group** (2001a)

Gründen allerdings nur bis zu 5 Mbit/s.[179] Auch in diesen Parametern liegt die Leistung von HomeRF zwischen IEEE 802.11b und Bluetooth.
Der größte Vorteil von HomeRF gegenüber IEEE 802.11b ist jedoch eindeutig die Implementierung von QoS, Sprach- und Multimediaunterstützung, quasi von Haus aus. Hierzu wurde ein entsprechend komplexes Kommunikationsmodell geschaffen.

Abbildung 20: Layer- und Protokollmodell von HomeRF

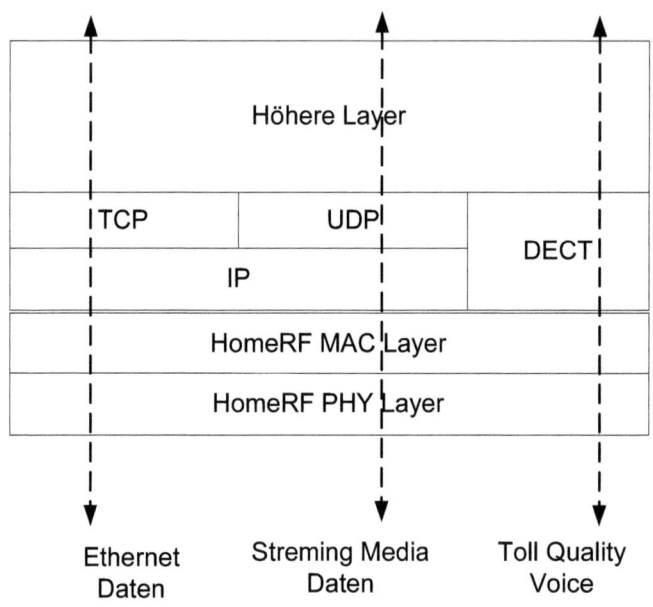

Quelle: http://www.homerf.org/data/tech/homerfbroadband_whitepaper.pdf

Auf dem physischen Layer (physische Datenübertragung, Funkmodul, etc.) aufbauend, wurde ein MAC-Layer integriert, der bereits Ip-gestützte und Digital Enhanced Cordless Telephony (im folgenden DECT)-gestützte Kommunikation nahtlos unterstützt. Der DECT-Standard wird seit vielen Jahren erfolgreich und problemlos für Sprachkommunikation mit drahtlosen Telefonen im Heimumfeld genutzt. Auf IP-Basis werden das Transfer Control Protokoll (im folgenden TCP) und das User Datagram Protocol (UDP)[180] genutzt, die die klassische Da-

---

[179] Vgl. **HomeRF Working Group** (2001b)
[180] Vgl. **Postel, J.** (1980) und **Ross, K.; Kurose, J.** (1996)

tenübertragung auf Paketbasis (TCP) und den unterbrechungsfreien Datentransport (UDP) für Streaminganwendungen wie Video oder Audio abwickeln. Aufgrund dieser Vorteile ist es für Heimanwendungen tatsächlich besonders interessant. Darüber hinaus sind die Geräte durch eine einfachere Sendetechnologie - auch bedingt durch die geringeren notwendigen Sendeleistungen – günstiger als IEEE 802.11b.[181]
Trotz dieser Vorteile befindet sich der Standard im Grenzbereich zwischen zwei bekannten Konkurrenztechnologien, nämlich im oberen Leistungsbereich IEEE 802.11b und im unteren Leistungsbereich Bluetooth. Die beiden bekannteren und benachbarten Standards überschneiden das Leistungsspektrum von HomeRF – abgesehen von der voreingestellten Unterstützung für QoS, Multimedia und Telefonie – von beiden Seiten her vollständig. Der Standard wird daher wenig genutzt und wird es auch in Zukunft relativ schwer haben, sich zu etablieren.[182]

3.1.2.3 High Performance Local Area Network - HiperLAN2

Beim High Performance Local Area Network (im folgenden HiperLAN2) handelt es sich um einen europäischen Ansatz zur Schaffung eines W-LAN-Standards im 5 GHz Frequenzbereich. Aufgrund regulatorischer Begrenzungen ist der bestehende IEEE 802.11a-Standard für W-LAN im 5 GHz Frequenzbereich in Europa nicht ohne weiteres einsetzbar. Während die Entwicklungen der IEEE an der „europatauglichen" Erweiterung des 802.11a Standards 802.11h liefen, haben in erster Linie die skandinavischen Mobilfunkkonzerne Ericsson, Nokia und Sonera ihre eigenen Forschungen in diesem Bereich im HiperLAN 2 Global Forum (im folgenden H2GF) gebündelt.[183] Dem H2GF gehören inzwischen allerdings eine ganze Reihe weiterer großer Unternehmen des Sektors, unter anderem auch Sony, Telenor oder Toshiba an.[184]
HiperLAN2 hat grundsätzlich sehr ähnliche Leistungsdaten wie IEEE 802.11a. Es nutzt das 5 GHz Frequenzband und erreicht einen theoretischen Datendurchsatz von bis zu 54 Mbit/s.[185] In der Praxis wird der Wert wie bei allen anderen Funkzellennetzen auch hier sicher selten über der Hälfte dieses Wertes liegen und ist direkt abhängig von Hindernissen, Störquellen und der Entfernung, die

---

[181] Vgl. **HomeRF Working Group** (2001b)
[182] Ähnlich: **Green, J.; Henrichon, S.; Shmed S., Magdi; Roberts, St.**(2002)
[183] Vgl. **Flower, M.** (2001), **Ambrosini, C.** (2002) und **Johnsson, M.** (2000)
[184] Das HiperLAN2 Forum im Internet: http://www.hiperlan2.com, eine Liste der Mitglieder im Forum: http://www.hiperlan2.com/memberlist.asp
[185] Vgl. **Karlsson, P.** (2000), **Johnsson, M.** (2000), und **Flower, M.** (2001), **Svensson, A.** (2001)

zu überbrücken ist.[186] Die Datenübertragung basiert auf der Modulationsmethode Orthogonal Frequency Division Multiplexing (im folgenden OFDM).[187]

Abbildung 21: Layermodell des HiperLAN2-Standards

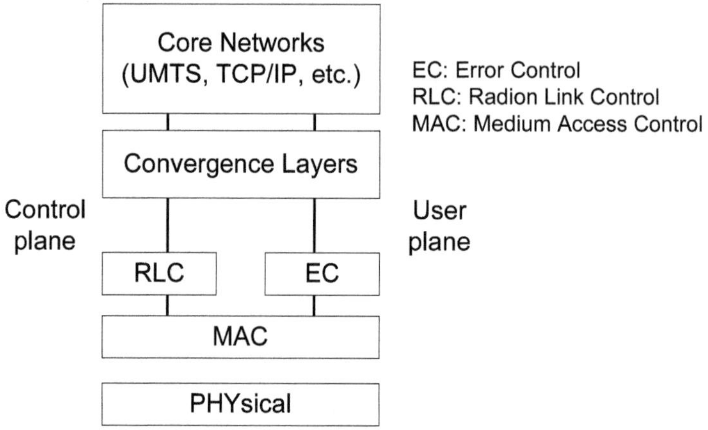

```
                    ┌─────────────────────┐
                    │   Core Networks     │
                    │ (UMTS, TCP/IP, etc.)│      EC: Error Control
                    └─────────────────────┘      RLC: Radion Link Control
                                                 MAC: Medium Access Control
                    ┌─────────────────────┐
                    │ Convergence Layers  │
      Control       └─────────────────────┘        User
      plane         ┌──────┐      ┌──────┐        plane
                    │ RLC  │      │  EC  │
                    └──────┘      └──────┘
                       ┌──────────┐
                       │   MAC    │
                       └──────────┘
                       ┌──────────┐
                       │ PHYsical │
                       └──────────┘
```

Quelle: **Gerlach, M.** (2001)

Über diese Eckwerte hinaus unterstützt HiperLAN2 jedoch auch QoS[188] durch Selektion und Priorisierung der Datenströme vergleichbar dem Ansatz im Standard IEEE 802.11e[189] und es unterstützt asynchronen Datentransfer (Asynchronous Transfer Mode, im Folgenden ATM), was die Leistung im Downstream gegebenenfalls wiederum erhöhen kann.[190] Die Sicherheit auf der Funkstrecke soll mittels einer 56 Bit-Verschlüsselung gewährleistet werden.[191]
HiperLAN2 kann im verfügbaren Frequenzband automatisch die störungsärmste Frequenz auswählen[192] und hierbei je nach verfügbarer Übertragungsqualität zwischen TDMA und Time Division Duplex (im folgenden TDD) wechseln.[193] Darüber hinaus wird aktuell an dem Handover mit UMTS gearbeitet, so dass ein Endgerät möglichst automatisch und fließend von einer Verbindung per UMTS bei verfügbar werden eines HiperLAN2-Netzes auf den deutlich leistungsfähi-

---

[186] Vgl. **Svensson, A.** (2001), **Johnsson, M.** (2000) und **Flower, M.** (2001)
[187] Vgl. **Gerlach, M.** (2001)
[188] Vgl. **Ambrosini, C.** (2002), **Johnsson, M.** (2000)
[189] Vgl. **Svensson, A.** (2001)
[190] Vgl. **Ambrosini, C.** (2002), **Johnsson, M.** (2000)
[191] Vgl. **Svensson, A.** (2001)
[192] Vgl. **Karlsson, P.** (2000)
[193] Vgl. **Svensson, A.** (2001)

geren und höchstwahrscheinlich auch günstigeren W-LAN-Standard wechseln könnte.[194]
HiperLAN2 steht somit in direkter Konkurrenz zu IEEE 802.11a.[195] In Europa hat es gegenüber IEEE 802.11a den großen Vorteil, dass es die regulatorischen Auflagen beachtet. Zeitlich hat es allerdings einen so großen Nachteil gegenüber 802.11a, so dass es sehr fraglich ist, ob der Standard eine Zukunft hat. Bei Verfügbarkeit des IEEE 802.11e-Standards als kompatibles Add-On zu der umfangreichen bestehenden Geräteauswahl im 802.11a-Umfeld würde auch der geographische Vorteil von HiperLAN2 gegenüber dem älteren Standard verschwinden.

3.1.2.4 Bluetooth

Bluetooth ist ursprünglich ein Standard für den reinen Nahverkehrsfunk, der die Kabelverbindungen von Peripheriegeräten mit dem Computer ersetzen sollte. Hierzu arbeitet Bluetooth mit Geräteprofilen, in denen sich kommunizierende Geräte ihre Eigenschaften mitteilen können.[196] Dieses ist eine sehr interessante Eigenschaft in Bezug auf die zukünftige Integration verschiedener Endgeräte und Anwendungen, die hierdurch stark vereinfacht wird. Durch seine ursprüngliche Ausrichtung auf die Bedienung kleinster Funknetzzellen, quasi in Zimmergröße, werden Bluetooth-Netze auch als Personal Area Networks (im Folgenden PAN),[197] Piconet oder auch Pironet bezeichnet.[198] Der Standard wird durch die IEEE als Standard 802.15 anerkannt und definiert.[199]
Bluetoothmodule in unterschiedlichen Geräten haben entsprechend ihren Profilen mitunter sehr unterschiedliche Fähigkeiten. Ein Drucker muss zum Beispiel keine Sprachübertragung unterstützen. Die PC-Karten hingegen müssen alle Arten von Datenübertragung unterstützen, da über diese Geräte alle denkbaren anderen Gegengeräte angeschlossen werden sollen.[200] Bluetooth kann Partnergeräte grundsätzlich in zwei Betriebsarten erkennen: Discovery Mode und Scan Mode. Beim Scan Mode sucht das Gerät selbständig nach verfügbaren Partnern, beim Discovery Mode lässt es sich quasi nur von anderen aktiv suchenden Geräten „entdecken".[201]
Die standardprägende Kraft von Bluetooth ist ursprünglich die Bluetooth Special Interest Group (im folgenden SIG).[202] Bluetooth ist mittlerweile sehr stark standardisiert und der Standard ist weit implementiert und wird kontrolliert. Nur

---

[194] Vgl. **Karlsson, P.** (2000), **Johnsson, M.** (2000) und **Flower, M.** (2001)
[195] Vgl. **Karlsson, P.** (2000) und **Ambrosini, C.** (2002), **Johnsson, M.** (2000)
[196] Vgl. **Ahlers, E.; Zivadinovic, D.** (2002), **Zivadinovic, D.** (2001), S.122
[197] Vgl. **Ambrosini, C.** (2002)
[198] Vgl. **Ahlers, E.; Zivadinovic, D.** (2002)
[199] Vgl. **Gerlach, M.** (2001)
[200] Vgl. **Zivadinovic, D.** (2001), S.122
[201] Vgl. **Zivadinovic, D.**(2001), S.122
[202] Bluetooth Special Interest Group im Internet: http://www.bluetooth.com/sig/about.asp

dem Standard entsprechende und geprüfte Geräte dürfen das Bluetooth-Logo tragen. Die Einhaltung des Standards wiederum wird von verschiedenen Firmen, zum Beispiel 7layers[203] überwacht.[204]

Abbildung 22: Das offizielle Bluetooth Logo

Anhand dieses Logos sind offiziell getestete Geräte, die dem Bluetooth-Standard entsprechen erkennbar.
Quelle: http://www.bluetooth.com

Bluetooth nutzt zur Funkübertragung das lizenzfreie 2,4 GHz ISM-Frequenzband (2,400 – 2,4835 GHz)[205]. Um Störungen von anderen Geräten im 2,4 GHz ISM-Frequenzband zu minimieren, wechselt Bluetooth bis zu 1600 mal pro Sekunde nach einem komplexen Muster die Frequenz. Hierdurch erhöhen sich die Übertragungssicherheit und die Robustheit des Signals. Außerdem wird auch die Störung anderer Funksignale im 2,4 GHz ISM-Frequenzband minimiert.[206] Der grundlegende Standard Bluetooth 1.0 wurde im November 1999 durch die Bluetooth SIG verabschiedet und moduliert die Daten per Gaussian Frequency Shift Keying (im folgenden GFSK). Die Adressierung und Identifikation der Geräte erfolgt über eine so genannte Bluetooth Device Address (im folgenden BD_ADDR), die prinzipiell lediglich eine 48 Bit IEEE-Adresse ist.[207]
Bluetooth erreicht im Bluetooth 1.1-Standard theoretisch eine Übertragungskapazität von bis zu 780 Kbit/s. In der Praxis liegen die Übertragungsraten jedoch auch hier deutlich unter dem theoretischen Wert, da auch bei Bluetooth die Kapazitäten einer Funknetzzelle geteilt werden müssen.[208] Die Reichweite der Funknetzzellen von Bluetooth 1.1 liegt bei etwa 10 Metern.[209] Einige Geräte erreichen aufgrund stärkerer Sendeleistungen und im neuern Bluetooth 2.0-Standard allerdings auch bis zu 100 Meter Reichweite.

---

[203] Vgl. **Townsend, L.** (2001)
[204] Vgl. **Ahlers, E.; Zivadinovic, D.**(2002)
[205] Vgl. **Williams, S. u. A.** (2001), S.20; **Ahlers, E.; Zivadinovic, D.** (2002)
[206] Vgl. o.V. (2002a)
[207] Vgl. **Gerlach, M.** (2001)
[208] Vgl. **Lüders, D.** (2002); **Ahlers, E.t; Zivadinovic, D.** (2002), **Zivadinovic, D.** (2001a) S.122,
[209] Vgl. **Ahlers, E.; Zivadinovic, D.** (2002) und **Casonato, R.** (2001)

Eine Weiterentwicklung des Standards für Übertragungskapazitäten bis zu 10 Mbit/s bei höherer Reichweite wurde noch vor Verabschiedung des Standards gestoppt, da man allgemein davon ausgeht, dass eine Etablierung im Einsatzbereich von IEEE 802.11b nicht mehr möglich sein wird.[210]

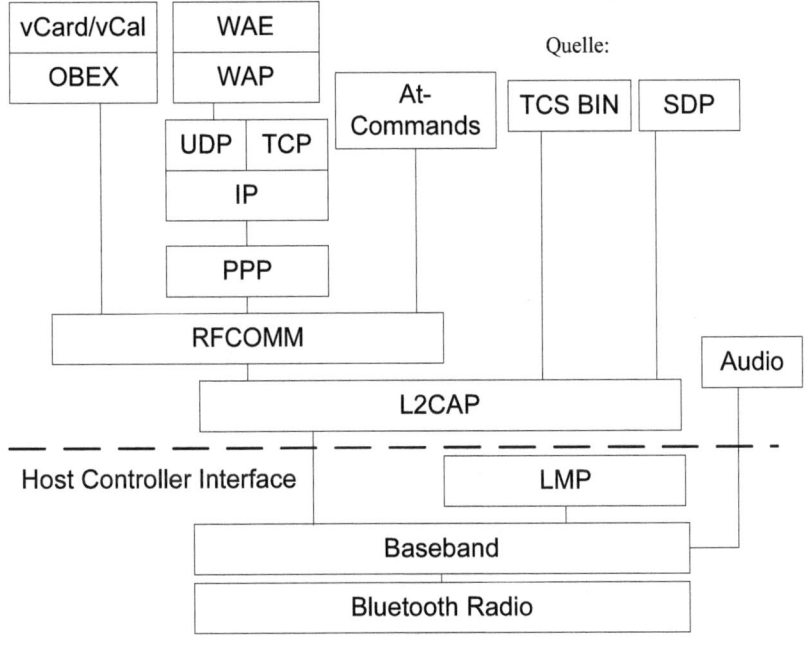

Abbildung 23: Überblick des Aufbaus, der von Bluetooth benutzten Protokolle

Quelle: http://www.heise.de/mobil/artikel/2002/04/30/bluetooth/bild01.shtml

Trotzdem wurde Bluetooth zunächst auch als Technologiebasis für Hotspots von einigen Wireless Internet Service Providern, zum Beispiel in den USA von Wayport,[211] der inzwischen insolventen MobileStar[212] und in Großbritannien von Netario[213] eingesetzt.[214] Wayport und Netario setzen in letzter Zeit jedoch auch auf Wi-Fi-Netze des IEEE 802.11b-Standards.

---

[210] Vgl. **Ambrosini, C.** (2002), **Ahlers, E.**; **Zivadinovic, D.** (2002)
[211] Wayport im Internet: http://www.wayport.com
[212] MobileStar wurde inzwischen durch Voicestream aus der Insolvenz übernommen – im Internet: http://www.mobilestar.com, jetzt http://www.t-mobile.com/hotspot/, vgl. auch: **Liu, B.**(2001)
[213] Netario im Internet: http://www.netario.com/

Um unterschiedlichste Endgeräte verbinden zu können ist eine komplexe Benutzung von unterschiedlichen Protokollen notwendig.[215]

Abbildung 24: Geräteübersicht Bluetooth Headsets

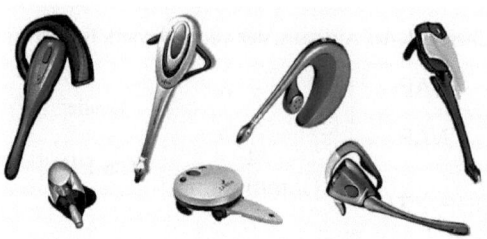

Sicherheitstechnisch verfügt Bluetooth neben dem schnellen Frequenzwechsel selbstverständlich über weitere Vorkehrungen. Der Datenverkehr beim Bluetooth wird über unterschiedliche Verschlüsselungstechnologien abgesichert. Bei der Kommunikationsaufnahme wird zwischen den Geräten ein einmal gültiger Handshake Key ausgetauscht, in dem ein mit 128 Bit verschlüsselter Link Key eingebunden ist. Anhand dieses Link Keys wird aus dem vorher unbekannten Gerät ein unsicheres Gerät. Unsicher ist hierbei schon die erste Sicherheitsstufe. Fortan wissen die Partner, dass die Transmissionen von dem entsprechend identifizierten Gerät stammen. Der Datenverkehr wird hierauf aufbauend je nach Geräteart, Anwendungsart und Konfiguration automatisch oder durch Nutzerbestätigung autorisiert und mittels eines weiteren, vom Link Key abgeleiteten 128 Bit Schlüssel verschlüsselt.[216] Die Probleme mit der Datensicherheit sind bei Bluetooth somit geringer als bei den Standards der IEEE 802.11-Familie.

Moderne Bluetooth Geräte kommen mit einem deutlich geringeren Stromverbrauch als andere Technologien aus. Sie nutzen auch deutlich geringere Sendeleistungen. So braucht ein Bluetooth Access-Point, der 25.000 Quadratmeter Fläche abdeckt nur eine Sendeleistung von ca. 130 Milliwatt. Dieses entspricht etwa einem Zehntel der Sendeleistung eines aktuellen Handys. Die Strahlungsbelastungen sind hierdurch auch geringer als bei anderen Technologien mit einer vergleichbaren Aufgabe.[217]

Heute werden alle technischen Elemente von Bluetooth üblicherweise auf einem ca. Briefmarkengroßen Chip zusammen integriert. Diese Chips kosten aufgrund der Massenfertigung nur noch ca. 10 bis 15 Dollar pro Stück.[218]

---

[214] Vgl. **Ambrosini, C.** (2002)
[215] Vgl. **Ahlers, E.; Zivadinovic, D.** (2002)
[216] Vgl. **Ahlers, E.; Zivadinovic, D.** (2002)
[217] Vgl. **Meyfarth, R.** (2001), S.2
[218] Vgl. **Ahlers, E.; Zivadinovic, D.** (2002)

Abbildung 25: Aussehen eines Bluetooth-Chips

Quelle: http://qualweb.opengroup.org/Template2.cfm

Die Entwicklung von Bluetooth am Markt begann sehr langsam. Obwohl der Standard ca. 1999 früh am Markt war, entwickelte sich der Absatz entsprechender Geräte in den ersten Jahren schleppend. Seit 2002 entwickelte sich Bluetooth deutlich schneller und auch zukünftig sind durch die günstigen Chippreise und der Integration in eine Vielzahl von Geräten hohe Wachstumsraten von bis zu 290% p.A. zu erwarten.[219]
Die Integrationsmöglichkeit in verschiedenste Endgeräte ist ein wichtiger Erfolgsfaktor. Heute verfügen praktisch alle PDAs und viele Handys (z.B. Nokia 6310, 7650 oder SonyEricsson 68i, SonyEricsson T6100, etc.) über integrierte Bluetooth-Technologie.[220] Darüber hinaus ist am Markt eine Vielzahl der üblichen Endgeräte zu günstigen Preisen verfügbar. Alles in allem handelt es sich bei Bluetooth um die derzeit günstigste Technologie zur drahtlosen Kommunikation.
Gerade die Ausrichtung auf das PAN spielt auch für mobile Kommunikation eine große Rolle. Bluetooth erweitert hier neben den Übertragungstechnologien im klassischen Sinn der Verbindung von Endgerät und Basisstation auch die Endgeräte selbst um eine sehr interessante Perspektive. So ist es mit Bluetooth möglich, ähnlich der drahtlosen Vernetzung von Geräten am Arbeitsplatz auch Geräte, die am Körper getragen werden drahtlos zu vernetzen. Die ersten Beispiele hierfür sind die schon weit verbreiteten Bluetooth Headsets als drahtlose Freisprechanlagen beim Autofahren, jedoch auch die Vernetzung medizinischer Sensoren mit einem Zentralrechner und bei kritischen Abweichungen die automatische Alarmierung der Hilfskräfte oder die Vernetzung von Bildschirmen, zum Beispiel in einer Brille integriert, mit Rechnereinheiten in der Manteltasche

---

[219] Vgl. **Ambrosini, C.** (2002)
[220] Vgl. **Lüders, D.** (2002) und **Ahlers, E.; Zivadinovic, D.** (2002)

oder auch nur die einfache Synchronisation von Mails oder Kalenderdaten zwischen Handy, PDA und Desktoprechner sind denkbare Anwendungen.[221]

Abbildung 26: Entwicklung des Absatzes von Bluetooth-Chipsätzen 2000 bis 2005 in Millionen Einheiten

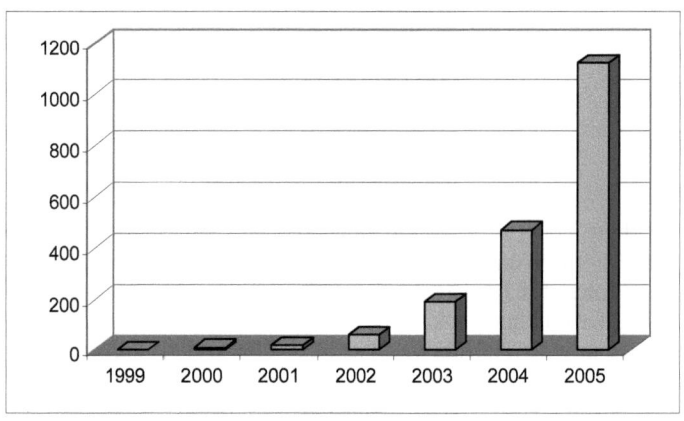

Quelle: **Micrologic Research**, im Internet:
http://www.shorecliffcommunications.com/magazine/volume.asp?Vol=24&story=20

Schließlich ist zum Thema Bluetooth anzumerken, dass Bluetooth und IEEE 802.11b die gleichen Frequenzbereiche nutzen und sich gegenseitig negativ beeinflussen können. Genau wie die Zusammenarbeit der beiden Standards aufgrund der Nutzung der gleichen Frequenzbänder theoretisch möglich ist,[222] entstehen bei Anwesenheit von Bluetoothgeräten in einer 802.11b-Zelle deutlich messbare Leistungsverluste bis über 22% in dem 802.11b-Netz.[223]

3.1.3 Übersicht der mobilen Datenübertragungstechnologien

Prinzipiell ist bei beiden Familien von Datenübertragungstechnologien eine einheitliche Entwicklung zu beobachten: In den letzten Jahren wurden exponentiell immer leistungsfähigere Standards entwickelt und verabschiedet. Die Computernetze bewegen sich hierbei grundsätzlich im Bereich deutlich höherer Sendekapazitäten und bauen diesen Vorsprung langsam aus.

---

[221] Vgl. **Ahlers, E.; Zivadinovic, D.** (2002)
[222] Vgl. **Ambrosini, C.** (2002)
[223] Vgl. **Ahlers, E.; Zivadinovic, D.** (2002)

Abbildung 27: Zeitliche Entwicklung der Übertragungsraten mobiler Technologien

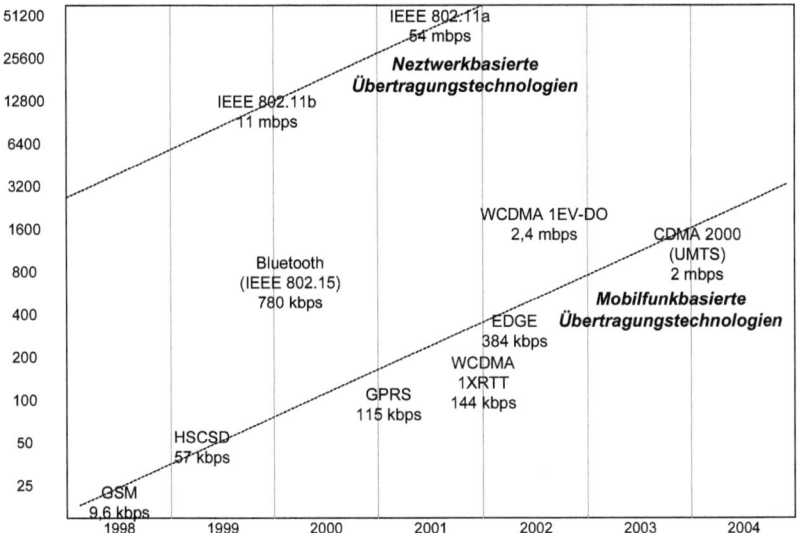

Ähnlich: **Diederich, B.; Lerner, T.; Lindemann, R.; Vehlen, R.** (2001) S. 74

Jüngst wurde die Arbeit eines neuen Standardisierungskomitees der IEEE für den neuen physischen Standard 802.11n bekannt gegeben, der ab ca. 2006 mobile Datenübertragung jenseits der 100 Mbit/s ermöglichen soll. Auch an der neuesten Technologiefamilie der Mobilfunknetze, 4G, wird bereits in Laboren geforscht. Die Leistung soll auch hier die 100 Mbit/s erreichen, die Verabschiedung ist jedoch nicht vor 2010, eher später zu erwarten. Die Computernetze haben allerdings jeweils in Reichweite und Roamingmöglichkeiten Nachteile gegenüber den Mobilfunknetzen. Die folgende Tabelle fasst die grundsätzlichen Leistungsdaten der verschiedenen Standards kurz zusammen.

Tabelle 1: Übersicht der Eckdaten physischer Standards zur mobilen Datenübertragung

Name	Standard	Frequenz	Reichweite	Kapazität	Markteife
Datenübertragungstechnologien aus dem Umfeld der Mobilfunknetze					
GSM/ CSD	CSD	GSM 900/1800/ 1900 MHz	1-10 Km	9,6 Kbit/s	Seit Anfang der neunziger Jahre im Einsatz, ständige Erweiterungen.
HSCSD	HSCSD	GSM 900/1800/ 1900 MHz	1-10 Km	Max. 57,6 Kbit/s	Seit 2000 im Einsatz.
GPRS	GPRS	GSM 900/1800/ 1900 MHz	1-10 Km	Max. 53,6 Kbit/s	Seit 2000 im Einsatz.
EDGE	EDGE	GSM 900/1800/ 1900 MHz	1-10 Km	Max. 473,6 Kbit/s	Es gibt kaum Netze und Endgeräte, die EDGE unterstützen.
UMTS W-CDMA	W-CDMA	IMT2000	1-10 Km	Max. 2Mbit/s	Kommerzielle Netz z.B. in Österreich seit 2003.
UMTS CDMA 2000	CDMA200 0 1XRTT / 1X EV-DO	IMT2000	1-10 Km	1XRTT max. 144 Kbit/s; 1X EV-DO max. 2,4 Mbit/s	Erste Netze mit dem 1XRTT-Standard in Japan und Südkorea seit 10/2001.
Datenübertragungstechnologien aus dem Umfeld der Computernetzwerke					
802.11 a	IEEE 802.11a	5 GHz	Max. 100m, steigerbar (Antennen, Sendeleistung)	Max. 54 Mbit/s	Der Standard ist von dem IEEE offiziell anerkannt. Markreife ist gegeben.
802.11 b	IEEE 802.11b	2,4 GHz ISM	Normal ca. 300m, jedoch auch bis 3 Km	Max. 11 Mbit/s	Marktreife ist gegeben. Die Sicherheitsausstattung ist allerdings nicht gut.
802.11 g	IEEE 802.11g	2,4 GHz ISM und 5 GHz	Je nach Frequenz und Umfeld ca. 100m bis 3 Km	Max. 20 bis 72 Mbit/s	Marktreife ist seit Mitte 2004 gegeben.
Home RF	Home RF	2,4 GHz ISM	Bis ca. 50 m, je nach Umfeld	Max 10 Mbit/s	Marktreife ist gegeben. Standard findet wenig Beachtung.
Hiper-LAN2	HiperLAN 2	5 Ghz	Max. 100m, durch Antennen, Leistung steigerbar	Max. 54 Mbit/s	Marktreife ist gegeben. Allerdings sind kaum Geräte verfügbar.
Bluetooth	Bluetooth 2.0	2,4 GHz ISM	Max. 100m	Max. 780 Kbit/s	Marktreife gegeben.

3.2 Datendienste und mobile Anwendungen

Nach den Übertragungstechnologien sollen im folgenden Kapitel einige wichtige mobile Datendienste vorgestellt werden. Hierbei soll ein kurzer Überblick über die eigentlichen Dienste, technische Funktionsweisen und Leistungsfähigkeiten der Dienste gegeben werden.

Die Dienste bilden nach den physischen Übertragungstechnologien grob gesagt die zweite technische Schicht einer mobilen Anwendung. Sie bieten meist die Entwicklungsumgebungen für die auf ihrer Basis zu implementierenden Geschäftsmodelle und begrenzen diese wiederum durch ihre technischen Rahmenbedingungen.

3.2.1 WAP - Wireless Application Protocol

Wireless Application Protocol oder WAP war der erste wirkliche Datendienst für Mobiltelefone. WAP wurde 1998/1999 in Deutschland mit großen Werbekampagnen eingeführt. Es handelt sich um einen textbasierten Dienst, der auf den klassischen Handys des Einführungszeitraums verfügbar sein sollte.[224] Mit seiner Auszeichnungssprache Wireless Markup Language (im folgenden WML) lehnt es sich stark an die aus dem Internet bekannte Hypertext Markup Language (im folgenden HTML) an. Es unterstützt allerdings nur einen kleinen Ausschnitt der in HTML üblichen Funktionalitäten.[225]

Aus heutiger Sicht kann die Markteinführung von WAP als ein „Flop" bezeichnet werden. Die Technologie war zu ihrer Einführung nicht wirklich reif für den Massenmarkt. Zu kompliziert war die Bedienung über komplizierte Handytastaturen und kleine Monochrombildschirme, oft ist sie es auch heute noch.[226] Auch wurden durch das Marketing falsche und viel zu hohe Erwartungen bei den Nutzern geweckt, die nun eine Art richtiges, mobiles Internet erwarteten. Einmal abgesehen von der Navigation über Hyperlinks, waren die Ähnlichkeiten jedoch nur sehr gering. So konnte WAP nur mit groben Schwarzweißbildern (oder auf vielen Bildschirmen Schwarzgrünbildern) und kurzen, schlecht zu lesenden Texten aufwarten,[227] was die geweckten Erwartungen der Nutzer stark enttäuschte.[228] Auch wurde bei WAP vor allem eine Technologie vermarktet. Den Nutzern ist es jedoch relativ egal, welche Technologie sie nutzen. Wichtig sind vor allem gute Dienste, Service und ein angemessener Preis.[229] Schließlich

---

[224] Vgl. **Bager, J.** (2002b)
[225] Vgl. **o.V.** (2002d)
[226] Vgl. **Zobel, J.** (2001), S.38 ff.
[227] Vgl. **o.V.** (2002d)
[228] Vgl. **Aberdeen Group** (2000)u nd **Zobel, J.** (2001), S.38 ff.
[229] Vgl. **Aberdeen Group** (2000) und **o.V.** (2002e)

war und ist WAP mit bis zu 20 Cent/Minute Nutzungsdauer unangemessen teuer.[230]
WAP verfügt nicht über die Möglichkeit einer nutzungsbezogenen Abrechnung.[231] Es ist zwar auch auf PCs und PDAs verfügbar, wird dort jedoch verständlicherweise kaum genutzt, da hier mit HTML auch „richtiges" Internet verfügbar ist.[232]

Abbildung 28: Screenshots einer beispielhaften WAP-Anwendung

Schwarz-weiß, nur einfachste Grafiken und kleine, monochrome Bildschirme kennzeichnen WAP und werden als maßgebliche Gründe für seinen Misserfolg genannt.
Quelle: http://www.checkcom.de/demos.htm

WAP erreichte innerhalb der ersten zwölf Monate nach Einführung nur ca. 2% der mobilen Nutzer, obwohl die WAP-fähigen Mobiltelefone den Markt im gleichen Zeitraum praktisch vollkommen erschlossen hatten. Obwohl auch heute praktisch jedes Handy WAP-fähig ist, nutzen in Europa heute ca. fünf Prozent der mobilen Nutzer ab und zu WAP. In den USA sind es sogar nur ca. ein Prozent. Als Grund hierfür werden vor allem langsame Technik und schlechte Inhalte angegeben.[233]

Heute wird WAP wieder zunehmend wichtiger, denn es bildet die technische Grundlage für die Versendung von Klingeltönen und Handylogos. Gemeinsam mit der SMS hat es sich also inzwischen eine durchaus akzeptierte Anwendung für WAP entwickelt. Allerdings wird es von den Nutzern beim Download eines Spiels oder Klingeltons kaum noch als WAP wahrgenommen.

---

[230] Vgl. o.V. (2002d)
[231] Vgl. **Behnke, H.** (2002), S.69
[232] Vgl. **Bager, J.** (2002)
[233] Vgl. **Behnke, H.** (2002), S.69

3.2.2 I-Mode

Der mobile Datendienst i-mode wurde im Februar 1999 in Japan vom dortigen Mobilfunk Marktführer NTT-Docomo eingeführt. Im Zeitraum bis Dezember 2000 gewann i-mode in Japan 16 Millionen Kunden, bis 2001 hatte es 26 Millionen Kunden, 2002 ca. 30 Millionen Kunden.[234] Innerhalb von zweieinhalb Jahren wuchs die Zahl der offiziellen i-mode Seiten von 67 auf 1760 und in der gleichen Zeit entstanden gut 45.000 inoffizielle Seiten.[235]
Die ca. 26 Millionen Kunden im Jahr 2001 gaben im Monat einen Betrag von umgerechnet etwa ca. zwanzig Euro pro Kopf für i-mode aus, was einen rechnerischen Umsatz von ca. 500 Millionen Euro bedeutet und somit immerhin schon etwa zwanzig Prozent des Gesamtumsatzes von NTT-Docomo ausmachte.[236] NTT-Docomo erhält neun Prozent der Transaktionsgebühren, die über i-mode erzielt werden und der Umsatz pro Nutzer ist mit i-mode ca. dreißig Prozent höher als zuvor. Fünfzig Prozent der Transaktionen dienen Unterhaltungszwecken.[237] I-mode kann abgesehen von der SMS als der erste auch wirtschaftlich erfolgreiche mobile Datendienst angesehen werden.[238] Die Nutzerschaft ist zu über sechzig Prozent jünger als 34 Jahre und auch bei der Markteinführung wurde ganz gezielt die junge Zielgruppe adressiert. Es wurde primär das Unterhaltungsbedürfnis der Nutzerschaft adressiert.[239]
Die Nutzung des Dienstes erfolgt zumeist in sonst ungenutzten Nischen- oder Wartezeiten. Die Nutzungsdauer ist dementsprechend mit ca. einer bis eineinhalb Minuten pro Sitzung eher kurz. Dafür wird der Dienst jedoch häufig genutzt. Etwa fünfzehn bis zwanzigmal am Tag. Somit wird ein i-mode Handy in Japan inzwischen typischerweise mehr für i-mode als zum Telefonieren genutzt. Allerdings konkurriert der Dienst keineswegs mit der Telefonie, sondern stärkt im Gegenteil sogar die Nutzung der Telefoniedienste.[240]
Technisch betrachtet ist i-mode recht einfach. Es stützt sich ähnlich WAP auf eine eigene, dem Internetstandard HTML abgewandelten Auszeichnungssprache, cHTML. Das vorangestellte c steht hierbei für compact HTML. Wie bei WML ist dieses eine Untermenge der HTML-Funktionalitäten. Allerdings ist der Sprachstandard so nah an HTML, dass Webseiten relativ leicht zu cHTML zu konvertieren sind. Die Erstellung von i-mode Seiten ist daher ähnlich einfach wie die Erstellung von Websites. Es erlaubt auch als erster mobiler Datendienst die Verwendung von Farbe und Ton.[241]

---

[234] Vgl. **Behnke, H.** (2002), S.6, **Aberdeen Group** (2000) und **Zobel, J.** (2001) S.107 ff.
[235] Vgl. **Röttger-Gerigk, S.**(2002), S.21 und **o.V.** (2002d)
[236] Vgl. **Behnke, H.** (2002), S.69 und **o.V.** (2002d)
[237] Vgl. **Zobel, J.** (2001) S.107 ff.
[238] Vgl. **Aberdeen Group** (2000)
[239] Vgl. **Zobel, J.** (2001) S.107 ff.
[240] Vgl. **Deininger, O.** (2001) und **Zobel, J.** (2001) S.107 ff.
[241] Vgl. **Zobel, J.** (2001) S.107 ff. und **o.V.** (2002e)

Abbildung 29: Screenshots einer beispielhaften i-mode Anwendung

I-mode ist gekennzeichnet durch farbige Bildschirme mit relativ guten Grafikauflösungen, bessere Navigation durch Joystickartige Bedienelemente auf Handys und eine always-on-Technologie.

Quelle: http://www.maporama.com

I-mode nutzt zur Datenübertragung GPRS oder CSD und arbeitet als erster Datendienst paketbasiert. Auf GPRS basierend ist es der erste always-on-Datendienst. Die Abrechnung erfolgt datenmengenbezogen und nicht zeitabhängig.[242] I-mode unterstützt technisch keine sichere Datenübertragung via Secure Socket Layer (im folgenden SSL) und keine Javaanwendungen. Es besteht jedoch die Möglichkeit, auch WAP-Seiten zu lesen.[243]
Inzwischen hat sich trotz dieser technologischen Lücken vor allem in Japan auch ein durchaus lohnender Markt für i-mode Anwendungen entwickelt. Bei der Aufzählung dieser Daten und Fakten ist es jedoch notwendig, auch die spezielle Nutzungssituation im Mutterland von i-mode, Japan, nicht unbeachtet zu lassen. Hier spielen großer Platzmangel, eine geringe PC-Penetration, viel im öffentlichen Raum verbrachte Lebenszeit und nicht zuletzt die sprichwörtliche japanische Technikverliebtheit sicherlich eine gewisse Rolle für den großen Erfolg von i-mode. Ob diese Faktoren auf den europäischen oder den deutschen Markt übertragbar sind ist in der Fachwelt umstritten.[244] Die Chancen von i-mode am

---

[242] Vgl. **Zobel, J.** (2001) S.107 ff.
[243] Vgl. **Bager, J.** (2002b)
[244] Vgl. **Behnke, H.** (2002), S.69 und **Deininger, O.** (2001)

deutschen Markt werden allerdings eher skeptisch eingeschätzt. Bisher führte lediglich E-Plus den Dienst hierzulande im Januar 2002 ein und der Erfolg wird nach den bisherigen Ergebnissen eher negativ beurteilt. So erreichte E-Plus nach etwa einem Jahr nur gerade 100.000 Nutzer.[245]

3.2.3 SMS – Short Message Service

Der Short Message Service (im folgenden SMS) ist der einfachste und am stärksten limitierte Datendienst in GSM-Netzen. Hierbei werden einfache Textnachrichten über den Signalkanal an GSM Mobiltelefone übermittelt. Dieser Kanal dient ursprünglich zur internen Kommunikation des Mobiltelefons mit dem Mobilfunknetz, beispielsweise um einen eingehenden Anruf zu signalisieren und so den eigentlichen Telefoniekanal zu öffnen. Die Größe der Nachricht ist meist auf 100 bis 160 Zeichen begrenzt, was von Mobilfunkanbieter zu Mobilfunkanbieter und von Dienst zu Dienst unterschiedlich sein kann. Die Übermittlung der Nachricht funktioniert sehr ähnlich der E-Mail-Übermittlung im Internet. Oft wird sogar wie im Internet Simple Mail Transfer Protocol (im folgenden SMTP) als Auslieferungsprotokoll genutzt. Praktisch jedes Mobilfunknetz ist über ein spezielles Gateway oder Web-Frontend auch aus dem Internet heraus anzusprechen.

Tabelle 2: Versendete SMS pro Nutzer pro Monat in verschiedenen europäischen Ländern 2002 und 2003, sowie Prognose für 2007

	2002	2003	2007
Frankreich	32,2	38,9	35,5
Deutschland	59,4	60,3	47,5
Italien	39,9	49,6	48,2
Spanien	62,5	63,2	56,3
Großbritannien	44,7	49,3	48,8

Quelle: **Goasduff, L.** (Gartner) (2003)

Jedes Mobiltelefon hat sogar eine eigene „Mailadresse", die allerdings den Nutzern normalerweise nicht bekannt ist. Erschwerend kommt hinzu, dass das Format der Mailadressen für Handys von Provider zu Provider ganz unterschiedlich sein kann und schließlich auch das Ansprechen der Gateways von außen bei den meisten Netzen nicht auf Basis eines einheitlichen Standards, sondern proprietär erfolgt. Inzwischen wird diese Technologie jedoch vielfach erfolgreich genutzt und kann als Basis für andere Dienste, beispielsweise Mobile Marketing oder

---

[245] Vgl. **Göbel, M.** (2003)

Mobile Payment eingesetzt werden. Hierbei ist jedoch zu beachten, dass SMS grundsätzlich wenig Datensicherheit bieten. Die Daten werden im Klartext durch die Datennetze und über den Luftweg übertragen. Es besteht zwar die Möglichkeit, höhere Sicherheit in der SMS-Kommunikation zu implementieren, dieses wird jedoch kaum genutzt.[246]
Trotz dieser Beschränkungen und trotz vergleichsweise sehr hoher Preise für die Übermittlung von einigen wenigen Zeichen an ein anderes Mobiltelefon hat SMS in den letzten Jahren einen wahren Boom erfahren.

Abbildung 30: Entwicklung der SMS-Nutzung in Europa Januar 2000 bis Mai 2002

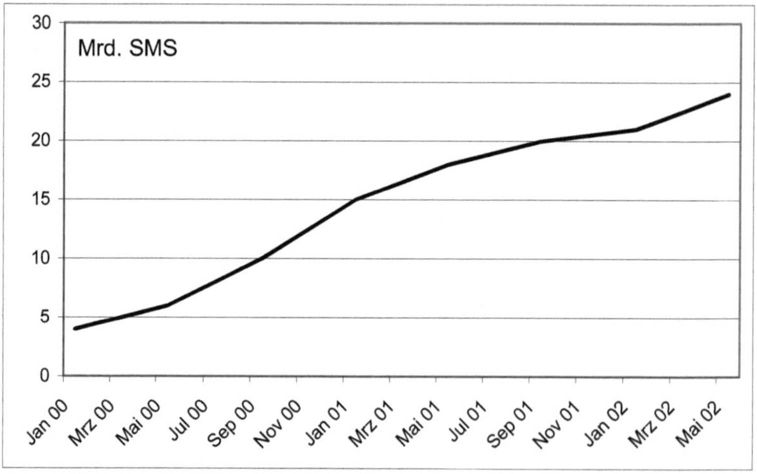

Quelle: http://www.systems-world.de/plugin/template/mmgdev/*/47583?nextNews=0&language=2&sy2002=1&alias=11 &comTopicID=12&ComNomInit=&firstNews=&lay3=1&lay=3&topnavid=2676&topic-Check=12

Die rasante, zuvor nicht erwartete Entwicklung von SMS zeigt auch ein enormes Potential für bestimmte mobile Datendienste auf, nämlich mobile Individualkommunikation. SMS zu verschicken ist im Endeffekt nichts anderes als ein Chat auf einem mobilen Endgerät. Obwohl viel komplizierter als im Internet zu bedienen und sehr viel teurer, wird der Dienst in Europa trotzdem überaus stark genutzt. Aus heutiger Sicht kann man sagen dass SMS und Voice die Killerapplikationen für GSM Netze waren.[247] Auch wird die SMS noch einige Jahre einer der wichtigsten Datendienste in Europa sein. In den Vereinigten Staaten

---

[246] Vgl. **Gonzales, J. D.** (2002)
[247] Vgl. **Northstream** (2002b)

spielt die SMS derweil eine deutlich kleinere Rolle. Hier ist GSM weniger verbreitet und oft wurde auf die Etablierung eines Rückkanals zum Senden von SMS verzichtet.

3.2.4 MMS – Multimedia Message Service

Der Multimedia Message Service (im folgenden MMS) wird häufig als der Nachfolger der SMS genannt. Es handelt sich hierbei tatsächlich in der Funktionalität um eine Art Weiterentwicklung, bei der neben einem kurzen Text auch Bilder, Töne und kleine Videosequenzen übertragen werden können. Mit diesen Eigenschaften wurde MMS als ein wichtiger Antrieb für die UMTS-Entwicklung angesehen. Andere sprechen bei der MMS sogar von der Killerapplikation für UMTS.[248] MMS wurde als der wichtigste mobile Dienst des Jahres 2002 bezeichnet.[249] Die Mitteilungen sollen hier die inzwischen ganz selbstverständliche Kommunikation per SMS sozusagen unter Einbeziehung der neuen technischen Möglichkeiten beerben. Es wird allerdings gerne übersehen, dass UMTS nicht zur MMS-Nutzung notwendig ist. Vielmehr können moderne Handys den Dienst auch auf Basis von GPRS oder anderen schnellen Übertragungstechnologien anbieten. Der Zusammenhang ist daher nur begrenzt gegeben. Der technische MMS-Standard wurde mittlerweile von allen Handset-Herstellern anerkannt und implementiert. Erste Endgeräte sowie Angebote der Netzbetreiber sind seit Mitte 2003 verfügbar.

Abbildung 31: Screenshots einer MMS

Screenshots einer MMS zur Werbung für den Kinofilm Men in Black II auf einem SonyEricsson T68i
Quelle: http://www.liquidairlab.com/

Auch für MMS gilt, dass ein faires Preismodell und ein Mehrwert für den Nutzer entscheidend für den Erfolg sind.
Angesichts der aktuellen Preismodelle und des Fehlens wirklicher Mehrwertdienste für die MMS ist eine Beachtung dieser Prämissen leider kaum zu er-

---

[248] Vgl. **Rothwell, S.** (2001) und **Northstream** (2002b)
[249] Vgl. **Northstream** (2002b), im Internet: http://www.northstream.se/download/MMS.pdf S. 4

warten. Die Entwicklung des Dienstes verläuft aktuell dementsprechend eher schleppend. In letzter Zeit ist im Zusammenhang mit MMS auch nicht mehr von der Killerapplikation oder dem großen Antrieb für die UMTS-Entwicklung die Rede.

3.2.5 Java für Handys

Das Thema der Verfügbarkeit von Javatechnologie auf Handys oder allgemein auf mobilen Endgeräten ist eigentlich kein Datendienst im Sinne der vorangegangenen Dienste. Java auf Handys bietet allerdings die Möglichkeit, vergleichsweise sehr leistungsfähige Software zu entwickeln und hierüber auch Dienste für den Nutzer anzubieten. Es handelt sich zudem um eine sehr junge Technologie. Erste javafähige Handys, zum Beispiel das Nokia 7650, wurden erst 2002 an den deutschen Markt gebracht und auch Ende 2003 zählt Java für Handys noch zu einem Ausstattungsmerkmal der gehobenen Geräteklasse. Es werden tatsächlich deutlich mehr Modelle mit integrierter Digitalkamera angeboten als mit integrierter Javaunterstützung. Naturgemäß ist dieses im Umfeld der PC-nahen Endgeräte ganz anders. Durch die größere Nähe zur Internettechnologie ist hier die Javaunterstützung quasi auf allen Geräten vorhanden.[250]

Abbildung 32: Screenshots des Midlet-Spiels Vega Warrior von Z-Group Mobile

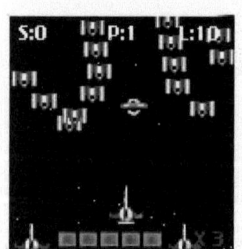
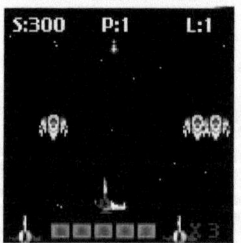
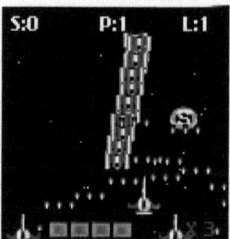

Quelle: http://www.zgroup-mobile.com/reviews/VegaWarrior/VegaWarrior.html

Das interessante an Javaprogrammen allgemein, ganz besonders jedoch auch für mobile Endgeräte, ist ihre sprichwörtliche Plattformunabhängigkeit.[251] Basis dieser Plattformunabhängigkeit bei mobilen Endgeräten ist das im Jahr 2000 eingeführte Mobile Information Device Profile (im folgenden MIDP) der Java to mobile Edition (im folgenden J2ME), das grundlegende Funktionalitäten der Javaumgebung auf mobilen Endgeräten zur Verfügung stellt. Seit Dezember 2002 steht eine überarbeitete Version des MIDP, 2.0, bereit. Im MIDP werden beispielsweise die Laufzeitumgebung, Datenkommunikation oder Datenspeiche-

---

[250] Vgl. **Violka, K.** (2002)
[251] Vgl. **Violka, K.** (2002)

rung oder das Nutzerfrontend definiert und für unterschiedliche Endgeräte bereitgestellt.[252] Aufgrund einer solchen, plattformübergreifenden Umgebung ist Java für Softwareentwicklungen interessanter als hersteller- oder betriebssystemabhängige proprietär Systeme wie beispielsweise ExEn von In-Fusio.[253] In der Praxis ist diese Plattformunabhängigkeit, wie immer bei Javatechnologien, nur als relativ zu bezeichnen. MIDP gliedert sich bereits heute in endgerätespezifische Gruppen auf. So werden aktuell beispielsweise Handys mit 32 bis 512 Kilobyte RAM-Speicher unterstützt. Hinzu kommen proprietäre Klassenbibliotheken, wie zum Beispiel von Siemens für einige ihrer Handymodelle. Es wird allerdings in jüngster Zeit verstärkt an einer wirklichen Einheitlichkeit der Plattform gearbeitet, so dass man gespannt sein darf, ob der Anspruch an die Plattformunabhängigkeit in Zukunft erreicht wird.[254]

Abbildung 33: Erscheinungsbild eines Midlets auf verschiedenen Endgeräten

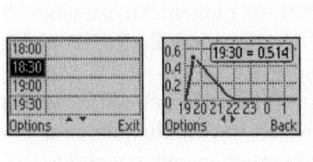
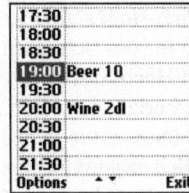
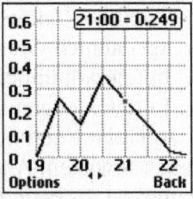

Als Beispiel dient hier das kleine Midlet AlcoMeter zur Berechnung des Blutalkoholgehalts nach Alkoholgenuss. Links zwei Screenshots des Programms auf einem Nokia 6310i, rechts zwei Screenshots desselben Midlets auf einem Nokia 6610 bzw. Nokia 7210.
Quelle: http://sweb.cz/amet/en/screenshots.html

Applikationen für das MIDP heißen in Anlehnung an die im Webbrowser genutzten Applets Midlets. Sie können über das Funknetz zu den Endgeräten übertragen werden und dort gespeichert beziehungsweise ausgeführt werden. Auf dem Endgerät belegen Midlets im Idealfall die verfügbaren Ressourcen entsprechend ihren Anforderungen. So können Knöpfe, Menüs, ein Trackpoint oder andere Ressourcen des spezifischen Endgeräts im Idealfall optimal ausgenutzt werden. Das Erscheinungsbild eines Programms kann durch die Unterschiede der nutzbaren Ressourcen auf unterschiedlichen Mobiltelefonen teilweise stark unterschiedlich sein.[255]
Gerade in der Zusammenarbeit mit der neuesten Generation der Mobiltelefone erschließen Midlets eine Fülle neuer Möglichkeiten. So wird es möglich, Soft-

---

252	Vgl. **Appnell, T.**(2002)
253	Vgl. **Violka, K.** (2002)
254	Vgl. **Violka, K.** (2002)
255	Vgl. **Violka, K.** (2002)

ware zu entwickeln und über das mobile Netz, ja selbst über das Internet zu vertreiben. Diese Entwicklung hat in den letzten Monaten analog zur Entwicklung von i-mode vor allem im Unterhaltungssektor eingesetzt. Mit dieser Technologiebasis werden aufwändigere, dynamische Spiele im Stil der Arkadenklassiker der achtziger Jahre und andere Unterhaltungsapplikationen möglich.

3.3 Endgerätetechnologien

Der letzte zentrale Punkt bei den Technologiebetrachtungen ist die Endgerätetechnologie. Die Endgeräte auf denen mobile Anwendungen ausgeführt werden sollen, spielen eine entscheidende Rolle für die Zukunft des gesamten Bereichs. Die Möglichkeit, umfangreiche Daten zu speichern, zum Beispiel Videos auf entsprechenden Displays abzuspielen oder umfangreichere Informationen mit einer geeigneten Eingabeschnittstelle zu erfassen, begrenzen heute die Möglichkeiten des mobilen Internets. Kein noch so ausgefeilter Dienst wird von den Nutzern angenommen werden, wenn die Endgeräte nicht die Möglichkeit bieten, den Dienst attraktiv darzustellen und komfortabel zu nutzen. So ist einer der meistgenannten Gründe für das Scheitern von WAP die mangelhafte Benutzbarkeit mit herkömmlichen Handytastaturen und Displays.[256]

Die Entwicklungen der Endgeräte sollen daher im Folgenden betrachtet werden. Es soll ein Überblick über aktuelle technologische Entwicklungen und über Trends sowie ein Ausblick auf zukünftige Entwicklungen gegeben werden.

Hierbei ist zu bemerken, dass die Grenzen zwischen den Geräteklassen zunehmend unschärfer werden. Die folgende Klassifizierung der Endgeräte und die Einteilung in die Geräteklassen, vor allem an den Grenzbereichen der Klassen, sind vom Autor frei gewählt und werden in der Literatur teilweise unterschiedlich dargestellt.

3.3.1 Handys

Unter Handys versteht man heute die klassischen Endgeräte in den unterschiedlichen Mobilfunknetzen. Handys sind ursprünglich auf die reine Sprachkommunikation optimiert. Diese Ausrichtung ist bei typischen Handys deutlich an monochromen Displays mit wenigen Zeilen oder einer geringen Auflösung, an mangelhaften Möglichkeiten zur Steuerung oder der Erfassung von Daten erkennbar.

Erst in den letzten Jahren werden Handys vermehrt auf die Nutzung von Datendiensten und auf Multimediafähigkeit optimiert. Zunächst wurden die Geräte um die Möglichkeit zur Nutzung des WAP-Dienstes erweitert. In den folgenden Jahren wurde die Kapazität der Datenübertragungstechnologien ausgebaut. Aktuelle Handys nutzen meist die – für den Mobilfunkbereich – relativ schnellen Datendienste GPRS oder HSCSD. Seit etwa ein bis zwei Jahren werden die

---

[256] **Zobel, J.** (2001), S.38 ff.

Möglichkeiten zur Darstellung und zur Dateneingabe durch farbige, höherauflösende Displays, durch Mini-Joysticks (Trackpoints) oder verbesserte Tastaturfunktionen erweitert. Die neuesten Verbesserungen sind vor allem bessere Akkuleistungen, höhere Speicherkapazitäten auf neuartigen Speichermedien, etwa Speicherkarten und der Einbau von kleinen Digitalkameras und Multimedia-Messaging oder i-mode-Fähigkeit in die Geräte.

Abbildung 34: Auswahl verschiedener Handys

Parallel werden auch technisch weit wichtigere Weiterentwicklungen vorangetrieben. Handys „lernen", Javaprogramme zu interpretieren.[257] Es stehen Webbrowser mit Grundfunktionalitäten der großen Webbrowser zur Verfügung[258] und die Kommunikation mit anderen Geräten wird immer häufiger durch den Kurzstreckenfunk Bluetooth, Infrarotschnittstellen oder klassische Datenkabel unterstützt.

Die Integration dieser Funktionalitäten in klassische Handys kennzeichnet eine laufende Entwicklung des klassischen sprachzentrierten Geräts Handy in Richtung eines Multifunktionsgeräts. Diese Geräteklasse kann als Feature-Phone bezeichnet werden.[259] Es handelt sich jedoch weiterhin um Geräte, deren zentraler Zweck die Sprachkommunikation ist. Diese Geräte werden sich kurz- bis mittelfristig weiter im Massenmarkt behaupten.

In der Zukunft werden sich Handys zweifellos ebenso rasant weiter entwickeln wie es bereits seit Anfang der neunziger Jahre zu beobachten ist. Sie werden weitere, noch schnellere Datenübertragungstechnologien integrieren, vor allem UMTS, jedoch auch EDGE und CDMA-Technologien. Die Rechenleistung und

---

[257] Vgl. **Violka, K.** (2002)
[258] Vgl. **Bager, J.** (2002b)
[259] **Michelsen, D.; Schaale, A.** (2002), S. 48

die Speicherkapazitäten werden sich wie bei allen Computern weiter erhöhen und die Integration von immer leistungsfähigeren Displays sowie eine Annäherung der benutzten Software an Technologien aus dem Computer- und Internetumfeld sind deutlich erkennbar.

3.3.2 Smartphones

Unter Smartphones versteht man meist einen Mischgerät zwischen einem persönlichen digitalen Assisten (im folgenden PDA) und einem Handy.[260] Die Ausprägungen dieser Geräteklasse können dementsprechend ganz unterschiedlich sein. Die Geräteausrichtung reicht von einem PDA, dem man das Telefonieren beigebracht hat bis zu einem Handy, das auch Kalender und Postfach verwaltet.

Abbildung 35: Nokia 9210i Communicator in seiner aktuellen Version – Der Vorläufer 9000i war eines der ersten Smartphones

Quelle: http://www.nokia.de/mobile_phones/produkte/9210/index.html

Das erste weit verbreitete Smartphone war der 9000i Communicator von Nokia, der die Funktionen der Nokia Handys mit Organizerfunktionen kombinierte und in seiner aktuellen Version 9210i noch immer ein weit verbreitetes Business-Handy beziehungsweise Smartphone ist.[261]
Als Zwitter zwischen zwei recht erfolgreichen Gerätekonzepten haben Smartphones großes Potential, indem sie die größten Schwächen von Handys, schlechte Displays und Eingabegeräte sowie wenig Speicherplatz gegen die großen Schwächen der klassischen PDAs, nicht telefonieren zu können, ausgleichen.

---

[260] Vgl. **Michelsen, D.; Schaale, A.** (2002), S. 51 und **Bager, J.** (2002b)
[261] Vgl. im Internet: http://www.nokia.de/mobile_phones/produkte/9210/index.html

Als Endgeräte für den mobilen Bereich spielen sie somit eine wichtige Rolle, da sie im Vergleich zu klassischen Handys oder Feature Phones oft auch über eine flexible Architektur für die Datenübertragung verfügen. Während Handys meist auf die relativ leistungsschwachen Technologien des klassischen Mobilfunksektors beschränkt sind, weisen Smartphones oft auch Möglichkeiten auf, modular die leistungsfähigeren Technologien des W-LAN-Bereichs mitzunutzen. Gemeinsam mit den schon heute verfügbaren Webbrowsern für jede Plattform, der Möglichkeit, Java oder Scriptsprachen auszuführen,[262] stellen Sie eventuell die zukünftig erfolgreichste Geräteklasse dar.

Abbildung 36: Auswahl verschiedener Smartphones

3.3.3 PDAs

Der Persönliche digitale Assistent (PDA) wurde eigentlich zuerst von Apple in den frühen neunziger Jahren herausgebracht. Das Gerät war allerdings nicht erfolgreich und wurde schnell wieder eingestellt. Der erste richtige PDA war Mitte der neunziger Jahre der erste Palm Pilot.
Die Firma Palm kreierte ein Gerät, dessen sogenannter Formfaktor bis heute typisch für PDAs ist. PDAs haben so gut wie immer ungefähr das Format einer Westentasche. Ein Großteil der Front wird durch das Display, meist einen Touchscreen, eingenommen und es gibt meist nur eine Hand voll Bedienelemente als Hardware an dem Gerät. Die Eingaben erfolgen meist mit einem Stift über den Touchscreen, oft dient zur Unterstützung auch eine Art Joystick oder ein Richtungsfeld.
Mit Einführung des ersten Palm setzte ein großer Erfolg der Geräte ein. Im Jahre 2000 erreichte der Umsatz mit PDAs bereit 2,3 Milliarden US Dollar. Im Jahre 2006 sollen es bereits über 6,6 Milliarden $ oder ca. 39 Millionen ausgelieferte

---

[262] Vgl. **Bager, J.** (2002b)

Einheiten sein, wobei man von einem jährlichen Marktwachstum von 30% ausgeht.[263] Aus heutiger Sicht sind diese Zahlen jedoch praktisch nicht mehr einzuhalten, da der PDA-Markt in den Krisenjahren 2000 bis 2003 fast stagnierte.

Abbildung 37: Auswahl verschiedener PDAs

Der ursprüngliche Zweck der PDAs war es, die Terminplaner und Timer aus Papier (z.B. Filofaxe) zu ersetzen. Hierzu mussten Sie ähnlich leicht mitzuführen sein und Daten einfach mit dem PC des Besitzers abgleichen können. Heute dienen Sie meist dazu, auch Dokumente mitzuführen, Mails unterwegs abzurufen oder aufgrund der guten Displays und der hohen Rechenleistung alle möglichen Anwendungen auszuführen.

Je nach Anwendungsgebiet entscheiden sich die Nutzer bei PDAs für die günstigeren Palm-OS Geräte oder die teureren Geräte mit dem Betriebssystem Windows CE. Letzteres hat selbstverständlich gewisse Vorteile bei der Einbindung in bestehende IT-Infrastrukturen von Unternehmen. Aus diesem Grunde entscheiden sich professionelle Nutzer eher für Windows-CE-basierte Geräte wie beispielsweise die Ipaq-Serie von Compaq.[264]

Technologisch betrachtet sind PDAs heute hochwertige und relativ weit verbreitete Plattformen für mobile Anwendungen. Zur Datenübertragung können sie per Bluetooth, Datenkabel oder Infrarotschnittstelle Handys nutzen – quasi als Funkmodem – oder Sie bringen bereits eigene Lösungen mit. Die meisten Geräte kann man zudem auch zur Nutzung verschiedener Funktechnologien auf-

---

[263] Vgl. **Ro, I.; Wright, D.; Fletcher, C.** (2001)
[264] Ipaq im Internet: http://www.hp-expo.com/de/ger/commercial/handhelds/entry.html

rüsten.[265] Die Ipaq-Serie von Compaq zum Beispiel verfügt zu diesem Zweck über sogenannte Jackets, die PCMCIA-Karten aufnehmen können. Somit wird das Gerät um Bluetooth, W-LAN oder auch GSM-Telefonie erweitert. Die neuesten Modelle enthalten schon integrierte Funktechnologien, meist W-LAN oder Bluetooth. Der Bildschirm verfügt meist über eine hohe Auflösung mit ca. 65.000 Farben und die Benutzerschnittstelle Touchscreen ist auch eine deutlich höherwertige Lösung als beispielsweise die kleinen Handytastaturen. Auch in Bezug auf Speicherkapazität sind die Geräte leicht durch Memory-Karten oder Microdrives zu erweitern.

Die Herkunft der Geräte aus dem Umfeld der Computertechnologie bedingt schließlich eine gute Integration in bestehende Computernetzwerke und viele verschiedene Technologien zur Applikationsentwicklung. Auch die Verfügbarkeit relativ leistungsfähiger Webbrowser ist in dieser Geräteklasse selbstverständlich.[266] Lediglich der Energieverbrauch, den große Displays und Speicherkapazitäten verursachen, stellt aktuell noch ein größeres Problem der PDAs dar.

3.3.4 Webpads und Tablet-PCs

Webpads oder Tablet PCs sind prinzipiell ein technischer Kompromiss zwischen einem PDA und einem Notebook. In dieser Ausrichtung sind sie den Smartphones ähnlich, die ihrerseits einen technischen Kompromiss oder einen „Zwitter" zwischen Handys und PDAs darstellten.

Webpad ist hierbei ein Ausdruck, der einen Treiber bei der Entwicklung wiederspiegelt. Nämlich die Möglichkeit, das Internet mobil zu nutzen. Eine Tastatur oder Maus, alles wofür man einen Tisch braucht und alle Kabel sind hierbei hinderlich. Der Grundgedanke des Tablet-PCs ist ähnlich. Man möchte ebenfalls ein Gerät haben, das man mobil und ohne Tisch nutzen kann. Es soll gleichzeitig aber die volle Funktion eines Notebooks bieten und die Mobilität soll nicht etwa auf die Wohnung beschränkt sein.

Abbildung 38: Geräteübersicht verschiedener Tablet PCs

---

[265] Vgl. **Bager, J.** (2002b)
[266] Vgl. **Bager, J.** (2002b)

In der Summe hat sich eine Geräteklasse entwickelt, die an ein stärkeres TFT-Display ohne alle weiteren Geräte erinnert. Das Display hat hierbei die gewohnten Ausmaße eines Bildschirms mit einer vergleichbaren Auflösung. Es handelt sich allerdings um einen Touchscreen und wird dementsprechend mit einem Stift bedient. Im Gehäuse integriert sind auch alle weiteren Elemente eines mobilen Endgeräts: Lautsprecher, Steckplätze für Erweiterungstasten, Antennen zur mobilen Kommunikation und weitere Elemente.

Technologisch betrachtet sind Tablet-PCs vollständige Computer, denen man ihre angestammte Peripherie abgeschnitten und durch einen Touchscreen ersetzt hat. Entsprechend dem geringen Alter dieser Geräteklasse - sie sind erst seit etwa 2002 verfügbar - gibt es noch unterschiedliche Ausprägungen im Formfaktor. Einige Geräte werden mit eingebauter Tastatur geliefert. Beispielsweise der TravelMate von Acer mutet eher wie ein klassisches Notebook mit drehbarem Display an. Andere Geräte haben Dockingstations, in denen sie wie klassische Notebooks funktionieren.

Abbildung 39: Ein typischer Tablet-PC und seine Bedienelemente - Compaq Tablet PC TC-1000

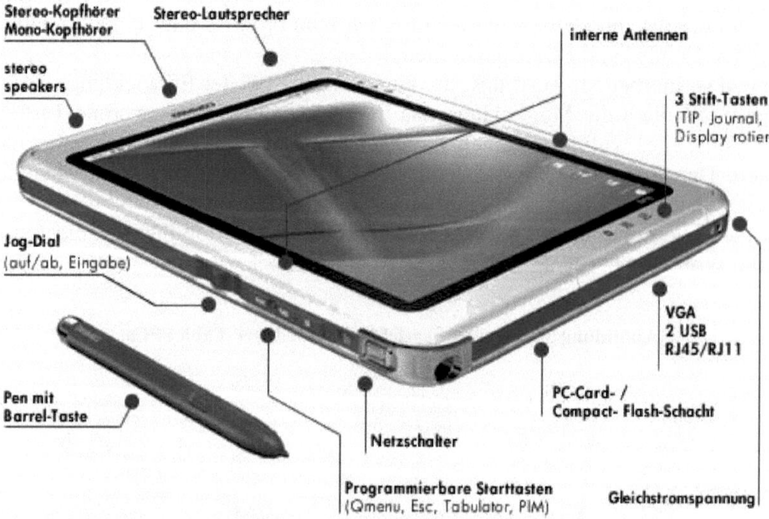

Quelle: http://h40050.www4.hp.com/eu/euro_jump/tabletpc/de/

Alles in allem kann man jedoch von einem vollwertigen PC im Gewand eines großen PDAs sprechen. Dementsprechend leistungsfähig zeigen sich die Geräte auch. Bildschirme und Auflösungen sind wie bei klassischen PCs, zumindest wie bei Notebooks, ebenso Festplattenkapazität, Rechenleistung, Software und andere Parameter. Selbst der Stromverbrauch ist nicht kritischer zu betrachten als bei Notebooks, da im großen Gehäuse der Tablet-PCs ausreichend Platz für entsprechend leistungsfähige Akkus ist. Der einzige Schwachpunkt ist die Kürzung um die Eingabegeräte.

Die Tablet-PCs gelten heute noch als Exoten. Während Handys, PDAs, Notebooks, selbst Smartphones mehr und mehr zum täglichen Umgang gehören, erregen Tablet-PCs noch ein gewisses Maß an Aufsehen. Den Geräten wird allerdings eine größere Verbreitung vorausgesagt, nicht zuletzt, weil Microsoft die Tablet-PCs stark unterstützte. Ende 2003 allerdings, etwa ein Jahr nach der offiziellen Vorstellung zeichnete sich ein ernüchterndes Bild für Tablet PCs ab. Nur etwa 100.000 Exemplare wurden in dem ersten Jahr verkauft, nicht einmal ein Prozent der Absatzmenge bei den Notebooks. Während der Notebookmarkt wieder anzog gingen die Absatzzahlen für Tablet PCs zuletzt sogar um ca. 20% zurück. Die Gründe für diese Entwicklung waren vor allem in sehr hohen Preisen und teilweise ungenauer Abgrenzung gegenüber den Notebooks zu sehen.

3.3.5 Notebooks

Bei Notebooks handelt es sich um vollwertige tragbare Computer inklusive einer mehr oder weniger ausgewachsenen Tastatur und unterschiedlicher Lösungen als Ersatz für eine Maus.

Notebooks lassen sich durch verschiedene Möglichkeiten praktisch beliebig erweitern. Sie tragen meist zwei oder mehr Steckplätze für PCMCIA-Karten, Disketten- und CD-ROM Laufwerk, CD-Brenner oder DVD-Laufwerk, oft in einer Wechselbay. Sie verfügen darüber hinaus über USB-Anschlüsse sowie alle üblichen Schnittstellen für den Anschluss vollwertiger Peripheriegeräte.

Notebooks sind somit aus technischer Sicht quasi die idealen Endgeräte für mobile Anwendungen. Der einzige Nachteil sind die Größe und das Gewicht. Selbst die kleinsten Notebooks, sogenannte Subnotebooks, wiegen noch immer etwa einen Kilogramm und haben die Ausmaße eines dicken Buches im Format A4. Auch sind die leistungsstarken Komponenten derartige Stromfresser, dass die Laufzeit im Akkubetrieb meist auf zwei bis vier Stunden begrenzt ist.

Ein typisches Notebook ist in der Leistungsfähigkeit fest installierten PCs meist vergleichbar. Es gehört schon seit einigen Jahren zum üblichen Bild bei Geschäftsleuten, seit kurzem sogar mehr und mehr bei Studenten und Schülern. Viele aktuelle Notebooks haben schon bei der Herstellung W-LAN oder Bluetooth Unterstützung integriert. Andere Notebooks sind mittels PCMCIA-Karten oder USB-Adaptern entsprechend aufzurüsten. Das Notebook stellt somit eines der wichtigsten Endgeräte für mobile Anwendungen dar, zumal alles was im herkömmlichen Internet möglich ist, bereits heute auch auf Notebooks ausgeführt werden kann.

Gerade in den Businessanwendungen ist daher davon auszugehen, dass Notebooks auch zukünftig einen großen Marktanteil bei den mobilen Endgeräten einnehmen werden. Auch das Telefonieren ist mittlerweile per Voice over IP (im folgenden VoIP) problemlos und kostengünstig möglich. Dieses auch ganz ohne Zugriff auf ein GSM- oder UMTS-Netz.[267] Die Unzulänglichkeiten der Hardware werden hierbei meist kostengünstig und einfach durch ein Headset ausgeglichen.

3.3.6 Entwicklungen in der Endgerätetechnologie

Bei Betrachtung der dargestellten Endgeräteklassen ist festzustellen, dass die aktuell erkennbaren Endgeräte allesamt eine bestimmte Strategie verfolgen, nämlich das einzig notwendige Endgerät des mobilen Nutzers zu sein. Diese Strategie wird als „All in One"[268] bezeichnet. So lernen Handys etwa, Kalender zu verwalten. PDAs bringt man im Gegenzug das Telefonieren bei und erhält aus beiden Richtungen her die sogenannten Smartphones. Immer wird versucht, alle Geräte in einer Einheit zu bündeln.

Gleichzeitig sind jedoch die ersten Ansätze einer gegenläufigen Bewegung erkennbar. Obwohl es aus heutiger Sicht fast noch Science-Fiction ist, möchte soll kurz auf die Entwicklung in Richtung eines persönlichen Netzwerks eingegangen werden. Die Erweiterung Bluetoothfähiger Handys etwa ist ein erster Schritt weg von der „All in One" Strategie in Richtung einer ganz anderen Endgerätetechnologie, nämlich der Vernetzung von spezialisierten, tragbaren Peripheriegeräten in einem persönlichen Netzwerk (im Folgenden Personal Area Network oder PAN).

Während die „All in One" Strategie Endgerätehersteller und Anwendungsentwickler stark einschränkt weil alles im Gerät untergebracht werden muss, beispielsweise Display und Eingabegeräte gleichzeitig, ermöglicht die dezentrale PAN-Strategie ganz neue Generationen von Endgeräten und somit auch die Überwindung vieler praktischer Grenzen herkömmlicher Endgeräte. Eine Entwicklung ganz analog zum Erfolg der alten Personal Computer, die seit jeher ebenfalls spezialisierte Peripheriegeräte zur Anzeige, Datenerfassung oder zum Drucken über ein Kabelnetz angebunden haben.

Warum sollte man sich zum Beispiel auf Anwendungen beschränken, die auf Handybildschirmen laufen, wenn man in einer Datenbrille eine virtuelle Bildschirmdiagonale von 52 Zoll verwirklichen kann? Die Integration des Displays in eine Datenbrille ermöglicht theoretisch schon heute solch enorme, virtuelle Bildschirmgrößen. Eine aktuelle Werbekampagne von VISA denkt solche Anwendungen bereits heute vor. Auch für die Datenerfassung sind in einem PAN

---

[267] Eine leistungsstarke und einfache VoIP-Lösung ist beispielsweise Skype, im Internet: http://www.skype.com

[268] Vgl. **Mosen, M. W.** (2002) S. 201

neue Möglichkeiten denkbar. Ein Joystick ähnlich einem Trackpoint an einer Armbanduhr etwa oder eine tragbare Tastatur am Unterarm. Die beste Lösung dürfte jedoch eindeutig die Spracheingabe sein.

Abbildung 40: All in One - Eine mögliche Zukunft der Endgeräte

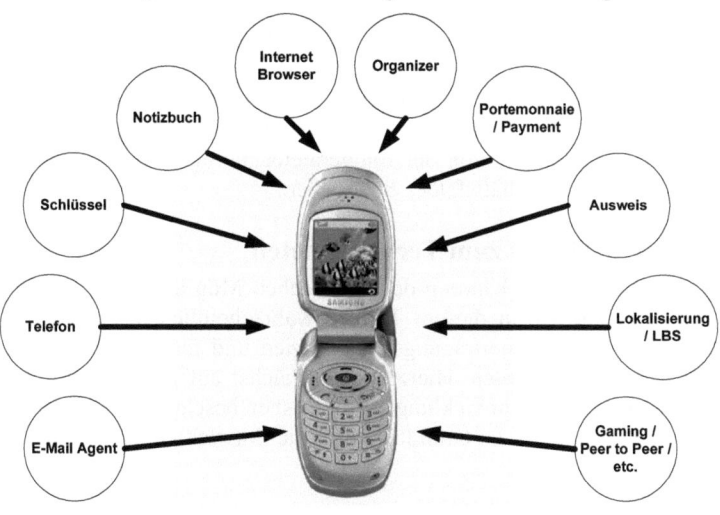

Ähnlich: **Mosen, M. W.** (2002),
in Gora, W.; Röttger-Gerigk, S. (2002) S. 201

Abbildung 41: Geräteübersicht einiger schon heute verfügbarer Monitorbrillen

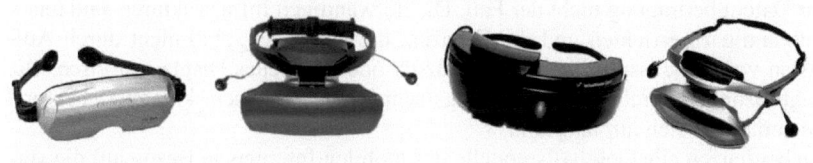

Solche Fragen sind heute natürlich noch reine Zukunftsmusik, doch aktuelle Endgeräte und die rasante technische Entwicklung in diesem Bereich ermöglichen vielleicht schon in wenigen Jahren eine Abkehr von dann herkömmlichen Endgeräten zu einem PAN, dessen Zentraleinheit wie eine Zigarettenschachtel oder auch wie ein PDA in der Jackentasche getragen werden könnte. Ein Headset mit Brille, Mikrofon und Lautsprechern könnte Display und Spracheingabe

beherbergen sowie zur Telefonie dienen. Am Handgelenk könnte eine kleine Tastatur oder ein Touchscreen getragen werden und alles könnte mittels Bluetooth oder einer sichereren und leistungsfähigeren Nachfolgetechnologie vernetzt werden. So wird bereits heute an Technologien gearbeitet, die Datenübertragung über die menschliche Haut ermöglichen. Schneller als Bluetooth aber – und dieses ist höchstwahrscheinlich wichtiger – abhörsicher, so lange niemand einen Fühler direkt an der Datenleitung, also der Haut des Trägers anbringt.[269]
Kurzfristig betrachtet wird der Trend zur Lösung „All in One" weitergehen. Langfristig betrachtet könnte ein wirkliches PAN mit spezialisierten Peripheriegeräten eine Alternative darstellen. Durch eine solche Lösung könnten viele der aktuellen Einschränkungen von der Endgerätetechnologie überwunden werden und sich somit neue Geschäftsfelder erschließen.

3.4 Fazit und Thesen zum Technologieteil
Nach der umfangreichen Klärung der technischen Möglichkeiten und Grenzen sollen die Erkenntnisse in diesem Teil zu wahrscheinlichen Thesen über die Entwicklung von Datenübertragungstechnologien und mobilen Endgeräten bis etwa 2010 verdichtet werden. Hierzu sind zunächst auf Basis der technischen Möglichkeiten und der Entwicklungen, die bisher beschrieben wurden, einige Annahmen zu treffen, die die Grundlagen für die Entwicklung der Thesen bilden werden.

3.4.1 These zur Entwicklung der Übertragungstechnologien
Die Übertragungstechnologien bilden den ersten Schwerpunkt dieser Arbeit, denn sie sind die starrste technische Grenze für alle weiteren Betrachtungen. Während bei den Endgeräten eine weite Spanne an Lösungen denkbar ist, die sich schnell weiterentwickeln und modular auf bestimmte Geschäftsmodelle oder Anwendungen spezialisiert werden können, ist dieses bei den Technologien zur Datenübertragung nicht der Fall. Die notwendigen Infrastrukturen sind teuer, aufwändig zu errichten und die Grenzen, die sie setzen, sind nicht durch Aufrüsten von Arbeitsspeicher, Akkukapazität oder ein neues Display zu lösen. Die Begrenzungen durch die Übertragungstechnologien sind sehr klar zu ziehen und sie verändern sich nur langsam.
Sie begrenzen alle Geschäftsmodelle des mobilen Internets in Bezug auf die verfügbaren Übertragungsraten, Sicherheitsstufen und auch nutzbare Applikationen, zum Beispiel in Bezug auf eine eventuell notwendige Multimediaunterstützung oder ständige Erreichbarkeit. Der abschließenden These zur Entwicklung liegen folgende Annahmen zu Grunde:

---

[269] Vgl. **Ziegler, P.** (2002)

3.4.1.1.1 Annahme I: Nutzung einer Kombination von Übertragungstechnologien, Handover und Roaming

Der Nutzer mobiler Datendienste wird in der Zukunft eine Kombination unterschiedlicher Technologien zur Datenübertragung in einem Gerät oder einer Kombination von Geräten nutzen. Die Nutzung der jeweils günstigsten oder leistungsfähigsten Technologie zur Datenübertragung wird weitgehend automatisch auf Basis von entsprechenden Profilen erfolgen. Hierzu werden Handover und Roaming innerhalb der verschiedenen Netzwerke und später zwischen den Netzwerken realisiert.

Es ist aufgrund der technischen Grenzen in Bezug auf Reichweite oder Investitionssummen nur schwer möglich, ein national flächendeckendes Funkzellennetz zu installieren und in Betrieb zu nehmen. Stattdessen entwickeln sich Funkzellennetze über Jahre. Die leistungsfähigsten und teuren Technologien werden typischerweise zuerst in Metropolregionen eingerichtet, wo mit wenig Aufwand die größte Zahl potentieller Kunden und damit auch die größte Wertschöpfung zu erreichen ist. Dieses entspricht dem betriebswirtschaftlichen Grundprinzip der Optimierung von Aufwand und Ertrag und entsprechende Entwicklungen waren beim Aufbau der GSM-Netze ebenso zu beobachten, wie sie bereits jetzt für UMTS- und W-LAN-Netze vorausgesagt werden oder bereits im Gange sind.

Für den Nutzer bedeutet dieses, dass er wenn er sich von einer Stadt in die andere bewegt, die Metropolregion mit ihren hochleistungsfähigen aber nicht sehr weit reichenden Netzen verlässt und auf weniger leistungsfähige Netze, die die weiten Flächen aber mit ihren größeren Reichweiten abdecken können, „umschalten" muss. Dieses wird er nicht von Hand machen wollen. Vielmehr wird sein Endgerät selbständig entscheiden müssen, welche der verfügbaren Übertragungstechnologien es nutzt. Diese Entscheidung wird im Idealfall von definierbaren Profilen abhängig gemacht. Solche Profile könnten zum Beispiel einfach aussagen: „Benutze immer das leistungsfähigste", aber auch „Benutze immer das günstigste" oder „immer das günstigste und bei Bedarf schaltest Du (zum Beispiel) für Videostreaming auf die leistungsfähigste verfügbare Technologie um".

Um dieses zu gewährleisten, ist die Zusammenarbeit, sozusagen das Roaming zwischen ganz unterschiedlichen Funkstandards der verschiedenen verfügbaren Übertragungstechnologien notwendig.[270]

---

[270] Vgl. **Karlsson, P.** (2002) und **Michelsen, D.; Schaale, A.** (2002), S. 47

3.4.1.1.2 Annahme II: Übertragungstechnologien, die sich nicht durchsetzen werden und Gründe für ihr Scheitern

Einige Übertragungstechnologien werden sich aus unterschiedlichen Gründen nicht etablieren können: HomeRF, HiperLAN2, HSCSD, EDGE und andere Standards, die nur am Rand erwähnt wurden. Bis 2007, eventuell noch länger wird GSM mit GPRS der meistgenutzte Träger für mobile Datendienste sein.

Die Begründung dieser These ist bei den einzelnen Standards jeweils unterschiedlich.

HiperLAN2 ist in der schwierigen Lage, eine oberflächlich betrachtet komplementäre Technologie zum weltweit bekannten und oft eingesetzten 802.11a-Standard zu sein. Auch wenn es diesem in Sicherheitsaspekten, beim Datendurchsatz oder QoS überlegen ist. Der zeitliche Nachteil gegenüber 802.11a wird sich stark auswirken und daher wird HiperLAN2 nur eine begrenzte Rolle spielen. Viele Ingenieure und Anwender sind heute längst mit der einfacheren 802.11a-Technologie vertraut und verbreiten diese weiter. HiperLAN hat Chancen in seinem Herkunftsgebiet Europa, da die Konkurrenz hier auf regulatorische Grenzen stößt. Diese werden allerdings schon durch die Erweiterung 802.11g gelöst.[271] Die Leistungen sind denen von 802.11a im übrigen soweit vergleichbar, dass es für die Evaluierung der meisten Geschäftsmodelle – einmal abgesehen von den Infrastrukturlieferanten und Netzbetreibern natürlich - keine Rolle spielen wird, ob 802.11a mit den angestrebten Verbesserungen oder HiperLAN2 zugrunde liegt.

HomeRF wird sich kaum durchsetzen können, da es von zwei populären Standards – 802.11b und Bluetooth - quasi eingekreist ist und es trotz seines schon höheren Alters nicht geschafft hat, weltweite Beachtung zu finden. Unabhängig von den eventuell besseren Leistungen bei QoS oder Multimediaunterstützung wird es aufgrund dieses bereits erkennbaren Nachteils nur eine sehr begrenzte Rolle spielen und dieses auch nur in seinem zentralen Zielbereich, nämlich den Heimnetzwerken. Für wirklich mobile Installationen wird es somit keine weitere Rolle spielen und wird nicht weiter betrachtet.

HSCSD ist die einzige Technologie des Mobilfunkumfelds, die höchstwahrscheinlich keine große Verbreitung am Markt finden wird. Der Grund hierfür liegt in der quasi gleichzeitig entwickelten, jedoch ressourcenschonenderen und technisch interessanteren (always on) Technologie GPRS. Die meisten Mobilfunknetzbetreiber haben sich auf die Unterstützung von GPRS bereits festgelegt. Ebenso die meisten Handyhersteller. HSCSD wird somit trotz teilweise günsti-

---

[271] Vgl. **Green, J. W.; Henrichon, S.; Shmed Said, M.; Roberts, S.** (2002)

geren Preisen und höheren Spitzenraten bei der Datenübertragung neben GPRS kaum bestehen können.
Mobilfunktechnologien der 4. Generation sind erst in den letzten Monaten in den Medien aufgetaucht. Bisher sind dieses weit entfernte Zukunftsvisionen, die sich mit den ersten Laborversuchen nur ganz schemenhaft abzeichnen. Aufgrund des zu langen Zeithorizonts einer Einführung soll auch diese Technologie nicht weiter betrachtet werden.

3.4.1.1.3 Annahme III: Übertragungstechnologien, die sich behaupten werden und ihre Einsatzgebiete

Die drahtlosen Übertragungstechnologien der Zukunft sind bereits heute absehbar. Es handelt sich um GPRS, in Einzelfällen eventuell EDGE, die beiden beschriebenen UMTS-Technologien, die Standards a, b und g der IEEE 802.11-Familie, Bluetooth und DECT.

Die Gründe für die vielversprechende Zukunft dieser Technologien liegen meist ähnlich: Frühe Verabschiedung eines Standards, laufende Erweiterungen und Verbesserungen der Standards und bereits heute weltweit hohe Bekanntheitsgrade.
GPRS und **EDGE** werden auf GSM basierend noch lange eine Rolle bei der mobilen Datenübertragung spielen. Die Investitionen sind vergleichsweise günstig und besonders GPRS ist bereits heute ein fester Bestandteil mobiler Datenübertragung. Die Entwicklung von EDGE ist schwerer vorauszusagen. Es befindet sich im Schnittfeld von 2G und 3G. Es könnte sein, dass einige Anbieter den Weg zu UMTS in bestimmten Ländern scheuen werden und auf die Weiterentwicklungen von GSM setzen.
Der Standard **W-CDMA (UMTS)** zeichnet in seiner technischen Einführung in den letzten Jahren als einziger eine Linie von Pannen, Pleiten und Verzögerungen. Allerdings stehen zu viele große Konzerne und zu hohe, bereits getätigte Investitionssummen in Lizenzen und Ausrüstung hinter W-CDMA, als dass der Standard überhaupt keine Zukunft haben könnte. Er ist aufgrund dieser Konstellation, des enormen Imageverlustes für die Lizenznehmer bei einem Scheitern und der Summen, die bereits investiert wurden, quasi „zum Erfolg verdammt".
Die **CDMA2000**-Standards werden allerdings auch ihre Rolle spielen, da sie im UMTS-Umfeld den klaren Zeitvorteil haben und günstiger sowie mit weniger öffentlichem Aufsehen schon implementiert und in Betrieb genommen wurden.
Die Mobilfunktechnologien werden aufgrund der hohen Reichweite auf absehbare Zeit die einzig verfügbaren Netze außerhalb der Metropolregionen bleiben. Hier ist in den folgenden Jahren eine schrittweise Abnahme der Bedeutung von GSM zugunsten von UMTS zu erwarten.

Die W-LAN-Standards **IEEE 802.11a, b und g** werden eine zunehmend wichtigere Rolle in Metropolregionen und an ganz bestimmten Orten, den so genannten Hotspots spielen. Zu letzteren zählen beispielsweise Flughäfen, Universitäten, große Yachthäfen, Messegelände oder Kaffeeläden wie Starbucks. Aufgrund ihrer geringeren Reichweite werden sie in den ländlichen Flächen zunächst kaum eine große Rolle spielen. Es ist davon auszugehen, dass die diversen, beschriebenen Erweiterungsstandards für die physischen Standards im Laufe der nächsten Jahre große technische Probleme der 802.11-Familie beseitigen werden und sie somit im Breitbandbereich die tragende Technologie werden könnten. 802.11b hat hierbei in Europa einen großen Zeitvorteil gegenüber dem 802.11a Standard, der noch regulatorischen Begrenzungen unterliegt. Mit Einführung des 802.11g-Standards ist allerdings von der Lösung auch dieser Schwierigkeiten in Europa auszugehen. Es ist daher im europäischen Raum bereits eine Dominanz des 802.11b-Standards im 2,4 GHz-Bereich zu beobachten, die sich nach Einführung von 802.11g langsam in Richtung des 802.11g-Standards mit seiner höheren Leistungsfähigkeit verschieben könnte. Neben den Mobilfunktechnologien werden diesen Standards wohl die größten Marktanteile zufallen. Gegen Ende des Jahrzehnts könnte der neue Standard 802.11n eine Rolle spielen, sollte es gelingen, ihn wie geplant zu ratifizieren.
Bluetooth wird sich entsprechend seiner speziellen Nische als persönliches Netz durchsetzen. Als solches wird es zunächst einen stabilen Marktanteil erreichen. Im Heimbereich wird es auch mit HomeRF konkurrieren. Für den Betrachtungsbereich dieser Arbeit spielt es als Technologie für die Datenübertragung grundsätzlich keine große Rolle. Es erweitert jedoch signifikant die Möglichkeiten des Endgerätedesigns, wobei die vorgestellten Headsets nur der erste Schritt sind. Bluetooth wird in der Zukunft daher auch für die Geschäftsmodelle eine große Rolle spielen, da es Möglichkeiten von Endgeräten erweitert, durch seine geringe Datenübertragungsrate eventuell aber auch begrenzt. Die Weiterentwicklung zu einem Standard mit höherer Datenübertragungsrate bei ähnlichen Parametern in Bezug auf Kosten und Bedienbarkeit wird über die langfristige Existenz von Bluetooth entscheiden. Gelingt dieser Schritt nicht, so wird es als Funkstandard für PANs mittel- bis langfristig ersetzt werden. Für die Evaluierung der Geschäftsmodelle spielt Bluetooth somit primär in Bezug auf die Möglichkeiten der Endgeräte eine Rolle und dementsprechend soll es in dieser Arbeit auch weiter betrachtet werden.
DECT schließlich soll nur kurz und der Vollständigkeit halber genannt werden. Es ist der optimierte Standard für drahtlose Telefonieanwendungen. Hierfür wird es zunächst auch weiterhin genutzt werden. Unabhängig davon, ob in eine andere Technologie integriert oder alleine. Es soll jedoch aufgrund der Beschränkung auf Telefonieanwendungen in dieser Arbeit auch nicht weiter betrachtet werden.

3.4.1.1.4 Annahme IV: Neue Technologien zur Datenübertragung und ihre Adaption

Im Mobilfunkbereich wird es in den nächsten Jahren kaum grundlegend neue Technologien im Markt geben. Die Entwicklungen im W-LAN-Bereich sind schwerer überschaubar. Hier sind grundlegende Neuerungen möglich. Für die weitere Betrachtung soll jedoch angenommen werden, dass keine grundlegend neuen Standards am Markt erscheinen.

Während für die nächsten Jahre das Erscheinen grundlegend neuer Mobilfunktechnologien am Markt aufgrund der längeren Entwicklungszyklen unwahrscheinlich ist, ist dieses mittelfristig im Bereich der Computernetzwerke oder W-LANs durchaus denkbar. Von der Verabschiedung eines Standards bis zu seiner massenweisen Verbreitung vergingen hier beim Beispiel 802.11a, b und Bluetooth keine fünf Jahre. Es stehen in der näheren Zukunft einige neue Standards zur Verabschiedung an, die zwar soweit derzeit absehbar keine signifikanten technologischen Leistungssteigerungen bringen werden, sollte dieses geschehen jedoch auch Auswirkungen auf die weiteren Betrachtungen haben könnten. Auch der ganz neue Standard 802.11n könnte, wie bereits dargestellt, ab Ende des Jahrzehnts beginnen, eine Rolle bei den Übertragungstechnologien zu spielen. Es ist hierbei von einer starken Leistungssteigerung gegenüber den bestehenden Standards und von der Behebung signifikanter Mängel (Sicherheit, QoS, etc.) auszugehen.

3.4.1.2 These: Die Entwicklung der Übertragungstechnologien

W-LAN, Mobilfunknetze der zweiten und dritten Generation sowie Bluetooth werden in den folgenden zehn Jahren als Datenübertragungstechnologien dominieren. Hierbei werden die Mobilfunknetze die weiten Flächen und sich schnell bewegende Nutzer bedienen, W-LAN-Technologien werden in den Ballungsräumen zunehmend eine leistungsfähigere Alternative darstellen und Bluetooth wird für die Vernetzung persönlicher Geräte als Personal Area Network dienen.

W-LAN stellt in Sachen Übertragungskapazitäten aktuell den technischen Stand der Dinge dar. Schnellere Technologien als 802.11a sind nicht marktreif. Die Mobilfunktechnologien sind den bereits heute verfügbaren W-LAN-Technologien in Punkto Leistungsfähigkeit deutlich unterlegen. 802.11a erreicht im Idealfall die bis zu 27fache Übertragungskapazität der idealen UMTS-Kapazität. Das langsamere 802.11b hat immerhin noch die bis zu fünfeinhalbfache Übertragungskapazität von UMTS. In Europa gibt es mit dem Standard 802.11a regulatorische Probleme, weswegen die Entwicklung hier über den langsameren 802.11b-Standard gehen wird. W-LAN-Technologie enthält im Vergleich zu den konkurrierenden Mobilfunktechnologien einige Nachteile:

- Die Reichweite ist vergleichsweise gering. Weil die Reichweite der W-LAN-Netze zu gering ist, um weite, dünn besiedelte Flächen abzudecken, werden sie zunächst nur in Ballungszentren realisiert werden. In den ländlichen Räumen werden daher auf absehbare Zeit keine flächendeckenden W-LAN-Netze verfügbar sein. Hier werden Mobilfunknetze zur Verfügung stehen. In Einzelfällen wird W-LAN allerdings gerade in ländlichen Räumen genutzt, wenn ansonsten überhaupt keine breitbandigen Übertragungstechnologien verfügbar sind. Dieses werden jedoch Einzelfälle bleiben.[272]
- W-LAN-Netze haben aktuell noch technische Probleme mit dem Handover zwischen den Funkzellen und mit sich schnell bewegenden Teilnehmern. Daher sind Mobilfunknetze für Nutzer in bewegten Fahrzeugen besser geeignet.

Tabelle 3: Westeuropäischer Umsatz von Datendiensten in Mobilfunknetzen und Anteile der Übertragungstechnologien an diesen Umsätzen 2002 und 2003 sowie Prognose für 2007 in US$

	2002	2003	2007
Gesamtumsatz der Datendienste	12.582,8	16.445,1	39.703,0
SMS	94,8%	89,6%	35,3%
GSM (CSD)	2,9%	2,6%	0,5%
HSCSD	0,1%	0,1%	0,0%
GPRS	2,2%	7,5%	47,0%
EDGE	0,0%	0,0%	5,6%
W-CDMA	0,0%	0,2%	11,3%

Quelle: **Goasduff, L.** (Gartner) (2003)

Neben diesen rein technologischen Gründen spielen die Macht der Konzerne und die in UMTS investierten Summen auch eine Rolle, bei der Weiterentwicklung von Mobilfunktechnologien. Telekom, Vodafone, Telefonicá und die weiteren großen Mobilfunkkonzerne werden versuchen, ihre Investitionen entweder gegen W-LAN zu verteidigen oder – und dieses ist bereits zu beobachten - die aufstrebende Technologie zu integrieren.[273] Auf jeden Fall aber werden sie versuchen, ihre herkömmlichen Netzwerke möglichst lange und möglichst wirtschaftlich sinnvoll weiter zu nutzen. Daher wird GSM noch lange eine gewisse Rolle bei den Übertragungstechnologien spielen und erst langsam durch UMTS

---

[272] Vgl. **Ambrosini, C.** (2002)
[273] MobileStar wurde inzwischen durch Voicestream aus der Insolvenz übernommen – im Internet: http://www.mobilestar.com, jetzt http://www.t-mobile.com/hotspot/, vgl. auch: **Liu, B.** (2001)

abgelöst werden. Im Rahmen der GSM-Dienste wird zunächst GPRS eine dominante Rolle spielen, bevor auch diese Technologie durch die UMTS-Dienste verdrängt wird.

Abbildung 42: Geschätzte Entwicklung der Übertragungstechnologien 1998 – 2012 in % vom gesamten Transfervolumen mobiler Netze (Daten und Telefoniedienste)

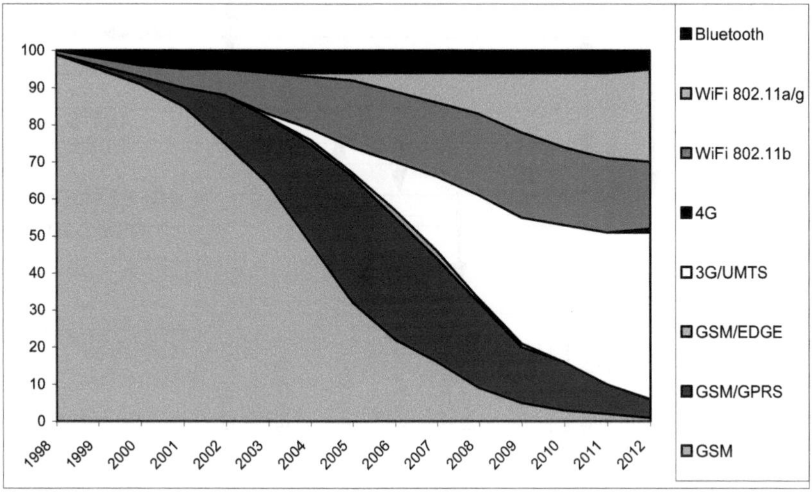

Alles in allem ist davon auszugehen, dass es einen starken Anstieg an W-LAN-Nutzern in Metropolen und an sonstigen Hotspots geben wird. Alleine für 2002 wurden durch Gartner zehn Millionen neue W-LAN-Nutzer vorausgesagt. Diese Hauptsächlich in 802.11b, zunehmend aber auch in 802.11a-Netzen.[274] Andere Studien sprechen von bis zu 30 % Einbußen für UMTS durch die W-LAN-Technologie.[275]

Bildet man diese unterschiedlichen Beobachtungen, Prognosen und Erkenntnisse in einer Grafik ab, so wird ein Rückgang der Bedeutung von GSM-Technologien in den nächsten Jahren deutlich. Dieser hat bereits eingesetzt und wird in den folgenden Jahren mit der zunehmenden Verbreitung von UMTS und W-LAN an Geschwindigkeit gewinnen. EDGE und GPRS werden zwar einen Einfluss haben und den Prozess verlangsamen, jedoch nicht aufhalten.

W-LAN und UMTS gewinnen Marktanteile hinzu. Bluetooth schließlich wird sich einen kleinen, aber recht stabilen Markanteil der Funkübertragungen im

---

[274] Vgl. **Keen, I.** (2002)
[275] Vgl. o.V. (2001c) und **Knape, A.** (2002)

PAN-Bereich sichern und so lange behaupten, bis eine Alternativtechnologie marktreif wird. Dieses ist allerdings noch nicht erkennbar.

Abbildung 43: Überblick der notwendigen Datenübertragungsraten für verschiedene

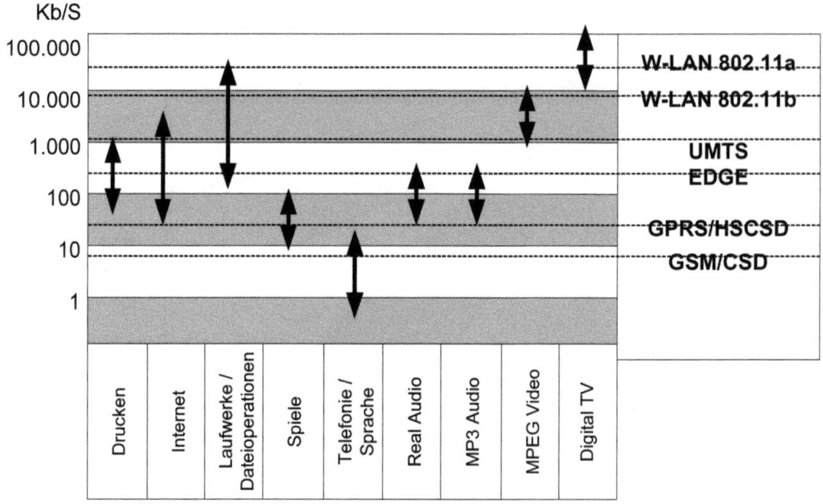

Ähnlich: http://www.palowireless.com/homerf/homerf1.asp und **Diederich, B.; Lerner, T.; Lindemann, R. D.; Vehlen, R.** (2001), S. 68

Erfolgreiche Applikationen und Endgeräte sollten dieser These zufolge in der Lage sein, laufend unter den verfügbaren Übertragungstechnologien die passendste auszuwählen und für den Nutzer möglichst unbemerkt zu wechseln.[276] An diesen Entwicklungen wird bereits gearbeitet und in absehbarer Zeit wird ein Chip erwartet, der 802.11-Funktechnologien und GPRS in sich vereint und damit immerhin schon die Auswahl des gerade verfügbaren besten Dienstes ermöglicht.[277]

Aus den Betrachtungen wird auch erkennbar, dass einige Netze für bestimmte Anwendungen nicht leistungsfähig genug sind. Da UMTS beispielsweise nur maximal 2 Mbit/s erreicht, in der Praxis wohl deutlich weniger, sind Geschäftsmodelle die auf MPEG-codierte Videos oder sogar digitales TV aufbauen im UMTS-Umfeld nicht möglich. MPEG-Videos brauchen nämlich zwischen ei-

---

[276] Vgl. **Övrebö, O. A.; Schwan, B.** (2002) und **Schmund, H.** (2002)
[277] Vgl. **Ambrosini, C.** (2002)

nem und zehn Mbit/s Übertragungskapazität. Auf einem UMTS-System würden sie nur schlecht dargestellt werden und somit auch vom Kunden nicht angenommen werden, langwierige und teure Downloads natürlich ausgenommen. Im W-LAN-Umfeld wären zumindest MPEG-codierte Videos denkbar. Bei 802.11b vielleicht noch etwas ruckelig, mit 802.11a schon relativ problemlos.

Zur Evaluierung der Geschäftsmodelle ist es nun notwendig, die jeweils notwendigen Übertragungskapazitäten zu bestimmen und mit den verfügbaren Datenübertragungstechnologien abzugleichen (vgl. Abb. 47). Außerdem sollen die notwendigen Übertragungskapazitäten auch noch mit der geschätzten Entwicklung der Technologien (vgl. Abb. 46) abgeglichen werden, um eine Aussage über den zeitlichen Aspekt der Realisierung eines Geschäftsmodells zu erhalten: Ab wann sind gegebenenfalls die notwendigen Kapazitäten bei einer ausreichenden Anzahl von Kunden im Markt verfügbar.

3.4.2 These zur Entwicklung der Endgeräte

Analog zu den zuvor behandelten Übertragungstechnologien sollen auch für die Endgerätetechnolgien Annahmen über die zukünftige Entwicklung getroffen werden. Hierbei ist stets zu beachten, dass Endgeräte und Übertragungstechnologien in ihren technischen Eigenschaften die Relevanz von Angeboten im gesamten Umfeld bestimmen.[278]

3.4.2.1 Annahmen zur Entwicklung der Endgerätetechnologien

Um auch bei den Endgeräten zu einer These der Entwicklung zu gelangen, sind auch hier zunächst einige Annahmen festzuhalten, die im Folgenden vor der abschließenden These darzustellen sind.

3.4.2.1.1 Annahme I: Verbesserung von Bedienbarkeit und Benutzbarkeit der Endgeräte

Die Bedienbarkeit und Benutzbarkeit der Endgeräte wird sich verbessern. Speziell die Möglichkeiten zur Eingabe und zur Darstellung werden verbessert.

Gerade die Eingabe größerer Datenmengen und die Benutzung der mobilen Geräte für aufwändigere Arbeiten, beispielsweise mit umfangreichen Texten oder großen Tabellen sind schwierig. An aufwändige Grafikbearbeitung oder Programmierung direkt auf dem mobilen Endgerät, egal ob Handy, PDA oder Smartphone ist noch überhaupt nicht zu denken. Erst die neuen Tablet PCs und natürlich die bewährten Notebooks ermöglichen solche Arbeiten.
Bei den kleinen Geräten beschränken die Möglichkeiten zur Datenerfassung bzw. Dateneingabe und die kleinen Displays die möglichen Dienste. Die Fakto-

---

[278] Vgl. **Killermann, U.; Vaseghi, S.** (2002), S. 52

ren Speicherkapazität, Stromverbrauch und Rechenleistung sind zwar auch ein Limitfaktor, sie entwickeln sich jedoch allesamt weiter während bei Datenerfassung und Darstellung mit den bewährten Konzepten nur wenig zu erreichen ist. Die Datenerfassung wird sich daher dringend weiterentwickeln müssen. Hierzu sind Wort- und Schrifterkennung nur der erste Schritt. Eine entscheidende Weiterentwicklung wird aber sicherlich erst mit der Realisierung wirklich neuer Konzepte erfolgen. Diese neuen Konzepte könnten beispielsweise die Spracherkennung oder flexible Tastaturen sein.[279] Wenn man weiter in die Zukunft denkt, sind auch Datenhandschuhe, die Bewegungen der Hand erkennen, denkbar, doch dieses fällt zum heutigen Zeitpunkt noch fast in den Bereich der Science Fiction.

Heute bereits deutlicher zu erkennen sind Weiterentwicklungen im Bereich der Darstellungstechnologien. Neue Bildschirme werden auch mobil die Darstellung größerer Informationsmengen ermöglichen und sich nicht auf wenige hundert Bildpunkte im Quadrat beschränken. Besonders vielversprechend sind hier die am Markt in Einzelfällen bereits vertretenen Monitorbrillen oder das flexible E-Paper. Auch die Darstellung auf durchsichtigen Folien oder mit Projektoren auf die Innenseiten von Brillen oder Visieren vor dem Auge sind in der Entwicklung. Mit diesen Technologien lassen sich bereits große Informationsmengen auf kleinem Raum darstellen. Entweder durch eine virtuelle Größe wie bei Monitorbrillen, beispielsweise die Infoeye-Brille von BMW[280] oder durch Flexibilität, beispielsweise ausrollbar wie das E-Paper von Ericsson.[281]

3.4.2.1.2 Annahme II: Weitere Erhöhung der technischen Leistungsfähigkeit

Die technische Leistungsfähigkeit der Endgerätetechnologien in Bezug auf Rechenleistung, Speicherkapazität und Akkuleistung wird analog der Computertechnologie exponentiell gesteigert.

Mobile Endgeräte sind der gleichen rasanten Entwicklung wie die übrige Computertechnologie unterworfen. Ebenso wie die großen Rechner, wird sich auch die Leistungsfähigkeit der mobilen Endgeräte in Bezug auf Speicherkapazität, Rechenleistung und Geschwindigkeit ca. alle neun Monate verdoppeln. Ein Ende dieser Entwicklung oder ein Limit in Bezug zum Beispiel auf Miniaturisierung ist derzeit nicht absehbar. Zukünftige Endgeräte werden
daher um ein vielfaches leistungsfähiger sein als die heute bekannten Geräte. Diese Entwicklung wird auch den Weg für neue Geschäftsmodelle ebnen, die

---

[279] Vgl. **Zobel, J.** (2001), S. 271 f.
[280] Vgl. **Steimer, F. L.; Maier, I.; Spinner, M.** (2001), S. 203
[281] Vgl. **Steimer, F. L.; Maier, I.; Spinner, M.** (2001), S. 78

auf höhere Leistungen der Endgeräte angewiesen sind und daher heute noch nicht realisierbar sein können.

3.4.2.2 These: Die Entwicklung der Endgeräte

Kurzfristig ist ein starker Trend zu All-in-One-Geräten erkennbar. PDAs und Handys werden mehr und mehr zu Smartphones verschmelzen. Es wird sich jedoch auch eine Vielzahl von Geräten zu unterschiedlichen Zwecken behaupten. Man wird auch in einigen Jahren Handys, Smartphones, PDAs, Tablet-PCs und ausgewachsene Notebooks nutzen. Die Geräteklassen werden allerdings in den Funktionalitäten übergreifender einzusetzen sein. Der Formfaktor für den ein Nutzer sich entscheidet, hängt allein von der primären Nutzung des Geräts ab.[282] Langfristig könnte eine Entwicklung zu einem Geräteverbund in einem PAN üblich werden. Eine Kombination aus Bildschirm, beispielsweise in einer Brille, zentraler Recheneinheit in der Jackentasche, Headset und Eingabegerät, alles vernetzt über Bluetooth oder eine Nachfolgetechnologie.

Die Entwicklung der mobilen Endgeräte ist schwieriger einzuschätzen als die Entwicklung bei den Übertragungstechnologien. Dieses liegt zum Einen daran, dass die Entwicklungszyklen für Endgeräte deutlich kürzer als die der Übertragungstechnologien sind, zum Anderen an den vergleichsweise geringen Investitionskosten für die Entwicklung eines neuen Endgeräts.

Der Nutzer wird also auch in Zukunft wohl die Entscheidung zwischen der ganzen Palette von Endgeräten haben und eventuell werden noch neue Geräteklassen hinzukommen. Die Entscheidung für das Gerät wird verwendungsabhängig sein. Privatnutzer werden Handys oder Smartphones verwenden, Geschäftliche Nutzer werden eher PDAs und Notebooks verwenden. PDAs werden telefonieren können und Handys Termine verwalten. Es ist in diesem Segment also eine Integration erkennbar.

Notebooks hingegen werden weiterhin als mobile Endgeräte erhalten bleiben. Wie sich die neuen Tablet-PCs auswirken, ist noch nicht absehbar. Die Geräte scheinen jedoch kaum in der Lage sein, PDAs oder die noch kleineren Geräte zu verdrängen, da sie zu groß für die Westentasche sind. Die klassischen Notebooks könnten sie schon eher bedrängen, sind diesen allerdings in Punkto Datenerfassung nur mit einer angeschlossenen Tastatur ebenbürtig. Sie werden durch mangelnde Herausstellungsmerkmale ihren Marktanteil gegen die etablierten Geräte hart erkämpfen müssen. Der noch sehr hohe Preis trägt ein Übriges hierzu bei. Die Entwicklung des Tablet PCs ist am kritischsten einzuschätzen.

Revolutionen sind bei den Endgerätetechnologien vorerst nicht zu erwarten. Stattdessen eine relativ gleichmäßige Evolution in hohem Tempo. Revolutionär

---

[282] Vgl. **Zobel, J.** (2001), S. 277 f.

würden sich erst neue und leistungsfähigere Technologien zur Datenerfassung und Darstellung auswirken. Diese müssten selbstverständlich serienmäßig und günstig sein.

Auch der PAN-Ansatz spezialisierter, vernetzter Endgeräte könnte sich nur durchsetzen, wenn die Preise denen der All-in-One-Geräten vergleichbar wären und Hersteller sinnvolle Startbundles wie zum Beispiel Headset, Monitor und Rechnereinheit anbieten würden. Auch dieses übrigens analog zum altbekannten Desktop-PC-Markt. So lange ein einzelnes Bluetooth Headset noch siebzig bis hundertzwanzig Euro kostet bleibt der Einsatz solcher Technologie Liebhaberei.

Für die nähere Zukunft und die Betrachtung der Geschäftsmodelle ist also im Großen und Ganzen von einer Beibehaltung der aktuellen Geräteklassen mit schneller, aber nicht revolutionärer Weiterentwicklung in den nächsten fünf bis zehn Jahren auszugehen.

4 Betrachtung der Marktenwicklungen

Das Marktumfeld ist neben der Technologie der zweite zentral bestimmende Faktor für die Evaluierung der Geschäftsmodelle im mobilen Internet. Im Internet und Mobilfunkbereich wurden in der Vergangenheit verschiedene von Entwicklungen fast ausschließlich technologiebetrieben durchgeführt. Die Devise war: Entwickeln was möglich ist, passende Geschäftsmodelle werden sich schon finden lassen.

Die Geschäftsmodelle ließen sich manchmal noch finden. Die Nutzerschaft, die bereit war die so entstandenen Dienste zu nutzen, weil sie ihren Bedürfnissen entsprachen, dann schon öfter nicht.

Ein im negativen Sinn glänzendes Beispiel für eine solche Entwicklung ist WAP. Am Massenmarkt wurden falsche Erwartungen geweckt, die die Technologie nicht abbilden konnte. Im Gegenteil. Der Dienst konnte die Erwartungen der Nutzerschaft in Bezug auf Bedienung, Leistungsfähigkeit und Inhalte keineswegs befriedigen. Die Nutzer waren daher enttäuscht und der Dienst wurde nicht angenommen.[283] Auch für mobiles Internet, wie für alle anderen Geschäftsfelder spielt eine richtige Einschätzung des Marktes von der reinen Quantität der Zielgruppe über ihre Strukturen bis hin zu ihren Bedürfnissen und Wünschen eine entscheidende Rolle. Ergibt die Summe dieser Parameter kein schlüssiges Bild, so ist ein Geschäftsmodell auch, wenn es technisch möglich ist, wirtschaftlich eventuell kaum sinnvoll umzusetzen.

Bei den folgenden Marktbetrachtungen für den Bereich mobiles Internet ist immer zu bedenken, dass sich fast alle Daten auf Marktstudien von Unternehmensberatungen und Anbietern stützen. Gründe hierfür sind mangelnde reale Erfahrungen im Bereich mobiles Internet. Am ehesten konnten Erfahrungen noch mit den Diensten i-mode und WAP gesammelt werden.[284]

Diese Studien sind schon durch ihren ursprünglichen Zweck sehr positiv. Bei der Einführung von E-Commerce lagen viele Studien um den Faktor zehn zu hoch, andere sogar um den Faktor hundert. Bei der WAP-Einführung sogar noch mehr.[285] Auch die Kundenpräferenzanalysen für den E-Commerce-Bereich waren teilweise falsch. So zeigten die meisten Analysen einen hohen Bedarf für den online-Lebensmittelhandel. Inzwischen sind die meisten Angebote wieder eingestellt.[286]

Auch enthalten die meisten Studien erhebliche Unschärfen in den Abgrenzungen der zugrundeliegenden Zahlen. Oft ist es schon schwer festzustellen, welches Zahlenmaterial zugrunde gelegt wurde. Welche Bereiche in welche Daten eingeflossen sind, ist meist gar nicht mehr nachzuvollziehen. So werden beispiels-

---

[283] Vgl. **Zobel, J.** (2001), S. 38 ff.
[284] Vgl. **Röttger-Gerigk, S.** (2002), S. 21
[285] Vgl. **Michelsen, D.; Schaale, A.** (2002) S. 155 f.
[286] Vgl. **Röttger-Gerigk, S.** (2002), S. 22

weise die Zahlen von Onlineshops mit denen von Mobilfunkbetreibern vermischt. Schließlich sind auch die Zahlen aus dem internetorientierten E-Commerce in den Studien meist nur schlecht von denen des mobil orientierten M-Commerce abzugrenzen.[287]

Um sich ein Bild zu machen, muss man sich also auf eine Fülle von theoretischen Erkenntnissen verlassen und sich auf einige wenige Erfahrungen und die wenigen Jahre der Marktentwicklung berufen.[288] Um allerdings Dimension und Potenzial des neuen Segments zu erkennen, reichen meist schon einige grundlegende und rein quantitative Rahmendaten aus.[289]

Im Folgenden sollen die Marktbedingungen für mobile Anwendungen in aufeinander aufbauenden Betrachtungsweisen dargestellt werden. Zunächst werden Daten der Nutzerschaften und ihre Entwicklungen betrachtet. Anschließend sollen die Märkte hinter den Nutzern und ihre Potenziale betrachtet werden, bevor tieferliegend die Strukturen der Nutzer zu definieren sind. Altersgruppen, Tätigkeiten und Branchen der Nutzer sind von Interesse. Schließlich sollen Bedürfnisse und Verhaltensweisen der Nutzer betrachtet werden. Mobile Dienste, die deutlich erkennbare Bedürfnisse befriedigen und sich an die Verhaltensweisen der mobilen Nutzung anpassen, sind erfolgversprechend, solche die dieses nicht berücksichtigen, eher nicht.

Auf Basis dieser Erkenntnisse soll eine Voraussage zur Entwicklung der verschiedenen Gruppen von mobilen Diensten in den nächsten Jahren getroffen und schließlich eine Zusammenfassung der Erkenntnisse vorgenommen werden.

4.1 Entwicklung der mobilen Märkte in Zahlen

In diesem Kapitel sollen die Märkte für das mobile Internet rein zahlenmäßig betrachtet werden. Aus den rein quantitativen Entwicklungen der mobilen Märkte, aufgeteilt auf die unterschiedlichen Teilmärkte, lässt sich bereits ein gewisses Gefühl für den entstehenden Markt und die Geschwindigkeit der Entwicklung gewinnen. Die spätere Betrachtung der Qualitäten des Marktes und der Bedürfnisse der Kunden sind jedoch als mindestens ebenso wichtig anzusehen.

4.1.1 Entwicklungen der mobilen Nutzerschaft

Die Nutzerzahlen mobiler Dienste entwickeln sich trotz Krise der New-Economy weiter in rasantem Tempo. Während in der Vergangenheit vor allem der Mobilfunk treibende Kraft dieser Entwicklung in Europa und Nordamerika war, ist inzwischen eine Veränderung der Entwicklung erkennbar. Nachdem die Zahl der Mobiltelefone die der anderen digitalen Medien TV und PC mit Internetan-

---

[287] Vgl. **Steimer, F.; Maier, I.; Spinner, M.** (2001), S. 20 ff.
[288] Vgl. **Röttger-Gerigk, S.** (2002), S. 22
[289] Vgl. **Steimer, F..; Maier, I.; Spinner, M.** (2001), S. 20 ff.

schluss in Europa und Nordamerika überholt hat, scheinen diese Märkte langsam gesättigt.

Abbildung 44: Entwicklung der Nutzerschaft Digitaler Medien weltweit

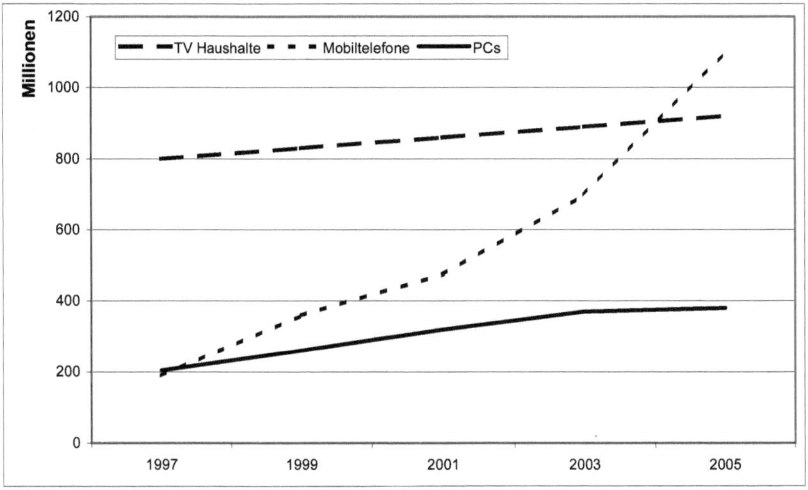

Quelle: **Zobel, J.** (2001), S. 14 ff.

Große Wachstumsraten können nur noch durch technologische Sprünge, beispielsweise im zweiten Halbjahr 2002 durch die breite Einführung kleiner Digitalkameras und Farbdisplays bei Handys erreicht werden. Bleiben solche technischen Entwicklungen in Zukunft aus, wird sich der Markt im Rahmen der Ersatzbeschaffung weiterbewegen.

In Europa und Nordamerika wachsen die Zahlen der Mobilfunkkunden somit inzwischen langsamer,[290] während zunächst vor allem Asien die Entwicklung der westlichen Welt in den folgenden Jahren wiederholen wird. Hier werden mittelfristig die riesigen Märkte in China, Indien und Südostasien erschlossen werden, sobald breitere Bevölkerungsschichten dieser Länder Mobilfunk nutzen. Auch der verbliebene Rest der Welt wird dann ab ca. 2006 eine ähnliche Entwicklung durchmachen.[291]

Dieser Prozess wird noch durch technologische Faktoren unterstützt, die die Marktentwicklungen weiter begünstigen. Dieses sind unter anderem deutlich höhere Übertragungsleistungen, Standardisierung, internetorientierte Protokolle und Services im Internetumfeld, neue Services von Endkunde zu Endkunde

---

[290] Vgl. **Diederich, B.; Lerner, T.; Lindemann, R.; Vehlen, R.** (2001), S. 25 ff.
[291] **Steimer, F.; Maier, I.; Spinner, M.** (2001), S. 23

(Peer to Peer oder P2P) oder auch verbesserte Tools zur Anwendungsentwicklung und natürlich günstigere Übertragungskosten.[292]

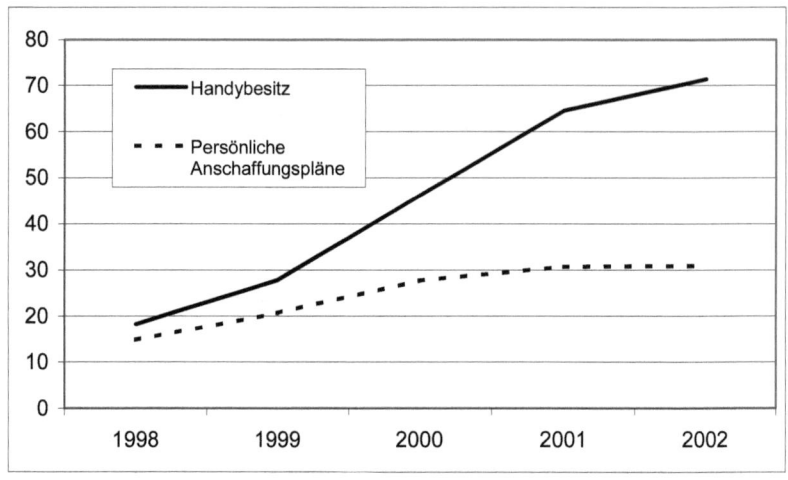

Abbildung 45: Handybesitz und Kaufabsichten in Deutschland in Prozent - Zunehmende Marktsättigung

Quelle : **Telecomchannel**, im Internet : http://www.telecomhandel.de/sixcms/detail.php?id=546.htm

Bis zum Jahre 2015 wird ein Marktwachstum im Mobilfunksektor von aktuell ca. 500 Millionen Nutzern auf über 2,5 Milliarden Nutzer erwartet.
Diese Entwicklung wird weiterhin mit zunehmender Konvergenz der Endgeräte und Verschmelzung des mobilen Internet- und Mobilfunkmarktes (vgl. All-in-One Strategie der Endgerätehersteller), mehr und mehr auch durch die Nutzung eines mobilen Internets unterstützt.[293] Gerade in den bereits heute zunehmend gesättigten Mobilfunkmärkten Westeuropas und Nordamerikas wird die Entwicklung primär durch technologische Sprünge und Weiterentwicklungen in diesem Sektor vorangetrieben werden.
Im Jahr 2001 gab es in den USA laut Jupiter Internet Appliance ca. 100.000 Smartphones, eine viertel Million PDAs mit mobiler Anbindung, 630.000 normale PDAs, und ca. 5,9 Millionen Handys, die als Modem für Rechner, vor allem für Laptops genutzt wurden.[294] Laut dem Marktforschungsunternehmen Strategis Group gab es Ende 2001 in den Vereinigten Staaten hingegen nur ca.

---

[292] **Steimer, F.; Maier, I.; Spinner, M.** (2001), S. 23.
[293] **Steimer, F.; Maier, I.; Spinner, M.** (2001), S. 24
[294] **Michelsen, D.; Schaale, A.** (2002) S. 95

100.000 aktive mobile Nutzer. Diese Zahl soll laut Strategis Group allerdings bis zum Jahr 2005 auf fünf Millionen Nutzer steigen.[295]

Abbildung 46: Erwartetes quantitatives Wachstum des Mobilfunkmarktes

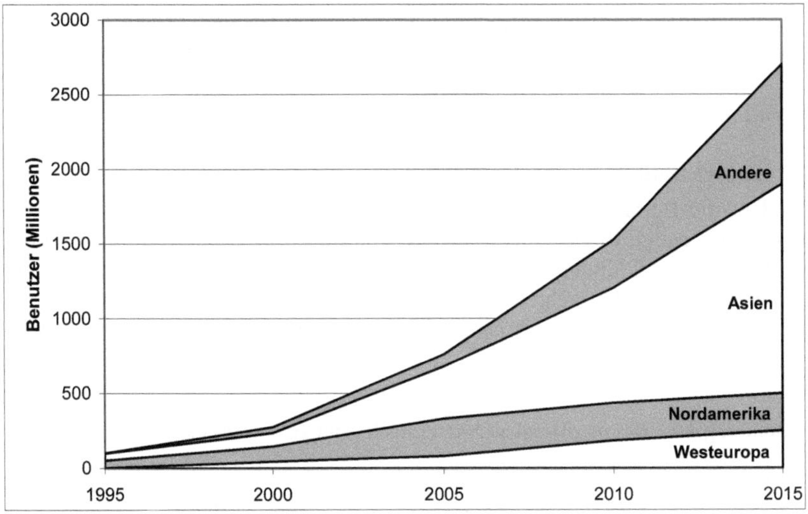

[Diagramm: Benutzer (Millionen) von 0 bis 3000, Jahre 1995 bis 2015, mit Bereichen Andere, Asien, Nordamerika, Westeuropa]

Quelle : UMTS-Forum in : **Steimer, F.; Maier, I.; Spinner, M.** (2001), S. 20 ff.

Diese Zahlen sind, wie bereits erwähnt, allesamt sehr vorsichtig zu betrachten. Die Übereinstimmung aller Untersuchungen, die trotz der aktuellen Krise des gesamten Internet- und Mediensektors geschlossen ein starkes Wachstum für den Bereich mobiler Anwendungen voraussagen, lässt mit einiger Sicherheit darauf annehmen, dass dem Bereich tatsächlich eine außerordentlich positive Entwicklung bevorsteht. Die Treiber dieser Entwicklung sind ebenfalls relativ klar erkennbar.

Die Erschließung neuer Märkte mit Angeboten, die auch für breite Bevölkerungsschichten interessant sind, wird die weltweite Nutzerzahl mobiler Dienste, hier vor allem der mobilen Telefonie, in den nächsten Jahren stark ansteigen lassen. Diese Entwicklung wird vor allem im Asia-Pazifik-Raum sowie in Südamerika, erst später auch zum Teil in Afrika, stattfinden. Die erfolgversprechendsten Märkte sind China, Indien und Südostasien. Diese Märkte werden die Entwicklung Europas und Nordamerikas seit Mitte der neunziger Jahr im Wesentlichen nachvollziehen.

---

[295] Vgl. **Lindstrom, A.** (2001)

Die Märkte Europas und Nordamerikas selbst sind durch eine zunehmende Marktsättigung im Mobilfunkbereich gekennzeichnet. Rein quantitatives Wachstum der Nutzerschaft ist hier nur noch in einem geringeren Maß zu erwarten. Das Marktwachstum wird zunehmend durch Erlösung höherer Erträge pro Nutzer erzielt, die ihrerseits durch das Angebot neuer Dienste auf Basis neuer Technologien erzielt werden. Ein weiterer Faktor des Marktes sind die erwähnten technologischen Sprünge, die bei den Nutzern jeweils das Bedürfnis nach neuen Geräten wecken. Wachstum wird in diesen Märkten jedoch auf jeden Fall in der Zukunft schwieriger zu realisieren sein.

4.1.2 Entwicklung der mobilen Märkte

Nachdem die Betrachtung der rein zahlenmäßigen Entwicklungen der Nutzerschaft schon einige Rückschlüsse auf die Märkte selbst erlaubte, sollen nun die erwarteten Entwicklungen der Marktvolumina einiger beispielhafter Segmente des neuen Marktes betrachtet werden. Auch für diese Angaben ist die bereits erwähnte große Unschärfe der Daten der zugrundeliegenden Studien zu beachten.

Abbildung 47: Erlös pro Mobilem Nutzer nach genutzten Diensten 2001 – 2007 in €

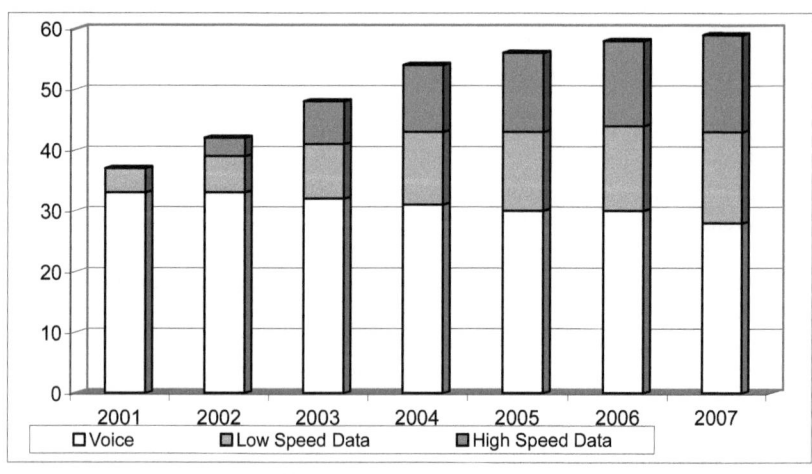

Quelle: **Northstream** (2002a), S. 7

Analog zur Entwicklung der reinen Benutzermenge wird auch eine Steigerung der Marktvolumina erwartet. Neben der reinen Steigerung der Nutzerzahl, die selbstverständlich für sich betrachtet bereits einen starken Einfluss auf die Entwicklung des Marktvolumens hat, ist diese Entwicklung auch auf die zunehmende Nutzung von Datendiensten zurückzuführen. Diese neuen Dienste sind neben MMS vor allem die internetähnlichen Datendienste wie WAP, i-mode, mobile Mail oder weitere neue Dienste. Durch zunehmende Nutzung von Datendiensten wird durch das skandinavische Marktforschungsinstitut Northstream eine Steigerung der monatlichen Erlöse pro Mobilfunkteilnehmer von gut 35,- Euro in 2001 auf knapp 70,- Euro in 2007 erwartet. Diese annähernde Verdopplung der Umsätze bei Mobilfunkteilnehmern ist nicht etwa auf eine relevante Veränderung bei der Nutzung der sprachbasierten Telefoniedienste zurückzuführen, sondern vielmehr auf eine stetig steigende Erlöskomponente im Bereich der Datendienste. Während die Umsätze pro Teilnehmer durch die Sprachdienste sogar leicht rückläufig sein werden – dieses zumeist durch Senkung der Minutenpreise im stärker werdenden Wettbewerb – werden sowohl Low Speed als auch High Speed Datendienste in den folgenden Jahren eine stetig wachsende Umsatzquelle sein, die etwa im Jahr 2007 immerhin die Hälfte des Gesamtumsatzes pro Kunde ausmachen soll.

Abbildung 48: Entwicklung des M-Commerce-Umsatzes weltweit

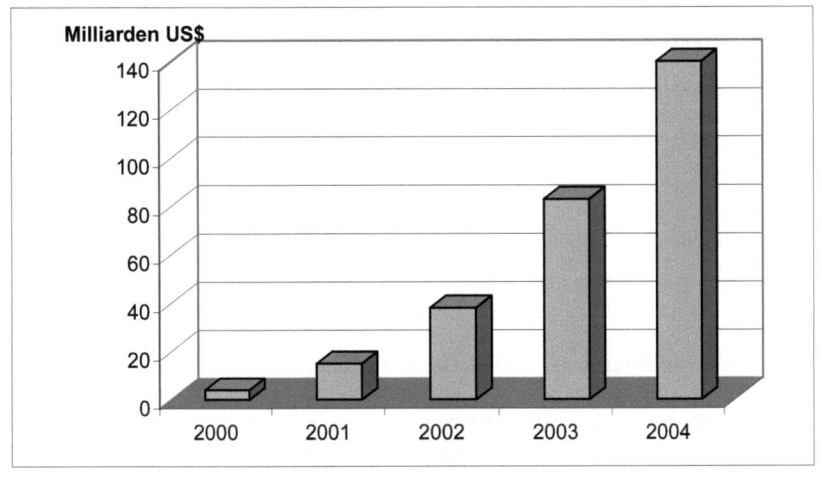

Quelle: **Industry Standard** in **Zobel, J.** (2001) S. 216

Als Low Speed Datendienste werden in diesem Zusammenhang die Nutzung von CSD, GPRS und HSCSD Datendiensten bezeichnet, als High Speed Datendienste EDGE und 3G-basierende Angebote. Zunehmend werden hier auch W-LAN-basierende Angebote zu betrachten sein.
Selbstverständlich verbirgt sich in den zusätzlichen Umsätzen der Mobilfunkkunden zum großen Teil auch die Nutzung neuer M-Commerce-Angebote. I-

mode kann hier als ein Beispiel dienen, das zeigt, in welchem Umfang Angebote des mobilen Internets Umsätze generieren können. So gaben in die ca. 26 Millionen i-mode Kunden in Japan im Jahr 2001 im Schnitt je ca. 20,- Euro für die Nutzung von i-mode Angeboten aus. Dieses Volumen entspricht in der Summe etwa 500 Millionen Euro oder etwa 20% des Gesamtumsatzes des Betreibers NTTDocomo in Japan.[296] Sicher ist Japan durch demographische Faktoren zu einem gewissen Teil prädestiniert für solch einen Erfolg. Geringe PC-Penetration in der Bevölkerung, starker Platzmangel, eine sprichwörtliche Technikverliebtheit und viel Lebenszeit in öffentlichen Räumen, also mit mobilen Endgeräten, sind Faktoren, die den i-mode-Erfolg stark förderten. Faktoren, die zumindest teilweise jedoch in andere Nationen übertragbar sind.[297]

Abbildung 49: Entwicklung der Umsätze des M-Advertising

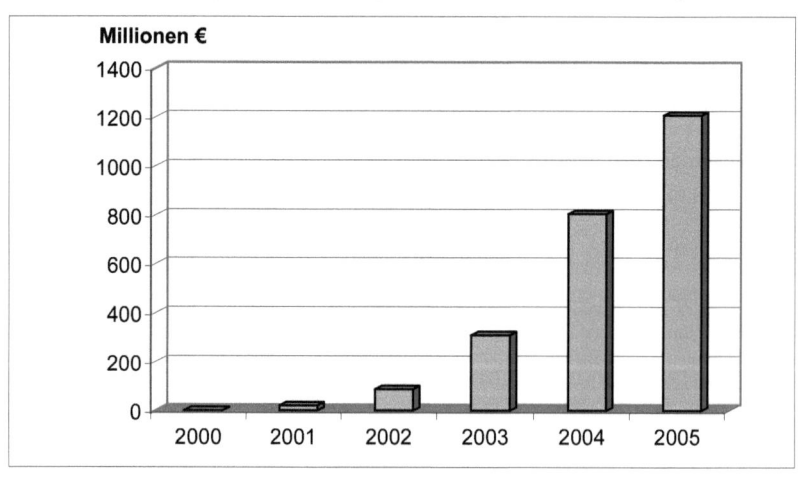

Quelle: **MindMatics AG** 2001, in **Gora, W.; Röttger-Gerigk, S.** (2002) S. 136

In Bezug auf die prozentualen Wachstumsraten werden viele Segmente des M-Commerce-Marktes ganz ähnlich beurteilt. Als Beispiel soll hier die Betrachtung des M-Advertising-Marktes durch die MindMatics AG näher vorgestellt werden.

Mit M-Advertising wird hierbei der mobile Werbemarkt gemeint. Die verschiedenen technischen und inhaltlichen Möglichkeiten also, Werbebotschaften über einen mobilen Distributionskanal, bisher meist das Handy, an den Kunden zu

---

[296] Vgl. **Behnke, H.** (2002) S. 69
[297] Vgl. **Behnke, H.** (2002) S. 69

bringen. Dieses Geschäftsmodell wird bei der Evaluierung der Geschäftsmodelle unter im Kapitel 6.3.2 auch noch detailliert erläutert.
Nach der Geburt der mobilen Werbung im Jahre 2000 mit einem Umsatz von ca. einer Million Euro, beobachtete Mindmatics in 2001 ein Wachstum von über 100% und prognostiziert ein Anhalten der positiven Marktentwicklung bis ca. 2005, wenn etwas über 1,2 Milliarden Euro Marktvolumen im europäischen Raum erreicht werden sollen.
Diesen überaus positiven Betrachtungen der Marktvolumina möchte ich an dieser Stelle noch die Parallele zur Entwicklung des einige Jahre älteren E-Commerce-Marktes gegenüberstellen.
Dem internetbasierten E-Commerce-Markt wurden zu Zeiten des Internetbooms ganz ähnliche Wachstumsraten vorausgesagt wie sie in heutigen Studien für den M-Commerce-Markt prognostiziert werden. Die Wahrheit hat wie wir heute wissen, zumeist weit unter den Voraussagen gelegen und viele Beobachter des Marktes fragen sich heute, wie man in der zweiten Hälfte der neunziger Jahre an Zahlen glauben konnte, denen zumeist bei näherer Betrachtung kaum wirklichen Erfahrungen zugrunde lagen, sondern zumeist nur die Schätzungen überaus optimistischer Unternehmensberater. Unzählige Geschäftsmodelle und riesige Summen von Venturekapital sind auch diesen Fehleinschätzungen zum Opfer gefallen.

Abbildung 50: Entwicklung des E-Commerce-Marktes 1999 - 2002

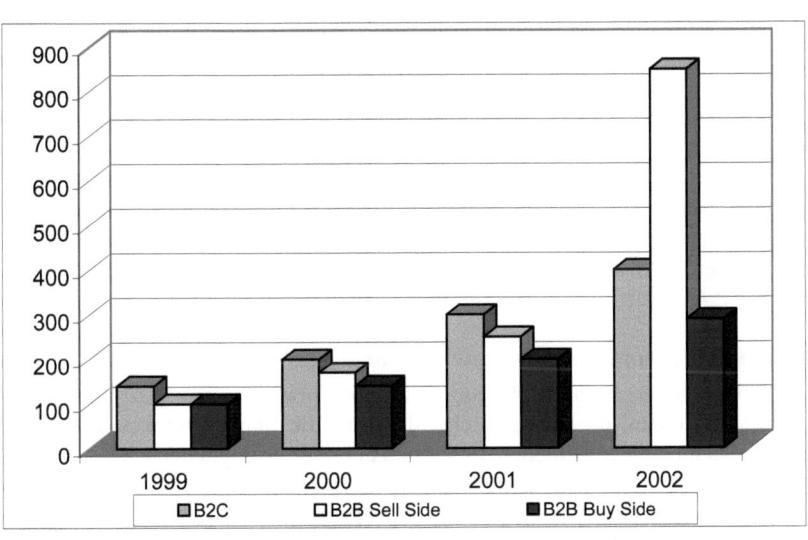

Quelle: **Steimer, F.; Maier, I.; Spinner, M.** (2001), S. 24

Trotzdem können wir heute ziemlich exakt die Marktenwicklung des E-Commerce-Marktes in den letzten vier Jahren nachvollziehen. Das Wachstum hat sich alles in allem zwar nicht in einem solchen Volumen eingestellt wie es vorausgesagt war, es ist aber trotzdem eine Steigerung des europäischen E-Commerce-Volumens von knappen 350 Millionen Dollar in 1999 auf gut 1,5 Milliarden Dollar in 2002 zu beobachten gewesen.
Spaltet man diese Summe jedoch auf in die Sektoren, in denen sie erzielt wurde, nämlich in Business to Business (B2B) und Business to Customer (B2C), so offenbart sich das eigentlich interessante an der Entwicklung. Während der B2C Markt zwar auch relativ stetig mit durchaus nennenswerten Steigerungsraten wuchs, wurde das Wachstum des B2C Bereichs durch den B2B Bereich bei weitem übertroffen. Die meisten Umsätze im E-Commerce sind längst im B2B Bereich angesiedelt. Große Industriebetriebe, beispielsweise Autokonzerne, organisieren sich über das Internet mit ihren Zulieferern, Handelsketten wickeln Bestellungen und Einkäufe über das Medium ab und in der Medienbranche werden Anzeigen und Inhalte wie selbstverständlich per XML ausgetauscht und wiederverwertet.
AOL, Amazon und Ebay mögen zwar die großen Namen des Internets sein, die wirklich großen Revolutionen für die Wirtschaft haben sich jedoch im verborgenen abgespielt und die Treiber waren nicht die schillernden Startups der New Economy, sondern die großen Bluechips der Old Economy, die das neue Medium zielgerichtet und ohne große Medienwirksamkeit zu nutzen gelernt haben.
Ein starkes Wachstum ist also trotz allem auch im M-Commerce-Markt zu erwarten. Ob es sich nun tatsächlich in den Volumina abspielt, die die Marktforscher prognostizierten oder bereits in den vorausgesagten Jahren eintritt ist aus den Erfahrungen der New Economy und aus den einsetzenden Entwicklungen in der wirtschaftlichen Krise heraus eher skeptisch zu beurteilen. Lohnend wird es auf jeden Fall trotzdem sein.
Inhaltlich allerdings erscheint eine analoge Entwicklung zum E-Commerce möglich. Neue mobile Technologien eröffnen auch im B2B oder sogar im Business to Employee-Bereich (B2E) ganz neue Möglichkeiten, in denen eventuell ein weit größeres Potential steckt als im B2C-Bereich, dem zum Beispiel die StarWAP AG einen Anteil von immerhin 70% prognostiziert.[298]

4.1.3 Entwicklungen der Dienste und Inhalte im mobilen Internet

Schließlich sollen noch die Prognosen zu den Entwicklungen spezieller Dienste betrachtet werden, die einen Rückschluss auf die Marktvolumina in den speziellen Segmenten verschiedener Geschäftsmodelle ermöglichen.
Hier ist zunächst interessant, welche Dienste von den Nutzern besser und welche weniger gut angenommen werden. Selbstverständlich ist nicht jeder Dienst

---

[298] Vgl. **StarWAP AG** in **Herrmann, P.; Wurdack, A.** (2002), S. 126

gleich gut für ein mobiles Endgerät geeignet und Dienste, die im stationären Internet bisher keine Rolle spielten, können im mobilen Internet durch die spezielle Nutzungssituation auf einmal eine sehr große Rolle spielen. Dementsprechend ist der Erfolg einzelner Dienste nicht einfach vom stationären auf den mobilen Bereich zu projizieren. Vielmehr ist eine qualitative Betrachtung notwendig. Während beispielsweise Newsdienste im stationären, wie vor allem auch mobilen Bereich interessant sind, scheint es fraglich, ob beispielsweise der B2B-Bereich ein größeres Interesse an mobilen Diensten hat, während er das stationäre Internet ganz selbstverständlich und sehr intensiv nutzt. Schließlich befindet sich heutzutage quasi in jedem Büro ein komfortabler Internetzugang. Location Based Services hingegen, die bisher eher eine Nischenrolle im stationären Internet spielen, könnten aufgrund der Mobilität mit großer Wahrscheinlichkeit eine deutlich größere Rolle im mobilen Umfeld spielen.

Abbildung 51: Wie viel Prozent der Konsumenten könnten sich eine mobile Nutzung folgender Dienste vorstellen?

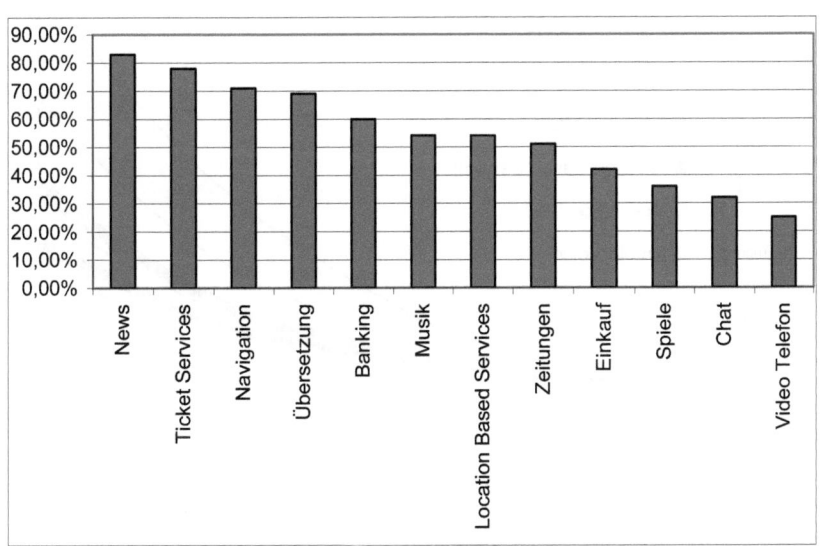

Quelle: TIMElabs in Diederich, B.; Lerner, T.; Lindemann, R.; Vehlen, R. (2001) S. 39

Betrachtet man die heutigen WAP-Dienste unter diesem Aspekt, so wird die Aussage der TIMElabs-Untersuchung unterstützt. Bei einer Untersuchung von 174 deutschen WAP-Portalen dominierten 2001 die inhaltsgetriebenen Angebote mit 81%. Nur 14% der Angebote hatten einen M-Commerce-Inhalt und nur 5% der Angebote hatten Downloads von Logos und Klingeltönen im Programm.[299] Hier ist ein Unterscheid zwischen dem europäischen Markt und Japan zu erkennen. Die Nutzung von Diensten zur privaten Unterhaltung steht in Japan mit über 40% aller Zugriffe im mobilen Internet deutlich an erster Stelle. Eine Entwicklung in dieser Richtung wird auch für Europa vorhergesagt und hat – in Teilen – auch schon begonnen. Deutlich sichtbar ist diese Tendenz an der neuen Generation von Handys, die mit Farbdisplay, Spielen und Digitalkamera ausgestattet, Grundlage für diese Entwicklung sind.[300] Forit prognostiziert für 2004 in Deutschland ein Umsatzvolumen von 125 Millionen Euro mit Spielen, Fotos und Musik im mobilen Internet.[301]

Abbildung 52: Umsatzprognose für die Entwicklung unterschiedlicher mobiler Dienste von 2001 bis 2010

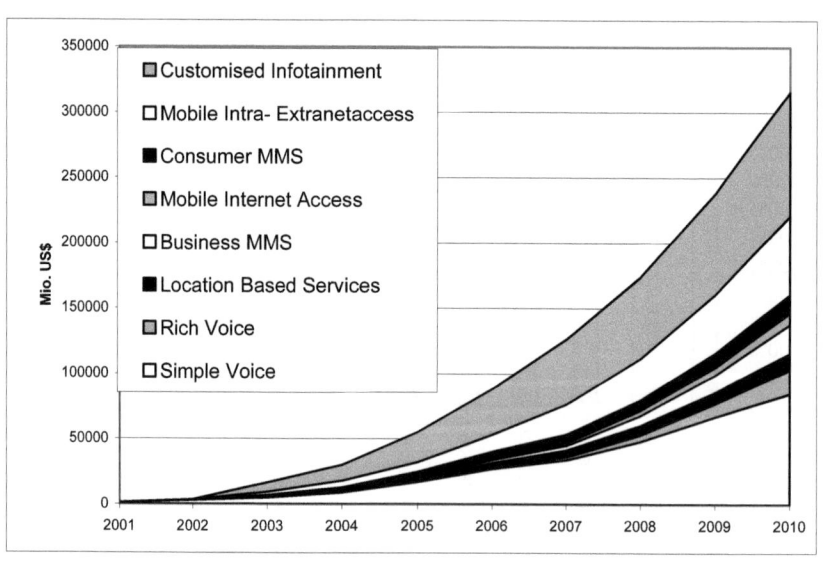

Quelle: http://www.systems-world.de/plugin/template/mmgdev/*/47052?nextNews=0&language=2&sy2002=1&alias=11&comTopicID=12&ComNomInit=&firstNews=&lay3=1&lay=3&topnavid=2676&topic-Check=12

Die Volumina dieser Marktsegemente werden in der Entwicklung des Gesamtmarktes allesamt mit ansteigen. Es sind jedoch je nach Segment teilweise große

---

[299] Vgl. **Diederich, B.; Lerner, T.; Lindemann, R.; Vehlen, R.** (2001) S. 41 ff.
[300] Vgl. **Diederich, B.; Lerner, T.; Lindemann, R.; Vehlen, R.** (2001) S. 42 ff..
[301] Vgl. **Forit** in **Diederich, B.; Lerner, T.; Lindemann, R.; Vehlen, R.** (2001) S. 42

Unterschiede zwischen den Entwicklungen erkennbar. Es ist also lohnend, die Entwicklungen der Marktvolumina der einzelnen Segmente zu betrachten. Grundlegend ist hierzu eine Studie der Telecompetition. Inc.,[302] die folgende mobile Datendienste auf Basis der bestehenden Mobilfunknetze betrachtete: IP-basierte Sprachdienste, Location Based Services, Multimedia Messaging Service (MMS), mobiler Internetzugang, mobiler Zugang zu Intranets oder Extranets und personalisiertes Infotainment.

Diese Auswahl ist dem Fokus auf die Weiterentwicklung der Mobilfunknetze entsprechend etwas eingeschränkt, jedoch trotzdem bereits sehr interessant. Als größte Segmente werden Sprachdienste, Individualisiertes Infotainment und mobiler Zugang zu Intra- und Extranets angesehen. Nur ein Nischensegment nimmt der tatsächliche Zugang zum Internet über mobile Endgeräte ein. Auf den ersten Blick überraschend, betrachtet man jedoch einmal das Spektrum der möglichen Dienste, so wird deutlich, das das herkömmliche Internet auf mobilen Endgeräten kaum eine Rolle spielen wird. Der Vorteil möglicher Personalisierungstechnologien ist zu groß und die Geräte sind zu unterschiedlich. Etablierte Anbieter des Internets werden neue Dienste entwickeln müssen und am personalisierten Infotainment teilnehmen. Darüber hinaus darf man sich in der Darstellung nicht von der Vermischung der Umsätze von Netzanbietern und Dienstanbietern täuschen lassen. Neben den reinen Datendiensten werden in die Betrachtung auch Sprachdienste einbezogen.

4.2 Demographische Merkmale der mobilen Nutzerschaft

Nach den Entwicklungen der Nutzerschaft und der Märkte in Zahlen sollen die Kunden mobiler Anwendungen, also die Nutzer, in ihren demographischen Eigenschaften betrachtet werden. Aus den demographischen Eigenschaften der Nutzerschaft heraus lassen sich bei der Evaluierung der Geschäftsmodelle wichtige Rückschlüsse auf die entsprechende Nutzergruppe und ihre Akzeptanz gegenüber dem zu prüfenden Geschäftsmodell ziehen.

Als primäre Parameter zur Darstellung der demographischen Eigenschaften sollen Alter, Beruf und Branchen in denen die Nutzer sich befinden, betrachtet werden. Zunächst jedoch ist auf die zunehmende Deckungsgleichheit zwischen dem „herkömmlichen" Internet und den neuen Mobilfunk- beziehungsweise mobilen Internetmärkten hinzuweisen.

4.2.1 Zunehmende Konvergenz von Internet- und Mobilfunkmärkten

Es ist festzustellen, dass die Nutzer von Mobilfunk und von stationärem Internet einen hohen Deckungsgrad aufweisen. So nutzten bereits im Jahre 2001 47% der

---

[302] Telecompetition.inc im Internet: http://www.telecompetition.com/

Internetnutzer auch Mobilfunk und umgekehrt waren 44% der Mobilfunkteilnehmer regelmäßige Internetnutzer. Die Tendenz hierbei ist stark steigend.[303]
Die Entwicklung von All-in-One Endgeräten wie den neuen Smartphones ist als das technologische Gegenstück zu dieser zunehmenden Überschneidung der Marktsegemente anzusehen. Es ist also zunehmend davon auszugehen, dass die Nutzer mobiler Medien diese auch für die Nutzung eines mobilen Internets benutzen werden.

4.2.2 Altersstruktur

Die Altersstruktur der Nutzer im mobilen Umfeld ist der des stationären Internets sehr ähnlich. Jüngere Gruppen sind klar übergewichtet. Je jünger die betrachtete Nutzergruppe, desto selbstverständlicher der Umgang mit dem Medium.
Die Nutzerschaft verteilt sich zu fast neunzig Prozent auf die Altersgruppen bis vierzig Jahre. Über fünfzigjährige interessieren sich kaum noch für das Internet, für mobiles Internet oder M-Commerce.[304]

Abbildung 53: Altersstruktur der Nutzerschaft in mobilen Märkten

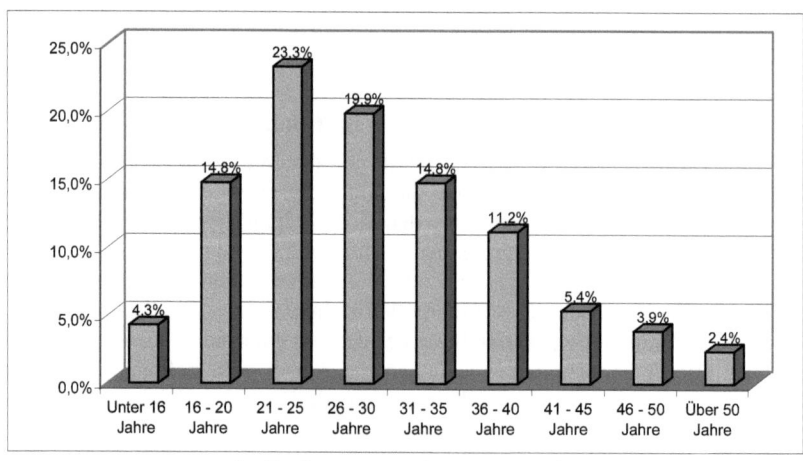

Quelle: **Starwap AG / AT Kearney** in:
Steimer, F.; Maier, I.; Spinner, M. (2001), S. 19

---

[303] Vgl. **Steimer, F.; Maier, I.; Spinner, M.** (2001), S. 25
[304] Vgl. **Steimer, F.; Maier, I.; Spinner, M.** (2001), S. 19 ff.

Abbildung 54: Anteil mobiler Nutzer nach Altersgruppen, 2000

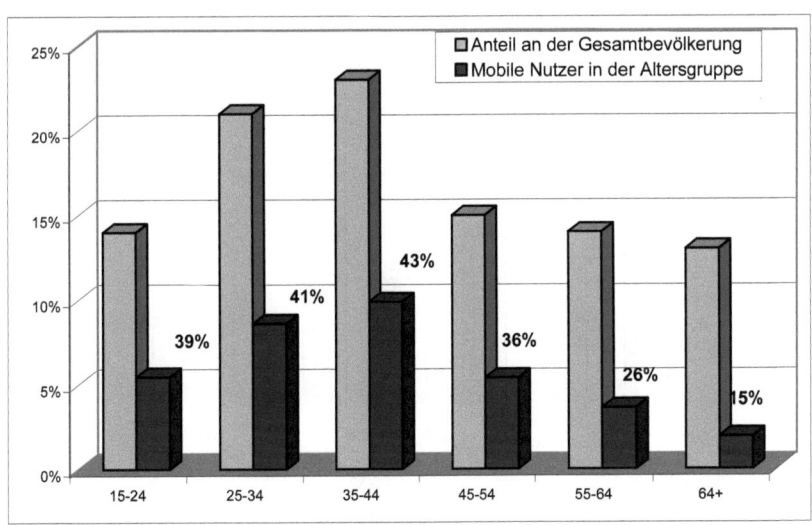

Quelle: **Diebold** (2000), ähnlich: **Diederich, B.; Lerner, T.; Lindemann, R.; Vehlen, R.** (2001), S. 29

Diese Verteilung der Alterstruktur ist auch durch eine Potenzierung zweier Effekte zu erklären. So sind ältere Nutzer einerseits in der Bevölkerung in einer kleineren Gruppe vertreten und andererseits nutzen ältere Gruppen das Medium auch weniger als jüngere, so dass sich der Effekt bezogen auf absolute Anteile potenziert. Die Firma Diebold hat diesen Sachverhalt in ihrer Studie „Winning in mobile Markets" für Deutschland beispielhaft herausgearbeitet.

Inhaltlich sind die Interessen der Nutzerschaft in starker Analogie zu den Altersgruppen gefächert. Jüngere Altersgruppen wie Schüler und Studenten nutzen das mobile Internet zum großen Teil zur Kommunikation mittels Peer to Peer Anwendungen wie SMS oder Instant Messaging, zum Spielen und zur Unterhaltung. Im M-Commerce gilt Ihr Interesse größtenteils dem Erwerb von DVDs, CDs, Videos, Tickets oder auch Geschenkartikeln. Mit zunehmendem Alter verschiebt sich dieses Interesse und die dreißig- bis vierzigjährigen nutzen das Medium primär für die Informationsbeschaffung, zur Unterstützung bei der Arbeit und sie interessieren sich im Bereich M-Commerce für höherwertige Güter wie beispielsweise Reisen.[305]

---

[305] Vgl. **Röttger-Gerigk, S.** (2002) S. 21 und **Steimer, F.; Maier, I.; Spinner, M.** (2001), S. 19 ff.

Abbildung 55: Berufsverteilung der Nutzer im M-Commerce Markt

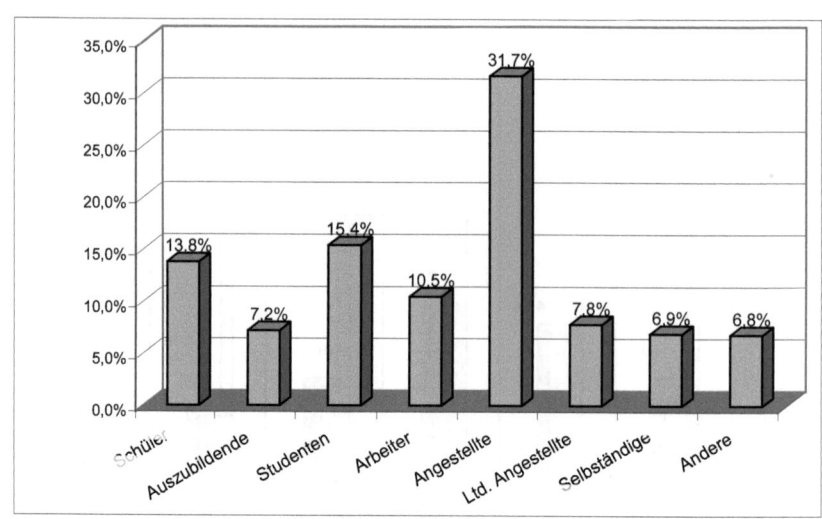

Quelle: Starwap AG in: Steimer, F.; Maier, I.; Spinner, M. (2001), S. 20

4.2.3 Einteilung der mobilen Nutzerschaft nach Berufsgruppen

Neben der großen Gruppe der Schüler und Studenten sind die sogenannten „Business-User", also berufstätige Nutzer, die zweite interessante Zielgruppe. Diese Zielgruppe besteht zum großen Teil aus jüngeren, im Berufsleben seit einigen Jahren etablierten Menschen, so genannten „young professionals". Young Professionals haben die ersten Jahre im Berufleben hinter sich und stehen auf den ersten Stufen ihrer Karriere.

Somit sind sie einerseits technologisch meist überdurchschnittlich patent, haben auch ein gewisses Interesse für technische „Spielereien" und sie repräsentieren andererseits zu einem großen Teil die Zukunft der Unternehmen. Sie sind somit von großem Interesse für den Sektor des mobilen Internets, da sie als erste Generation im Berufsleben die Potentiale des Mediums in großer Breite erkennen und sich dem Thema ohne Berührungsängste annähern.

Leitende angestellte und Angestellte machen mir fast vierzig Prozent der Nutzer den größten Block der Nutzerschaft aus. Selbständige nehmen mit knapp sieben Prozent einen geringen Anteil ein, stellen aber inhaltlich ähnlich den Young Professionals eine interessante, weil zukunftsträchtige Zielgruppe dar. Der Anteil ist auch mit der allgemein geringeren Verbreitung der Selbständigen in der arbeitstätigen Gesamtbevölkerung in Beziehung zu stellen und daher zu relativieren.

Schüler, Auszubildende und Studenten stellen mit insgesamt gut fünfunddreißig Prozent eine große Nutzergruppe dar, die das Medium naturgemäß noch mehr zur Unterhaltung als für berufliche Zwecke nutzt. Arbeiter spielen mit nur gut zehn Prozent der Nutzer bisher eine relativ geringe Rolle. Ein Trend, der sich hier aus dem Internet fortsetzt. Arbeiter haben naturgemäß wenig Kontakt zum Medium Internet, da sie im Beruf selten mit einem Rechner umzugehen haben. Das Handy oder der Mobilfunkmarkt, könnte man meinen, würde hier ein höheres Interesse hervorrufen. Tatsächlich scheint jedoch auch mobiles Internet die Arbeiterschaft in weiten Teilen nicht zu interessieren. Ein Phänomen, das mit dem Wechsel auf die jüngere Generation wohl erst langsam „herauswachsen" wird.

4.2.4 Einteilung der mobilen Nutzerschaft nach Branchen

Nach der Identifikation der Altersstruktur und der beruflichen Einteilung der Nutzerschaft ist ebenfalls die Frage nach den Branchen, in denen die berufstätigen Nutzer tätig sind, von Interesse.

Abbildung 56: Branchenverteilung im M-Commerce Markt

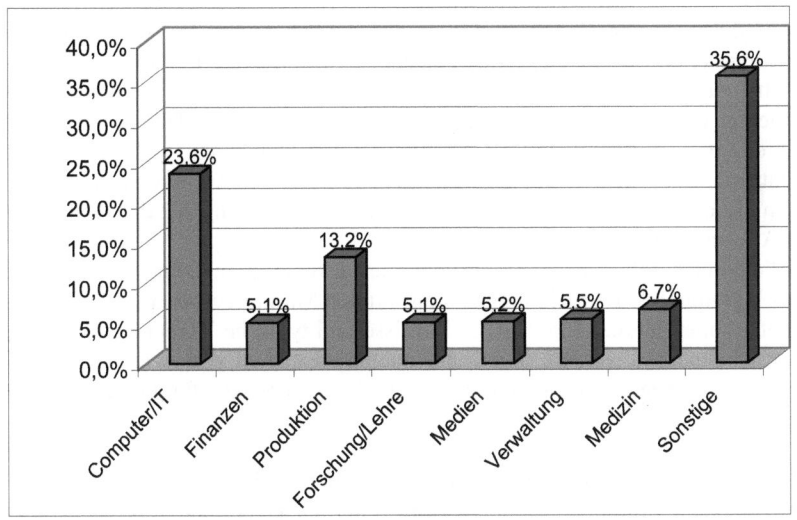

Quelle: **Starwap AG** in: **Steimer, F.; Maier, I.; Spinner, M.** (2001), S. 21

Alles in allem ist eine relativ weite Fächerung über verschiedene, im Internet oder auch im Mobilfunkmarkt typische Branchen zu beobachten. Medien, Finanzen, Verwaltung und Medizin liegen allesamt nahe beieinander mit jeweils gut fünf Prozent. Aussagekräftig ist allerdings die starke Übergewichtung der

IT-Branche im mobilen Markt. Mit knapp fünfundzwanzig Prozent stellt Computer/IT die mit abstand stärkste Branche im Markt dar. Eine Tatsache, aus der sich ablesen lässt, dass der Markt vielleicht noch nicht so reif ist, um sich wirklich in der Gesamtbevölkerung zu verbreiten. Eine starke Übergewichtung von IT-Nutzern lässt darauf schließen, dass einerseits die Bedienbarkeit der notwendigen Geräte und Infrastruktur noch nicht so weit entwickelt ist, dass wirklich alle Branchen das Medium problemlos adaptieren würden, andererseits ist es ein Anzeichen dafür, dass der wirkliche Mehrwert des Mediums noch nicht in alle Branchen transportiert werden konnte oder vielleicht ja auch gar nicht für alle Branchen besteht. Eine Frage, die bei der Betrachtung einzelner Geschäftsmodelle detaillierter betrachtet werden kann.

Das produzierende Gewerbe stellt schließlich mit gut dreizehn Prozent einen Ausreißer in der Reihe der sonstigen Branchen dar. Hier wurde offenbar bereits der Mehrwert mobiler Kommunikation in den Fertigungsanlagen erkannt und es wurden bewegliche Anlagen bereits seit längerer Zeit mit verschiedenen Lösungen ausgestattet. Beispiele sind autonom fahrende Roboter in industriellen Anlagen oder Flottenmanagement im Zuliefersektor.

4.3 Bedürfnisse und Verhaltensweisen der mobilen Anwender

Die Bedürfnisse und Verhaltensweisen der mobilen Anwender zu erkennen und zu adressieren ist vielleicht der entscheidendste Punkt, um mit einem Geschäftsmodell in diesem Umfeld erfolgreich zu sein. Mobile Kommunikation befriedigt die verschiedensten Bedürfnisse der Nutzer und dabei ist die Möglichkeit, immer und überall zu kommunizieren, manchmal nicht einmal das wichtigste Bedürfnis. Auch die Verhaltensweisen der Menschen zu kennen, wenn sie das Medium nutzen, ist von zentraler Bedeutung für die Konzeption der Anwendungen und Geschäftsmodelle.

Im Folgenden soll ein Überblick über die verschiedenen Dimensionen dieses ganz individuellen Betrachtungswinkels auf den Markt gegeben werden. Als Parameter sollen hierbei zunächst Bedürfnisse und typische Verhaltensweisen der Nutzer beleuchtet werden, dann aber auch speziell auf eine wichtige Verhaltensweise eingegangen werden, nämlich die Akzeptanz für kostenpflichtige Dienste.

4.3.1 Bedürfnisse des Nutzers in Bezug auf mobile Kommunikation

Dass mobile Kommunikation nicht einfach nur der Kommunikation dient, muss wohl nicht weiter begründet werden. Sie dient der Befriedigung ganz unterschiedlicher Bedürfnisse,[306] zu einem guten Teil auch dem Bedürfnis zu Repräsentieren beziehungsweise manchmal auch dazu, ein wenig „anzugeben".

---

[306] Vgl. **Zobel, J.**(2001), S. 68 ff.

Schaut man sich die Bedürfnisse etwas detaillierter an, so kann man sie zunächst in persönliche Bedürfnisse, monetäre Bedürfnisse und Ansprüche an die zu nutzenden Anwendungen unterteilen. Jeden Bereich kann man dann noch in verschiedene untergeordnete Themen weiter unterteilen.

Die **persönlichen Bedürfnisse** begründen primär, warum der Anwender überhaupt mobile Dienste nutzt.
Zunächst wird das menschliche Grundbedürfnis nach sozialen Beziehungen befriedigt. Durch mobile Kommunikation kann man mit anderen Menschen in Kontakt treten, man kann sich unterhalten oder sich SMS schicken. Das Bedürfnis nach sozialen Beziehungen ist hierbei als ein ganz grundlegendes Bedürfnis des Menschen selbstverständlich der primäre Antrieb für die Nutzung eines mobilen Kommunikationsgeräts.[307]
Bereits an zweiter Stelle wird das Bedürfnis nach Anerkennung genannt. Mobile Kommunikation hat in unserer modernen Gesellschaft etwas mit Status zu tun, hierbei natürlich vor allem das Gerät für die Kommunikation. Es ist zwar lediglich Mittel zum Zweck, doch oft genug sind die Fähigkeiten eines Geräts allein durch ihre Anwesenheit schon ein Kaufanreiz, auch wenn sie später gar nicht wirklich genutzt werden. Es ist einfach schick, ein modernes Handy zu besitzen. Der letzte Trend sind hier, wie bereits erwähnt, die eingebaute Kamera und das Farbdisplay. Vor allem die Kamera ist bisher in der Praxis so primitiv, dass sie eigentlich nicht zu nutzen ist. Eine Tendenz, die im Übrigen vor allem bei den jungen Zielgruppen ausgeprägt ist. Je älter die betrachtete Gruppe, desto mehr tritt zumeist die tatsächliche Funktionalität in den Vordergrund und das Gerät als Statussymbol in den Hintergrund. Auch die älteren Nutzer zwischen dreißig und vierzig Jahren empfinden ein entsprechend schickes Gerät noch als sehr angenehm.[308]
Neben dem Grundbedürfnis der Pflege zwischenmenschlicher Beziehungen und dem relativ stark ausgeprägten Bedürfnis zum Repräsentieren, ist auch das Bedürfnis nach Unterhaltung zunehmend stark ausgeprägt. Moderne Geräte zur mobilen Kommunikation befriedigen diese Bedürfnisse immer stärker, indem sie Spiele anbieten, Kameras eingebaut haben oder Zugriff auf mobile Datendienste bieten. Dieses seit neuestem auch in Farbe. Beim Zugriff auf Datendienste spielen vor allem auch das Bedürfnis zur Information und zunehmend abermals Kommunikationsbedürfnisse eine Rolle, die Mittels der Datendienste und der Möglichkeit zur Vernetzung ebenfalls zu befriedigen sind.[309]
Weiter genannt werden Bedürfnisse der Machtausübung, zu unterteilen nach Zugriffsmacht und Ausführungsmacht. Zugriffsmacht ist hierbei die Möglich-

---

[307] Vgl. **Zobel, J.** (2001), S. 69 ff.
[308] Vgl. **Zobel, J.** (2001), S. 69 ff.
[309] Vgl. **Zobel, J.** (2001), S. 81 ff.

keit, auf andere Menschen zuzugreifen. Unter Ausführungsmacht ist die Möglichkeit zu verstehen, entfernte Dienste von jedem Ort aus auszuführen.[310]
Schließlich ist noch das grundlegende Bedürfnis nach Sicherheit zu erwähnen. Das Sicherheitsbedürfnis wird durch mobile Kommunikation in unterschiedlichen Dimensionen befriedigt: Ubiquität, Positionsbestimmung, Identifizierung und Reichweite. Unter Ubiquität versteht man die Möglichkeit, das Gerät an jedem Ort und zu jeder Zeit zu nutzen, es also immer im Zugriff und einsatzbereit zu haben. Über die Eigenschaften des Funkzellennetzes ist es auch möglich, die Position des Endgeräts und damit zumeist auch des Besitzers im Funkzellennetz zu bestimmen. Die Verwendung von SIM-Karten ermöglicht ebenso eine eindeutige Identifizierung des Vertragsinhabers und somit, soweit das allgemeine Verständnis, auch des Trägers. Die hohe Reichweite schließlich ermöglicht den Einsatz des Geräts auch an abgelegenen Orten, beispielsweise auf Booten in Küstennähe.[311]
All diese Elemente sind in der Summe sehr gut dazu geeignet, das Sicherheitsbedürfnis des Nutzers zu befriedigen. Er kann jederzeit und sofort mit anderen Menschen in Kontakt treten, Hilfe rufen, identifiziert werden und wird im Notfall sogar ohne eigenes Zutun lokalisiert.
Wenn man versucht, diese Bedürfnisse zu gewichten, so ist zu sagen, dass die ganz grundlegenden Bedürfnisse nach sozialen Beziehungen und Sicherheit einerseits die Grundlage für die Nutzung überhaupt und andererseits einen angenehmen Zusatznutzen bieten. Sie sind jedoch so grundlegende Bedürfnisse des Menschen, dass sie immer eine zentrale Rolle spielen, wobei der Faktor Sicherheit wohl eher nur ein positiver Nebeneffekt ist.
Der Machtfaktor ist kaum nachweisbar, wird jedoch vielfach sehr stark betont. Auch das Verhalten von Pionieranwendern wie Jugendlichen oder Young Professionals unterstützt diese Gewichtung der einzelnen Bedürfnisse. Neben den persönlichen Bedürfnissen wird oft allerdings auch noch ein nicht näher definierter Zusatznutzen gefordert.[312]

Die **monetären Bedürfnisse** sind so einfach wie wichtig. Mobile Dienste sollen sinnvoll und vom Tarifmodell her leicht verständlich bepreist sein.
Von den gesamten Kosten her dürfen mobile Dienste für die meisten Nutzer nicht teurer werden als die bereits verfügbaren Dienste. Die Preismodelle für aktuelle schnelle Datendienste wie GPRS oder HSCSD sind meist bereits deutlich zu
teuer um eine wirkliche Massenverbreitung zuzulassen. Bis heute bilden die Preisstrukturen für GPRS oder HSCSD eine Schwelle, die die intensive Nutzung

---

[310] Vgl. **Zobel, J.** (2001), S. 76 ff.
[311] Vgl. **Zobel, J.** (2001), S. 83 f.
[312] Vgl. **Zobel, J.** (2001), S. 101

auf eine relativ geringe Nutzergruppe beschränkt. Neue Dienste dürfen auf keinen Fall deutlich teurer als diese Beispiele werden, sie sollten eher günstiger sein. Während lange von deutlich teureren Preisen im UMTS-Umfeld ausgegangen wurde, scheinen die Anbieter nach aktuellen Nachrichten diese Grenzen inzwischen weitgehend zu akzeptieren. Eine deutliche Überschreitung wäre eine klare Einschränkung für die Erfolgsaussichten des entsprechenden Dienstes im Massenmarkt.[313]

Abbildung 57: Übersicht einiger Bedürfnisse der Nutzer mobiler Datendienste

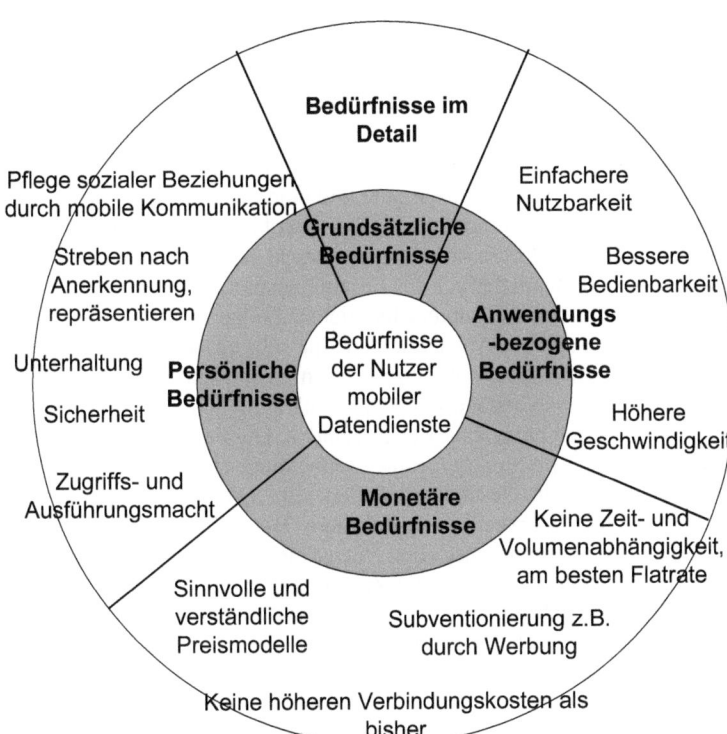

---

[313] Vgl. **Röttger-Gerigk, S.** (2002) S. 23 und **Boston Consulting Group** in **Zobel, J.** (2001), S. 103 ff.

Die Preismodelle für mobile Datendienste sollten darüber hinaus sinnvoll nachvollziehbar und leicht verständlich sein.[314] Abhängigkeiten von Datenvolumina oder Nutzungszeit sind unerwünscht. 84% der europäischen Nutzer wünschen sich hingegen eine Flatrate und 78% wünschen sich eine Subventionierung des Zugangs zum Beispiel durch Werbung.[315]

Die **anwendungsbezogenen Bedürfnisse** schließlich beziehen sich auf die Benutzung und Benutzbarkeit der Anwendung selbst, auf denen mobile Dienste beruhen.
Die Anforderungen sind hier allgemein fast als selbstverständlich zu bezeichnen. Ihre Erfüllung ist erfolgskritisch. Als schlechtes Beispiel muss man sich lediglich in Erinnerung rufen, dass als einer der Hauptgründe für das Scheitern von WAP die schlechte Bedienbarkeit und die Langsamkeit der Anwendung in Verbindung mit unangemessen hohen Kosten durch zeitgebundene Abrechnung angeführt wurden.[316]
Die Anwendungen sollen gut benutzbar und gut bedienbar sein. Dieses Bedürfnis kann wiederum in eine technisch gute und eine inhaltlich gute Benutzbarkeit unterteilt werden. Die Anwendung soll also sowohl von ihrer Struktur und Bedienung innerhalb des Programms klar und leicht zu verwenden sein als auch von der technischen Benutzbarkeit im Zusammenspiel mit dem jeweiligen Endgerät. In Anbetracht der sehr unterschiedlichen Endgeräte ist dieses Bedürfnis für die Entwicklung solcher Anwendungen eine sehr große Herausforderung, da das, was der Endnutzer als gut benutzbar definiert mit den Eingabemöglichkeiten eines Laptops selbstverständlich etwas ganz anderes ist als mit denen eines PDAs oder womöglich eines klassischen Handys. Die Forderung nach guter Bedienbarkeit kann also bei tiefergehender Betrachtung ein sehr relevanter Faktor bei der Evaluierung von Geschäftsmodellen sein. Die Erfüllung kann je nach Anwendung erhebliche Investitionen erfordern. Bei Nichtbeachtung der Anforderung wird die Anwendung durch den Nutzer nicht angenommen werden.
Große Hoffnungen werden in diesem Zusammenhang in die neue Javatechnologie J2ME (Java to Mobile Edition) gesetzt, die in der Theorie eine Anwendung auf die technologischen Gegebenheiten des jeweiligen Endgeräts anpassen soll. So sollen zum Beispiel beim Handy als Hardware vorhandene Tasten beim PDA ohne weiteren Aufwand auf dem Touchscreen dargestellt werden. In der Praxis ist die Kompatibilität unter den Geräten jedoch leider noch eingeschränkt und der Erfolg der Umgebung bleibt abzuwarten.[317]

---

[314] Vgl. **Zobel, J.** (2001), S. 101 und **Boston Consulting Group** in **Zobel, J.** (2001), S. 103
[315] Vgl. **Boston Consulting Group** in **Zobel, J.** (2001), S. 103
[316] Vgl. **Behnke, H.** (2002), S. 69
[317] Vgl. **Violka, K.** (2002)

Schließlich sollen die Anwendungen schneller sein. Diese Anforderung wird sich zum größten Teil im Rahmen neuer Übertragungstechnologien und steigender Leistungsfähigkeit der Endgeräte quasi von allein erfüllen. Es ist lediglich zu beachten, dass gewisse Anwendungen nicht angenommen werden dürften, wenn sie zu langsam oder zu ruckelig laufen. Gründe hierfür können beispielsweise zu geringe Netzkapazitäten sein. Video über UMTS ist einer der kritischen Fälle für dieses Nutzerkriterium. Auch ein zu verschwenderischer Umgang mit anderen technischen Ressourcen ist denkbar und sollte beachtet werden. Ebenfalls ist genau zu beachten, welche Endgeräte im Nutzerumfeld verbreitet sind. Zwar werden Mobiltelefone noch immer fast alle zwei Jahre ausgewechselt, diese Tendenz ist jedoch rückläufig und wie erwähnt spielen auch andere Endgeräte eine zunehmend wichtigere Rolle.
Als besonders kritisch ist das Bedürfnis nach höherer Geschwindigkeit allerdings durch die rasant steigenden Leistungsfähigkeiten von Netzen und Endgeräten nicht zu sehen.

4.3.2 Nutzerverhaltensweisen im Bezug auf mobile Kommunikation

Neben den Bedürfnissen der Nutzer in Bezug auf mobile Kommunikation sind auch sehr klare Verhaltensmuster bei der Nutzung mobiler Kommunikation zu beobachten. Diese Verhaltensweisen sind ebenso wie die Bedürfnisse mitentscheidend für die Erfolgsaussichten mobiler Geschäftsmodelle.
Das Verhalten des Nutzers in Bezug auf Angebote des mobilen Internets ist von dem Verhalten in Bezug auf stationäres Internet grundlegend zu unterscheiden. Das Medium wird primär in Zeitlücken und unterwegs genutzt. Die Nutzer gaben zu jeweils gut achtzig Prozent an, mobile Datendienste in ungenutzten Zeitlücken und auf Reisen zu nutzen. Nur 67% gaben an, das Medium auch zu Hause zu verwenden. Untersuchungen in Japan ergaben, dass selbst hier das i-mode-System von 52% der Nutzer in Wartezeiten und von 50% der Nutzer während der Fahrt mit öffentlichen Verkehrsmitteln genutzt werden.[318] Dementsprechend ist auch von einer spontanen Nutzung zu sprechen. Eine unvorhergesehene Wartezeit tritt auf und wird für die Nutzung mobiler Dienste verwendet. Die Eigenschaft der Geräte, nicht gebootet werden zu müssen, ist hierfür ebenfalls eine zentrale Voraussetzung. Das Medium mobiler Kommunikation ist somit oft nichts anderes als ein spontaner Lückenfüller. Die geplante Nutzung ist sehr selten. Bei geplanter Nutzung wird bisher meist das komfortablere, günstigere stationäre Internet vorgezogen.[319]
Die gesamte Nutzungszeit liegt bei mobilen Diensten im Bereich weniger Minuten. Im Schnitt werden zwei bis fünf Minuten Nutzungsdauer angegeben. Nur in Einzelfällen beschäftigt sich der Nutzer länger als neun Minuten mit dem

---

[318] Vgl. **Zobel, J.** (2001) S. 101 ff. und **Wittmann, H.** (2002) S. 148
[319] Vgl. **Michelsen, D.; Schaale, A.** (2002), S. 20

Medium.[320] Der Mehrwert, der den Anwender die Anwendung wieder nutzen lässt oder wegen dem der Anwender die Anwendung überhaupt erst anwählte, soll nach spätestens drei Minuten geboten sein.[321] Dieses Verhalten ist selbstverständlich, wenn man es mit der typischen Nutzung auf Reisen, in Wartezeiten oder in öffentlichen Verkehrmitteln vergleicht.
Ein weiterer interessanter Faktor ist die Art, wie das Medium genutzt wird. Zugriffe auf Informationen erfolgen so gut wie immer ganz gezielt. Die gewünschte Information wird gesucht, gefunden und das Medium wieder verlassen. Ganz anders als der typische Nutzer des stationären Internets, der sich durch das WWW treiben lässt und oft von Link zu Link surft.[322]
Der Anwender kann durch die Natur der Nutzung auch oft nur einen Teil seiner Aufmerksamkeit dem mobilen Medium widmen. Oft ist er nebenbei damit beschäftigt, einer anderen Tätigkeit nachzugehen, beispielsweise darauf zu achten, nicht die richtige Station in einem öffentlichen Verkehrsmittel zu verpassen oder den Aufruf für seinen Flug im Wartesaal eines Flughafens. Dieses ist ein weiterer Unterschied zum stationären Internet und auch aus diesem Grunde ist die Nutzerführung der Applikation zentral wichtig. Die Möglichkeit zum schnellen mentalen Aus- und vor allem Wiedereinsteigen in die Applikation ist von zentraler Bedeutung.[323]
Somit ist eine grundlegend unterschiedliche Nutzungsweise zwischen stationärem Internet und mobilen Datendiensten gegeben. Während das stationäre Internet gewöhnlich über längere, speziell hierfür eingeplante Zeiträume relativ ungezielt genutzt wird, sich der Nutzer also wenig zielgerichtet bis ziellos dahintreiben lässt, fast schon ähnlich dem Zappen vor dem Fernseher, werden mobile Datendienste gezielt, spontan und nur kurzfristig genutzt.

4.3.3 Akzeptanz gegenüber kostenpflichtigen Diensten

Die Akzeptanz gegenüber kostenpflichtigen Diensten im mobilen Bereich ist ebenfalls vollkommen anders als im stationären Internet. Da dieses eines der großen Probleme vieler Geschäftsmodelle des mobilen Internets war, soll hierauf gesondert eingegangen werden.
Mobile Nutzer zahlen wie selbstverständlich für die Nutzung von Mobilfunkdiensten. So wird für eine SMS mit bis zu hundertsechzig Zeichen ganz selbstverständlich ein Betrag von bis zu 19 Cent bezahlt, während ein ähnlicher Betrag im stationären Internet von den meisten Nutzern abgelehnt wird. Selbst wenn sie dafür eine seitenlange Ausarbeitung erhalten würden.

---

[320] Vgl. **Wittmann, H.** (2002) S. 148, **Michelsen, D.; Schaale, A.** (2002), S. 20 und **Zobel, J.** (2001) S. 102
[321] Vgl. **Zobel, J.** (2001) S. 102f. und S. 115
[322] Vgl. **Michelsen, D.; Schaale, A.** (2002), S. 20
[323] Vgl. **Killermann, U.; Vaseghi, S.** (2002), S. 52

Diese Situation ist zum größten Teil auf Gewöhnung der Nutzerschaft zurückzuführen. Während die Nutzer im Internet daran gewöhnt sind, außer für ihre Telefonrechnung nie für etwas zu zahlen, besonders nicht für Inhalte, wurde im mobilen Bereich aus technischen Gründen schon immer alles mit der Telefonrechnung verrechnet. Hinzu kamen im Internet technische Schwierigkeiten mit der Nutzeridentifikation und der Sicherheit, die den Einsatz spezieller Software für Zahlungen erforderten. Dieses machte viele Geschäftsmodelle mit Micropayments im Bereich einiger Cents unrentabel, da die Beträge nicht mehr wirtschaftlich zu handhaben waren. Kostenpflichtige Modelle konnten sich somit erst in den letzten Monaten zunehmend durchsetzen, nachdem kostenfreie Angebote großenteils aus dem Markt verschwanden. Die Abrechnung dieser Angebote findet allerdings auch nicht mit Micropayments, sondern zumeist auf Basis von Abonnements statt.

Ganz anders sieht es hier im mobilen Bereich aus. Technische Probleme gibt es nicht, da Identifizierung, Sicherheit und Abrechnung anhand der Mobilfunktechnologie ohnehin vorhanden und gewohnt sind. Kleinere Probleme sind mit W-LAN-Technologien zu erwarten, die jedoch anhand der Geräteidentifizierung ebenfalls leichter zu lösen sein dürften als im herkömmlichen Internet.

Durch Nutzung dieser förderlichen Gegebenheiten für mobile Datendienste sind die mentalen Hürden für kostenpflichtige Inhalte im mobilen Bereich entweder nicht vorhanden oder deutlich geringer als im herkömmlichen Internet. Die Anwender sind es gewohnt, für die Nutzung von Diensten zu bezahlen und diese Kosten zumeist auf ihrer Telefonrechnung umgelegt wiederzufinden.[324]

Die Bereitschaft, für mobile Dienste zu zahlen steigt noch, wenn diese einen Mehrwert an Unterhaltung oder Informationen bieten. So haben beispielsweise siebzig Prozent der i-mode-Nutzer in Japan noch mindestens einen kostenpflichtigen i-mode-Zusatzdienst abonniert.

Vor diesem Hintergrund wird auch vorausgesagt, dass die Nutzer das Mobiltelefon als ein Zahlungsmittel akzeptieren werden. Micropayments könnten hierbei die Pionierrolle übernehmen und eine Gewöhnung an größere Transaktionen erleichtern.[325]

4.4 Thesen und Fazit zu den Marktbetrachtungen

Wie bereits im Technologieteil sollen auf Basis der verschiedenen Marktbetrachtungen zusammenfassende Thesen zu den betrachteten Bereichen formuliert und abschließend ein Fazit gezogen werden. Vor der Thesenfindung Annahmen zu formulieren ist in diesem Fall nicht notwendig, da die meisten Marktbetrachtungen bereits Annahmen sind. Im Gegensatz zum Technologieteil

---

[324] Vgl. **Zobel, J.** (2001) S. 210
[325] Vgl. **Zobel, J.** (2001) S. 210

kann hier kaum auf Fakten und nur auf relativ wenige Erfahrungen über kurze Zeiträume zurückgegriffen werden.

4.4.1 These: Entwicklung der Nutzerzahlen und Marktvolumina

Der Markt für mobile Anwendungen wird in den nächsten Jahren sowohl in Nutzerzahlen als auch im Marktvolumen stark wachsen. Er wird sich hierbei vom Nischenmarkt zum Massenmarkt entwickeln. Diese Entwicklung wird durch eine Wechselwirkung von technologischen Push- und nachfrageseitigen Pull-Faktoren in den nächsten Jahren weiter beschleunigt.

Abbildung 58: Technologische Pushfaktoren und Pullfaktoren des Marktes bei der Entwicklung mobiler Anwendungen und Dienste

Technology Push

- Digitalisierung
- Leistungssteigerung im Preis-Leistungsvergleich
- Minitaturisierung
- Standardisierung
- Lokalisierung

Market Pull

- Interaktivität - Individualisierung
- Ubiquität - Unmittelbarkeit des Zugriffs
- Senkung von Transaktionskosten
- Multimediale Angebotsform
- Mobilität
- Remote Control

Quelle: **Nachtmann, M.; Trinkel, M.** (2001), S. 8 (In Anlehnung an **Zerdick, A; Picot, A.** (1999))

In der Summe der Marktbetrachtungen ist festzustellen, dass dem Markt mobiler Anwendungen ein durchgehend großes Wachstum prognostiziert wird. Der Markt bewegt sich vom Nischenmarkt für Technologiefreaks und Jugendliche zum Massenmarkt. Gleichzeitig steigen auch die Investitionen der Technologieanbieter in Forschung und Entwicklung der mobilen Technologien.[326] Hierdurch

---

[326] Vgl. **Nachtmann, M.; Trinkel, M.** (2002), S. 7 ff.

wiederum beschleunigt sich die Geschwindigkeit der Technologieinnovationen und -verbesserungen und mit steigenden technologischen Leistungsfähigkeiten werden auch die Ansprüche der Nutzer im Markt weiter vorangetrieben. Es entsteht eine sich beschleunigende Wechselwirkung der Technologieinnovationen (Technology Push) und der Bedürfnisse der Marktteilnehmer (Market Pull).[327] Im Rahmen des starken Marktwachstums wird das mobile Internet und damit auch der m-commerce weit mehr Menschen erreichen als der PC-basierte e-commerce. Der Mobilfunk hat bereits jetzt mehr individuelle Nutzer erreicht als alle anderen digitalen Medien.[328]

4.4.2 These: Nutzungsverhalten bei mobilen Anwendungen

Das Nutzungsverhalten bei mobilen Anwendungen wird auch in Zukunft grundlegend anders sein als das Nutzungsverhalten im stationären Internet. Es ist kurz, gezielt und die Nutzung findet meist spontan in Nischenzeiten statt. Wenn es attraktivere Abrechnungsmodelle gibt wird sich die Nutzungsdauer jedoch verlängern und die Nutzung wird sich der des stationären Internets annähern.

Tabelle 4: Vergleich der Verhaltensweisen von Internetnutzern und mobilen Nutzern

	PC	Mobil
Zugriff	Langwierig – Booten, Zugang herstellen, etc.	Unmittelbar – One Touch, kein Booten, etc.
Nutzung	Gezielte Nutzung – Dauer Eine Stunde und mehr	Ungezielt in Nischenzeiten – Meist weniger als fünf, typisch ca. drei Minuten
Navigation	Browsen, Surfen, sich von Information zu Information treiben lassen	Gezielter Zugriff auf die Information
Angebote	Diverse und reichhaltige Angebote	Einfach und mehrwerthaltig (Spaß, lokalitätsbezogen, Zeitersparnis)
Content	Tief und reichhaltig	Spezialisiert und kurz
Nutzwert	Über längere Sitzungsdauer	Unmittelbare Wertschöpfung oder Belohnung für Nutzer

Quelle: **Zobel, J.** (2001), S. 116

---

[327] Vgl. **Nachtmann, M.; Trinkel, M.** (2002), S. 9
[328] Vgl. **Michelsen, D.; Schaale, A.** (2002), S. 16

Wie dargestellt wurde, ist das Nutzungsverhalten bei stationären und mobilen internetartigen Anwendungen grundverschieden. Diese Unterschiede kann man folgendermaßen zusammenfassen:
Als Gründe für diese grundlegend unterschiedlichen Nutzungsarten sind die Nutzungsumstände anzusehen, jedoch auch die aktuell verfügbaren Dienste und vor allem die Preismodelle.
Die aktuell verfügbaren Dienste für mobiles Internet, i-mode einmal ausgenommen, sind in Sachen Unterhaltungswert inhaltlich und in Bezug auf Navigation nicht in der Lage, die Nutzerschaft über längere Zeiträume zu binden. Der Dienst wird auch aus diesem Grund meist nur dazu genutzt, eine ganz spezielle Information zu finden und anschließend wieder beendet. Die Preismodelle verstärken diesen Effekt. Die Nutzung mobiler Datendienste ist bei den aktuellen Preismodellen nur zur Befriedigung ganz spezieller Informationsbedürfnisse wirklich erschwinglich. Die Nutzungsentgelte sind aktuell weitaus zu teuer. Die Schaffung neuer, angemessenerer Preismodelle ist somit eine wichtige Voraussetzung für längere Nutzungsphasen beim mobilen Internet. Die aktuelle Preisgestaltung ist in dieser Beziehung als kontraproduktiv zu bezeichnen.[329]
So lange diese grundlegenden Parameter des Nutzungsverhaltens nicht verändert werden, gilt folgendes Anforderungsprofil für mobile Anwendungen:

Tabelle 5: Übersicht der Kundenanforderungen an mobile Dienste

Kundenanforderungen		
	Muss	3 Minuten Nutzungsdauer
		Einfachheit (Bedienung, Inhalt, etc.)
		Zusatznutzen (Spaß, monetär, lokalitätsbezogen)
	Soll	Soziale Beziehung und Anerkennung
		Unterhaltung
		Sicherheit
		Einfacher, schneller zu konsumieren
		Macht

Quelle: **Zobel, J.** (2001), S. 117

Eine Veränderung der grundlegenden Gegebenheiten beim Unterhaltungswert von Diensten und Preisgestaltung für die Nutzung ist notwendig, um das mobile Medium für andere Nutzungsweisen als die beschriebenen interessant zu machen. Die Faktoren Gebührenhöhe, Geschwindigkeit sowie Benutzbarkeit (Be-

---

[329] Vgl. **Zobel, J.** (2001), S. 103

dienung und Dateneingabe) sind aktuell als eine positive Marktentwicklung behindernd anzusehen.[330]
Wenn eine längere Nutzungsdauer etabliert werden könnte, ist davon auszugehen, dass viele Geschäftsmodelle interessant werden, die unter den aktuellen Marktbedingungen noch kritisch zu bewerten wären.
Gelingt es, interessantere Dienste anzubieten und bessere, vor allem bei längerer Nutzung günstigere Preismodelle zu entwickeln, so ist von einer Entwicklung des Nutzungsverhaltens bei mobilen Anwendungen in Richtung des Nutzungsverhaltens beim stationären Internet auszugehen.
Am Beispiel i-mode ist erkennbar, dass bereits einfache Unterhaltungsangebote, sobald sie ein Mindestmaß an Attraktivität aufweisen, rasch eine hohe Akzeptanz finden können.[331]

4.4.3 These: Akzeptanz gegenüber kostenpflichtigen Diensten

Die Akzeptanz gegenüber kostenpflichtigen Diensten ist im mobilen Internet grundsätzlich deutlich größer als im stationären Internet. Kostenpflichtige Dienste haben in diesem Umfeld daher größere Chancen.

Aufgrund der Historie ist der Nutzer im mobilen Umfeld an die Kostenpflichtigkeit der Dienste gewöhnt. Auch ist die Abrechnung aufgrund der Technologiebasis deutlich sicherer und einfacher als im stationären Internet. Erste Beispiele haben gezeigt, dass kostenpflichtige Dienste auf Basis dieser Voraussetzungen im mobilen Internet deutlich besser angenommen werden als im stationären Internet. Geschäftsmodelle, die auf kostenpflichtigen Inhalten, seien es Abonnementsmodelle oder Pay-per-View-Modelle, aufbauen, haben somit im mobilen Internet deutlich bessere Voraussetzungen.

4.4.4 Fazit zu den Marktbetrachtungen

In der Summe der unterschiedlichen Marktbetrachtungen kristallisiert sich eine übereinstimmende Prognose heraus. Mobile Anwendungen werden in allen mobilen Märkten wichtiger, vor allem in den von den Nutzerzahlen zunehmend gesättigten Märkten Europas, Japans und Nordamerikas. Grund ist die Möglichkeit, weiteres Wachstum über Volumensteigerungen der Nutzer zu erzielen, die wiederum durch das Angebot interessanter Datendienste zu erreichen sind. Es werden also sowohl von Seiten der Mobilfunkkonzerne Aktivitäten diesbezüglich unternommen werden, als auch eine stärkere Nachfrage seitens der Nutzer aufkommen.

---

[330] Vgl. **Diederich, B.; Lerner, T.; Lindemann, R.; Vehlen, R.** (2001), S. 21 ff.
[331] Vgl. **Zobel, J.** (2001), S. 115

Das Nutzungsverhalten ist wie beschrieben grundlegend anders als im stationären Internet. Es ist kurz, sehr gezielt und findet in Nischenzeiten statt. Der Nutzer erwartet einen Mehrwert von seiner Aktivität im mobilen Internet. Gründe für die kurze Nutzungsdauer sind der als deutlich zu hoch empfundene Preis und die schwer verständlichen Preismodelle. Allerdings sind auch die bisher verfügbaren Dienste nicht unbedingt geeignet, den Nutzer länger zu halten. Die Inhalte, die Aufmachung und die Art der Navigation sind bisher zu kompliziert und zu schlecht.

Zukünftige mobile Dienste müssen in der Bedienung und der inhaltlichen Qualität deutlich besser werden, die Preise der Mobilfunkbetreiber müssen sinken und die Dienste müssen die beschriebenen Bedürfnisse der Nutzer im Zusammenhang mit mobiler Kommunikation berücksichtigen.

Unter Berücksichtigung dieser Prämissen ist in den kommenden Jahren tatsächlich mit einem starken Wachstum der Nutzung mobiler Datendienste im europäischen Raum zu rechnen. Eine Missachtung dieser Anforderungen würde das Wachstum verzögern oder verringern.

5 Vorstellung einer Metrik zur Evaluierung von Geschäftsmodellen für das mobile Internet

Die bisherigen Ausführungen geben einen Überblick über die Voraussetzungen, in denen sich Geschäftsmodelle des mobilen Internets etablieren müssen. Die technologischen Voraussetzungen wurden auf Basis technischer Spezifikationen für Übertragungstechnologien und Endgeräte detailliert beschrieben. Die Voraussetzungen im Bereich von Marktenwicklungen und Anwenderbedürfnissen wurden auf Basis verschiedener Prognosen dargestellt.

Zur Evaluierung der Geschäftsmodelle soll im Folgenden eine Prüfungsmetrik entwickelt werden, die die einzelnen Geschäftsmodelle in den Bereichen Technologie und Marktumfeld auf wichtige Parameter abgleicht und somit eine möglichst einheitliche Evaluierung der unterschiedlichen Geschäftsmodelle vorgenommen werden.

Dabei handelt es sich bei den unterschiedlichen Geschäftsmodellen um teilweise nur sehr schwer vergleichbare Größenordnungen und inhaltliche Ansätze. Im Bereich der Netzbetreiber findet sich beispielsweise mit dem UMTS-Mobilfunk ein riesiges Modell, das in der Vergangenheit große Konzerne wie beispielsweise die MobilCom oder das Konsortium Quam überforderte. Dem steht etwa mit dem Modell der mobilen Werbung ein vergleichsweise kleiner Tätigkeitsbereich gegenüber, der auch kleinen Firmen sinnvolle Engagements erlauben könnte.

Die Evaluierung der Geschäftsmodelle kann daher immer nur auf das einzelne Modell bezogen schlüssig sein. Der Vergleich von Risiken und Chancen zwischen den verschiedenen Geschäftsmodellen birgt aufgrund der teilweise enormen Skalenunterschiede zu große Verzerrungen, um wirklich aussagekräftig zu sein. Bei der Evaluierung soll sich daher darauf beschränkt werden, ob das einzelne Geschäftsmodell in sich in den Faktoren Technologie und Marktvoraussetzungen sowie weiteren Faktoren schlüssig ist und damit wirtschaftlich sinnvoll sein kann. Darüber hinaus sollen erkennbare Risiken bei der Einführung des jeweiligen Produkts angesprochen werden. Hierzu zählen technische Unzulänglichkeiten ebenso wie erkennbare Projektrisiken oder fehlende Akzeptanz seitens der Anwender.

Es ist auch anzumerken, dass diese Arbeit die verschiedenen Parameter, die den Erfolg eines Geschäftsmodells ausmachen, nur zu einem gewissen Teil betrachten kann. Marketingmaßnahmen oder Partnerschaften mit großen, etablierten Unternehmen oder Marken bei der Einführung eines speziellen Modells können starken Einfluss auf die Entwicklung eines einzelnen Modells haben. Sie werden hier jedoch nur in Einzelfällen erwähnt. Die Evaluierung der Geschäftsmodelle soll primär auf der Basis der formulierten Voraussetzungen und den bisher gewonnenen Erkenntnissen erfolgen. Andere Parameter wie zum Beispiel aufwändiges Marketing können und sollen nicht mit einbezogen werden.

Stattdessen sollen die Modelle in der Betrachtung von technologischen Voraussetzungen und Marktchancen sowie weiteren Faktoren wie beispielsweise absehbaren Investitionskosten oder hohe „sunk costs" beim Zutritt in einen bereits stark umkämpften Markt im Vergleich zum zu erwartenden Marktvolumen abgeglichen werden, soweit dieses absehbar ist. Diese und weitere im Einzelfall bedeutsame Parameter sollen zunächst ausführlich vorgestellt und dann in einer Übersicht so weit verdichtet werden, dass eine Aussage über die zu erwartende wirtschaftliche Attraktivität des Geschäftsmodells möglich wird.

5.1 Vorgehensweise bei der Evaluierung der Geschäftsmodelle

Um ein besseres Gefühl für die wirtschaftliche Attraktivität der einzelnen Modelle zu geben, soll folgende, möglichst einheitliche Vorgehensweise bei der Evaluierung angewandt werden. Es ist von Modell zu Modell jedoch nicht immer möglich, dem exakt gleichen Bewertungsmuster zu folgen, da zu unterschiedliche Parameter eine wichtige Rolle spielen können. Um eine möglichst einheitliche Bewertung sicher zu stellen, sollen jedoch immer die folgenden sechs Elemente für jedes Geschäftsmodell betrachtet werden.

1. Vorstellung des Modells:
Zunächst ist es wichtig, das zu betrachtende Geschäftsmodell vorzustellen. Das heißt, das Produkt in seiner Funktionsweise, also seiner Idee, zu erklären. Die Ausführungen orientieren sich hierbei zunächst grundsätzlich an der Definition Geschäftsmodelle, Produkte und Anwendungen aus Kapitel 2.2.
- Anhand dieser einleitenden Vorstellung des Modells soll zunächst ein grundlegender Überblick gegeben werden. Was sind beispielsweise Location Based Services, was ist M-Advertising, welche Untermodelle sind gegebenenfalls in dem Oberbegriff zusammengefasst? Vor allem, worin liegt der Mehrwert des Geschäftsmodells (Value Proposition). Es soll das dahinterliegende Geschäft in seiner Funktionsweise verständlich gemacht werden. Hierzu ist dann auch auf einige weitere, zentrale Aspekte explizit einzugehen.
- Welches Erlösmodell steht hinter dem Geschäftsmodell? Wer zahlt für den angebotenen Dienst und wie wird der Zahlungsvorgang organisiert (Ertragsmodell)?

Die technische Architektur schließlich soll aufgrund der sehr stark technisch geprägten Umgebung in dem folgenden Punkt detailliert betrachtet werden.

2. Erläuterung zentraler technologischer Parameter:
In diesem Teil soll auf die technischen Voraussetzungen für die Nutzung des Modells eingegangen werden. Es sollen Infrastruktur der Anwendung und technische Funktionsweise besprochen werden.

- Erläuterung der technischen Funktionsweise des Modells, Darstellung technischer Besonderheiten, beispielsweise von kritischen technischen Elementen der Gesamtanwendung.
- Darstellung der Übertragungstechnologien, die für das technische Setup des Modells in Frage kommen. Hierzu ist die notwendige Übertragungskapazität der dem Modell zugrundeliegenden Anwendung zu schätzen und darauf aufbauend eine Auswahl derjenigen Netzwerktechnologien zu treffen, die diese Anforderungen erfüllen können.
- Darstellung der Endgerätetechnologien, die für die sinnvolle Nutzung des Angebots notwendig sind. Hier besteht eine direkte Abhängigkeit zu den formulierten Bedürfnissen der Nutzer im Bereich Marktbetrachtungen. Nur ein technisches Setup, das diesen Bedürfnissen gerecht werden kann, ist wirklich sinnvoll. Zu beachten sind in diesem Zusammenhang vor allem Bedienbarkeit und Nutzbarkeit der Dienste auf den beschriebenen Endgeräteklassen.
- Schematische Darstellung der notwendigen technischen Infrastruktur und Applikationen.
- Zusammenfassung der entscheidenden technologischen Parameter und Bewertung des einzusetzenden technologischen Setups für die Anwendung.

3. Prüfung der Marktchancen des Modells:
Als nächstes ist das Modell mit den Marktbetrachtungen abzugleichen. Hier sind entsprechend den Marktbetrachtungen Rückschlüsse über adressierte Zielgruppen und Bedürfnisse beziehungsweise Anforderungen an die Anwendung von Interesse.
- Bei der Betrachtung der Zielgruppen ist zunächst die adressierte Zielgruppe an sich zu beschreiben. Ist eine ganz spezielle Zielgruppe definierbar, so ist sie mit den demographischen Betrachtungen abzugleichen und eventuell eine Aussage über eine wirtschaftliche Relevanz in Bezug auf das spezielle Geschäftsmodell zu treffen. Hochwertige Lokalisierungsdienste wir Hotelfinder und Hotelbuchung dürften beispielsweise für eine andere Zielgruppe wirtschaftliche relevant sein als leichte Unterhaltungsdienste. Das erste Modell adressiert eher Geschäftsreisende, bestenfalls noch Studenten, während das zweite Modell, wie zuvor beschrieben, eher die jugendliche Zielgruppe adressiert.
- Von weiterem Interesse ist sowohl die Frage nach der Befriedigung persönlicher Bedürfnisse als auch die Frage nach der Erfüllung der formulierten Anforderungen an eine mobile Anwendung in Bezug auf die Nutzbarkeit unter den speziellen Nutzungsbedingungen mobiler Anwendungen, welche Bedürfnisse und Anforderungen kann eine mobile Anwendung auf der ein Geschäftsmodell aufbaut erfüllen, welche nicht?

Einige Modelle dürften freilich im Bereich der Zielgruppendefinition problematisch sein, da sie entweder selbst keine Zielgruppen definieren können oder den Gesamtmarkt adressieren.

4. Diskussion sonstiger Aspekte des Geschäftsmodells:
Die Erfolgsaussichten eines Geschäftsmodells in diesem Umfeld kann schließlich noch durch eine große Anzahl weiterer Faktoren beeinflusst werden. Ein einleuchtendes Beispiel ist hier das Geschäftsmodell des Betriebs von UMTS-Netzen in Deutschland. Die Auktion der Lizenzen für UMTS stellt eine enorme Vorbelastung für die Lizenznehmer und eine ebenso große Marktzutrittsbarriere dar. Einige der möglichen Parameter dieser Gruppe sollen schon hier genannt werden aber gerade dieser Bereich ist von Modell zu Modell sehr unterschiedlich.

- Investitionsvolumina stellen den ersten Punkt diese Gruppe dar. Welche Investitionsaufwände stehen welchen Erlöschancen gegenüber? Wie verteilen sich diese Kosten? Wie ist das spezielle Szenario für die Wirtschaftlichkeit des Geschäftsmodells zu bewerten? Auch Entwicklungsaufwände und Projektrisiken für Applikationen oder Netze sind eventuell unter diesem Punkt zu betrachten.
- Gibt es spezielle Marktzutrittsbedingungen? Ist der Markt vielleicht schon von starken Konkurrenten besetzt, die ein Eindringen in den Markt sehr schwierig machen? Hier muss man sich nur den gescheiterten Versuch des Konsortiums Quam in Erinnerung rufen, bei dem durchaus finanzkräftige Konzerne versuchten, in den deutschen Mobilfunkmarkt einzudringen. Kann es in diesem Zusammenhang notwendig sein, sich selbst einen starken Partner zu suchen?

5. Verdichtung der Erkenntnisse in einer Übersichtstabelle und Bewertung entsprechend einer einfachen Bewertungsmetrik:
Nach den detaillierten Vorstellungen der einzelnen Punkte sollen diese zur abschließenden Beurteilung verdichtet werden. Hierzu wird eine Tabelle verwendet, die die einzelnen beschriebenen Fragen stichwortartig oder in kurzen Sätzen nach den Parametern Technologie, Marktchancen und sonstigen Aspekten zusammenfasst. Die einzelnen Parameter sollen schließlich mit einer einfachen Metrik bewertet werden.

In dieser Bewertungstabelle werden alle wichtigen Erkenntnisse der Ausführungen zum einzelnen Geschäftsmodell übersichtlich kumuliert und nach einem einheitlichen, einfachen Schema bewertet. Auf dieser Grundlage ist es möglich, die betrachteten Geschäftsmodelle zu bewerten, aber unter Einbeziehung der bisherigen Erkenntnisse auch andere Geschäftsmodelle relativ schnell einer ersten groben Evaluierung zu unterziehen und technische beziehungsweise marktrelevante Eckpunkte sowie kritische Elemente zu identifizieren.

Es ist jedoch auch zu bedenken, dass diese Tabelle im Detail von Modell zu Modell leicht unterschiedliche Parameter enthalten kann. Auch ist die Wertung der einzelnen Parameter für die Gesamtbetrachtung des Modells individuell unterschiedlich. Ein einziger, nicht erfüllter Parameter kann so ein ganzes Modell ad absurdum führen, wenn beispielsweise eine technische Grundvoraussetzung für den Einsatz des Modells schlichtweg nicht erfüllbar ist. Je nach Modell können einzelne Parameter also unterschiedlich gewertet werden. Eine Anpassung an das einzelne Geschäftsmodell ist daher sinnvoll und auch eine aufmerksame Würdigung aller einzelnen Parameter des Modells und eine Meinungsbildung über die Wichtigkeit des einzelnen Parameters für das Gesamtbild ist unerlässlich.

6. Fazit zum einzelnen Geschäftsmodell
In der Bewertungstabelle selbst wird bereits ein erstes Fazit über die wirtschaftliche Attraktivität, also die Erfolgschancen des betreffenden Geschäftsmodells, gezogen. Dieses Fazit soll abschließend in etwas ausführlicherer Form formuliert und begründet werden. Zentrale Punkte, die die Bewertung überdurchschnittlich beeinflusst haben könnten, sollen hierbei dargestellt werden.

5.2 Entwicklung einer Bewertungsmetrik und eines Kriterienkatalogs

Die einzelnen Parameter, die zur Bewertung der Geschäftsmodelle führen, sind oft nicht in absolute Zahlen zu fassen. Auch ist es häufig schwer, eine klare Aussage im Sinne von möglich oder unmöglich zu treffen. Am einfachsten ist dieses noch bei den Technologien, denn eine Technik kann im Prinzip nur funktionieren oder nicht. Wenn man jedoch die Vielzahl der theoretisch verfügbaren Technologien betrachtet, so ist auch dieser Punkt nur sehr relativ bewertbar. Die meisten notwendigen Anwendungen funktionieren theoretisch – auf irgendeiner der verfügbaren Technologien. Haben diese Technologien aber auch Marktreife und die notwendige Marktpenetration oder handelt es sich bei ihnen bisher um nicht viel mehr als technologische Speziallösungen?
Alles in allem ist es dementsprechend schwierig, jeden einzelnen Parameter eindeutig zu bewerten. Es ist jedoch auf Basis der bisherigen Betrachtungen durchaus möglich, eine allgemeine Einschätzung eines Parameters zu formulieren.
Um die Einschätzungen anschließend übersichtlich darzustellen, sollen sie in der Bewertungstabelle für die Geschäftsmodelle nur noch stichwortartig beschrieben und mit einem Punktesystem bewertet werden, das eine Einschätzung von sehr positiv über neutral bis sehr negativ ermöglicht. Hierzu soll folgende Skala verwendet werden:

Tabelle 6: Metrik zur Bewertung der Prüfparameter

Symbol	Einstufung
+ +	**Sehr Positiv:** Der Parameter ist überwiegend positiv zu bewerten. Es sind allenfalls leichte Unstimmigkeiten im Konzept für den betrachteten Aspekt erkennbar.
+	**Überwiegend Positiv:** Der Parameter weist eine Reihe von kleineren Schwierigkeiten auf. Alles in allem ist das Gesamtbild des Aspektes jedoch noch als positiv zu bewerten.
o	**Neutral:** Chancen und Risiken sind bei der Betrachtung des Parameters ungefähr gleich stark ausgeprägt.
-	**Überwiegend negativ:** Der Parameter weist eine Reihe von Schwierigkeiten auf. Alles in allem ist das Gesamtbild des Aspektes hierdurch schon als negativ zu bewerten, jedoch meist noch erfüllbar.
- -	**Sehr negativ:** Der Parameter weist überwiegend Schwierigkeiten oder Unstimmigkeiten auf. Er wird bestenfalls noch als theoretisch erfüllbar eingestuft.

Diese Metrik wird auf folgenden, grundlegenden Kriterienkatalog angewendet, der hier einmal mit den jeweiligen Fragestellungen bei den einzelnen Parametern dargestellt und anschließend kurz erklärt wird.

Tabelle 7: Beispielhaft ausgefüllter Kriterienkatalog zur Bewertung der Geschäftsmodelle

Technologische Faktoren		
Netzwerktechnologie		
Zur Nutzung benötigte Übertragungsleistung	*Durchschnittliche benötigte Übertragungsrate für die Applikation*	
Nutzbare Netzwerktechnologien?	*Welche Netzwerke sind auf Basis der Übertragungsrate realistisch nutzbar?*	+
Netzwerke für den Markt zugänglich?	*Verfügbarkeit der Netzwerke am Markt, Verbreitung. Wenn nicht verfügbar, Voraussage ab wann?*	--
Hohe Nutzungsgeschwindigkeit realisierbar?	*Ist die Anforderung an eine hohe Nutzungsgeschwindigkeit mit den Gegebenheiten erfüllbar?*	--
Spezielle Anforderungen der Netzwerktechnologie		
Lokalisierung notwendig und gegeben?	*Braucht das Modell Lokalisierung und ist diese gegeben?*	o

Identifikation notwendig und gegeben?	Braucht das Modell Identifikation und ist diese gegeben?	o
Roaming notwendig und gegeben?	Braucht das Modell oder die Nutzungssituation Roaming und ist dieses gegeben?	++
Übertragungssicherheit notwendig und gegeben?	Stellt das Modell besondere Anforderungen an Sicherheit oder Verschlüsselung? Sind diese mit sinnvollem Aufwand erfüllbar?	o
Förderliches Preismodell verfügbar?	Ist ein Preismodell für die Netze verfügbar, das die Benutzung nicht aktiv behindert?	o

Endgerätetechnologie		
Mindestens benötigte Geräteklasse	Welche Geräteklasse ist für die Nutzung der Anwendung zu empfehlen bzw. mindestens notwendig?	
Verbreitung der notwendigen Geräteklasse im Markt	Ist diese Geräteklasse am Markt etabliert oder wird aufgrund dieser Beschränkung nur eine Nische angesprochen?	-
Gerätetechnische Begrenzungen	Begrenzen technologische Faktoren des Geräts die Nutzung? Beispielsweise Display oder Eingabemöglichkeiten?	+

Zusammenfassung der technologischen Faktoren		
Hier soll eine Zusammenfassung über die technologischen Parameter vorgenommen werden.		o

Marktbetrachtungen		
Zielgruppenbetrachtung		
Adressierte Altersgruppen	Welche Altersgruppen werden vor allem adressiert? Wie ist ihre Verbreitung in der Nutzerschaft?	++
Adressierte Berufsgruppen	Welche Berufsgruppen werden vor allem adressiert und wie ist ihre Verbreitung in der Nutzerschaft?	+
Adressierte Branchen	Gibt es spezielle Branchen, die von dem Modell adressiert werden? Sind diese Branchen im Medium überhaupt vertreten?	++
Größe der Zielgruppen im Markt	Wie groß ist die hierüber beschriebene Zielgruppe am Markt?	++
Wirtschaftliche Relevanz der Zielgruppen	Hat sie wirtschaftlich eine bestimmte Relevanz?	o
Akzeptanzprobleme gegenüber der Applikation	Sind in der Zielgruppe irgendwelche Akzeptanzprobleme gegenüber der Applikation absehbar?	--

Abgleich mit den formulierten Anforderungen an die Anwendung		
Schnelle Nutzbarkeit (3 Minuten)?	Ist das Modell von seiner Anlage her überhaupt innerhalb des 3-Minuten-Kriteriums nutzbar?	++

Einfache Bedienbarkeit, gute Benutzbarkeit realisierbar?	Können gute Bedienbarkeit und Benutzbarkeit realisiert werden? (Wechselwirkung zum Endgerät)	++
Möglicher Zusatznutzen?	Welchen Zusatznutzen bietet das Modell dem Nutzer? Wie lockt es ihn?	+

Abgleich mit den formulierten Bedürfnissen der Nutzer		
Pflege sozialer Beziehungen, Anerkennung?	Dient das Modell der Befriedigung dieses Grundbedürfnisses oder fördert es dessen Befriedigung? Wenn ja, wie?	++
Unterhaltung	Dient das Modell der Befriedigung dieses Grundbedürfnisses oder fördert es dessen Befriedigung? Wenn ja, wie?	++
Sicherheit	Dient das Modell der Befriedigung dieses Grundbedürfnisses oder fördert es dessen Befriedigung? Wenn ja, wie?	o

Zusammenfassung der Marktbetrachtungen	
Hier soll eine zusammenfassende Bewertung für die Parameter der Marktbetrachtungen vorgenommen werden.	++

Sonstige Aspekte des Geschäftsmodells		
Investitionsaufwand	Wie ist der Investitionsaufwand einzuschätzen?	--
Entwicklungsaufwand	Ist die notwendige Technologie verfügbar und marktreif oder sind hier weitere Aspekte bzw. Unsicherheiten versteckt?	--
Marktzutrittsbedingungen	Ist der Markt bereits stark belegt? Dominieren eventuell bekannte Marken?	--

Zusammenfassung der sonstigen Aspekte	
Hier soll eine zusammenfassende Bewertung für die sonstigen Aspekte des Geschäftsmodells vorgenommen werden.	--

Zusammenfassende Bewertung	
Abschließend sollen die Ergebnisse der einzelnen Gebiete kumuliert und zu einer zusammenfassenden Bewertung gewichtet werden.	o

Es ist erkennbar, dass sich die gesamte Evaluierung der Modelle am bisherigen Aufbau der Arbeit orientiert. Neben den zuvor behandelten Hauptgebieten Technologie mit den Unterteilungen in Netzwerktechnologien und Endgerätetechnologien und Marktbetrachtungen mit den Unterteilungen in Zielgruppen, Anforderungen und Bedürfnissen der Nutzerschaft kommen lediglich die sonstigen Aspekte hinzu. Diese sonstigen Aspekte sind individuell für jedes Geschäftsmodell zu betrachten. Die abschließende Bewertung des Modells ist dann nur noch eine gewichtete Zusammenfassung der Ergebnisse aus den drei Hauptgebieten.

6 Evaluierung beispielhafter Geschäftsmodelle

Als abschließender Hauptteil dieser Arbeit folgt nun die Evaluierung einiger typischer Geschäftsmodelle des mobilen Internets selbst. Geschäftsmodelle mobiler Anwendungen beschränken sich selbstverständlich nicht auf einen speziellen Bereich der Wertschöpfung, wie die im folgenden hauptsächlich betrachteten Business to Customer (B2C)-Anwendungen. Legt man die grundsätzliche Wertschöpfungskette eines typischen Unternehmens nach Porter zugrunde,[332] so können mobile Technologien in jedem Bereich dieser Wertschöpfungskette eine Rolle spielen. Das gesamte Marktpotential dieser Änderungen in den Geschäftsprozessen aller Unternehmen dürfte in der Summe weit größer sein als die hier betrachteten B2C-Anwendungen und soll an dieser Stelle daher auch kurz erwähnt werden.

Abbildung 59: Beispielhafte mobile Anwendungen in allen Bereichen der Wertschöpfungskette nach Porter

Unterstützende Aktivitäten	Unternehmensinfrastruktur Mitarbeiter durch Nutzung mobiler Infrastruktur überall und jederzeit einbinden.
	Personalwirtschaft Intelligente Mitarbeiterausweise, Zugangskontrolle, Zeiterfassung, Gebühren für Kantinenverzehr, private Kopien, Einbinden von Mitarbeitern ohne festen Arbeitsplatz-PC durch mobile Endgeräte.
	Technologieentwicklung Datenerfassung bei mobilen Prototypen, Serienprodukten, etc. zur Identifikation von Schwachstellen oder zur Leistungsbeurteilung, Feinsteuerung, etc. Kabellose Verfahrens- oder Gerätesteuerung von Produktions- oder Hausanlagen
	Beschaffung Mobile Information von Lager-, Einkaufs- und Prognosesystemen => Smart Label Information. Logistische Flotteninformation, etc.

Eingangslogistik	Marketing	Operation	Vertrieb
Tracking von Kurier-, Express-, Paketdiensten oder sonstiegen Lieferungen	Zeitnahe Produkt-, Preis- und Lieferkonditionen	Kostengünstigere Prozesse durch Virtualisierung aller Schnittstellen im Bezahlprozess	Echtzeitzugriff von Außendienstmitarbeitern auf Kunden-, Anbieter- und Wettbewerberinformationen
	Ergänzung der internetbasierten CRM- und Marketingskonzepte	Patienten-fernüberwachung zur Kontrolle von Krankheitsbildern, Ferndiagnose etc.	
Mobile Lieferschein- und Rechnungsausstellung, schnellere Bezahlung	Forcierte orts- und bedürfnisgenaue abgestimmte Werbung und Produktinformation	Kontrolle von Versicherungsgütern, Autos etc.	
Streckenoptimierung unter Einbeziehung der aktuellen Verkehrslage	Auf Ort und Zeit abgestimmte Produktangebote (z.B. Angebot einer Auslandskrankenversicherung bei Verlassen des deutschen Handynetzes)	Automatische Auslösung von Stau- und Unfallwarnungen, Mobile Payment z.B. in Parkhäusern, Straßenbenutzung etc.	
	Primäre Aktivitäten		

Quelle: **Porter, M.** (2001), in Harvard Business Manager 5/2001 S.64-81

---

[332] Vgl. **Porter, M.** (1996) S. 62

Die Anwendung mobiler Technologien in den unterschiedlichen Bereichen eines solchen Unternehmens bietet ein weites Betätigungsfeld für Technologielieferanten, Anwendungsentwickler und sonstige Akteure im mobilen Umfeld. Von der Arbeitsorganisation, der Mitarbeitereinbindung in die Unternehmensinfrastruktur auch außerhalb der Unternehmensräume über die Lagerhaltung, die Lieferungsverfolgung, Logistik allgemein bis zu Marketing und sonstigen Feldaktivitäten ergeben sich eine Fülle interessanter Anwendungsmöglichkeiten, von denen in der obenstehenden Grafik nur einige wenige herausgegriffen wurden. Viele dieser Anwendungen werden allerdings die Nutzung spezieller Soft- und sogar Hardware erfordern. Im Folgenden sollen primär Modelle für den Endkundenmarkt betrachtet werden. Auf innerbetriebliche Modelle oder Business to Business (B2B)-Modelle soll nur vereinzelt eingegangen werden. Eine Betrachtung dieser Bereiche könnte allerdings weitere sehr interessante Potentiale ergeben.

Diese Wertschöpfungskette der mobilen Akteure ist weitgehend analog zu den Akteuren im Internetumfeld. Sie reicht von den Infrastrukturausrüstern über die Netzbetreiber, Contentlieferanten und Anwendungsentwickler bis zu den Betreibern mobiler Dienste.

Abbildung 60: Ordnung verschiedener Geschäftsmodelle im Umfeld mobiler Netze

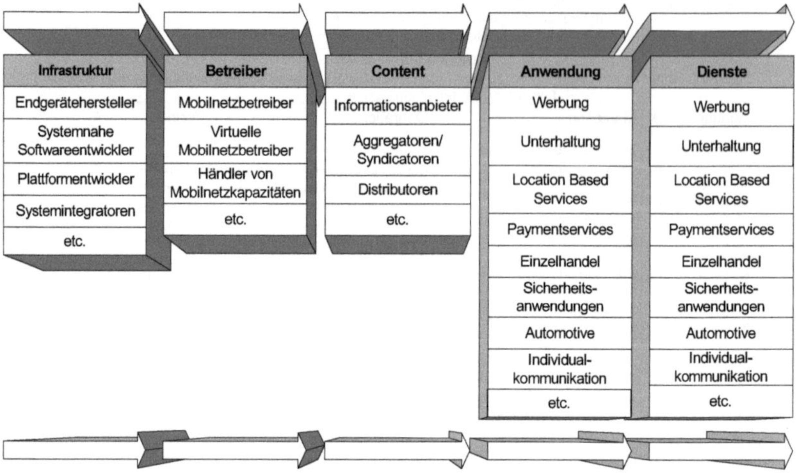

Infrastruktur	Betreiber	Content	Anwendung	Dienste
Endgerätehersteller	Mobilnetzbetreiber	Informationsanbieter	Werbung	Werbung
Systemnahe Softwareentwickler	Virtuelle Mobilnetzbetreiber	Aggregatoren/ Syndicatoren	Unterhaltung	Unterhaltung
Plattformentwickler	Händler von Mobilnetzkapazitäten	Distributoren	Location Based Services	Location Based Services
Systemintegratoren	etc.	etc.	Paymentservices	Paymentservices
etc.			Einzelhandel	Einzelhandel
			Sicherheitsanwendungen	Sicherheitsanwendungen
			Automotive	Automotive
			Individualkommunikation	Individualkommunikation
			etc.	etc.

Ähnlich: **Zobel, J.** (2001) S. 122

Die Geschäftsmodelle aus diesem Umfeld sollen im Folgenden kurz vorgestellt, auf ihre technologische Machbarkeit, soweit relevant auf ihre Investitions- und Betriebskosten sowie auf ihre Potentiale am Markt geprüft werden. Geschäftsmodelle können hierbei grundsätzlich nicht nur in jedem Bereich der mobilen Wertschöpfungskette angesiedelt sein, sondern auch mehrere Bereiche der mobilen Wertschöpfungskette überspannen.

Im Bereich Infrastruktur finden sich hierbei die Geschäftsmodelle von Geräteherstellern, den Entwicklern systemnaher Software, Plattformentwicklern, Systemintegratoren und anderen beteiligten Unternehmen, die im nahen Umfeld der eigentlichen Technologie tätig sind. Diese Säule ist bei der Betrachtung solcher Modelle, die spezialisierte Hardware verwenden, wichtig.

Der Säule der Betreiber umfasst die Geschäftsmodelle von Unternehmen, die sich mit der Bereitstellung mobiler Dienste im weiteren Sinne beschäftigen. Dieses sind zunächst die Mobilfunkbetreiber selbst, gleich auf Basis welcher Technologie, aber auch Weiterverkäufer und Händler mit Netzkapazitäten.

Die Säule Content umfasst Zulieferer und Erzeuger von Inhalten, also speziell Unternehmen aus dem Medienumfeld und nachgelagerte Geschäftsmodelle wie Contentsyndicatoren und Distributoren.

Die Säulen von Anwendungen und Diensten sind eng miteinander verbunden. In der Säule der Anwendungen finden sich die Entwickler dienstnaher Software. Die Softwareentwicklung ist dabei ein klassisches Geschäftsmodell für Systemhäuser. Spezialisierung auf Software für verschiedene Dienste ist hierbei typisch. Der Betrieb der Dienste ist theoretisch entsprechenden Dienste- und Portalbetreibern vorbehalten, die die Entwicklung der Dienste bei den Anwendungsentwicklern beauftragen. In der Realität werden viele der Anwendungen allerdings von den eigenen Entwicklungsabteilungen der Dienstebetreiber entwickelt, die somit in beiden Säulen aktiv auftreten. Ein jeder Dienst kann daher theoretisch sowohl in der Säule Anwendungsentwicklung als auch in der Säule Dienstbetrieb auftreten.

Eine saubere Einteilung von Unternehmen in die verschiedenen Gruppen von Geschäftsmodellen ist nur in Einzelfällen möglich. Contenterzeuger treten selbstverständlich auch als Betreiber von Newsdiensten in Erscheinung. Systemintegratoren sind häufig auch in der Anwendungsentwicklung für die Systeme tätig und selbstverständlich betreiben auch Netzbetreiber ihre eigenen Portale, Entwicklungsabteilungen und enge Beziehungen zu Geräteherstellern.[333] Sie „branden" zum Beispiel auch Endgeräte mit ihrer eigenen Marke.

Trotzdem sollen die im Folgenden evaluierten Geschäftsmodelle grob in Geschäftsmodelle der Netzbetreiber, Geschäftsmodelle, die sich mit Inhalten beschäftigen, Geschäftsmodelle im Bereich mobiler Anwendungen und Dienstebetreiber und sonstige Geschäftsfelder unterteilt werden. Eine trennscharfe Einteilung ist auch hier nicht immer möglich.

---

[333] Vgl. **Zobel, J.** (2001) S. 121 ff.

6.1 Geschäftsmodelle der Netzbetreiber

Die Geschäftsmodelle der Mobilnetzbetreiber bieten mit die größten Potenziale aller Geschäftsmodelle im Themenbereich. Sie sind Basis aller anderen Modelle und bieten die Möglichkeit zur Partizipation an allen anderen Modellen. Auch tendieren die Betreiber meist dazu, ihre Tätigkeiten auf viele Bereiche der Wertschöpfungskette auszudehnen.

Diese großen Chancen und Machtmöglichkeiten ziehen viele globale Unternehmen an. Alteingesessene Telekommunikationsunternehmen zuerst, jedoch auch Startups und bereichsfremde Großunternehmen wie beispielsweise den Mischkonzern Hutchison Whampoa, der vergleichsweise erfolgreich UMTS-Netze in verschiedenen europäischen Staaten einrichtete und in Betrieb nahm. Gleichzeitig sind im diesem Segment aber auch die mit Abstand höchsten Investitionen notwendig. Dieses allerdings noch einmal mit einem enormen Größenunterschied zwischen den Mobilfunknetzen und den Wi-Fi-Netzen.[334]

6.1.1 Das UMTS-Mobilfunk Geschäftsmodell

Das UMTS-Mobilfunk Geschäftsmodell ist zweifellos das mit Abstand meistbeachtete Geschäftsmodell des gesamten Themenbereichs. Für Deutschland wurden im Jahr 2000, auf dem Höhepunkt und am Ende des New-Economy-Booms unter hoher öffentlicher Aufmerksamkeit fünf Lizenzen für etwa 50 Millionen Euro insgesamt versteigert. Die Lizenzkosten sind jedoch erst der Anfang. Der Netzaufbau war mit weiteren enormen Kosten für Infrastruktur sowie Forschung und Entwicklung verbunden, da UMTS im Jahr 2000 keineswegs marktreif war. Auch wurden durch die Regulierungsbehörde schwere Auflagen an die Lizenzen geknüpft. So müssen unter anderem bis 2003 25 % der deutschen Gesamtbevölkerung versorgt werden, bis 2005 sogar 50 %. Werden diese Ziele nicht erfüllt, droht der Verlust der Lizenzen.

Heute haben sich von den fünf damaligen Gewinnern zwei aus dem Geschäft verabschiedet: MobilCom und Quam.

In letzter Zeit gab es eine große Anzahl kritischer Stimmen. So resümierte der neue MobilCom-Chef, Thorsten Grenz, auf der Hauptversammlung im Januar 2003: „Es gibt keine Killerapplikation für UMTS ... und es ist für uns auch nicht ersichtlich, wann es eine geben wird."[335]

Ungeachtet dieser allgemeinen Stimmung gibt es in letzter Zeit die ersten Erfolgsmeldungen. 2003 wurden aus Österreich die Starts der ersten kommerziellen Netze vermeldet und auch die ersten Endgeräte stehen seit Frühjahr 2003 bereit. Alles in allem ein zuletzt wieder positiveres Bild des Gesamtbereichs – wenn auch nicht in Deutschland.

---

[334] Vgl. **Zobel, J.** (2001) S. 128
[335] Vgl. **Knape, A.** (2002), im Internet: http://www.manager-magazin.de/ebusiness/artikel/0,2828,232812,00.html

6.1.1.1 Vorstellung des UMTS-Mobilfunk Geschäftsmodells
Das Modell selbst beruht eigentlich „nur" auf dem Betrieb der Mobilfunknetze der dritten Generation. In Europa hat man sich hier auf die Technologie W-CDMA festgelegt und in einigen anderen europäischen Ländern lief die Vergabe der Lizenzen weitaus stiller und günstiger als in Deutschland ab. Der Netzbetrieb und das hierauf aufbauende Geschäftsmodell an sich sind dabei dem der heute bereits gewohnten Netze der zweiten Generation vergleichbar.
Der Netzbetreiber stellt eine Netzinfrastruktur auf Basis der UMTS-Technologie zur Verfügung, die von Nutzern ebenso wie bei GSM mit entsprechenden Endgeräten genutzt wird.
Das Erlösmodell ist prinzipiell ebenfalls identisch. Gezahlt wird vom Nutzer zunächst grundsätzlich für die „Airtime". Also pro Zeiteinheit in der eine Verbindung über das Netz besteht. Andere Abrechnungsmodelle nehmen mit zunehmender Nutzung der Netze für Datendienste immer größere Anteile ein. Dieses sind vor allem datenvolumenabhängige Abrechnungen, bei denen für das bewegte Kilobyte bezahlt wird. Auch diese Abrechnungsmodelle sind aus den GSM-Netzen bekannt. So verringerte D2 Vodafone erst kürzlich den Preis für zehn Kilobyte Daten im GPRS-Netz von sagenhaften 29 Cent auf immer noch stolze 9 Cent. Weitere Abrechnungsmodelle wie beispielsweise Flatrates oder Abodienste werden im Laufe der Zeit hinzukommen, sind kurzfristig jedoch noch kaum in Sicht.
Ein weiterer Faktor in diesem Modell ist das übliche Sponsoring von Endgeräten durch die Netzbetreiber. Man erhält mit den zwei Jahre laufenden Standardverträgen ein unterschiedlich stark subventioniertes Handy. Eine Vorgehensweise, die einerseits die starke Verbreitung von GSM in der zweiten Hälfte der neunziger stützte und daher mit einiger Sicherheit auch auf die UMTS-Netze übernommen wird, die andererseits aber auch einen relativ verlässlichen Generationswechsel bei den Endgeräten alle zwei Jahre verursachte. Auch dieses ist nicht unbedingt hinderlich für die Evolution neuer Technologien und den damit verbundenen Geschäftsmodellen.
Die Abrechnungsmethode ist eine klassische Telefonrechnung, die der Nutzer selbst trägt. Meist besteht diese Rechnung aus Grundgebühr und verbindungsabhängigen Endgelten („Airtime") sowie zunehmend aus der Abrechnung anderer genutzter Dienste, die die Telefonrechnung für das Inkasso mitnutzen. Ein weit verbreitetes Beispiel sind hier die 0190-Mehrwertdienste. Diese Konstellation hat für die Netzbetreiber allerdings einen weiteren wertschöpfenden Beitrag, denn für das Inkasso werden abermals unterschiedlich hohe Prozentsätze von den entsprechenden Dienstanbietern fällig. Der Prozentsatz bewegt sich meist zwischen zwanzig und fünfzig Prozent und ist abhängig von der einzelnen Zahlungseinheit und von dem individuellen Vertrag zwischen Dienstanbieter und Netzbetreiber. Als Faustregeln gelten: Geringere Beträge bedeuten höhere prozentuale Anteile für den Netzbetreiber und je höher die Marktmacht und das re-

alisierte Volumen des Dienstanbieters, desto niedriger sind die durch ihn zu entrichtenden Gebühren.
Zusammengefasst zahlen für den Dienst primär die Endkunden und zwar in Form von Grundgebühr zuzüglich verbindungsabhängigen Entgelten. Erst nachgeordnet sind auch Dienstanbieter kostenpflichtiger Mehrwertdienste eine weitere Erlösquelle, die sich prinzipiell prozentual am Umsatz des einzelnen Anbieters mit den Nutzern des Netzes sowie nachgelagert an den einzelnen Rechnungsbeträgen orientiert.
Dieses Geschäftsmodell ist seit längerem im Festnetz wie auch in Mobilfunknetzen etabliert und wird prinzipiell lediglich auf die neue Netzwerktechnologie übertragen und eventuell geringfügig weiterentwickelt.

6.1.1.2 Erläuterung zentraler technologischer Parameter des UMTS-Mobilfunk Geschäftsmodells

Grundsätzlich handelt es sich bei UMTS-Netzen, ebenso wie bei allen anderen erwähnten Netztechnologien, um Funkzellennetzwerke. Ein Netz von Basisstationen ist hierbei durch unterschiedliche Verbindungsstrukturen wie Kabelnetze oder Richtfunkstrecken miteinander verbunden. Jede Basisstation baut entsprechend ihrer Reichweite um sich herum eine Funkzelle auf, in die sich Endgeräte einbuchen, die sich in dieser Zelle befinden.
Der eigentliche Dienst besteht aus dem Erkennen der Endgeräte in den Zellen und der bei Bedarf der Herstellung einer Verbindung zwischen den Endgeräten in ganz unterschiedlichen Zellen des Netzes. In der folgenden Darstellung nimmt prinzipiell ein Gerät in der Funkzelle A über die Verbindungsstrukturen einer Verbindung mit der Zelle M auf, in der sich das Gegengerät befindet.
Eine technologische Besonderheit von UMTS ist die unschöne Eigenschaft der Zellen, ihre Reichweiten je nach Auslastung dynamisch zu ändern. Sind viele Endgeräte eingebucht, so verringert sich die Reichweite der Zelle. Auch ist die Trennung der Endgeräte in einer Zelle untereinander technologisch neu. Während in älteren Mobilfunknetzen mit Funkkanälen oder Zeitschlitzen gearbeitet wurde, werden bei UMTS die Endgeräte über Codespreizung voneinander getrennt. Die Signale aller Geräte werden hierbei vermischt und überlagert gesendet und ein jedes Endgerät „hakt" sich mit Hilfe eines individuellen Codes die für dieses spezielle Endgerät bestimmten Signale aus dem Gesamtsignal (Summersignal) heraus.
Besonders die Netzplanung mit Zellen, die ihre Größe verändern und die Art der Signalfilterung haben noch nach der Lizenzversteigerung 2000 umfangreiche Entwicklungsarbeiten erfordert. Aber auch das Roaming, der Übergang eines sich bewegenden Endgeräts zwischen zwei Netzzellen, verursachte große Aufwände bei der Entwicklung der marktreifen Netze. Auch die Endgerätetechnologie hat mehrfach Verzögerungen verursacht, so dass die zeitlichen Verzögerungen der Netzstarts schließlich abwechselnd und gegenseitig auf die Endgeräte-

und die Netztechnologie geschoben wurden. Alles in allem muss sich die wirkliche Marktreife der Netze ab 2003 in der Praxis erst beweisen. Es ist allerdings davon auszugehen, dass die technologischen Probleme nach den mehrjährigen, extrem hohen Entwicklungsaufwänden, überwiegend gelöst sind.

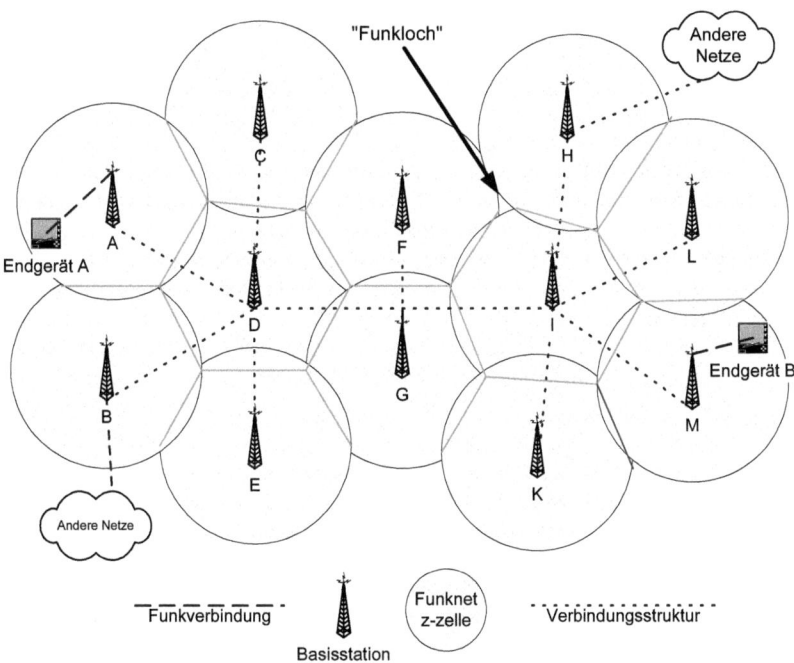

Abbildung 61: Schematische Darstellung eines Funkzellennetzwerks

Zusammenfassend ist zu sagen, dass UMTS technologisch eine sehr große Herausforderung war, die inzwischen sowohl netz- als auch endgeräteseitig weitgehend gelöst ist. Es erforderte jedoch sehr große Investitionen durch die zukünftigen Betreiber von UMTS-Netzen und durch Entwickler von Netzwerkausrüstung.

Die relativ geringe Leistungsfähigkeit der UMTS-Netze von nur bis zu 2 Mbit/s steht oberflächlich betrachtet in einem starken Missverhältnis zu den Investitionen. Allerdings hat UMTS auch große Vorteile gegenüber potentiellen Konkurrenztechnologien wie der 802.11-Familie. Diese Vorteile sind vor allem die Reichweite der Funkzellen, die eine flächendeckende Nutzung zumindest theoretisch erlauben und das gelöste Problem des Roamings zwischen den Zellen des Netzwerks.

6.1.1.3 Prüfung der Marktchancen des UMTS-Mobilfunk Geschäftsmodells
Die Marktchancen dieses Modells sind nicht so klar einzugrenzen wie bei anderen Geschäftsmodellen. Der Netzbetrieb adressiert zunächst pauschal alle Zielgruppen, die auch in heutigen Mobilfunknetzen vertreten sind. Eine genaue Zielgruppe ist somit eigentlich nicht definierbar. Man kann lediglich mutmaßen, dass jugendliche Nutzer oder Businessnutzer die höhere Leistungsfähigkeit als erste nachfragen werden. Prinzipiell ist das Netz als solches jedoch für alle Nutzer gleichmäßig interessant. Eine Differenzierung wird vor allem für die angebotenen Dienste auf Basis des Netzes interessant. Durch die Zielgruppe an sich ist also keine wirkliche Aussage über die Marktchancen möglich. UMTS-Netze sind für sich genommen für alle Nutzer der Mobilfunknetze gleichmäßig interessant. Der tatsächliche Erfolg wird nicht durch die Zielgruppe entschieden. Ebenso ist kein Rückschluss auf die Nutzbarkeit der Applikationen unter den beschriebenen Nutzungsbedingungen möglich. Auch dieser Faktor hängt vor allem von der Applikation ab, die auf das grundlegende Netz aufsetzt.
Die Marktchancen von UMTS werden vor allem von einem anderen Parameter bestimmt, der zuvor im Bereich der monetären Bedürfnisse eingeordnet wurde: Von den Preisen.
So wird allgemein angenommen, dass der Nutzer kaum bereit sein wird, für UMTS deutlich mehr auszugeben als bisher. Im Rahmen einer allgemeinen, seit einigen Jahren anhaltenden Entwicklung, ist vielmehr davon auszugehen, dass der Nutzer mehr Leistung für in etwa gleiches Geld erwarten wird, eventuell sogar rückläufige Preise.[336] Sollte die Preisgestaltung den beschriebenen monetären Bedürfnissen nicht gerecht werden, so wird hierdurch die Entwicklung der UMTS-Kunden stark gehemmt werden. Primär wichtig sind hierbei mindestens gleichbleibende, wenn nicht leicht sinkende Verbindungspreise und leicht verständliche sowie als sinnvoll empfundene Preismodelle.
Selbst wenn die Preisgestaltung angenommen wird, ist für UMTS zunächst von einer ähnlichen Marktenwicklung wie vor gut zehn Jahren bei GSM auszugehen. In den ersten Jahren wird eine relativ langsame Kundenentwicklung vor allem von den sogenannten Early Adopters vorangetrieben. Auch bei UMTS werden dieses zunächst vor allem Business User sein, eventuell auch Jugendliche. Erst in einer späteren Phase, wenn UMTS auch für andere Nutzergruppen interessant wird und neue Anwendungen auf dem Netz basierend weitere Nutzer anlocken, wird die Verbreitungsgeschwindigkeit steigen. Ericsson Consulting nimmt diesen Effekt etwa 3 - 4 Jahre nach Start des Netzes an. Auch dieses ist der Entwicklung der GSM-Netze durchaus vergleichbar. Ericsson Consulting prophezeit in Deutschland somit bis 2006 knapp 15 Millionen UMTS-Nutzer in Deutschland, bis 2012 ca. 45 Millionen Nutzer. Allerdings ist die Schätzung be-

---

[336] Vgl. **Michelsen, D.; Schaale, A.** (2002), S. 90 f.

reits jetzt aufgrund der Startverzögerungen um mindestens ein Jahr nach hinten versetzt zu betrachten.

Abbildung 62: Prognostizierte Entwicklung der UMTS-Kunden für Deutschland in Millionen Nutzer

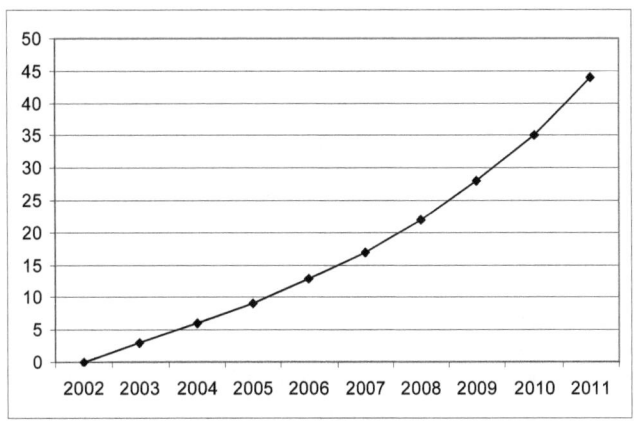

Quelle: Ericsson Consulting GmbH in: Diederich, B.; Lerner, T.; Lindemann, R.; Vehlen, R. (2001), S. 61

6.1.1.4 Diskussion sonstiger Aspekte des UMTS-Mobilfunk Geschäftsmodells
Bei der Diskussion der sonstigen Aspekte sind vor allem die bereits mehrfach erwähnten Investitionsvolumina und die Marktzutrittsbedingungen interessant.
Die Marktzutrittbedingungen sind in den meisten europäischen Märkten, vor allem jedoch in Deutschland und Großbritannien, als schwierig zu bezeichnen. In Deutschland ist der Mobilfunkmarkt aufgeteilt und die Etablierung einer neuen Marke ist im Mobilfunkmarkt mittlerweile auch unter großen Marketing-Aufwendungen sehr schwierig. Ein eindrucksvolles Beispiel hierzu lieferte kürzlich das Scheitern der Marke Quam im deutschen Mobilfunkmarkt. Gründe für das Scheitern von Quam waren einerseits eine relativ geringe Wechselbereitschaft der bestehenden Mobilfunkkunden sowie nur ein geringes Neugeschäft. Andererseits aber das erfolgreiche Blocken des Roamings mit anderen Mobilfunknetzen in Deutschland. Schließlich spielten auch Fehler des Managements bei Vertragsverhandlungen mit der Konkurrenz eine Rolle.
Um eine Aussage über die Erfolgsaussichten von UMTS zu machen, ist die Betrachtung des UMTS-Geschäftsmodells auf einer theoretischen Basis sehr hilfreich. Für diese Betrachtung sollen lediglich die Umsätze den Investitionen und den Betriebskosten gegenübergestellt werden.
Folgende Eckpunkte liegen dem Beispiel zu Grunde:

- **Umsatz pro Mobilfunkkunde:** Jeder Mobilfunkkunde gibt im Jahr ca. 800,- Euro für mobile Dienste aus. Diese Zahl wird als konstant angenommen. Einige Unternehmen gehen in Ihren Betrachtungen auch von bis zu 75,- Euro pro Monat aus, im Allgemeinen ist jedoch zu beobachten, dass der Leistungsumfang bei cirka gleichbleibenden Umsätzen ansteigt. Eine Entwicklung, die der beim Festnetz vergleichbar ist. Es gibt sogar gegenläufige Entwicklungen. Prepaid-Kunden zahlen beispielsweise meist weniger als die angenommenen 800,- Euro jährlich.[337]
- **Entwicklung der Nutzerzahlen:** Die Nutzerzahlen werden sich aufgrund der allgemeinen Marktsättigung nur langsam steigern. Für dieses Modell wird im Gegenteil sogar eine langsame Umschichtung der GSM-Kunden in UMTS-Kunden angenommen. Nur wenige Kunden werden mit UMTS neu geworben.
- **Entwicklung der Marktpenetration:** Wie bereits erwähnt, wird die Entwicklung der Marktpenetration vergleichbar der Entwicklung des GSM-Netzes angesehen. Ca. zehn Prozent Early Adopters nach drei Jahren und ca. sechzig Prozent Nutzer nach zehn Jahren.[338]
- **Umsatzentwicklungen und Umsatzanteile:** Der Umsatzanteil von Nicht-Mobilfunkunternehmen auf der Telefonrechnung steigt langsam auf bis zu zwanzig Prozent an. Hierbei handelt es sich vor allem um die Abrechnungen von Dienstleistern des mobilen Internets oder Voicediensten über die Telefonrechnung. Gleichzeitig sinkt die Marge der Mobilfunkunternehmen wettbewerbsbedingt von zunächst fünfzig Prozent auf ca. vierzig Prozent.[339]
- **Investitionen:** Die Investitionen in Technologie für den Netzaufbau sowie notwendige Forschung und Entwicklung werden auf zehn Milliarden Euro pro Netzbetreiber geschätzt.[340]
- **Weitere Aspekte:** Steuerliche Effekte sowie die höchstwahrscheinlich notwendige Subventionierung der zunächst recht teuren Endgeräte durch die Netzbetreiber werden in dem folgenden Rechenmodell nicht berücksichtigt. Sie führen allerdings in Summe zu einer weiteren Verschlechterung der Zahlen aus Sicht der Anbieter.[341]

In der Summe ist hier von einer eher positiven Annahme der Rahmenbedingungen zu sprechen. Es gibt zwar einige positivere Annahmen, allgemein wird aktuell im Rahmen der allgemeinen wirtschaftlichen Stimmung eher noch ein negativeres Umfeld angenommen.

---

[337] Vgl. **Michelsen, D.; Schaale, A.** (2002), S. 90 ff.
[338] Vgl. **Michelsen, D.; Schaale, A.** (2002), S. 90 ff.
[339] Vgl. **Michelsen, D.; Schaale, A.** (2002), S. 90 ff.
[340] Vgl. **Michelsen, D.; Schaale, A.** (2002), S. 92
[341] Vgl. **Michelsen, D.; Schaale, A.** (2002), S. 91

Abbildung 63: UMTS-Wirtschaftlichkeitsbetrachtung in Deutschland

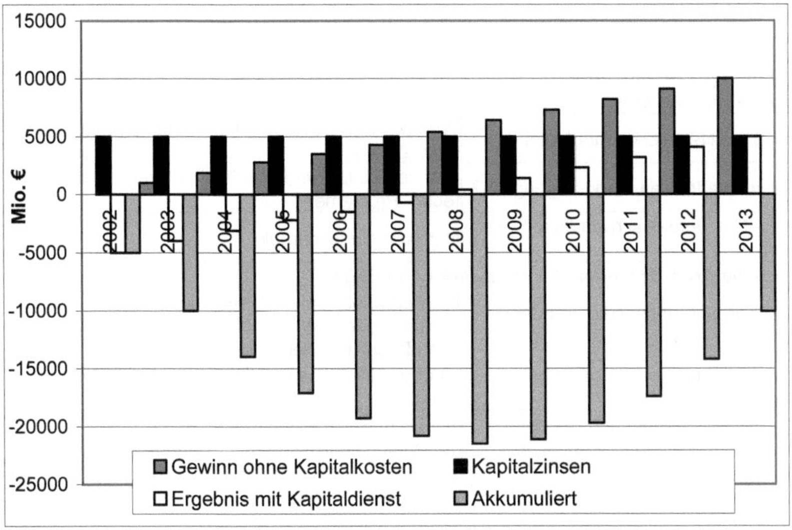

Quelle: **Michelsen, D.; Schaale, A.** (2002), S. 92

Im obenstehenden Modell werden nun die lediglich die Kapitalzinsen den Gewinnen (basierend auf der Marge von 50%, abnehmend auf 40% und den benannten Umsätzen von 800,- Euro pro Kunde und Jahr) gegenübergestellt. Die Jahresergebnisse werden kumuliert zu einem Gesamtergebnis. Sicher handelt es sich um eine stark vereinfachte Hochrechnung, es wird erkennbar, dass auch in den nächsten zehn Jahren kaum Gewinne mit UMTS zu erwarten sind.

„UMTS ist ein langfristiges Investment",[342] resümierte auch jüngst der Mobilfunk-Verbandschef Bernd Eylert. „Ein Geschäft mit der Hoffnung...", wird ein nicht näher genannter Branchenkenner in der gleichen Quelle zitiert und „... vielleicht ein hoffnungsloses".[343]

---

[342] **Eylert, B.** in: **Knape, A.** (2003)
[343] Vgl. **Knape, A.** (2003)

6.1.1.5 UMTS Mobilfunk - Verdichtung des Gesamtbildes in einer Übersichtstabelle

Tabelle 8: Bewertungstabelle - UMTS-Mobilfunk Geschäftsmodell

Technologische Faktoren		
Netzwerktechnologie		
Nutzbare Netzwerktechnologien?	WCDMA (Nur eingeschränkt leistungsfähig – max. 2Mbit)	o
Netzwerke für den Markt zugänglich?	Erst seit 2003 (Relativ spät am Markt, große techn. Probleme)	-
Hohe Nutzungsgeschwindigkeit realisierbar?	Nur sehr eingeschränkt	-
Spezielle Anforderungen der Netzwerktechnologie		
Lokalisierung notwendig und gegeben?	Möglich über Funknetzzelle oder Interpolation der Laufzeiten von Signalen zu unterschiedlichen Basisstationen	+
Identifikation notwendig und gegeben?	Ja über SIM-Karte und PIN-Nummer wie bei GSM	++
Roaming notwendig und gegeben?	Ja. Technische Probleme gelöst.	++
Übertragungssicherheit notwendig und gegeben?	Ja. Relativ hohe Sicherheitsstandards, aber nicht absolut.	+
Förderliches Preismodell verfügbar?	Bisher nicht.	--

Endgerätetechnologie		
Mindestens benötigte Geräte	Handy mit UMTS und zunächst auch GSM	
Verbreitung der notwendigen Geräteklasse im Markt	Erste Geräte sind seit Mitte 2003 verfügbar, Verbreitung gering.	-
Gerätetechnische Begrenzungen	Handytypisch kleine Displays, schlecht Eingabemöglichkeiten.	-

Zusammenfassung der technologischen Faktoren	
Die Technologie ist Ende 2003 marktreif. Sie ist allerdings nur begrenzt leistungsfähig und daher bereits bei Markteinführung kritisch zu sehen. Es gibt keine technischen Argumente, die die Technologie gegenüber anderen Funktechnologien stark positiv herausstellen würden.	o

Marktbetrachtungen		
Zielgruppenbetrachtung		
Adressierte Altersgruppen	Theoretisch alle Mobilfunknutzer, zunächst in Ballungsgebieten. Zunehmend auch Nutzer mobiler Datendienste.	++
Adressierte Berufsgruppen	Alle. Entsprechend der Verteilung im Mobilfunk zunächst Business-Nutzer.	+
Adressierte Branchen	Keine speziellen Branchen adressiert.	o
Größe der Zielgruppen im Markt	Theoretisch der gesamte Markt.	++
Wirtschaftliche Relevanz der Zielgruppen	Gesamtmarkt, daher nicht relevant.	o

Akzeptanzprobleme gegenüber der Applikation	UMTS hat aufgrund mehrfacher Verzögerungen bereits viel Vertrauen im Markt verspielt. Auch wurden durch das Marketing hohe Erwatungen geweckt, die mit der Technologie eventuell kaum erfüllbar sein werden (z.b. Video auf dem Handy). Der Markt ist darüber hinaus momentan ohnehin sehr kritisch.	-

Abgleich mit den formulierten Bedürfnissen der Nutzer

Pflege sozialer Beziehungen, Anerkennung?	Ja. Chat/Messaging etc. durch always-on-Technologie gegenüber GSM besser realisierbar.	++
Unterhaltung	Eingeschränkt. Die technische Leistung reicht nicht für Bewegtbild.	-
Sicherheit	Ja. Wie GSM, eher höher.	++

Zusammenfassung der Marktbetrachtungen

Die Marktvoraussetzungen für UMTS sind grundsätzlich positiv zu sehen. Lediglich das Unterhaltungsangebot dürfte aufgrund der geringen technischen Leistung im Bewegtbildbereich eingeschränkt bleiben. Leider wurde gerade mit diesem Anwendung viel Marketing betrieben und so besteht ein unnötig hohes Risiko, Nutzer ähnlich wie bei der WAP-Einführung zu enttäuschen.	+

Sonstige Aspekte des Geschäftsmodells

Investitionsaufwand	Der Aufwand für die Lizenzen und Netzaufbau war unangemessen hoch.	--
Entwicklungsaufwand	Der Entwicklungsaufwand ist aufgrund umfangreicher technischer Schwierigkeiten ebenfalls als sehr hoch zu bewerten.	--
Marktzutrittsbedingungen	Der Mobilfunkmarkt ist aufgeteilt. Ein Marktzutritt für neue Unternehmen ist somit nochmals erschwert.	-

Zusammenfassung der sonstigen Aspekte

Die sonstigen Aspekte, vor allem die Aufwände für Lizenzen, Netzaufbau, Forschung und Entwicklung sind die kritischsten Punkte für UMTS. Die enormen Investitionen bauen einen hohen Kostendruck auf die Betreiber auf, die den Erfolg des Modells gefährden können.	--

Zusammenfassende Bewertung

UMTS ist im technologischen Bereich zwar innovativ, es ist jedoch von der Leistungsfähigkeit her den Technologien aus dem Computerumfeld unterlegen. Die höhere Reichweite der Funkzellen und die höhere Datensicherheit können dieses allerdings ausgleichen. Im Bereich der Marktbetrachtung ist UMTS positiv zu sehen. Als Nachfolgetechnologie von GSM wird es die Nutzer der GSM-Netze langsam übernehmen und somit eine sehr große Marktbasis erreichen. Die großen Investitionen für UMTS sind schließlich als sehr negativ zu betrachten. Das Verhältnis von finanziellem Aufwand und erbrachter Leistung ist im Vergleich zu anderen mobilen Technologien sehr schlecht.	o

6.1.1.6 Fazit zum UMTS-Mobilfunk Geschäftsmodell
Aufgrund der besonderen Gegebenheiten bei UMTS fällt es schwer, ein klares, abschließendes Ergebnis zu finden. Grundsätzlich muss man feststellen, dass W-CDMA auf dem Weg zur Marktreife deutlich zu hohe Forschungs- und Entwicklungskosten verursachte. Die Lizenzkosten sind als verstärkender negativer Faktor zu sehen, so dass UMTS grundsätzlich betrachtet für jeden wirtschaftlich orientierten Manager ein viel zu zweifelhaftes Wagnis hätte sein müssen.
Dieses ist freilich die heutige Sicht der Dinge und zur Zeit der Lizenzversteigerung hätte wohl kaum jemand mit einem derart deutlichen Niedergang des gesamten Sektors gerechnet, wie wir ihn inzwischen erlebt haben. Die Lizenzen stellen jedoch auch eine Verpflichtung für die Unternehmen dar. Möchte ein Lizenznehmer seine Lizenz nicht einfach abschreiben, so bleibt den Konzernen aufgrund des rechtlichen Rahmens eigentlich nur eine Art „Flucht nach vorne". Möchte man überhaupt einmal sein Investment wieder erlösen oder zumindest die Verluste minimieren, so muss man UMTS in Betrieb nehmen.
Nach dem Ausstieg von Quam und MobilCom in Deutschland ist davon auszugehen, dass die verbliebenen Lizenznehmer letzteren Weg eingeschlagen haben. Diese Überlegungen lassen UMTS wieder in einem positiverem Licht erscheinen, denn nach den bereits unternommenen Anstrengungen werden die Mobilfunkkonzerne es sich nicht nehmen lassen, auch das letzte Stück des Weges zu gehen und damit die Erlöspotenziale von UMTS auch zu erschließen.
UMTS wird also trotz aller Unwägbarkeiten kommen. Ob es langfristig doch noch zu einem gewissen wirtschaftlichen Erfolg für die Betreiber werden kann, wird am Ende von der Akzeptanz der Nutzer, von der Verfügbarkeit interessanter Anwendungen, einem attraktiven Preismodell und der Entwicklung von Konkurrenztechnologien abhängen. So wird beispielsweise von Analysys[344] erwartet, dass bis zu dreißig Prozent der UMTS-Umsätze an W-LAN-Technologien verloren gehen könnten.[345] Auch wird derzeit konstatiert, dass keine Anwendung erkennbar ist, die UMTS zwingend erfordert und dabei eine hohe Prominenz erreicht. „Ich kann keine Killerapplikation für UMTS sehen", sagte Oliver Doleschal, Senior Marketing Manager Wireless Communication bei Samsung Deutschland im Frühjahr 2003 vor Journalisten.[346]
Kritische Stimmen gibt es momentan viele. Im Endeffekt bleibt aber aufgrund der speziellen Situation eine neutrale Einschätzung. UMTS wurde 2004 in Deutschland eingeführt. In anderen europäischen Ländern ist es seit 2003 in Betrieb. Kurzfristig wird mit UMTS kein Geld zu verdienen sein, wie anhand des Rechenmodells gezeigt wurde. Ob es langfristig ein wirtschaftlicher Erfolg wird

---

[344] Analysys im Internet: http://www.analysys.com
[345] Vgl. **o.V.** (2001c) und **Knape, A.** (2003)
[346] **Doleschal O.** in **Knape, A.** (2003)

ist heute nicht absehbar. Die große Marktmacht der wichtigsten internationalen Mobilfunkkonzerne steht jedenfalls zunächst hinter UMTS.

6.1.2 Wi-Fi Hotspot Geschäftsmodelle

Wi-Fi Hotspots, Funknetzzellen, die die Standards der IEEE 802.11-Familie nutzen, werden nicht zentral geplant, sondern entstehen wo immer eine Firma oder eine Einzelperson dieses möchte. Der finanzielle und technologische Aufwand pro Zelle ist mit dem von UMTS, selbst GSM überhaupt nicht vergleichbar. Die Reichweite ist zwar mit maximal einigen hundert Metern auch deutlich geringer als bei den Mobilfunktechnologien, dafür ist die Übertragungsrate jedoch um ein vielfaches größer.

Entsprechend dem Ruf und den Investitionsvolumina sind auch die Firmen, die sich in dem Sektor engagieren, vollkommen anderer Größenordnung als beim zuvor behandelten UMTS-Modell. Im Umfeld der Wi-Fi-Netze sind eine große Anzahl von Startups, mittelständische Infrastrukturausrüster für Computer, oder in jüngster Zeit auch ehemalige Startups, die von den großen Mobilfunkkonzernen übernommen wurden, tätig.

6.1.2.1 Vorstellung der Wi-Fi Hotspot Geschäftsmodelle

Die Wi-Fi Hotspot Geschäftsmodelle bauen grundsätzlich auf dem Betrieb von Funkzellennetzwerken auf, die als Funktechnologie W-LAN-Technologie einsetzen. Ob dieses der Standard 802.11a oder der Standard 802.11b ist, ist für das Geschäftsmodell an sich nicht wirklich relevant. Lediglich technische Überlegungen oder rechtliche Beschränkungen in den entsprechenden Ländern haben hier Einfluss auf die Modelle. Die Kosten der Ausrüstung für die Standards unterscheiden sich nur um einige hundert Euro pro Basisstation und sind somit in Anbetracht der geringen Netzgrößen, die aktuell realisiert werden, nicht wirklich relevant. Ein Hotspot selbst ist zunächst einmal sogar nur eine einzelne Zelle. Größere flächendeckende Vernetzungen als beispielsweise der Campus einer Universität oder ein größeres Firmengelände oder Flughäfen sind bis heute sehr selten.[347] Einige Berühmtheit erlangte die Installation von Hotspots bei der Kaffeehauskette Starbucks in den USA. Heute sind W-LAN Hotspots in Kaffeehäusern, Biergärten oder ähnlichen Orten häufig. Sie sind sogar ein Mittel, Kunden länger im Geschäft zu halten und somit den Umsatz pro Kunde zu steigern.[348]

---

[347] Als Beispiel für großflächigere Vernetzungen können eine Installation von TMR (im Internet: http://www.tmr.de) in der Bochumer Innenstadt, die geplante W-LAN-Vernetzung der Hamburger Innenstadt durch die Firma Hümmer (http://www.heise.de/newsticker/data/anw-17.03.03-005/) oder auch die offizielle W-LAN Initiative des Hamburger Senats (im Internet: http://www.hamburg-hotspot.de/)

[348] Vgl. **Blackwell, G.** (2002)

Der Betrieb eines solchen Netzes kann im Gegensatz zu UMTS auf unterschiedliche Weisen finanziert werden. Es gibt Geschäftsmodelle, die pro Nutzungsdauer mit dem Endnutzer abrechnen oder solche, die für den Endnutzer kostenlos sind und mit einer ortsbezogenen Stelle abgerechnet werden. Diese Stelle kann beispielsweise ein Hotel sein oder eben ein Flughafen, wobei die Betreiber der entsprechenden „Location" den drahtlosen Netzzugang als reine Serviceleistung für ihre Kunden anbieten. Das beste Beispiel sind hier wiederum die Kaffeehäuser.

Bei der Abrechnung mit dem Endnutzer sind Pauschalen, sogenannte Flatrates, rein zeitabhängige Gebühren und nutzungsbezogene Gebühren möglich. Letztere sind theoretisch auch zeitbezogen zu erheben, leichter jedoch über die bewegte Datenmenge im Netz. Die unterschiedlichen Möglichkeiten der praktischen Umsetzung reichen hier von der Miete einer Zugangskarte sowie der zugehörigen Software für einen bestimmten Zeitraum bis zur Anmeldung in einem Vertrag, ähnlich der klassischen Internetnutzung von der Wohnung aus, bei der sich der Nutzer zum Zeitpunkt des Verbindungsaufbaus per Benutzername und Passwort anmelden muss.[349]

Die Abrechnung mit einem Serviceanbieter erfolgt meist auf Basis einer Betriebspauschale für das vor Ort installierte Netz zuzüglich einem Nutzungsanteil, den man ähnlich dem Providing bei Internetanwendungen als trafficbezogene Kosten bezeichnen kann.[350]

Der eigentliche Netzbetreiber kann also je nach seinem individuellen Geschäftsmodell Kundenbeziehungen zu anderen Unternehmen oder dem tatsächlichen Endkunden unterhalten. Der Kunde wiederum kann je nachdem, in welches Netz er sich gerade Zugang verschaffen möchte, ganz unterschiedliche Zugangsbedingungen und Preise haben oder gar vollkommen freien Zugang eingeräumt bekommen, da ihm das Netz als reiner Kundenservice angeboten wird.

Die Zahlungen können also ganz herkömmlich vergleichbar einer Telefonrechnung monatlich durch den Kunden geleistet werden, sie können jedoch auch mittels einer Betriebsabrechnung durch einen Partner geleistet werden oder auf Basis der tatsächlichen Nutzung durch den Endkunden, indem er beispielsweise zwei Euro für die einstündige Miete einer W-LAN-Karte in der Business-Lounge eines Flughafens bezahlt.

Einige Hotels in den USA haben mittlerweile beobachtet, dass beispielsweise ihre Konferenzräume aufgrund der Verfügbarkeit von W-LAN-Anbindung für die Teilnehmer gebucht werden. Hieran ist zu erkennen, dass der Gedanke,

---

[349] Beispiele für Abrechnung mit dem Endnutzer: Boingo (im Internet: http://www.boingo.com) und IPass (im Internet: http://www.ipass.com)

[350] Ein Beispiel für die Abrechnung mit den Betreibern von Hotels, Flughäfen, etc.: Roomlinx (im Internet: http://www.roomlinx.com)

drahtlosen Internetzugang als Herausstellungsmerkmal gegenüber Mitbewerbern zu nutzen bei Hotels in der Praxis tatsächlich funktioniert.[351]
Genau genommen kann man also mindestens drei unterschiedliche Geschäftsmodelle identifizieren:
1. Ein Abonnementsmodell auf Basis monatlicher Zahlungen der Kunden für eine Flatrate oder gegebenenfalls auf Basis einer monatlichen Grundgebühr zuzüglich nutzungsbezogener Anteile.
2. Ein rein nutzungsbezogenes Modell auf Basis der Vermietung von Zugangshard- und Software. Die Nutzung wird hier meist in Zeiteinheiten gemessen oder aber auf Basis des Datendurchsatzes.
3. Ein Modell, bei dem ein zweites Unternehmen den Netzzugang seinen eigenen Kunden als Service anbietet und somit als der Kunde des Netzbetreibers (B2B) auftritt. Gegebenenfalls tritt auch das Partnerunternehmen als Besitzer des Netzes auf und lässt sein Netz nur von einem Technologieunternehmen warten und überwachen. Der eigentliche Netzbetreiber tritt hier nur noch als Lieferant des Netzes und später als Auftragnehmer für den Betrieb des von ihm (zunehmend auch von anderen) gelieferten Netzes auf.

Schließlich ist zu erwähnen, dass es auch noch vollkommen kostenlose Netze gibt, die auf Privatinitiativen oder auf Vereinsbasis entstehen. Bei den Vereinen bezahlt der Nutzer dann einen Vereinsbeitrag für die Nutzung des Netzes. Es ist auch zu beobachten, dass einzelne Firmen in kürzester Zeit zwischen den Geschäftsmodellen wechseln. So schwenkte Roomlinx beispielsweise innerhalb weniger Wochen von dem Endkundenmodell auf das servicebezogene Modell um.[352]

6.1.2.2 Erläuterung zentraler technologischer Parameter der Wi-Fi Hotspot Geschäftsmodelle

Die technische Funktionsweise der 802.11-basierten Netze ist grundsätzlich vergleichbar mit der Funktionsweise aller anderen Funkzellennetze. Als deutlichster Unterschied ist die geringe Reichweite der einzelnen Funkzellen zu nennen. Die Angaben zu den Reichweiten gehen stark auseinander und die tatsächlich erzielte Reichweite ist sicher nicht nur von der Funktechnologie, sondern auch beispielsweise von den verwendeten Antennen abhängig. In der Praxis ist allerdings zu beobachten, dass der Abstand zwischen den Sendestationen bei achtzig bis einhundertfünfzig Meter liegt und somit tatsächlich deutlich unter dem der Mobilfunknetze liegt.[353] Auch ist die Durchdringung von Hindernissen wie Gebäuden deutlich schlechter als bei den Mobilfunknetzen.

---

[351] Vgl. **Blackwell, G.** (2002)
[352] Vgl. **Blackwell, G.** (2002)
[353] Vgl. TMR im Internet: http://www.tmr.de

Als weitere klare technologische Nachteile sind das Roaming und Sicherheitsthemen zu nennen. Beim Roaming handelt es sich um den fließenden Übergang eines sich bewegenden Endgerätes zwischen verschiedenen Funknetzzellen. Diese Eigenschaft gehört im bei W-LAN von Hause aus grundsätzlich nicht dazu. Die eigentliche Intention der Netze war es, Arbeitsplätze drahtlos zu vernetzen – immer davon ausgehend, dass der Arbeitsplatz für die Dauer der Sitzung grundsätzlich fest ist. Von sich bewegenden Arbeitsplätzen wie beispielsweise in Autos oder Zügen ging man bei der Entwicklung von W-LAN im Gegensatz zu Mobilfunktechnologien nicht aus. Letztere haben von vorn herein den grundsätzlichen Anspruch gehabt, dass eine Verbindung beim Übergang zwischen den einzelnen Zellen erhalten bleibt. Es gibt inzwischen eine Anzahl unterschiedlicher Entwicklungen, die ein Roaming in W-LAN-Netzen ermöglichen sollen. Eine wirklich marktreife Technologie ist hier jedoch bisher nicht bekannt.

Der dritte große Nachteil von W-LAN ist die Übertragungssicherheit. Grundsätzlich bietet die Kombination aus WEP-Verschlüsselung der Datenströme und MAC-Authentifizierung der Geräteadressen zwar einen schon recht umfangreichen Schutz gegen ungewolltes Einbrechen in W-LAN-Netze, in der Praxis sind allerdings beide Sicherheitsmechanismen von Spezialisten relativ problemlos zu knacken. Schlimmer noch ist aber die Tatsache, dass die Sicherheits-Mechanismen bei vielen in den letzten Monaten und Jahren eingeführten Hotspots gar nicht aktiviert wurden. Diese Leichtsinnigkeit ist sicher zu einem guten Teil auch noch auf mangelnde Erfahrung und Qualifikation bei Anbietern von Hotspot-Installationen zurückzuführen.

Als mögliche Endgeräte für W-LAN-Netze kommen alle vorgestellten Geräte grundsätzlich in Betracht. Die Verwendung von Handys im W-LAN-Umfeld ist bis heute allerdings nur technisch und theoretisch möglich. Es gibt noch keine Geräte in Serienfertigung. Typischerweise werden vor allem solche Geräte verwendet, die, wie die Netzwerktechnologie selbst, auch aus dem Umfeld der Computer stammen. Dieses sind auf jeden Fall PDAs, Notebooks und Tablet PCs, in Einzelfällen auch Smartphones. Der Hauptanteil der Nutzer dürfte allerdings tatsächlich im Bereich der Notebooks zu finden sein, die heute bereits oft serienmäßig mit W-LAN-Technologie ausgestattet werden. Intel prägte in diesem Zusammenhang den Markennamen der Centrino-Technologie. Hierbei handelt es sich um Chipsätze, die in Notebooks bereits eine W-LAN-Funktionalität ohne Zusatzmodule integriert haben.

In Anbetracht dieser Endgeräte ist festzustellen, dass in W-LAN-Netzen deutlich leistungsfähigere Endgeräte eingesetzt werden. Selbst PDAs haben in Bezug auf Datenerfassung und Darstellungsmöglichkeiten einen großen Vorteil gegenüber Handys. Bei Tablet-PCs oder Notebooks kann man sogar fast auf das vollständige Repertoire eines fest installierten PCs zurückgreifen. Anwendungen in W-LAN-Netzen können somit tendenziell im Bereich Datenerfassung und Darstel-

lung leistungsfähiger sein als solche, die in Mobilfunknetzen genutzt werden sollen.
Auf die erneute schematische Darstellung eines Funkzellennetzwerks möchte ich an dieser Stelle verzichten. Eine schematische Darstellung eines Funkzellennetzwerks findet sich in Kapitel 6.1.1.2. Diese Darstellung gilt auch für 802.11-basierte Funkzellennetze.
Zusammenfassend sind beim Thema W-LAN einige herausragende Stärken aber auch einige schwerwiegende Schwächen zu sehen. Die erste große Stärke sind sicher die sehr hohen Übertragungsraten von elf bzw. sogar seit neuestem bis zu 22 Mbit/s bei 802.11b und bis zu 54 Mbit/s bei 802.11a. Dieses ist immer im Vergleich zu theoretischen ca. 2 Mbit/s bei UMTS zu sehen. Ebenfalls sehr positiv ist der Preis für W-LAN-Ausrüstung zu sehen. Wenige hundert Euro für eine gehobene Ausrüstung für einen Hotspot sind verglichen mit Mobilfunktechnologien extrem günstig.
Auf der Seite der Schwächen sind geringe Reichweite, unzureichendes Roaming und geringere Sicherheit als beispielsweise bei UMTS-Technologien zu sehen. Bei der Sicherheit stellt selbst die PAN-Technologie Bluetooth W-LAN in den Schatten, da es mit schnell wechselnden Frequenzen und Gerätepartnerschaften sowie seinem Discovery-Mode einige effektivere Sicherheitsvorkehrungen bietet als WEP-Verschlüsselung und Mac-Adresse. Selbstverständlich ist allerdings auch W-LAN bereits heute sicherheitstechnisch aufzurüsten. Beispielsweise können wie im Internet Virtual Private Networks (im folgenden VPNs) eingerichtet werden, die wiederum eine sehr hohe Sicherheit gewährleisten, jedoch auch eine deutlich höhere Fachkenntnis erfordern.

6.1.2.3 Prüfung der Marktchancen von Wi-Fi Hotspot Geschäftsmodellen
Die Zielgruppen der Geschäftsmodelle unterscheiden sich selbstverständlich je nachdem, welche Ausprägung gerade betrachtet wird.
Beim Abomodell und bei der rein nutzungebezogenen Abrechnung wird grundsätzlich jeder Mensch adressiert – ebenso wie beim UMTS- oder GSM-Geschäftsmodell. Durch die Einschränkung auf eine mehr computeraffine Nutzerschaft ist jedoch schon eine deutliche Eingrenzung der tatsächlichen Zielgruppe möglich. Momentan ist sicher festzustellen, dass der überwiegende Teil der Nutzer Menschen sind, die täglich ein Notebook mit sich herumtragen und dieses zu „mobilen" Gelegenheiten nutzen wollen. Es handelt sich hierbei vor allem abermals um Geschäftsleute, die sogenannten Business-User also, um Studenten und schließlich um so genannte „Technikfreaks". Die Business-User machen innerhalb der Laptop-Nutzer insgesamt wieder den größten Anteil aus. Sie nutzen W-LANs in Wartesälen von Flughäfen, Bahnhöfen oder auch im Zug selbst (wenn der Zug ein W-LAN mitführt). In selteneren Fällen werden sie auch vom Coffeeshop oder einer Wiese im Park, manchmal auch von der Dachterrasse des Büros aus arbeiten wollen.

Studenten haben zunehmend ein ganz ähnliches Nutzerverhalten. Hier werden mobile Netze in Hörsälen genutzt (eine Vernetzung mit W-LAN ist weit günstiger als eine feste Vernetzung eines Hörsaals einer Hochschule), aber auch auf dem gesamten Universitätsgelände. Studenten machen somit - sofern sie Zugang zur notwendigen Ausrüstung haben - die nächstgrößere Zielgruppe hinter den Business-Usern bei den Laptops aus.
Schließlich sind Heimanwender, Technikfreaks und andere Nutzer von W-LANs zu nennen. Sie spielen wirtschaftlich betrachtet jedoch eher eine untergeordnete Rolle.
Weniger verbreitet ist die Nutzung von W-LANs mit PDAs oder Smartphones. Die größte Nutzergruppe sind hier abermals die Business-User. Sie nutzen PDAs und Smartphones vor allem in mobilen Situationen, um Termine abzugleichen, Mails zu lesen oder manchmal auch Dokumente oder Dateien zu betrachten. Wirklich arbeiten tun die meisten mit Smartphones oder PDAs allerdings aufgrund der relativ schlechten Eingabemöglichkeiten nicht.
Je weiter man sich bei diesem Segment der Nutzung mit Smartphones annähert, desto mehr kommen auch wieder Jugendliche ins Blickfeld, die das Gerät oft neben der reinen Sprachkommunikation auch zum Spielen, Chatten und Messaging verwenden. Die Relevanz in W-LAN-Netzen ist jedoch relativ gering, da von diesen Geräten meist GSM-Netze, später dann auch UMTS-Netze genutzt werden.
Der Vollständigkeit halber soll auch die Nutzung mit Tablet-PCs betrachtet werden. Aufgrund des geringen Alters dieser Geräteklasse und der minimalen Verbreitung am Markt spielen die Geräte aktuell noch keine wirkliche Rolle. Pionieranwender sind wohl auch in diesem Falle die Business-User und die Technik-Freaks, vereinzelt auch Heimanwender, die die komfortable Nutzung des Tablet-PCs zum Surfen vom Sofa aus nutzen werden.
Wirtschaftlich wirklich relevant sind bisher vor allem die Notebookgestützten Business-Nutzer und die PDA-gestützten Business-Nutzer. Für das Endnutzerbezogene Geschäftsmodell haben andere Nutzergruppen bisher eine sehr geringe Relevanz. Nur in Einzelfällen nutzen auch private Anwender W-LAN Netze in größerem Umfang. Dieses sind dann allerdings meist in Vereinen organisierte Gruppen oder Technikfreaks.
Bei Betrachtung des servicebezogenen Modells ist die Verteilung von Endgeräten und Nutzern weitgehend identisch. Lediglich in Hotels ist eine noch stärkere Übergewichtung der Business-User zu beobachten. Als Zielgruppe kommen hier jedoch die „Locationbetreiber" in den Fokus. Eben die Kaffeehausketten, Hotels oder Flughäfen, die ihren Gästen diesen Service anbieten wollen.
Betrachtet man W-LAN in Bezug auf die formulierten Nutzerbedürfnisse, so kann man feststellen, dass W-LAN-Nutzung grundsätzlich die Bedürfnisse nach der Pflege sozialer Beziehungen durch Kommunikation unterstützt. Allerdings durch die Bereitstellung von E-Mail oder Chatanwendungen in einem weit ge-

ringerem Maße als zum Beispiel UMTS- oder GSM-Nutzung. Jüngste Voice over IP Anwendungen wie zum Beispiel Skype[354] bringen die Möglichkeit zur richtigen Unterhaltung auf mobile Computer.

Abbildung 64: Endgeräte, Nutzergruppen und beispielhafte Nutzungssituationen bei W-LAN-Nutzung

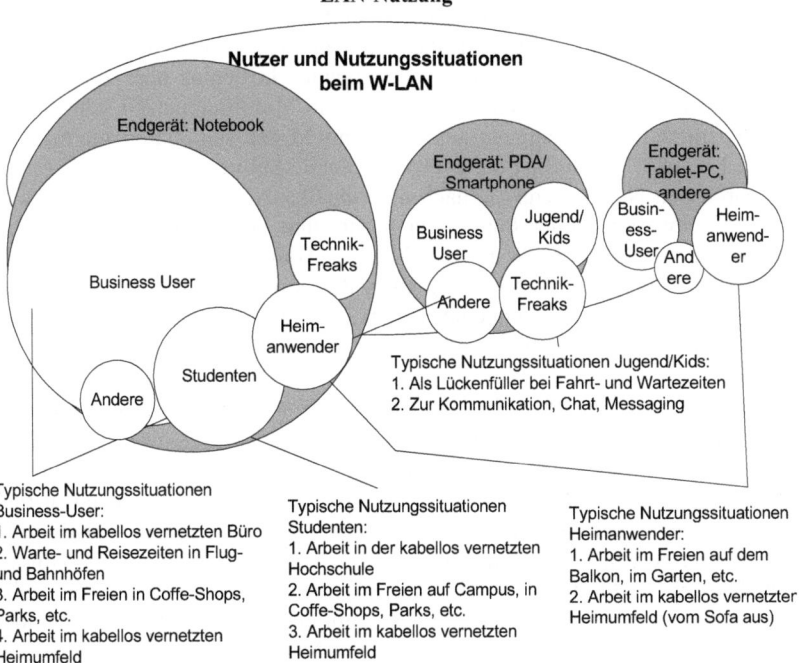

Im Bereich Unterhaltung, Zugriff und Ausführungsmacht ist W-LAN sicher überlegen. Die Nutzung beispielsweise des Internets oder vernetzter Spiele auf einem „ausgewachsenen" Laptop ist sicher die technisch ausgereifteste Möglichkeit zur Unterhaltung in mobilen Netzen. Je weiter sich das Endgerät hier in Richtung Handy bewegt, desto schlechter werden diese Möglichkeiten. Beim Tablet-PC wird zunächst die Möglichkeit zur Dateneingabe und Steuerung beschnitten, beim PDA dann zunehmend auch die Darstellung und so weiter. Im Bereich Anerkennung und Repräsentation kann man ebenfalls einen leichten Vorteil für W-LAN-Anwendungen erkennen. Während Handys längst zum Alltag gehören, sind große Smartphones, PDAs oder Tablet-PCs eher noch selten

---

[354] Skype im Internet: http://www.skype.com

angetroffen. Einige dieser Geräte haben im Bezug auf das Geltungsbedürfnis somit sicher einen größeren Effekt als Handys.
Im Bereich der anwendungsbezogenen Bedürfnisse sind W-LAN-Anwendungen je nach Endgerät leicht bis deutlich gegenüber mobilfunkbasierenden Anwendungen im Vorteil. Die Übertragungsraten sind deutlich größer und mit den Möglichkeiten der „großen" Endgeräte sind Nutzbarkeit und Bedienbarkeit deutlich höherwertig zu realisieren als auf kleinen Endgeräten wie Handys.
Monetär schließlich hat W-LAN bisher offenbar auch Vorteile gegenüber mobilfunkbasierten Netzen. Bisher sind viele Zugänge kostenlos oder zumindest in der Abrechnung im Vergleich zur Nutzung von Mobilfunknetzen sehr günstig. Die Preismodelle sind zumeist aus dem Umfeld des stationären Internets gewohnt. Einziger Nachteil ist die zumeist fehlende Subventionierung der Endgeräte durch den Netzanbieter. Je nach individueller Ausstattung kann dieses ein nicht so schwerwiegender Punkt sein, wenn zum bestehenden Notebook beispielsweise nur noch eine W-LAN PC-Karte gekauft werden muss. Geht es jedoch um die komplette Anschaffung eines PDAs mit Netzwerkausrüstung oder die komplette Neuanschaffung eines Notebooks, so ist dieses schon eine größere Hürde für die W-LAN-Verbreitung.

6.1.2.4 Diskussion sonstiger Aspekte der Wi-Fi Hotspot Geschäftsmodelle
In diesem Bereich ist zunächst festzustellen, dass W-LAN-Geschäftsmodelle grundsätzlich in einer gewissen Konkurrenz zu UMTS oder GSM stehen. Alle Bereiche, in denen Datendienste über die Mobilfunknetze abgewickelt werden, sind grundsätzlich anfällig für die Konkurrenz durch das deutlich schnellere W-LAN. Einzelne Marktforschungsunternehmen gehen von bis zu 30% Umsatzeinbußen bei UMTS durch W-LAN aus. Inzwischen haben die meisten großen Telekommunikationskonzerne allerdings damit begonnen, die neue Technologie zu antizipieren, anstatt sie zu behindern. Die Deutsche Telekom kaufte so zum Beispiel das Netz des insolventen Hotspot-Betreibers Mobile Star in den USA auf und betreibt das Netz unter eigenen Markennamen weiter.
Im Vergleich zu UMTS ist ebenfalls festzustellen, dass die Investitionsvolumina im Vergleich bemerkenswert gering sind. Roomlinx bezifferte die Kosten, um ein Hotel mit 200 Zimmern professionell auszustatten, auf 30.000 US$, also 150 US$ pro Zimmer. Die laufenden Kosten für das Leasing des Netzes werden auf 1000 US$ und 1650 US$ für das Systemmanagement beziffert. Man muss also im Bereich der W-LAN-Hotspots mit weitaus geringeren Summen rechnen als beim UMTS. Und mit einer in gewisser Weise vollkommen anderen Nutzung. Der Betrieb großer flächendeckender Netze könnte allerdings aufgrund der notwendigen Anzahl von Basisstationen und anderen Unzulänglichkeiten (Geräteverwaltung, Sicherheitsmaßnahmen, etc.) teurer als bei den Mobilfunktechnologien werden.

Ein weiterer Vorteil ist sicher das weitgehende Fehlen regulatorischer Einschränkungen. Der Aufbau der Netze kann einzig und allein auf Basis betriebswirtschaftlicher Überlegungen erfolgen. Es ist nicht notwendig, Lizenzen zu erwerben oder diese durch Einhaltung regulatorischer Auflagen mit aller Gewalt zu verteidigen.

Die Marktzutrittsbedingungen sind dementsprechend auch kaum mit denen des UMTS-Geschäftsmodells zu vergleichen. Es ist praktisch jedem mittelständischen Unternehmen aus dem Bereich Computer-, Netzwerk- oder Elektrotechnik sowie Systemhäusern möglich, in den neuen Markt einzusteigen. Dementsprechend vielschichtig sind auch die bereits angelaufenen Aktivitäten und die Konkurrenzsituation. Es gibt allerdings bisher noch kaum flächendeckendere Installationen in Metropolen und die Marktdurchdringung ist bisher allgemein so gering, dass die Konkurrenzsituation ebenfalls noch als relativ günstig einzuschätzen ist.

6.1.2.5 Wi-Fi Hotspot Geschäftsmodelle - Verdichtung des Gesamtbildes in der Übersichtstabelle

Tabelle 9: Bewertungstabelle - Wi-Fi Hotspot Geschäftsmodelle

Technologische Faktoren		
Netzwerktechnologie		
Nutzbare Netzwerktechnologien?	802.11a (max. 54Mbit/s), 802.11b (max. 11Mbit/s), 802.11b+ (max. 22Mbit/s) und 802.11g (max. 54Mbit/s), in Deutschland vor allem 802.11b, in Zukunft wohl auch 802.11g. Nachteil: Geringe Reichweite	+
Netzwerke für den Markt zugänglich?	802.11a und 802.11b uneingeschränkt. 802.11b+ auch zugänglich, jedoch proprietär, 802.11g noch sehr selten.	+ +
Hohe Nutzungsgeschwindigkeit realisierbar?	Ja. Im 802.11b Umfeld sind bis zu 5 Mbit Netto realistisch, bei 802.11a sogar bis zu 25 Mbit/s	++
Spezielle Anforderungen der Netzwerktechnologie		
Lokalisierung notwendig und gegeben?	Durch Zellidentifikation theoretisch möglich, kaum gefordert.	++
Identifikation notwendig und gegeben?	Durch Mac-Adresse oder Zugangsdaten	+
Roaming notwendig und gegeben?	Notwendig, jedoch nicht marktreif.	-
Übertragungssicherheit notwendig und gegeben?	Die Übertragungssicherheit ist nicht wirklich gegeben. Sowohl MAC-Adressen als auch WEP-Verschlüsselung sind relativ leicht zu knacken. VPNs ermöglichen hohe Sicherheit, sind jedoch recht aufwändig.	--
Förderliches Preismodell verfügbar?	Ja. Oft noch vollkommen kostenlos, Flatrate oder zeitabhängig.	++

Endgerätetechnologie		
Mindestens Benötigte Geräteklasse	PDAs, Tablet PCs, hauptsächlich Notebooks. Seltener auch Smartphones.	
Verbreitung der notwendigen Geräteklasse im Markt	Deutlich geringere Verbreitung als Handys	-
Gerätetechnische Begrenzungen	Alle Geräteklassen leistungsfähiger als Handy, Notebooks, quasi ohne gerätetechnische Begrenzungen.	++

Zusammenfassung der technologischen Faktoren	
In der Summe ist das technologische Setup für Geschäftsmodelle zum Betrieb von W-LAN-Netzen überwiegend positiv zu bewerten. Die geringen Kosten und die hohen Übertragungsraten werten die Schwächen wie fehlendes Roaming, geringe Reichweite und Sicherheitsprobleme mehr als auf.	+

Marktbetrachtungen		
Zielgruppenbetrachtung		
Adressierte Altersgruppen	Entsprechend den Berufsgruppen junge Erwachsene.	++
Adressierte Berufsgruppen	Vor allem Studenten und Business User. Zunehmend werden auch Heimnutzer adressiert.	++
Größe der Zielgruppen im Markt	Im Vergleich zu Handys, sind die Endgeräte deutlich weniger verbreitet. Die Zielgruppe ist trotzdem ausreichend groß und wächst stetig. Zunehmend wird die Nutzung von W-LANs auch beworben, was eine weitere Vergrößerung der Zielgruppe erwarten lässt.	+
Wirtschaftliche Relevanz der Zielgruppen	Business User sind wirtschaftlich sehr interessant.	++
Akzeptanzprobleme gegenüber der Applikation	W-LAN genießt eine positive öffentliche Wahrnehmung.	+

Abgleich mit den formulierten Anforderungen an die Anwendung		
Schnelle Nutzbarkeit (3 Minuten)?	Die schnelle Nutzbarkeit ist bei zu bootenden Geräte wie Notebooks oder Tablet PCs wegen der Dauer des Bootens eingeschränkt.	o
Einfache Bedienbarkeit, gute Benutzbarkeit realisierbar?	In Abhängigkeit vom Endgerät gut bis sehr gut.	+

Abgleich mit den formulierten Bedürfnissen der Nutzer		
Pflege sozialer Beziehungen, Anerkennung?	Zunächst nur im Rahmen von Mail, Chat, Instant Messaging. Telefonie wird erst in allerjüngster Zeit zunehmend angenommen.	+

Unterhaltung	Unterhaltungsbezogen ist W-LAN sogar dem stationären Internet meist überlegen. Die Übertragungsraten liegen im Bereich moderner DSL-Anschlüsse, ermöglichen Video, Downloads und die Rechenleistung. Die Bildschirme und Eingabegeräte ermöglichen sogar aufwändige Multiplayer-Spiele.	++
Sicherheit	Datensicherheit ist die größte Schwäche von W-LAN. Kritische Applikationen sollten nur WEP-verschlüsselt vorgenommen werden. Auch diese Verschlüsselung ist zu überwinden.	-

Zusammenfassung der Marktbetrachtungen	
W-LAN-Geschäftsmodelle adressieren eine deutlich kleinere Zielgruppe als Mobilfunkgeschäftsmodelle. Hauptsächlich Geschäftsleute, seltener auch Studenten und Heimanwender oder „Technik-Freaks". Die klassisch jugendliche Zielgruppe wird aufgrund der hochwertigen Endgeräte kaum adressiert. Die Bedürfnisse nach Unterhaltung und Pflege sozialer Beziehungen werden erfüllt. Die Unterhaltungskomponente ist im W-LAN-Umfeld stark ausgeprägbar.	+

Sonstige Aspekte des Geschäftsmodells		
Investitionsaufwand	Gering. Einzelne Basisstationen ab ca. 100,- Euro.	++
Entwicklungsaufwand	Gering. Allerdings ist für eine professionelle Administration eine tiefere Kenntnis im Bereich Netzwerkadministration notwendig (WEP-Verschlüsselung, Zulassung von MAC-Adressen, VPN).	++
Marktzutrittsbedingungen	Gering. Marktzutritt für Startups oder Mittelständler problemlos.	++

Zusammenfassung der sonstigen Aspekte	
Die sonstigen Aspekte der Geschäftsmodelle im W-LAN-Umfeld sind sehr positiv zu bewerten. Das Segment ist sehr zersplittert. Die Investitionskosten sind gering und der Markt ist mit ca. 2 Jahren relativ jung und noch nicht gesättigt. Im Gegensatz zur restlichen IT-Branche kann man im W-LAN-Umfeld sogar quasi von einem Boom sprechen.	++

Zusammenfassende Bewertung	
In der Summe ihrer Aspekte sind Geschäftsmodelle im W-LAN-Umfeld positiv zu bewerten. Geringe Investitionskosten bei hoher Leistungsfähigkeit sorgen trotz kleinerer Zielgruppe und bestehender Probleme mit Sicherheit oder fehlendem Roaming für ein positives Gesamtbild.	+ (++)

6.1.2.6 Fazit zu den Wi-Fi Hotspot Geschäftsmodellen

Die Bewertungen für W-LAN sind in der Summe positiv bis sehr positiv. Allerdings ist zu bemerken, dass W-LAN in seinen Nutzungssituationen in absehbarer Zeit keineswegs vergleichbar mit den Nutzungssituationen bei GSM oder UMTS sein wird. Die Nutzung wird auch in absehbarer Zukunft auf Hotspots wie Hotels oder Business-Lounges an Flughäfen begrenzt sein und das meistverwendete Endgerät wird vorläufig trotz PDA und Tablet-PC das Notebook bleiben. Es fehlen Ubiquität und Roaming, Reichweite und Datensicherheit. Auch Handygespräche sind problemlos abhörbar, die Ausrüstung hierfür und das Wissen sind jedoch weit weniger verbreitet als dieses bei Computernetzen der Fall ist. Außerdem führt selbst ein vergleichsweise positives Umfeld für ein Geschäftsmodell selbstverständlich nicht automatisch zu einem wirtschaftlichen Erfolg. Eine ganze Reihe von mittlerweile gescheiterten Startups zeugen bereits heute davon, dass auch der wirtschaftliche Erfolg im W-LAN-Umfeld aktuell selten ist.

Es sind in letzter Zeit aber auch deutliche Belebungen des Marktes zu beobachten. Während Tablet-PCs kaum verkauft werden, sorgt eine neue Generation von klassischen Notebooks mit Intels integrierter Centrino-Technologie, in den Medien von großen Anbietern wie der deutschen Telekom kräftig beworben, für eine schnell steigende Bekanntheit und eine positive öffentliche Wahrnehmung. Ich gehe vor diesem Hintergrund von deutlichem Wachstum in den nächsten Jahren aus. Dieses deutliche Wachstum wird den gesamten Bereich allerdings trotzdem in den nächsten Jahren lange nicht zu einer solchen Verbreitung wie den telefoniezentrierten Mobilfunk führen.

In der Betrachtung der drei aufgeführten Geschäftsmodelle ist das Servicebezogene Geschäftsmodell am aussichtsreichsten einzuschätzen. Das Angebot des Dienstes W-LAN an speziellen Orten durch den Betreiber dieser Orte – Flughafen, Hotel oder Coffeeshop – hat sicher Zukunft. Speziell Hotels und andere reisebezogene Orte sind zunächst als positiv einzuschätzen, da hier auch die Hauptzielgruppe stark verkehrt.

Die endkundenbezogenen Modelle sind sicher schwieriger. Ein Grund hierfür ist die geringe geographische Verbreitung der Netze. Erst wenn Städte halbwegs flächendeckend vernetzt sind, dürfte ein Abo für drahtlosen Zugang wirklich interessant werden. Auch ist es in absehbarer Zeit nicht zu erwarten, dass ein großer Bevölkerungsanteil ein großes Gerät wie einen Tablet-PC oder ein Notebook mit sich herumträgt. Diese Eigenschaft wird wohl auch in der näheren Zukunft auf die Geschäftsleute beschränkt bleiben. Gerade diese befinden sich aber am Ende doch relativ selten über längere Zeiträume in einem Coffeeshop, um von hier aus zu arbeiten. Durch die geringen Investitionskosten ist es allerdings auch bei diesen Modellen gut möglich, dass sich einige Anbieter durchsetzen werden.

Abschließend ist festzustellen, dass W-LAN in der Zukunft für Datendienste eine interessante und leistungsfähige Alternative zum Mobilfunk bilden wird.

Nutzungssituation und Endgeräte werden sich allerdings wohl zunächst stark voneinander unterscheiden, so dass der befürchtete Konkurrenzfaktor für UMTS in der näheren Zukunft nicht so schwerwiegend sein wird. Erst mittel- bis langfristig, frühestens vielleicht in drei bis vier Jahren ist mit Endgeräten zu rechnen, die Mobilfunk- und W-LAN-Netze übergangslos nutzen können. Eine solche Technologie würde W-LAN einen weiteren Aufschwung bescheren.
Ähnlich dem stationären Internet der frühen neunziger Jahre dürften zur endgültigen Professionalisierung des W-LANs noch einige Jahre vergehen. Bis dahin ist ein Vergleich von W-LAN und Mobilfunknetzen aufgrund der enormen Größenunterschiede immer etwas schwierig.

6.2 M-Content – Geschäftsmodelle mit mobil verfügbaren Inhalten

Die zweite Gruppe von Geschäftsmodellen, die betrachtet werden soll, beschäftigt sich mit dem Angebot von Inhalten über die mobilen Netze. In der Wertschöpfungskette des mobilen Internets befinden sich diese Geschäftsmodelle also grundsätzlich auf der nächsten, den Netzbetreibern nachgelagerten Stufe.
Im Folgenden sollen zwei inhaltsbezogene Geschäftsmodelle vorgestellt werden. Beides sind somit Modelle, die primär dem Medienbereich zuzuordnen sind. Zunächst werden contentgetriebene mobile Portale behandelt, ein Geschäftsmodell, das im Grundgedanken nur eine Portierung des Portalmodells für das stationäre Internet darstellt, jedoch in der Menge seiner möglichen Ausprägungen sehr vielschichtig ist. Das zweite inhaltsbezogene Geschäftsmodell ist Mobile Content Syndication, die syndizierte Erstellung und das Angebot von Inhalten speziell für mobile Anwendungen und auch mobile Portale. Auch dieses Modell ist im Prinzip eine Weiterentwicklung eines Geschäftsmodells aus dem Umfeld von stationärem Internet, ja sogar klassischer Medien auf das mobile Medium.

6.2.1 Mobile contentgetriebene Portale

Mobile contentgetriebene Portale sind die ganz klassische Weiterentwicklung der Internetportale auf das mobile Medium. Dieses Geschäftsmodell ist schon deshalb problematisch, weil bisher die wenigsten contentgetriebenen Portale im stationären Internet eine tragfähige Erlösbasis entwickelt haben. In den letzten Jahren hat in diesem Segment eine starke Konsolidierung stattgefunden und überlebt haben im deutschen Markt fast ausschließlich starke Medienmarken oder quer subventionierte Marken. Beispiele für starke Medienmarken sind Spiegel Online, Bild.t-online.de, Welt Online oder auch RTL World. In Spezialsegmenten haben sich ebenfalls vor allem die Portale bekannter Medienangebote durchgesetzt. Quersubventionierte Marken sind T-Online oder AOL, die von den Netzbetreibern stark gefördert werden. T-Online verfolgt hierbei eine Politik der Schaffung starker Partnerschaften mit bekannten Medientiteln wie

beispielsweise der Bild-Zeitung, der Zeitschrift Bunte oder der ZDF Nachrichtensendung Heute.
Die starke Marke und der damit verbundene Bekanntheitsgrad sind also in großem Maße erfolgskritisch für contentgetriebene Portale. Nur mit starken Medienmarken im Hintergrund ist es bisher gelungen, ausreichend große Nutzermassen zu mobilisieren, um mit dem klassischen, werbebasierte Erlösmodell Erfolg zu haben. Auch Ubiquität, die Verfügbarkeit der Marke auf möglichst vielen unterschiedlichen Medienkanälen, spielt eine große Rolle. Ein gutes Beispiel hierfür ist Spiegel mit der Printmarke sowie Spiegel TV und Spiegel Online.[355]
Eine der wenigen Ausnahmen bildet hierbei Yahoo in den Vereinigten Staaten. Als einer der großen Vier des Internets (zusammen mit Amazon, Google und Ebay) kann man Yahoo als Portalbetreiber heute allerdings auch schon problemlos zu den ganz starken und auch weltbekannten Medienmarken zählen.

6.2.1.1 Vorstellung eines Geschäftsmodells von mobilen contentgetriebenen Portalen

Das Geschäftsmodell von Portalbetreibern großer Internetportale baut heute meist auf einen Mix unterschiedlicher, miteinander kombinierter Erlösformen auf.
Hierzu zählen neben der klassischen Banner- und Popup-Werbung je nach Marke und technischem System zunehmend auch Sponsoring und spezielle, content- oder nutzerinteressengebundene Werbung sowie die Partizipation an E-Commerceaktivitäten von Partnern. Zunehmend spielen auch Clubs oder Abonnementsdienste eine Rolle. Nur eine kleine Rolle spielen noch immer kostenpflichtige Inhalte, die im Pay-Per-View-Verfahren abgerechnet werden. Hier sind die individuellen Entscheidungen der Nutzer noch immer zu kritisch und die technischen Hürden zur Bezahlung sind immer noch zu hoch. Stark steigend sind jedoch die kostenpflichtigen Mehrwertdienste, die auf monatlicher Basis entsprechend den Abonnementsdiensten abgewickelt werden.
Dieses Erlösportfolio bietet für die Portierung in das mobile Umfeld bereits eine sehr gute Basis. Die einzigen großen Unterschiede sind die höhere Bereitschaft der Nutzer im mobilen Umfeld, auch für Inhalte zu zahlen und die engere Verbindung mit den Netzbetreibern. Die höhere Zahlungsbereitschaft für Inhalte lässt sich hierbei leicht an den Beispielen SMS oder von Logos und Klingeltönen ablesen. Wer wäre schon bereit, im Internet für eine Email bis zu 19 Cent zu bezahlen? Besonders, wenn diese Mail dann auch noch in ihrer Größe beschränkt ist. Ebenso weigern sich die meisten Internetnutzer beharrlich, für urheberrechtlich geschützte Musik oder Kinofilme zu zahlen und beziehen diese illegal über P2P-Tauschbörsen wie Kazaa, Morpheus oder Edonkey. Die glei-

---

[355] Vgl: **Zobel, J.** (2001) S. 135

chen Nutzer zahlen auf dem Handy aber bereitwillig bis zu 40 Cent für eine MMS, teilweise über einen Euro für ein Logo oder einen Klingelton in nur sehr durchschnittlicher Qualität.

Abbildung 65: Ein mögliches Erlösportfolio einer redaktionellen Website

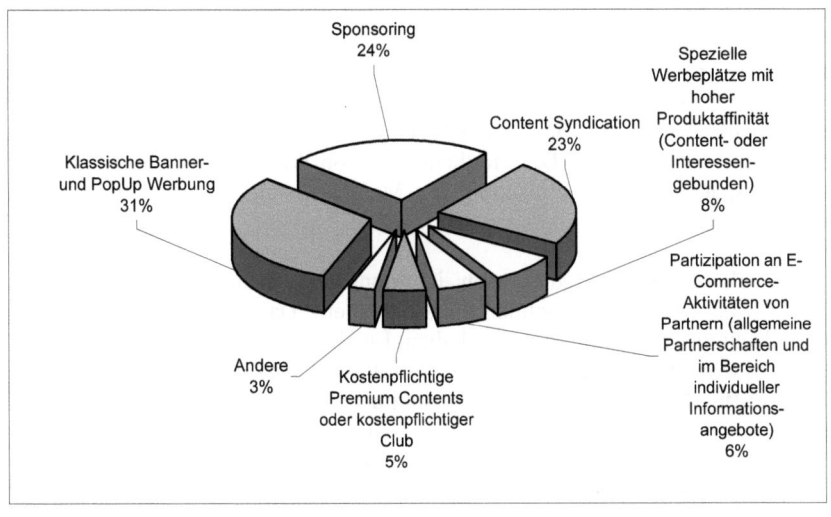

Quelle: Eggers, T. (2001), S. 62

Ein Grund für diese Diskrepanz kann in der Leichtigkeit der Zahlungsabwicklung über die Telefonrechnung gesehen werden. Der Nutzer muss keine Software installieren, sich nirgends einloggen oder wird ausdrücklich gefragt, ob er die 1,49 Euro nun wirklich zahlen möchte. Alles bekommt er im mobilen Umfeld quasi mitgeliefert, da die Abrechnung grundsätzlich ohnehin über die Telefonrechnung läuft. Neben diesem deutlich wahrnehmbaren Grund spielen jedoch gelerntes Verhalten und Psychologie auch eine große Rolle. Im Internet nichts bezahlen zu müssen, ist nun einmal gelerntes Verhalten bei der Nutzerschaft. Dieses wird nur ganz langsam, wenn inzwischen auch wahrnehmbar verändert. Schließlich bildet sich über die Nähe zu den Netzbetreibern eine neue, mögliche Erlösquelle. Während im Internetumfeld das Netz primär eine große Kostenquelle ist, haben Netzbetreiber im mobilen Umfeld ein Interesse an Portalen und ihrer Nutzung. Hier sind nicht wie im stationären Internet die Portalbetreiber die großen Kunden der Netzbetreiber. Vielmehr sind Portalbetreiber Partner der Netzbetreiber bei der Generierung von Online-Zeit (Airtime) durch den Nutzer. Somit erschließt sich im günstigen Fall für den Portalbetreiber sogar eine Parti-

zipationsmöglichkeit an den durch ihn generierten Einnahmen des Netzbetreibers.
Im Folgenden sollen die einzelnen Elemente des möglichen Erlösportfolios für inhaltsgetriebene Portale im mobilen Datennetz kurz vorgestellt werden:

Unpersonalisierte und personalisierte Werbung:
Werbung ist das klassische Erlösmodell elektronischer Medien. Auch im mobilen Umfeld spielt sie eine starke Rolle. Neben der klassischen, unpersönlichen Werbung werden mehr und mehr personen- beziehungsweise interessengebundene oder ortsgebundene Werbeformen wichtig. Diese Art der personalisierten Werbung wird aufgrund der speziellen technischen Situation der mobilen Netze ermöglicht. Wie bei herkömmlicher Werbung ist die werbetreibende Wirtschaft hierbei der Auftraggeber. Die Möglichkeiten von Werbung im mobilen Umfeld werden später bei der Betrachtung des M-Advertising noch detailliert vorgestellt.

Sponsoring:
Wie in allen anderen Medien auch, ist Sponsoring ebenfalls eine Möglichkeit der Erlösgenerierung bei mobilen Portalbetreibern. Das Modell ist hierbei praktisch deckungsgleich mit anderen Medien. Einziger Unterschied ist vielleicht die etwas beschränkte Anzeigemöglichkeit auf den kleinen Endgeräten.

Kostenpflichtige Inhalte, Abonnements und Clubmodelle:
Bei den Möglichkeiten, Inhalte kostenpflichtig zu machen, dürfte die Pay Per View Variante im mobilen Umfeld stärker nachgefragt werden als im stationären Internet. Die Gründe hierfür wurden bereits dargestellt. Auch Abonnements (Subscriptions) und Clubprogramme mit regelmäßigen, pauschalen Zahlungen werden eine große Rolle spielen. Die Zahlungsbeziehung wird hier direkt zum Endkunden aufgebaut. Die Schaffung eines Mehrwertes für den Nutzer in Form von Vergünstigungen oder exklusiven Informationen ist für den Erfolg kostenpflichtiger Inhalte allerdings essentiell wichtig. Inhalte, die keinen Mehrwert bieten, dürften auch im mobilen Umfeld kaum abzusetzen sein.[356]

Partizipation an (E)-Commerceaktivitäten und Umsätzen der Netzbetreiber:
Starke Medienmarken sind mittlerweile weit in andere Wirtschaftsbereiche vernetzt. Ein gutes Beispiel hierzu kann die Serie der Volks-PCs, Volks-Kameras, Volks-Spüler und Volks-Laptops etc. von Bild.t-online.de angeführt werden.[357]
Jeweils in Zusammenarbeit mit großen Handelsmarken werden hier sogar klassische Commerceaktivitäten gezielt durch das Portal gefördert. Produkte werden sogar quasi mit der Medienmarke gebranded. Diese Art von „Produktsponsoring" ist für eine entsprechend starke Marke wie Bild natürlich recht lukrativ.

---

[356] Vgl. **Zobel, J.** (2001), S. 210 f. und S. 220 ff.
[357] Vgl. Bild.t-online.de mit diversen Kooperationen zu unterschiedlichen Handelsunternehmen, im Internet: http://shopping.bild.t-online.de/

Ebenso werden inzwischen häufig Jointventures zwischen Medienmarken und Netzbetreibern geschlossen. Heute.t-online.de ist hierfür ein weiteres Beispiel. Im mobilen Umfeld kann hieraus ein Modell entwickelt werden, bei dem Portalbetreiber als Partner der Netzbetreiber versuchen, über Ihre Inhalte Airtime, also Onlinezeit der Nutzer zu generieren. Die so erzielten Erlöse könnten zwischen den Partner aufgeteilt werden.

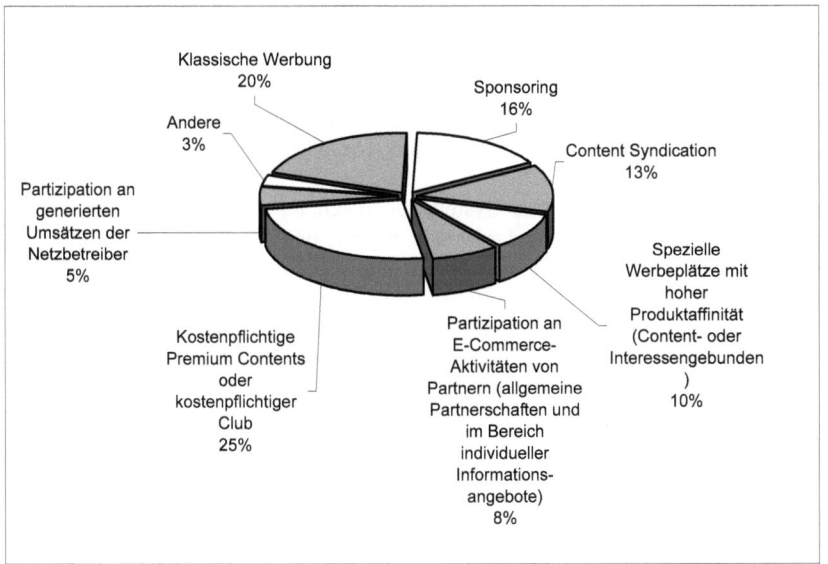

Abbildung 66: Mögliches Erlösportfolio eines mobilen Portalbetreibers

6.2.1.2 Erläuterung zentraler technologischer Parameter mobiler contentgetriebener Portale

Technisch betrachtet ist ein Portal für mobiles Internet grundsätzlich einem Portal für das herkömmliche Internet sehr ähnlich. Die Komponenten teilen sich bei beiden Systemen in eine Content Management Application (im folgenden CMA) oder das eigentliche Redaktionssystem und eine ausliefernde Instanz, die Content Delivery Application (im folgenden CDA), auf. In der Summe ergeben CMA und CDA das Content Management System (im folgenden CMS, auch Web-CMS oder WCMS). Die CMA ist in diesem Zusammenhang das Arbeitsmittel der Redakteure und die CDA ist das, was der normale Nutzer von der Anwendung zu sehen bekommt, wenn er auf die Website oder das mobile Portal surft. Beide laufen üblicherweise auf unterschiedlichen Rechnern. Die CMA ist meist auf einem so genannten Produktions- oder Stagingserver installiert und die

CDA auf so genannten Live-Servern. Eine auf den Produktions- oder Stagingservern installierte „kleine" CDA ermöglicht eine Voransicht der produzierten Artikel vor der Veröffentlichung.

Verbunden sind CMA und CDA zumeist durch einen sogenannten Staging-Mechanismus, der freigegebene Artikel, Bilder, Einstiegsseiten etc. von der Produktionsumgebung auf die Liveumgebung spielt. Die CDAs großer Portale sind hardwaretechnisch meist sehr komplexe Konstruktionen, da sie eine hohe Last an Anfragen aus den Netzen bewältigen müssen. Die Liveserver werden daher meist redundant nebeneinander angeordnet und durch hintergeschaltete Datenbankserver mit Daten bestückt, die meist abermals redundant oder zumindest mit einem Backupsystem eingerichtet sind. Schließlich ist zu erwähnen, dass CDAs und CMAs für gewöhnlich räumlich getrennt sind. Die CDAs großer Portale müssen netzerktopologisch günstig installiert werden, während die CMAs meist bei der Redaktion installiert werden. Die Verbindung stellt abermals der Stagingprozess dar.

Im mobilen Umfeld wird das System technisch einerseits durch ganz unterschiedliche Übertragungsstandards mit unterschiedlichen Geschwindigkeiten und Protokollen und andererseits durch unterschiedliche Endgeräte stark verkompliziert.[358]

Es reicht im mobilen Umfeld nicht aus, ein endgültiges Auslieferungsformat wie HTML für das Web herzustellen. Vielmehr muss der Inhalt, der Content also, in ganz unterschiedlichen Formaten bereitgestellt werden. WAP für WAP-Anwendungen, c-HTML für I-mode, HTML für das Web und mobiles Web, Kurznachrichten als SMS.

Und wenn man schon ein Content Management System für alle denkbaren mobilen Formate erstellt, ist man eigentlich bereits bei einem System, das vollkommen neutral gegenüber jeglichem textbasierten Medienformat wäre. Man könnte gleich auch noch ein Format für Teletexte liefern, eines für Videoboards, wie sie in den letzten Jahren vermehrt in U- und S-Bahnen installiert werden und vielleicht auch eines für den Bildschirmticker zum Beispiel bei n-tv. Schließlich ist es auch möglich, mit einem solch lose gekoppelten System die redaktionellen Inhalte für klassische Printprodukte zu erstellen und schließlich eine Zeitung davon drucken zu lassen. Das Produkt Avarix der Hamburger Firma Xeebion[359] verfolgt eine solche Strategie schon seit mehreren Jahren und hat in Zusammenarbeit mit ASContent[360] tatsächlich auch schon Teletexte, Ticker und Videoboards, WAP, I-mode und natürlich auch Web, Printprodukte oder XML-basierte Zulieferungen für Drittabnehmer, realisiert.

---

[358] Vgl. **Zobel, J.** (2001), S. 131 f.
[359] Xeebion im Internet: http://www.xeebion.de/
[360] ASContent im Internet: http://www.ascontent.de/

Abbildung 67: Schematische Darstellung eines Web-Content Management Systems

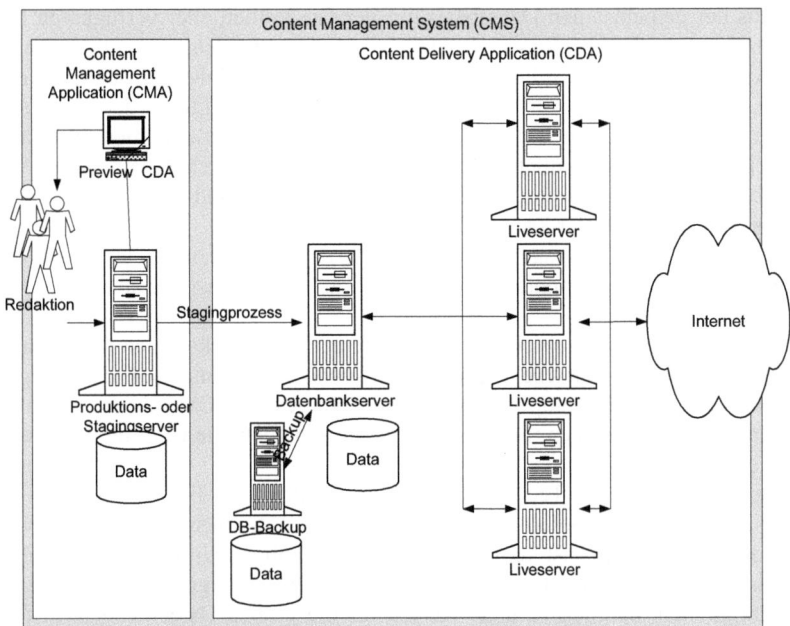

Beim Web-CMS erstellt die Redaktion genau die für das Internet benötigten Inhalte und gleicht den Artikel meist auch im Layout durch starke Nutzung der Preview-CDA ab. Die Inhalte werden nach Freigabe auf die Datenbank der Liveumgebung gestaged und hier über mehrere Liveserver (Webserver) in das Internet ausgeliefert. Die Aufspaltung der Webserver auf mehrere Maschinen geschieht aus Redundanz- und Performancegründen.

Ermöglicht wird diese Flexibilität mit einer starken Entkopplung von Inhalt und Erscheinungsform des Inhalts. Im Endeffekt sieht ein Redakteur an einem solchen CMS nicht, wie der von ihm geschriebene Inhalt später einmal genau auf dem Endgerät aussehen wird. Bei der Vielzahl der heute erhältlichen Endgeräte wäre dieses auch zunehmend unmöglich. Vielmehr wird der Redakteur effektiv von der Erscheinungsform des Inhalts „distanziert". Er gibt dafür den Inhalt entsprechend der Richtlinien für die jeweils zu bedienenden Endgeräte in ganz unterschiedlichen Formaten ein, beispielsweise die Überschrift für einen Artikel einmal mit 100 bis 120 Zeichen für Web, Infoboard und Teletexte sowie einmal mit nur 30 bis 40 Zeichen für WAP, I-mode und PDA-Belieferungen. Ähnlich kann es sich mit Texten, Anreißern oder Bildern verhalten. Die Kombination der so in einem „Container", also zu einem Artikel, bereitgestellten Inhalte übernimmt die jeweilige CDA entsprechend ihren Richtlinien vollkommen selbständig. Bei einem mobilen Portal müssen wir es also entweder mit logisch vollkommen entkoppelten CDAs zu tun haben, die sich entsprechend ihren Richtlinien aus der gemeinsamen Datenbasis mit der Gesamtheit aller verfügbaren Inhalte bedienen oder es muss eine CDA geschaffen werden, die entsprechend dem Ausgabekanal diese Filterung und Aufbereitung der Inhalte-Container vornimmt, die der Datenbasis in XML zugeliefert werden. Aufgrund der ständigen Änderungen der Formate und Technologien sind aktuell vollkommen unabhängige CDAs für unterschiedliche Medienformate eher praktischer, da man bei Weiterentwicklungen jeweils nur ein Format behandelt und nicht auf das Gesamtpaket aller belieferter Kanäle Rücksicht nehmen muss.

Somit ist ein Content Managements System für das mobile Umfeld als eine Weiterentwicklung der bekannten Web-CMSe zu einem ausgabekanalneutralen CMS zu betrachten.

Als Übertragungstechnologien und Endgerätetechnologien kommen für ein solches CMS grundsätzlich alle vorgestellten Technologien und Geräte in Frage. Vom Handy bis zum Laptop können über das vorgestellte CMS theoretisch alle Endgeräte beliefert werden. Folglich sind technisch auch alle Übertragungstechnologien nutzbar.

Es sind auf Basis dieser Technologien allerdings deutliche Einschränkungen in Bezug auf die sinnvoll lieferbaren Inhalte zu machen. So werden Audio und vor allem auch Video zunächst keine große Rolle im mobilen Umfeld über die Mobilfunknetze spielen. Gründe hierfür sind viel zu geringe Übertragungsgeschwindigkeiten, deutlich zu hohe Kosten für die großen Datenmengen, in der Darstellung zu primitive Endgeräte und der zu hohe Stromverbrauch bei Audio- und Videonutzung im Endgerät. Eine Ausnahme bilden hier die Laptops und Tablet PCs über W-LAN-Anbindung.[361] Das Beispiel des Kinofilms aus der Monitorbrille in der Wüste, jüngst gezeigt in einem VISA-Werbespot, werden wir also vorerst nicht in der Realität zu sehen bekommen. Es sei denn, die Monitorbrille wäre über W-LAN angebunden und jemand hätte mitten in der Wüste einen Hotspot eingerichtet.

---

[361] Vgl. **Michelsen, D.; Schaale, A.** (2002), S. 144 f.

Abbildung 68: Schematische Darstellung eines Content Management Systems zur Belieferung unterschiedlicher, auch mobiler Ausgabekanäle

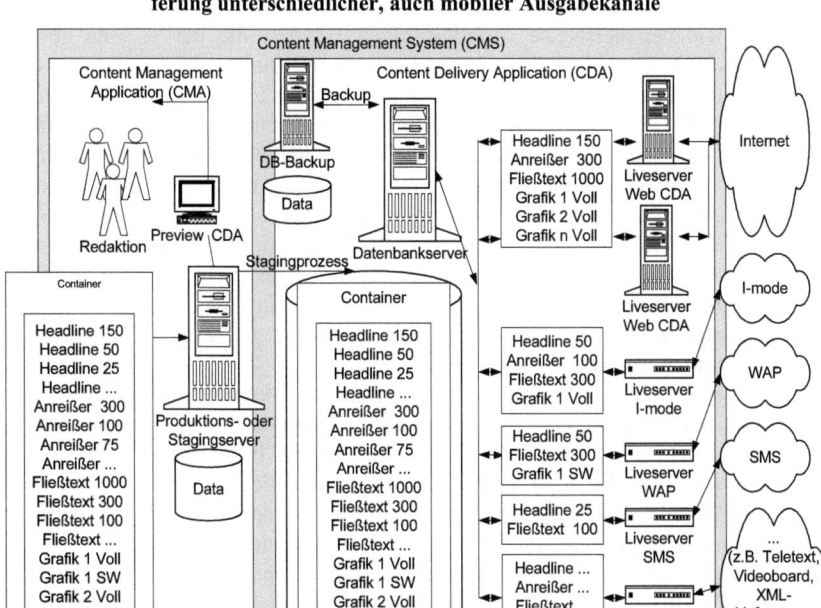

Die Redaktion erstellt nicht mehr einfach nur einen Artikel, sondern zu einem Thema einen ganzen Container von Inhalten. Je nach Bedarf kann dieser Container unterschiedliche Formate von Überschriften, Anreißern, Fließtexten, Grafiken etc. sowie eine große Anzahl an Metainformationen über den Artikel enthalten. Metainformationen können beispielsweise das Veröffentlichungsdatum oder Angaben über die zulässigen Ausgabekanäle sein. Der gesamte Container wird auf die Datenbank der Liveumgebung gestaged und die verschiedenen CDAs für die unterschiedlichen Ausgabekanäle setzen aus dem gesamt verfügbaren Datenmaterial die benötigten Teile für die jeweiligen Ausgabekanal zusammen. Folgen: Entkopplung von Inhalt und Layout, größere Datenmenge, Bedienbarkeit theoretisch aller textbasierter Medienformate aus einem CMS. Selbstverständlich können auch mehrere CDAs auf ein und derselben Maschine installiert werden. Es ist nicht notwendig, für jede CDA eigene Server vorzuhalten.

Betrachtet man die zu beliefernden Endgeräte, so sind hier wohl die größten Herausforderungen an die Technik enthalten. Vor allem Handys sind an Vielfalt von Displaygrößen, Auflösungen und Farben kaum zu übertreffen.[362] Die Aufbe-

---

[362] Vgl. **Zobel, J.** (2001), S. 131 f.

reitung geschieht beispielsweise wie bei WAP durch eine Einigung auf den jeweils kleinsten gemeinsamen Nenner oder durch Schaffung einer eigenen Geräteklasse wie beispielsweise i-mode-fähigen Handys, die per se eine gewisse Leistungsfähigkeit in Display und Rechenkraft mitbringen. In der Zukunft kann eine gewisse Erwartung in die Javatechnologie Java to Mobile Edition (im folgenden J2ME) gesteckt werden. Sie wird ist bis zu einem gewissen Maß in der Lage, die ausgabetechnischen Parameter der Endgeräte zu erkennen und in der Software entsprechend zu nutzen. Ein mobiler Dienst wird so quasi automatisch für die Nutzung auf verschiedenen Endgeräten aufbereitet. In der Praxis ist diese automatische Aufbereitung ebenso wie die Plattformunabhängigkeit von Java allerdings nur als ein teilweise erfüllter theoretischer Anspruch zu betrachten. Inwieweit J2ME in der Zukunft eine Rolle bei der Frontendgestaltung mobiler Dienste spielen kann, bleibt abzuwarten. Zum heutigen Zeitpunkt ist die Bedeutung jedoch eher noch verschwindend gering.[363]

In der Summe der technischen Überlegungen sind keine größeren Schwierigkeiten zu erwarten. Die zum Betrieb mobiler Portale notwendige Infrastruktur ist im Prinzip schon seit mehreren Jahren in Form der bestehenden Web-Content Management Systeme im Einsatz. Eine Weiterentwicklung dieser Systeme in Richtung einer Ausgabekanalneutralität wurde von einigen CMS-Anbietern bereits seit Jahren verfolgt. Andere große Anbieter wie beispielsweise Coremedia[364] haben hier in letzter Zeit nachgezogen und können mittlerweile auch fast beliebige textbasierte Ausgabekanäle bedienen. Die Weiterentwicklung bestehender CMSysteme für mobile Ausgabekanäle stellt somit zwar eine Investition für bestehende Portalbetreiber dar, es kann jedoch bereits auf Erfahrungen zurückgegriffen werden. Forschung und Entwicklung in großem Umfang sind hier nicht mehr zu betreiben. Neue Portalbetreiber können sich für das mobile Umfeld gleich ein entsprechendes Content Management System einrichten.

6.2.1.3 Prüfung der Marktchancen des Geschäftsmodells mobiler contentgetriebener Portale

Durch die große Vielfalt der lieferbaren Inhalte fällt eine Eingrenzung der Zielgruppe schwer. Während MaxBlue, das Aktienhandelsportal der Deutschen Bank, hochwertige Wirtschaftsnachrichten und Daten zu Wertpapieren anbietet, bietet der Spiegel hochwertige weltweite Nachrichten an und Bild.t-online.de eher seichtere Inhalte für sport- und societyinteressierte Menschen an. Dementsprechend unterschiedlich sind auch die erreichten Zielgruppen dieser drei willkürlichen Beispiele. MaxBlue erreicht ein eher eng begrenztes, aber werbetechnisch betrachtet hochwertiges Publikum, eher vermögende Menschen,

---

[363] Vgl. **Violka, K.** (2002), im Internet: http://www.heise.de/mobil/artikel/2002/03/22/java/
[364] Coremedia im Internet: http://www.coremedia.de

oft Geschäftsleute. Der Spiegel greift weiter und erreicht eher gebildete, politisch interessierte Menschen aller Schichten, während Bild.t-online.de quasi die gesamte Bevölkerung des Internets anspricht. Allerdings weniger die Menschen, die wirklich an Hintergrundinformationen interessiert sind. Die Informationstiefe ist also hier geringer. Pauschal ist eine Zielgruppe folglich nicht zu definieren. Im Detail betrachtet können jedoch Aussagen über die Bereitschaft zur mobilen Nutzung einzelner Dienste getroffen werden.
Grundsätzlich werden Dienste, die ein sehr spezielles Nutzerinteresse adressieren und einen Mehrwert mit sich bringen relativ schnell angenommen werden. Hierzu zählen Finanzinformationen und sicher auch Sportinformationen. Es ist auch anzunehmen, dass große Portale beim Einstieg in den mobilen Bereich Kooperationen mit Anbietern von Location Based Services eingehen werden. Diese Informationen bieten für mobile Nutzer dann ebenfalls einen interessanten Mehrwert. Zusammengefasst ist also von einer schnellen Adaption zeitkritischer, ortsabhängiger und mehrwertgebundener Dienste auszugehen. Auch Nachrichten dürften von Interesse sein. Hier ist allerdings auf eine Aufbereitung der Inhalte zu achten, die der mobilen Nutzungssituation angemessen sein sollte. Ebenso wie keine exakte Zielgruppe zu definieren ist, sind auch kaum adressierte Bedürfnisse bei den Nutzern einzugrenzen. Jedes Portal differenziert sich hier im Prinzip anders. Das Informationsbedürfnis und das Unterhaltungsbedürfnis werden jedoch auf jeden Fall bedient. Da viele Portalbetreiber dazu neigen, auch in den Bereich der Applikationsanbieter zu expandieren und hier Partnerschaften einzugehen, ist potentiell auch jedes andere der genannten Nutzerbedürfnisse durch ein mobiles, contentgetriebenes Portal mit abzudecken. Neben den bereits erwähnten Location Based Services sei hier auch noch einmal auf Communityapplikationen wie Dating, Chat oder Diskussionsforen hingewiesen, die beispielsweise das Bedürfnis nach der Pflege sozialer Beziehungen und Kommunikation adressieren.
Die einzelnen Angebote mobiler contentgetriebener Portale wurden durch Andersen Consulting für die Systems inhaltlich nach folgenden Bereichen zusammengefasst:
- Kataloge und Suchmaschinen (Directories)
- Jugend und Fun (Youth Fun)
- Erotik (Adult)
- Musik (Music)
- Transportbezogene Inhalte (Transport)
- Edutainment
- Finanzdienste (Financial)
- Spiele (Games)
- Nachrichten (News)

Die folgende Abbildung der Umsatzentwicklungen nach contentbasierten Bereichen zeigt gut die durchaus positive Erwartung gegenüber den einzelnen Ausprägungen dieses Geschäftsmodells.

Die Nutzung der angebotenen Dienste mobiler contentgetriebener Portale sollte selbstverständlich den mobilen Nutzungsbedingungen angepasst sein. So sind unter den momentanen Bedingungen kaum mit langfristigen Aufenthalten auf den mobilen Portalen zu rechnen, die den Konsum umfangreicher Dossiers oder von Hintergrundberichterstattungen ermöglichen. Es ist eher vom Konsum stark gebündelter Inhalte in kurzer Form auszugehen. Die technische Realisierung einer solchen Anpassung aus einem System heraus wurde in der schematischen Darstellung eines CMS für verschiedene Ausgabekanäle bereits aufgezeigt.

Abbildung 69: Prognose der Umsatzentwicklungen für contentbasierte Applikationen 2002 bis 2006

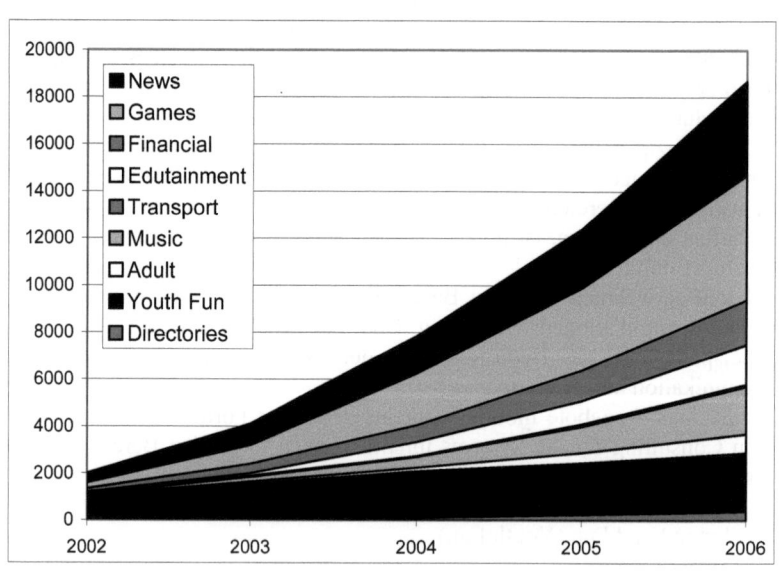

Quelle :http://www.systems-world.de/plugin/template/mmgdev/*/47204?nextNews=0&language=2&sy2002=1&alias=11&comTopicID=12&ComNomInit=&firstNews=&lay3=1&lay=3&topnavid=2676&topic-Check=12

6.2.1.4 Diskussion sonstiger Aspekte des Geschäftsmodells mobiler contentgetriebener Portale

Die Investitionssummen für die Umstellung der reinen Contentdienste oder die Neuinstallation eines solchen Dienstes für mobile Ausgabekanäle sind sehr überschaubar. Die Einrichtung der bestehenden CMSysteme für ein neues Portal ist je nach eingesetztem Produkt zwar sehr unterschiedlich, reicht im allgemeinen jedoch von ca. 10.000 Euro bis zu ca. einer Million Euro. Hierbei ist die Auslieferung für stationäres Internet selbstverständlich immer bereits mit inbegriffen. Die Kosten für die Weiterentwickung eines bestehenden CMS für die Belieferung mobiler Ausgabekanäle sollte aus den dargestellten, technischen Gründen eher geringer sein. Dieses hängt natürlich im Einzelfall immer stark von Modularität und Qualität der eingesetzten Software ab.

Tatsächlich orientieren sich die Preise bisher hauptsächlich an der benötigten Leistungsfähigkeit für das Umfeld des herkömmlichen Internets. Da die Volumina für das mobile Umfeld noch sehr gering sind, schlagen diese Ausgabekanäle meist sehr gering, in Einzelfällen sogar gar nicht zu Buche. Auch Eigenentwicklungen sind zu diesem Preis durchaus noch möglich. Die Investition für die Integration einzelner applikationsgetriebener Dienste wie Community oder Location Based Services sind hier jedoch nicht mit eingerechnet. Ihre Integration ist pauschal nicht realistisch einzuschätzen. Die Investitionsvolumina sind somit kein größeres Hemmnis für mobile, contentgetriebene Portale.

Ganz anders verhält es sich bei den Marktzutrittbedingungen und der Betrachtung der Konkurrenzsituation. Wie eingangs erwähnt ist eine starke Medienmarke essentiell wichtig für den Erfolg eines mobilen, contentgetriebenen Portals. Erschwerend kommt die gewünschte Omnipräsenz auf allen oder zumindest vielen Medienkanälen hinzu.[365] Dieser Markt ist in Deutschland als gesättigt zu bezeichnen. Die Etablierung neuer Marken gelang in der Vergangenheit lediglich durch Ausweitung des Marktes oder Besetzung bisher unbesetzter Nischen. Die letzten größeren Etablierungen neuer Medienmarken dürften die Privatsender oder die Marke Focus im Bereich der Nachrichtenmagazine gewesen sein.

Ein Marktzutritt mit einer unbekannten Marke und ihre Etablierung sind unter diesen Bedingungen als extrem schwierig zu bezeichnen. Die Etablierung einer reinen Marke für elektronische, internetbasierte Ausgabekanäle noch mehr als in Verbindung mit einer Print- oder TV-Marke. Auch dürfte die Etablierung einer regionalen Marke deutlich leichter fallen als die einer nationalen Marke. Alles in allem ist jedoch von einem sehr hohen Aufwand für Marketing und gegebenenfalls die Bedienung auch anderer Ausgabekanäle anzusetzen. Dieses alles bei ungewissem Erfolg.

Hier ist also festzustellen, dass der Marktzutritt für ein neues, unabhängiges Portal extrem schwierig sein dürfte, bei der aktuellen Investitionshaltung sogar fast

---

[365] Vgl. **Zobel, J.** (2001), S. 135 ff.

unmöglich. Für die weitere Betrachtung dieses Geschäftsmodells wird daher von der Diversifikation bestehender Medienmarken, die auch schon im stationären Internet aktiv sind, auf den mobilen Bereich ausgegangen.

6.2.1.5 Mobile contentgetriebene Portale - Verdichtung des Gesamtbildes in der Übersichtstabelle

Tabelle 10: Bewertungstabelle - Mobile Contentgetriebene Portale

Technologische Faktoren		
Netzwerktechnologie		
Zur Nutzung benötigte Übertragungsleistung	Nutzung ab 9,6 Kbit/s (CSD) möglich.	
Nutzbare Netzwerktechnologien?	Für textbasierte Inhalte und einfache Grafiken alle. Aufwändigere Grafiken erfordern bereits mindestens GPRS, Video oder hochwertiges Audio nur über W-LAN-Technologien.	+
Netzwerke für den Markt zugänglich?	Für textbasierte Inhalte und Grafiken GPRS ist zugänglich.	+
Hohe Nutzungsgeschwindigkeit realisierbar?	Bei aufwändigeren Grafiken im GPRS-Umfeld schwierig, bei Texten und in schnelleren Netzen realisierbar.	+
Spezielle Anforderungen der Netzwerktechnologie		
Lokalisierung notwendig und gegeben?	Grundsätzlich nicht notwendig.	++
Identifikation notwendig und gegeben?	Grundsätzlich nicht notwendig.	++
Roaming notwendig und gegeben?	Mobilfunknetze ja, W-LAN bisher nein.	+
Übertragungssicherheit notwendig und gegeben?	In Einzelfällen (Banking) hohe Anforderungen, in Mobilfunknetzen gut, in W-LAN-Netzen nicht wirklich sicher.	+
Förderliches Preismodell verfügbar?	Nein. Umfangreichere Inhalte (z.B. Grafiken) sind bei den Übertragungskosten in Mobilfunknetzen deutlich zu teuer.	--

Endgerätetechnologie		
Mindestens Benötigte Geräteklasse	Für Text und einfache Grafik reichen moderne Handys.	
Verbreitung der notwendigen Geräteklasse im Markt	Mittlerweile überwiegend verbreitet.	++
Gerätetechnische Begrenzungen	Bei modernen Handys: Kleines Display, schlechte Eingabe.	-

Zusammenfassung der technologischen Faktoren	
Die technologische Umgebung für mobile contentgetriebene Portale ist als überwiegend positiv zu betrachten. Es können bereits jetzt problemlos GSM und GPRS-basierte Netze genutzt werden. Auch auf Seiten des Portalbetreibers ist die Technologie bereits entwickelt und erprobt.	+

Marktbetrachtungen		
Zielgruppenbetrachtung		
Adressierte Altersgruppen	Alle relevanten Altersgruppen. Je nach Inhalt des Portals unterschiedlich.	++
Adressierte Berufsgruppen	Alle Berufsgruppen. Je nach Inhalt des Portals unterschiedlich.	++
Größe der Zielgruppen im Markt	Theoretisch wird der gesamte mobile Markt adressiert. Einzelne Portale spezialisieren sich auf Untermengen.	++
Wirtschaftliche Relevanz der Zielgruppen	Alle relevanten Zielgruppen können angesprochen werden.	++
Akzeptanzprobleme gegenüber der Applikation	Keine.	++

Abgleich mit den formulierten Anforderungen an die Anwendung		
Schnelle Nutzbarkeit (3 Minuten)?	Bei entsprechender Aufbereitung des Inhalts gegeben.	+
Einfache Bedienbarkeit, gute Benutzbarkeit realisierbar?	Ja. Begrenzungen vor allem durch die Geräteklasse (meist werden noch Handys verwendet, die die Eingabe etwas kompliziert gestalten).	o
Möglicher Zusatznutzen?	Ja. Durch Anbindung verschiedener Applikationen können umfangreiche Zusatznutzen realisiert werden (z.B. Mailadresse abrufen, Community, Location Based Services etc.).	++

Abgleich mit den formulierten Bedürfnissen der Nutzer		
Pflege sozialer Beziehungen, Anerkennung?	Durch Anbindung verschiedener Applikationen möglich (z.B. Community).	+
Unterhaltung	Ja. Information und Unterhaltung sind primäre Aufgabe mobiler contentgetriebener Portale	++
Sicherheit	Grundsätzlich gibt es keine sicherheitskritischen Anforderungen. Diese können durch Zusatzapplikationen auftreten, sind jedoch in Mobilfunknetzen realisierbar.	+
Zusammenfassung der Marktbetrachtungen		
Durch die große Diversifizierbarkeit der betrachteten Portale fällt die Marktbetrachtung sehr positiv aus. Grundsätzlich haben mobile Portale die Möglichkeit, alle Zielgruppen zu adressieren und die wichtigsten Bedürfnisse zu bedienen. Es ist jedoch eine Betrachtung jedes Einzelfalls notwendig.		++

Sonstige Aspekte des Geschäftsmodells		
Investitionsaufwand	Gering.	++
Entwicklungsaufwand	Gering bis nicht vorhanden.	++
Marktzutrittsbedingungen	Sehr schwer durch starke Markenbindung der Nutzer.	--

Zusammenfassung der sonstigen Aspekte	
Investitions- und Entwicklungsaufwände sind sehr positiv zu betrachten. Der Markt ist allerdings für Neueinsteiger aufgrund der Markenbindung der Nutzer sehr schwierig. Ein Marktzutritt mit einer unbekannten Marke ist aktuell als fast aussichtslos einzuschätzen oder nur in Nischensegmenten möglich und wird daher bei der Bewertung nicht weiter betrachtet.	+ (++)

Zusammenfassende Bewertung	
Das Gesamtbild für das Geschäftsmodell heute bestehender contentgetriebener Portale für eine Ausweitung auf den mobilen Ausgabekanal ist positiv zu sehen. Die Technologiebasis existiert und ist weitestgehend erprobt und die Investitionen halten sich in Grenzen. Dafür können im mobilen Umfeld zusätzliche Erlösmodelle erschlossen werden. Für Neueinsteiger ist der Markt hingegen extrem schwierig.	+ (++)

6.2.1.6 Fazit zum vorgestellten Geschäftsmodell mobiler contentgetriebener Portale

Für heute etablierte Portale des stationären Internets ist die Ausweitung auf den mobilen Ausgabekanal sehr positiv zu betrachten, da sie bei vergleichsweise geringen Investitionen und einem geringen Projektrisiko die Erschließung neuer Erlösquellen ermöglicht. Im Prinzip sind für diese Marktteilnehmer nur eine leichte Anpassung der Arbeitsabläufe und eine Anpassung der technischen Systeme notwendig. Die neuen Erlösquellen ergeben sich aus Kooperationen mit den Netzbetreibern und aus einer – verglichen mit dem herkömmlichen Internet - besseren Akzeptanz der Nutzer gegenüber kostenpflichtigen Inhalten im mobilen Umfeld. Sie stellen eine sehr interessante Perspektive bei überschaubaren Investitionen dar.

Die Etablierung neuer Portale ist nur mit einer starken Marke im Hintergrund möglich. Unbekannte Marken einzuführen ist im Bereich der contentgetriebenen Portale kaum möglich. Die Konkurrenz ist hier so groß, dass der Aufwand für die Etablierung der neuen Marke zu groß wäre. Die Nutzer würden einfach gewohnheitsgemäß weiter die bekannten Marken nutzen. Ein Marktzutritt erscheint hier nur in Nischenmärkten für Spezialinteressen möglich.

6.2.2 Mobile Content Syndication

Content Syndication bezeichnet den Verkauf von Inhalten an Geschäftskunden, die diese Inhalte nutzen können. Es handelt sich also um ein reines Business to Business (B2B) Geschäftsmodell, das üblicherweise im Medienumfeld angesiedelt ist.

Das Modell selbst ist keineswegs neu, vielmehr gehört es im Prinzip zu den lange bekannten Wertschöpfungsmodellen von Medienunternehmen. Nachrichtenagenturen wie Reuters oder dpa kann man grundsätzlich als Content Syndicatoren bezeichnen. Auch werden Inhalte innerhalb der Medienhäuser stark weiter verkauft. Dieses Geschäft beschränkt sich dabei keineswegs auf eine Mediengattung, sondern ist viel mehr auf alle Medienkanäle ausgedehnt.

6.2.2.1 Vorstellung des Geschäftsmodells Mobile Content Syndication
Mobile Content Syndication ist die Weiterentwicklung des altbekannten Modells in das mobile Umfeld. Es werden auch hier Inhalte gehandelt. Die Geschäftsbeziehung ist daher auch im mobilen Umfeld praktisch ausschließlich im Business to Business Bereich angesiedelt.[366]
Interessant ist der Bereich hier vor allem wegen der Vielzahl der potentiellen Abnehmer. Mittels syndizierter Inhalte kann sich jede Business-Website problemlos mit den neuesten Nachrichten, Finanznachrichten oder auch diversen Spezialinhalten schmücken. Selbstverständlich könnten dieses auch private Sites tun, für sie sind jedoch die Kosten meist zu hoch.
Der Content Syndicator bietet Inhalte in Rohform, meist kategorisiert nach unterschiedlichen Channels wie Aktuelles, Sport, Gesellschaft, etc. Diese Channels können von den Kunden einzeln oder im Paket gebucht werden. Auch werden mit jedem Channel meist unterschiedliche Ausgabekanäle beliefert, die ebenfalls zu buchen sind. In Einzelfällen, da es sich um reine Business to Business Geschäftsbeziehungen handelt, wird die Abwicklung meist – ebenfalls ganz klassisch - in Form einer monatlichen Rechnung vorgenommen.
Im mobilen Umfeld ergeben sich hierbei Möglichkeiten zur lokalitätsbezogenen Weiterentwicklung der Inhaltelieferungen. So ist beispielsweise in Zusammenarbeit mit Location Based Services das Angebot regionaler Inhalte möglich, die immer einen Bezug zu dem Ort haben, in dem sich der einzelne Nutzer gerade aufhält.
Naturgemäß sind Contentanbieter sehr nahe an Portalbetreibern anzusiedeln. Es ist sogar sehr häufig eine Expansion der Contentanbieter in den Bereich Portale zu erkennen. Theoretisch kann jedes Medienunternehmen, das mit eigener Redaktion Inhalte produziert, auch als Content Syndicator auftreten.[367] Darüber hinaus können Content Syndicatoren auch Unternehmen sein, die Inhalte von anderen Unternehmen aufkaufen oder die Nischenmärkte besetzen, in denen sie eine besondere Kompetenz haben. Als etwas skurriles Beispiel kann hier die relativ bekannte Firma Condomi angesehen werden, die neben ihrem Kerngeschäft auch Erotikinhalte für digitale Medien anbietet.

6.2.2.2 Erläuterung zentraler technologischer Parameter des Geschäftsmodells Mobile Content Syndication
Die Funktionsweise eines Systems für Content Syndication ist im Prinzip identisch der Funktionsweise eines ausgabekanalneutralen Content Management Systems wie es in 6.2.1.2 vorgestellt wurde. Content Syndicatoren können sogar als die Vordenker solcher Content Management Systeme angesehen werden,

---

[366] Vgl. **Zobel, J.** (2001), S. 131 f.
[367] Vgl. **Zobel, J.** (2001), S. 131 f.

da sie naturgemäß an der Belieferung möglichst vieler medialer Ausgabekanäle interessiert sein müssen.

Ebenfalls identisch mit den Einschränkungen beim Geschäftsmodel mobiler Portalbetreiber sind die technischen Einschränkungen bei Content Syndicatoren zu sehen. Die aktuell verfügbaren Übertragungsraten ermöglichen lediglich die Übertragung textbasierter Inhalte und einfacher Grafiken. Auch ermöglichen die bisher zumeist genutzten Handys nur eine beschränkte Ausgabe. Größere Datenmengen wären bei den bisherigen Preismodellen auch zu teuer.

Umfangreiche Video- und Audioinhalte sind erst mit der flächendeckenderen Nutzung von W-LAN-Netzen realistisch zu übertragen. In diesem Umfeld sind dann auch die primär genutzten Endgeräte – vor allem Notebooks – leistungsfähig genug, um auch größere Grafiken, Audi- und Videodaten wiederzugeben. Die Entwicklung bei den Endgeräten schreitet allerdings schnell voran. Momentan ist die Darstellung der Inhalte für ganz unterschiedliche Endgeräte und beispielsweise innerhalb der Geräteklassen auch noch ganz unterschiedliche Displaygrößen ein großes Problem, mit dem vor allem die Portalbetreiber bei der passenden Aufbereitung der Inhalte zu kämpfen haben. In der Zukunft könnte hier J2ME Fortschritte bringen.[368] Bisher ist jedoch eigentlich eine Aufbereitung für jeden Ausgabekanal einzeln in Form der dargestellten unterschiedlichen CDAs notwendig.[369] Auf diese Weise wird das Frontendproblem durch erhöhten Aufwand im Backend quasi umgangen.

In der Auslieferung steht für Content Syndicatoren vor allem XML im Vordergrund. Während Portalbetreiber ihre Inhalte dienstgerecht in WAP, cHTML oder auch HTML aufbereiten, liefern Content Syndicatoren für mobile Ausgabekanäle meist nur die Rohdaten im XML-Format aus. Diese werden von den Anehmern dann im Rahmen ihrer eigenen Portallösungen aufgearbeitet und in die Struktur der mobilen Portale integriert. Somit ist die Technologie sogar eher noch einfacher als in dem vorangegangenen Schaubild skizziert. Einige Content Syndicatoren, wie zum Beispiel die Hamburger ASContent GmbH, nutzen Ihre Systeme allerdings auch für den Betrieb ganzer Portale als Dienstleister für Medienmarken. Sie übernehmen hierbei die Rolle einer Aufbereitung der Inhalte für zum Beispiel auf Printprodukte ausgerichtete Redaktionen und leisten somit die komplette Zweitverwertung der Inhalte für mobile Kanäle sowie Web inklusive der Bereitstellung notwendiger technischer Infrastruktur.[370]

Das technologische Gesamtsetup für das Geschäftsmodell mobiler Content Syndicatoren ist somit weitgehend identisch mit dem mobiler Portalbetreiber. Dem-

---

[368] Vgl. **Violka, K.** (2002)
[369] Vgl. **Zobel, J.** (2001), S. 131 f.
[370] ASContent, im Internet: http://www.ascontent.de, betreibt zum Beispiel die Webportale maximonline.de und familie.de für die Printmarken Maxim und Familie, sowie Teletexte für zum Beispiel Viva inklusive der kompletten technischen Infrastruktur und sogar der Einspeisung in die Sendeanlagen der TV-Sender.

entsprechend gelten auch die dort formulierten Bewertungen. Die Technologie ist weitestgehend vorhanden und relativ gut erprobt. Größere Entwicklungsaufwände sind nicht zu veranschlagen. Technologisch sind unter Beachtung der Einschränkungen in Bezug auf vergleichsweise eingeschränkte Übertragungsraten und mangelnde Endgerätetechnologie keine weiteren Probleme zu erwarten.

6.2.2.3 Prüfung der Marktchancen des Geschäftsmodells Mobile Content Syndication

Die Prüfung der Marktchancen für dieses Geschäftsmodell ist nur sehr grob möglich. Im Prinzip sind abhängig vom Content alle Zielgruppen, die im mobilen Internet vertreten sind, ansprechbar. Im Endeffekt ist es für Content Syndicatoren sogar anzustreben, möglichst hochwertige Inhalte für möglichst alle Zielgruppen bereitstellen zu können. Die Differenzierung auf eine bestimmte Zielgruppe ist meist vielmehr dem Kunden des Content Syndicators, den Portalbetreibern, vorenthalten.

Andererseits ist bei Unternehmen, die eine besondere Qualifikation in bestimmten Inhaltsgruppen haben natürlich eine Konzentration auf diesen Bereich sinnvoll. Gute Beispiele sind hier Finanzinformationen durch Investmentgesellschaften oder Banken oder auch das bereits erwähnte Beispiel von Condomi. Diese Unternehmen sind jedoch meist nicht als Content Syndicatoren im klassischen Sinn zu bezeichnen. Die meisten betreiben das Geschäft mit dem Inhaltehandel nur als Erweiterung zu ihrem Kerngeschäft.

Auch die Frage der Nutzbarkeit unter mobilen Bedingungen ist im Prinzip nur eingeschränkt eine Frage des Content Syndicators. Die Anforderungen an Content Syndicatoren beziehen sich vor allem darauf, dass Inhalte bereitgestellt werden müssen, die unter mobilen Bedingungen nutzbar sein sollen. Dieses müssen vor allem entsprechend kurze aber prägnante Texte und entsprechend einfache Grafiken sein. Das Problem einer den mobilen Anforderungen entsprechenden Navigation und Aufbereitung der Inhalte wird hier wiederum in den Bereich der Portalbetreiber verlagert, die die Rohinhalte ohnehin ihren Anforderungen entsprechend aufbereiten müssen.

Analog hierzu ist auch die Frage nach den formulierten Anwenderbedürfnissen vor allem zu den Portalbetreibern zu verlagern. Wie im Modell der contentgetriebenen Portale beschrieben, werden die persönlichen Bedürfnisse vor allem über die Integration weiterer Dienste adressiert. Dieses ist nicht Aufgabe der Content Syndicatoren, auch wenn eine Ausweitung in den Dienstbetrieb etwa einer entsprechenden mobilen Community möglich ist.

6.2.2.4 Diskussion sonstiger Aspekte des Geschäftsmodells Mobile Content Syndication

Die Investitionsvolumina für Content Syndicatoren sind sehr überschaubar. Wenn sie eine reine Zulieferung an Businesskunden vornehmen, sind Hardware-

und Softwarekosten sogar noch deutlich geringer als bei den Portalbetreibern. Hier muss nur eine relativ berechenbare, beschränkte Anzahl von Businesskunden bedient werden und nicht eine ständig schwankende Anzahl von Endnutzern. Auch ist es möglich, sich bei den Ausgabekanälen theoretisch rein auf XML zu beschränken. Eine Einbeziehung weiterer Formate ist natürlich anzustreben. Alles in allem ist ein Einstieg im Bereich unter einhunderttausend Euro leicht denkbar. Auch reine Eigenentwicklungen sind problemlos möglich, naturgemäß jedoch vor allem auch auf längere Sicht eher teurer als die Verwendung eines entsprechenden Standardproduktes. Selbstverständlich ist auch in diesem Bereich nach oben alles offen, so dass man bei Abdeckung entsprechend vieler Ausgabekanäle natürlich auch deutlich höhere Aufwände haben kann.

Die Marktzutrittbedingungen sind weit positiver zu betrachten als bei den mobilen Portalen. Zwar ist eine entsprechend starke Medienmarke auch in diesem Geschäftsmodell ein unschätzbarer Vorteil, vor allem im Bereich der Nischensegmente sind jedoch immer auch Startups oder dem Mediensektor „fachfremde" Firmen mit einer hohen fachlichen Kompetenz in der entsprechenden Marktnische erfolgversprechend. So kann es beispielsweise für das bereits erwähnte Internetportal MaxBlue durchaus eine lohnende Überlegung sein, die vorhandenen Finanzinformationen, für die auch die Marke ein hohes Ansehen hat, gewinnbringend an Portalbetreiber auch im mobilen Umfeld weiter zu verkaufen. Auch die Regionalität des mobilen Mediums birgt viele Chancen für Anbieter regional bezogener Inhalte.

Der vollkommen neue Eintritt in den Markt ohne Rückhalt einer starken Medienmarke oder eine fachliche Qualifikation in einem bestimmten Segment dürfte auch hier jedoch nicht leicht sein. Der Endnutzer verlässt sich schließlich eher auf Informationen von Unternehmen, die ihm bekannt sind.

6.2.2.5 Mobile Content Syndication - Verdichtung des Gesamtbildes in einer Übersichtstabelle

Tabelle 11: Bewertungstabelle - Mobile Content Syndication

Technologische Faktoren		
Netzwerktechnologie		
Zur Nutzung benötigte Übertragungsleistung		
Nutzbare Netzwerktechnologien?	Für textbasierte Inhalte und einfache Grafiken alle. Aufwändigere Grafiken erfordern bereits mindestens GPRS, Video oder hochwertiges Audio nur über W-LAN-Technologien.	+
Netzwerke für den Markt zugänglich?	Für textbasierte Inhalte und Grafiken GPRS ist zugänglich.	+
Hohe Nutzungsgeschwindigkeit realisierbar?	Bei aufwändigeren Grafiken im GPRS-Umfeld schwierig, bei Texten und in schnelleren Netzen realisierbar.	+

Spezielle Anforderungen der Netzwerktechnologie		
Lokalisierung notwendig und gegeben?	Grundsätzlich nicht notwendig. Im Bereich stark regional bezogener Angebote erhält die Lokalisierung eine gewisse Bedeutung und ist auch gegeben.	++
Identifikation notwendig und gegeben?	Für Content Syndicatoren nicht relevant, da nur bekannte Kunden beliefert werden.	
Roaming notwendig und gegeben?	Für Content Syndicatoren nicht relevant.	
Übertragungssicherheit notwendig und gegeben?	Für Content Syndicatoren nicht relevant, da nur bekannte Kunden beliefert werden.	
Förderliches Preismodell verfügbar?	Nein. Umfangreichere Inhalte (z.B. Grafiken) sind bei den Übertragungskosten in Mobilfunknetzen deutlich zu teuer. Auch aus diesem Grund sind zunächst nur einfache Grafiken und textbasierte Inhalte relevant.	--

Endgerätetechnologie		
Mindestens benötigte Geräteklasse	Für Text und einfache Grafik reichen moderne Handys.	
Verbreitung der notwendigen Geräteklasse im Markt	Mittlerweile überwiegend verbreitet.	++
Gerätetechnische Begrenzungen	Bei modernen Handys: Kleines Display, schlechte Eingabe.	-

Zusammenfassung der technologischen Faktoren	
Mobile Content Syndication stellt nur indirekte Anforderungen an die mobile technische Umgebung. Die Auslieferung über mobile Netze ist normalerweise Aufgabe der Kunden von Content Syndicatoren. Die technischen Gegebenheiten haben jedoch Einfluss auf die gestaltbaren Channels (Regionalitätsbezug) und das Format der gehandelten Inhalte.	+

Marktbetrachtungen		
Zielgruppenbetrachtung		
Adressierte Altersgruppen	Über die unterschiedlichen Kunden alle relevanten Altersgruppen. Je nach Inhalt des Portals unterschiedlich.	++
Adressierte Berufsgruppen	Alle Berufsgruppen. Je nach Inhalt des Kundenportals. unterschiedlich.	++
Größe der Zielgruppen im Markt	Theoretisch wird der gesamte mobile Markt adressiert. Einzelne Channels spezialisieren sich auf Untermengen.	++
Wirtschaftliche Relevanz der Zielgruppen	Alle relevanten Zielgruppen können angesprochen werden.	++
Akzeptanzprobleme gegenüber der Applikation	Für Contentsyndicatoren nicht relevant.	++

Abgleich mit den formulierten Anforderungen an die Anwendung		
Schnelle Nutzbarkeit (3 Minuten)?	Bei entsprechender Aufbereitung des Inhalts gegeben. Im Endeffekt jedoch vor allem eine Aufgabe des Kunden der Content Syndicatoren.	+
Einfache Bedienbarkeit, gute Benutzbarkeit realisierbar?	Ja. Begrenzung vor allem durch die Geräteklasse (meist werden noch Handys verwendet, die die Eingabe etwas kompliziert gestalten).	o
Möglicher Zusatznutzen?	Ja. Der Zusatznutzen wird vor allem durch die Art des Inhalts generiert. Beispiele sind hier regionalitätsbezogene Inhalte oder hochwertige Finanzinformationen.	+

Abgleich mit den formulierten Bedürfnissen der Nutzer		
Pflege sozialer Beziehungen, Anerkennung?	Nein. Dieses ist durch die typischerweise unpersonalisierbaren Inhalte nicht zu leisten.	--
Unterhaltung	Ja. Die gehandelten Inhalte bilden die Grundlage für Information und Unterhaltung der Endnutzer.	+
Sicherheit	Für Content Syndicatoren nicht relevant.	o

Zusammenfassung der Marktbetrachtungen	
Durch die große Diversifizierbarkeit der möglichen Inhalte von Content Syndicatoren ist die Eingrenzung auch hier schwierig. Der indirekte Kontakt zum Endnutzermarkt erschwert dieses zusätzlich. Es dürfte eine gewisse Rolle für Content Syndicatoren spielen, möglichst marktgerechte Informationen anzubieten. Dieses definiert sich vor allem durch die Zielgruppen die durch die Kunden der Content Syndicatoren adressiert werden, welche wiederum Channels bei den Syndicatoren buchen.	+

Sonstige Aspekte des Geschäftsmodells		
Investitionsaufwand	Gering.	++
Entwicklungsaufwand	Gering bis nicht vorhanden.	++
Marktzutrittsbedingungen	Im Nischensegmenten durchaus möglich. Bei allgemeinen Inhalten ohne Rückhalt entsprechend bekannter Medienmarken eher schwieriger.	o

Zusammenfassung der sonstigen Aspekte	
Investitions- und Entwicklungsaufwände sind sehr positiv zu betrachten. Der Marktzutritt ist für Neueinsteiger möglich. Vor allem Unternehmen, die eine Kernkompetenz in einem Nischensegment haben, können hier eine zusätzliche Erlösquelle erschließen. Im Bereich allgemeiner Nachrichten ist der Zutritt durch die hohe Bekanntheit und die hohe Kompetenz großer Medienmarken, die hier als Anbieter auftreten, schwieriger.	+ (++)

Zusammenfassende Bewertung	
Der Handel mit Inhalten ist in der Summe positiv zu bewerten. Durch die Ausweitung auf mobile Ausgabekanäle gewinnt er weiter an Attraktivität, da hier zahlungsbereite Endkunden angesprochen werden und die Anzahl der Kunden für Content Syndicatoren stark steigt. Der Markt ist in Nischensegmenten noch nicht gesättigt und technologisch spielen die Kinderkrankheiten der mobilen Datenübertragung nur eine indirekte Rolle, da diese Themen vor allem bei den Kunden der Content Syndicatoren angesiedelt sind.	+ (++)

6.2.2.6 Fazit zum Geschäftsmodell Mobile Content Syndication

Der Titel Mobile ist für dieses Geschäftsmodell vielleicht schon ein wenig übertrieben. Ganz genau genommen ist das mobile Geschäft für Content Syndicatoren nur eine weitere Art der Inhaltsaufbereitung. Der technische Kontakt zum mobilen Medium ist bei der idealtypischen Ausprägung des Modells nur sehr indirekt gegeben. Die notwendigen Systeme sind also vorhanden und es ist nur die Aufbereitung der Inhalte für einen weiteren Ausgabekanal notwendig. Dieses stellt entsprechend ausgerüstete Content Syndicatoren vor keine weiteren Probleme. Auch die Belieferung der Kunden und die Abrechnung sind technisch sehr simpel und die technisch problematische Aufbereitung der Inhalte für den Endnutzer ist auf die Abnehmer der Rohinhalte wie zum Beispiel die bereits behandelten Portalbetreiber verlagert. Dementsprechend gering sind die technischen Investitionsvolumina für den Marktzutritt.

Auch ist der Markt besonders in Nischensegmenten nicht als gesättigt zu betrachten. Hier haben kleine Startups auch heute noch gute Chancen, sich zu etablieren und eventuell auch als hochspezialisierte Zulieferer für größere und bekanntere Syndicatoren aufzutreten. Dieses ist im Bereich der Wetterinformationen oder der Finanzinformationen, immer dort wo ein sehr großes Expertenwissen notwendig ist, besonders gut möglich. Ein solches Expertenwissen natürlich immer vorausgesetzt.

Der Bereich allgemeiner Inhalte ist dafür heute schon relativ gut besetzt. Hier dürfte ein Marktzutritt gegen die Konkurrenz der großen Medienmarken schwieriger sein. Vor dem Hintergrund stark ansteigender Nutzung des Mediums, der weiteren Verbesserung von Endgeräten und Benutzbarkeit und der Ausweitung der potenziellen Kunden ist das Modell somit als positiv bis sehr positiv zu bewerten.

6.3 Geschäftsmodelle mobiler Anwendungen und Dienstbetreiber

Das mobile Medium bietet auch eine Fülle ganz neuer, vorher so nicht oder nur mit eingeschränkt möglicher Anwendungsszenarien. Während beispielsweise bei den beiden inhaltsgetriebenen Geschäftsmodellen die mobile Technologie allenfalls für die endgültige Nutzerausgabe eine technische Rolle spielte – die Backends waren hier bereits aus dem Internetumfeld bekannt –, werden richtige mobile Anwendungen ganz zentral für dieses Medium entwickelt.

Auch die Anwendungsentwicklung für mobile Endgeräte könnte man als ein weiteres Geschäftsmodell betrachten. Hier ist ein vollkommen neuer Markt im Entstehen begriffen. Allerdings ist die Technologiebasis derzeit noch derart uneinheitlich, dass man eine abschließende Bewertung noch kaum vornehmen kann. Allgemein gilt, dass es für Anwendungsentwickler erfolgskritisch sein wird, sich gegen Wettbewerber abzugrenzen und schnell einen möglichst hohen Bekanntheitsgrad zu erreichen. Hierzu dienen vor allem die frühe Etablierung möglichst beeindruckender Pilotanwendungen und die Akquisition starker Partner. Über solche Schritte ist dann der Zugang zu Kundenschnittstellen zu erreichen. Durch Aufrechterhaltung einer langfristigen Endnutzerbeziehung würden sich Anwendungsentwickler jedoch in den Bereich der Dienstebetreiber entwickeln.[371] Langfristig gesehen werden die meisten Startups dieses Bereichs wohl kaum eigenständig überleben, sondern in den heute bestehenden, großen Systemhäusern aufgehen, die auf Anwendungsentwicklung seit Jahren spezialisiert sind.

Es sollen im Folgenden solche Geschäftsmodelle betrachtet werden, die in ihrer inhaltlichen Gestaltung überwiegend neu sind und den Betrieb eines Dienstes beinhalten, der auf einer „echten" mobilen Anwendung aufbaut. Die Anwendungsentwicklung spielt hierbei nur eine untergeordnete Rolle zur Erstellung des anzubietenden Dienstes und zu seiner Weiterentwicklung.

6.3.1 Location Based Services

Location Based Services sind definiert als Dienste, die auf den momentanen Aufenthaltsort beziehungsweise die geographische Position des Nutzers bezogen sind.[372] Solche Dienste sind durchaus aus dem stationären Internet bekannt. Hier gibt der Nutzer zum Beispiel bei der Routenplanung von map24[373] seinen Standort und seinen Zielort in ein Interface ein und erhält eine detaillierte Planung der günstigsten Route. Die große Neuerung im mobilen Umfeld ist, dass der Nutzer erstens unterwegs erreichbar ist und seine reale, geographische Position zweitens implizit aus seiner virtuellen Anwesenheit in einem speziellen Funknetz oder über andere Möglichkeiten herleitbar ist. Somit können Location Based Services im mobilen Umfeld eine ganz andere Funktionsvielfalt entwickeln als im herkömmlichen Internet und man kann sie vor allem auch tatsächlich mit an die entsprechenden Locations nehmen. Der Navigationsdienst hilft also nun auch dann noch weiter, wenn man einmal von der vorgegebenen Route abgekommen ist.

---

[371] Vgl. **Zobel, J.** (2001), S. 134
[372] Vgl. **Diederich, B.; Lerner, T.; Lindemann, R.; Vehlen, R.** (2001), S. 104 ff.
[373] Map24 im Internet: http://www.map24.de

6.3.1.1 Vorstellung verschiedener Geschäftsmodelle von Location Based Services

Standortbezogene Dienste sind zunächst ein sehr weites Feld möglicher Geschäftsmodelle. Grundsätzlich ist mit Location Based Services (im folgenden LBS) nur definiert, dass der Dienst die geographische Position des Nutzers kennt und Inhalte anbietet, die einen Bezug zu dem Aufenthaltsort des Nutzers haben. Diese Dienste können Locationfinder wie Restaurant-, Geldautomaten-, Cafe- oder Tankstellensuche sein oder es können standortbezogene Communitydienste sein, beispielsweise eine Datingangebot, das auf sich aufmerksam macht, wenn der Nutzer sich einem passenden Partner bis auf eine definierte Entfernung nähert. Auch standortbezogene Werbung spielt eine große Rolle. Sie wird später im Kapitel M-Advertising noch genauer Untersucht. Hier sei daher nur auf die mögliche Anzeige von Schnäppchen der umgebenden Geschäfte eines Nutzers hingewiesen. Auch Veranstaltungsinformationen, Ticketbestellungen für Kinos oder beispielsweise Sportveranstaltungen, Konzerte oder ähnliches am Standort des Nutzers sind weitere interessante Optionen. Die Routenplanung spielt natürlich auch eine große Rolle. Im Prinzip sind auch Navigationssysteme für Kraftfahrzeuge nichts anderes als ein Location Based Service.[374]

Wenn also das Geschäftsmodell Location Based Services behandelt wird handelt es sich hier eigentlich um einen ganzen Zweig technisch und inhaltlich verwandter Modelle. Die Beurteilung soll sich auf das Gesamtbild dieses Zweiges einzelner Modelle beziehen.

Auch die Erlösmodelle der LBS sind unterschiedlich. Je nachdem, um was für einen Dienst es sich handelt, werden Geschäftsbeziehungen zu Endnutzern als auch zu Geschäftskunden aufgebaut. Grundsätzlich lässt sich feststellen, dass Dienste, die vom Endnutzer initiiert werden, meist auch von diesem bezahlt werden. Die Abrechnung erfolgt üblicherweise im Rahmen der Telefonrechnung, wobei der Netzbetreiber ähnlich den bekannten 0190er Nummern eine Inkassofunktion übernimmt und hierfür einen prozentualen Anteil erhält. Es sind allerdings auch Abonnementsmodelle (auch Subscription-Modelle) oder Pay-Per-Use-Modelle auf anderer Basis als der Telefonrechnung denkbar. Mobilfunknetze stellen hier die notwendige Abrechnungstechnologie durch die sichere Nutzeridentifizierung über die SIM-Karte bereit.

Im B2B-Bereich findet die Abrechnung typischerweise ganz klassisch auf monatlicher Basis mittels Rechnungsstellung statt. Selbstverständlich sind auch hier Lösungen mit Festpreis oder basierend auf Endnutzerkontakten denkbar.

---

[374] Vgl. **Diederich, B.; Lerner, T.; Lindemann, R.; Vehlen, R.** (2001), S. 45 f., **Bager, J.** (2002a) und **Michelsen, D.; Schaale, A.** (2002), S. 129

6.3.1.2 Erläuterung zentraler technologischer Parameter von Location Based Services

Das technische Herzstück von LBS ist selbstverständlich die Ortungsmöglichkeit des Nutzers. Vor allem Push-Dienste, die den Nutzer in Abhängigkeit von seinem Standort aktiv informieren, sind hierauf angewiesen.

Abbildung 70: Funktionsweise der Ortung nach Cell-ID

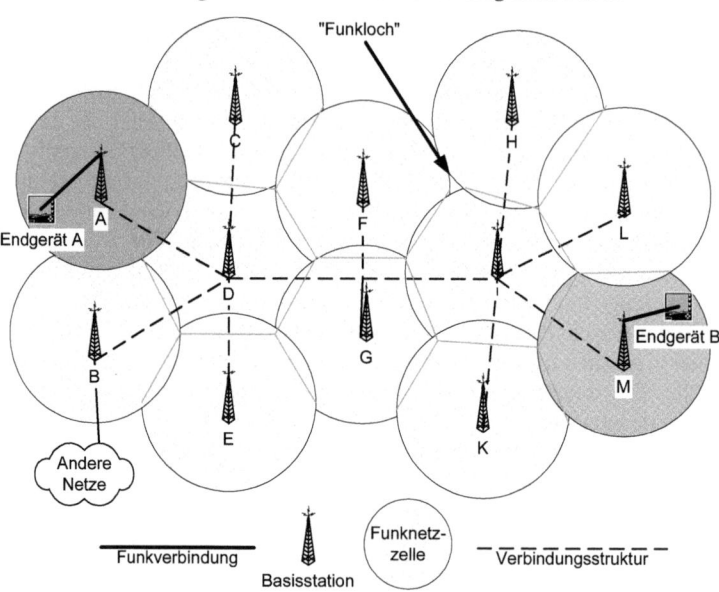

Bei der Ortung über Cell-IDs wird einfach die eindeutige Bezeichnung der Funknetzzelle, in der ein Mobiltelefon eingebucht ist, geografisch eingeordnet. Im Beispiel kann man das Endgerät A der Funknetzzelle A und das Endgerät B der Funknetzzelle M zuordnen. Die Genauigkeit beschränkt sich auf die Größe der Funkzelle. In Ballungsräumen sind dieses meist wenige hundert Meter Radius, in dünn besiedelten ländlichen Räumen können es auch mehrere Kilometer sein.

Die Ortung des Nutzers kann dabei auf unterschiedliche Arten vorgenommen werden. Da die normalen Endgeräte von LBS Handys sind, die sich in den entsprechenden Mobilfunknetzen eingebucht haben, sind auf diesen Funkzellennetzen basierende Ortungstechnologien der Standard. Es gibt hier prinzipiell folgende Ortungsmöglichkeiten: Ganz einfach über die Cell-ID (auch Cell of Origin oder COO), über Observed Time Differenz (im Folgenden OTD auch Time of Arrival, im Folgenden TOA genannt). Enhanced Observed Time Difference (im Folgenden EOTD) stellt hierbei eine Verbesserung der OTD-Technologie dar.[375] Das Global Positioning System nutzt ähnlich dem OTD die Berechnung der Zeitunterschiede zu Sendern. Dieses sind jedoch bei GPS im Gegensatz zu allen anderen Technologien nicht die Basisstationen der Funkzellen, sondern Satelliten.[376] Im Folgenden sollen die Ortungstechnologien kurz vorgestellt werden.

Abbildung 71: Möglichkeiten zur Bestimmung der Cell-ID

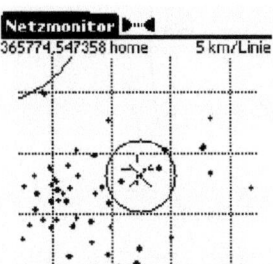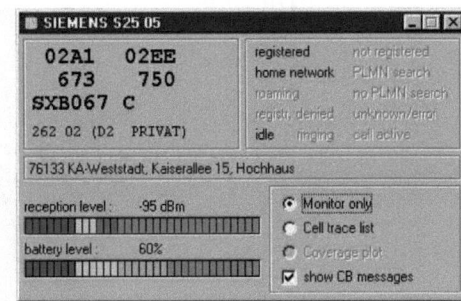

Beispiele für die Bestimmung der Cell-ID: Links ein Netzmonitor von Secretlab.de, der auf Palm PDAs läuft und die Daten von Siemens-Handys per Infrarotschnittstelle abfragt, rechts ein Java Programm für das Siemens S25, das ebenfalls verschiedene Informationen über den Standort liefert. In der Mitte der genaue Standort der entsprechenden Funknetzzelle.[377]

Die Ortung über die Cell-ID nutzt einfach die eindeutige Identifikationsnummer der Basisstation, in deren Funkzelle das Handy gerade eingebucht ist. Somit ist bekannt, dass sich der Nutzer in dem Sendebereich dieser Funkzelle befinden muss.
Je nach der Umgebung ist die Genauigkeit dieser Lokalisierungsmethode jedoch ganz unterschiedlich. In Ballungsräumen mit einer hohen Bevölkerungs- und daher auch Funkzellendichte erreicht man per Cell-ID eine Genauigkeit von wenigen hundert Metern. Auf dem flachen Land kann die Ungenauigkeit schon mal mehrere Kilometer betragen.[378]
Bei der Methode Observed Time Differenz (OTD) wird die Laufzeit der Funksignale von und zu den Basisstationen gemessen. Da ein Mobiltelefon normalerweise zu mehreren Basisstationen Kontakt hat, auch wenn es nur bei einer eingebucht ist, kann somit aus den Unterschieden der Signallaufzeiten eine Po-

---

[375] Vgl. **Schill, A.** (2003), im Internet: http://www.rn.inf.tu-dresden.de/scripts_lsrn/lehre/verkehr/print/Ortung.pdf
[376] Vgl. **Diederich, B.; Lerner, T.; Lindemann, R.; Vehlen, R.** (2001), S. 104 ff.
[377] Vgl. Im Internet: http://secretlab.mine.nu/netzmonitor/
[378] Vgl. **Bager, J.** (2002a)

sition deutlich genauer bestimmt werden als bei der Cell-ID-Methode. Die neueste Entwicklung, EOTD, erreicht eine Genauigkeit von bis zu dreißig Metern.[379]

Abbildung 72: Funktionsweise der Positionsbestimmung über Observed Time Difference

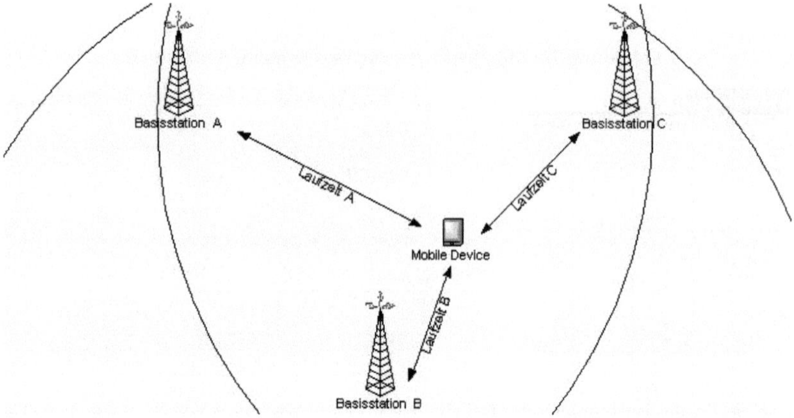

Bei der Positionsbestimmung per OTD wird der Laufzeitunterschied der Signale mehrerer Basisstationen trianguliert. Über die Laufzeitbedingte Verschiebung der Signale kann der Abstand zu einer Basisstation bestimmt werden, deren Standort wiederum bekannt ist. Die Position des Endgeräts muss sich also auf einem Kreis mit dem Radius der Entfernung um die Basisstation befinden. Durch Anwendung dieses Verfahrens auf drei Basisstationen kann die Position eindeutig bestimmt werden.

Das Global Positioning System (im folgenden GPS) schließlich nutzt zur Positionsbestimmung nicht, wie die bisherigen Verfahren, das Funkzellennetz der Mobilfunkanbieter. GPS ist ein speziell zum Zweck der Positionsbestimmung eingerichtetes System, dass zur Positionsbestimmung die Laufzeiten von Signalen zu speziellen Satelliten nutzt. Hierzu wurden 24 Satelliten auf drei Umlaufbahnen sowie sechs terrestrische Basisstationen installiert.[380] Das System wurde von den Vereinigten Staaten zunächst zu rein militärischen Zwecken installiert. Es ermöglicht eine Positionsgenauigkeit von bis zu weniger als zehn Metern, wurde jedoch für die zivile Nutzung bis zum 2. Mai 2000 künstlich verschlüsselt, so dass es zivilen Nutzern nur eine Genauigkeit von üblicherweise ein- bis zweihundert Metern bereitstellte. Auch kann dieses Netz jederzeit nach Gutdünken der US-Militärs wieder verschlüsselt oder sogar ganz abgeschaltet werden. Dieses geschah zum Beispiel nach den Terroranschlägen vom 11. Sep-

---

[379] Vgl. **Bager, J.** (2002a)
[380] Vgl. **Schill, A.** (2003)

tember 2001 oder während des Irak-Krieges 2003.[381] Gerade der unangekündigte Wegfall der GPS-Ortung nach dem 11. September 2001 verursachte beispielsweise in der zivilen Luftfahrt große Probleme.[382]
Aufgrund dieser Abhängigkeiten beschloss die Europäische Union den Aufbau eines eigenen satellitengestützten Navigationssystems mit dem Projektnamen Gallileo.

Abbildung 73: Ein klassischer ziviler GPS-Empfänger und Navigator – Garmin eTrex Vista

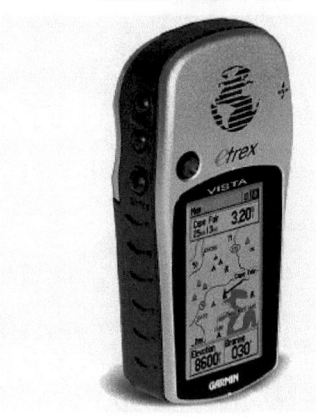

---

[381] Vgl. **Fruehauf, H.** (2002)
[382] Vgl. **Diederich, B.; Lerner, T.; Lindemann, R.; Vehlen, R.** (2001), S. 104 ff. oder im Internet: http://www.trimble.com/gps/what.html

Abbildung 74: Funktionsweise der GPS-Triangulation

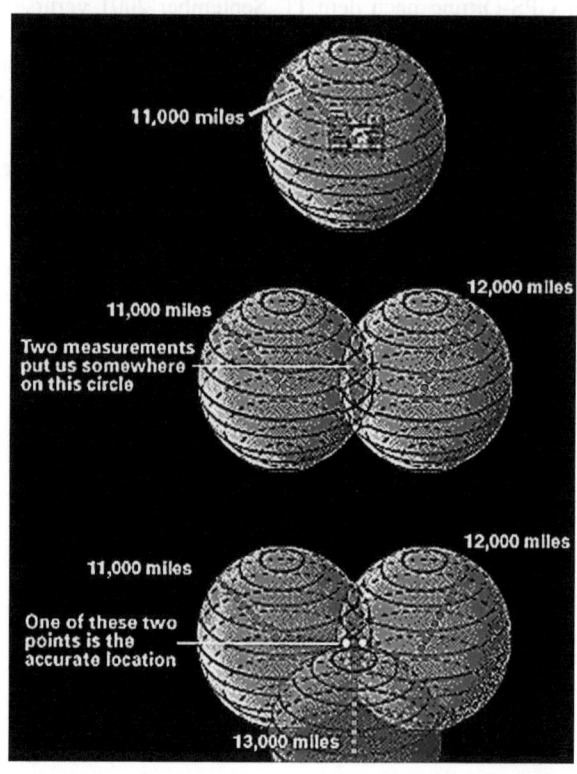

Die Position der Satelliten ist als Referenz bekannt. Die Entfernung wird durch Abgleich der Zeitunterschiede zwischen Satelliten- und Empfängerzeit berechnet. Bei einem Satellitensignal erhält man somit eine Sphäre möglicher Aufenthaltsorte um den Satelliten herum, bei zwei Satellitensignalen einen Kreis möglicher Aufenthaltsorte an der Schnittstelle der beiden Sphären. Bei drei Satellitensignalen schließlich bleiben nur noch zwei mögliche Positionen übrig, von denen üblicherweise nur eine auf der Erdoberfläche liegt.

Quelle: http://www.trimble.com/gps/what.html

Hinter dem Ortungsmechanismus der LBS befindet sich im Backend der Anwendungen so gut wie immer ein Programm, das die Positionsdaten der Nutzer mit den Positionsdaten seiner Angebote, mit Kartendaten oder Positionsdaten anderer Nutzer abgleicht und dementsprechende Informationen an den Nutzer zurücksendet. Hierzu kann ein SMS-Gateway benutzt werden oder auch ein ganz normaler Webserver.

Als Endgeräte für Location Based Services kommen zunächst abermals vor allem Handys in Frage. Allein aufgrund der großen Verbreitung der Geräte dürften sie auch die größte Zielgruppe für Geschäftsmodelle in diesem Umfeld sein. Die Ortung auf Zellbasis oder im Zusammenhang mit GPS ist jedoch auch für alle anderen vorgestellten Geräteklassen möglich. So können beispielsweise jeder mobile Computer oder viele PDAs mit sogenannten GPS-Mäusen nachgerüstet werden. Hier gibt es Geräte, die per USB angeschlossen werden können oder Compact Flash Cards für GPS. Die Nutzung von Location Based Services ist also keineswegs auf Mobilfunknetze beschränkt.

Abbildung 75: Beispielhafte Erweiterungsgeräte für die GPS-Nutzung mit mobilen Endgeräten

Von links: Eine klassische GPS USB-Maus, GPS-Maus für PDAs, GPS Compact Flash Erweiterungskarte und GPS Empfänger mit Bluetooth-Schnittstelle.

Technologisch betrachtet bieten LBS also eine Fülle interessanter Perspektiven. Die Informationen können über Push-Kanäle wie beispielsweise SMS zu Handys und anderen Endgeräten geschickt werden. Auch ist die Anbindung praktisch beliebiger Endgeräte an Location Based Services durch die weiter oben vorgestellten Erweiterungsgeräte problemlos möglich. Alles in allem ist das technologische Umfeld für Location Based Services also positiv zu beurteilen. Sicher entstehen bei der Entwicklung der speziellen Services einige schwierige Aufgaben im Bereich der Backendprogrammierung und Anbindung der Applikationen an die Lokalisierungssysteme. Es handelt sich also nicht wie bei den contentbezogenen Geschäftsmodellen um relativ überschaubare Erweiterungen der Technologie, sondern durchaus um ernsthafte Neuentwicklungen. Trotzdem sind die technologischen Voraussetzungen bereits zum jetzigen Zeitpunkt gegeben.

6.3.1.3 Prüfung der Marktchancen der Geschäftsmodelle von Location Based Services

Aufgrund der großen Vielfalt der möglichen Location Based Services ist eine genaue Marktbetrachtung nur für jedes einzelne Modell möglich. Zu unterschiedlich sind die Zielgruppen und die Ansätze der einzelnen Modelle.

Es sind allerdings eine große Anzahl von Marktbefragungen durchgeführt wurden. Durch diese Untersuchungen und durch die Erfahrungen, die in Japan mit I-mode gesammelt werden konnten, lassen sich einige Aussagen über die Marktchancen von Location Based Services formulieren. Aufgrund der Vielfalt der möglichen Anwendungen kann man sogar sagen, dass grundsätzlich die gesamte mobile Nutzerschaft als Zielgruppe für den einen oder anderen lokalitätsbezogenen Dienst angesehen werden kann.

Location Based Services machen in Japan bereits heute etwa 30% aller Zugriffe in mobile Netze aus. Laut einer Marktuntersuchung von Market & Opinion Research International (MORI)[383] wären in Deutschland, Großbritannien und Frankreich 42% der mobilen Nutzer bereit, Location Based Services zu nutzen. Hiervon wären 76% wiederum bereit, bis zu 13,50 Euro pro Monat für die Nutzung auszugeben, sofern hiermit ein Mehrwert, beispielsweise besonders Schnäppchen oder Rabatte, verbunden sind. Das hieraus errechenbare Marktpotential beträgt ca. 2,4 Milliarden Euro pro Jahr. Laut der Studie wären sogar 54% der Nutzer bereit, Ihren Provider zu wechseln, um Location Based Services nutzen zu können.[384] Die zukünftige Bereitstellung von Location Based Services könnte also auch für Mobilfunkprovider eine zunehmend wichtige Rolle spielen. In diesem Zusammenhang braucht man sich nur einmal an die viel beworbene „Homezone" von O2 erinnern, die einer der ersten Location Based Services in deutschen Mobilfunknetzen war und einen nicht unerheblichen Einfluss auf die Nutzerentscheidungen für O2 (ehemals Viag Interkom) hatte. Auch Navigationsdienste sehen die Nutzer als wertvoll an.[385]

Alles in allem adressieren Location Based Services also eine große Zielgruppe, die eine entsprechend große wirtschaftliche Relevanz hat. Die durch Location Based Services adressierbaren Nutzerbedürfnisse sind ebenso vielfältig. Communitydienste, wie die FriendZone von Swisscom,[386] bei der bekannte Nutzer in einem gewissen Umkreis angezeigt werden, adressieren das Grundbedürfnis nach Kommunikation. Die Möglichkeit zur Ortung an sich ist bereits eine Form der Sicherheit für den normalen Nutzer. Der Dienst Trackyourkid.de[387] bietet

---

[383] Market & Opinion Research International im Intenet: http://www.mori.com
[384] Vgl. **Diederich, B.; Lerner, T.; Lindemann, R.; Vehlen, R.** (2001), S. 49 und **Bager, J.** (2002a)
[385] Vgl. **Meyfarth, R.** (2001)
[386] Swisscom im Internet: http://www.swisscom.ch/, FriendZone im Internet: https://webzone.friendzone.ch/flash/home.html
[387] Trackyourkid.de im Internet: http://www.trackyourkid.de

beispielsweise besorgten Eltern die Möglichkeit, ihr Kind anhand der Cell-ID-Ortung mit der entsprechenden Unschärfe zu orten. Der Dienst kostet zwischen fünfzig Cent und einem Euro pro Ortung und kann auch von mobilen Pflegediensten oder anderen Anwendern genutzt werden.

Abbildung 76: Ortung eines Mobiltelefons am Beispiel des Dienstes Trackyourkid.de

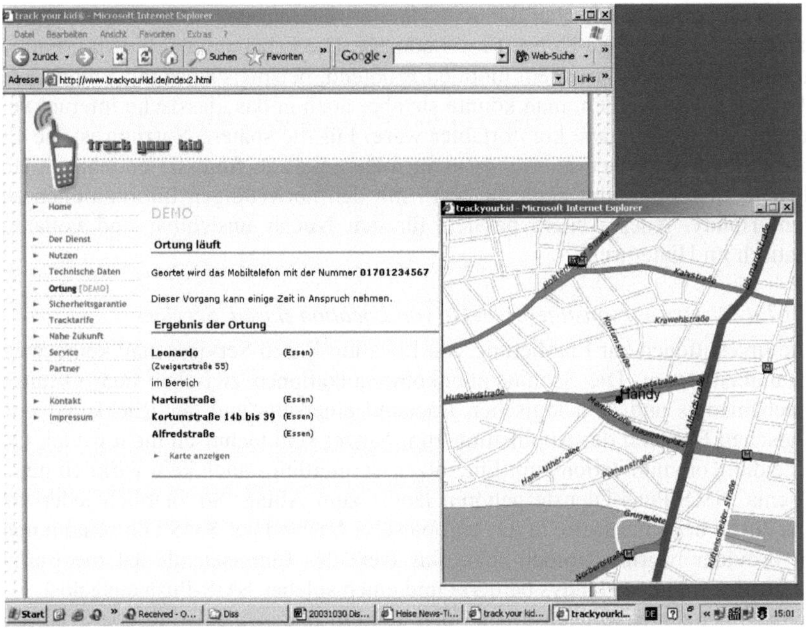

Trackyourkid.de bietet die Ortung des Handys, zum Beispiel des eigenen Kindes an und adressiert hiermit Sicherheitsbedürfnisse der Eltern. Der Standort kann über das Internet abgerufen werden.

Quelle: http://www.trackyourkid.de

Lokalitätsbezogene Tipps wie Restaurantfinder, Veranstaltungskalender etc. spielen ebenfalls gemeinsam mit News- und Communitydiensten und denkbaren lokalitätsbezogenen Spielen eine Rolle im Bezug auf das Unterhaltungsbedürfnis. Schnäppchenfinder und Rabattdienste adressieren monetäre Bedürfnisse.

Auch in Bezug auf die Nutzbarkeit unter mobilen Bedingungen sind Location Based Services prinzipiell positiv zu bewerten. Im Allgemeinen reicht der Platz einer SMS vollkommen aus, um dem Nutzer die gewünschte Information zukommen zu lassen. Lange Texte oder komplizierte Registrierungsvorgänge sind bei der tatsächlichen Nutzung der Location Based Services eigentlich nicht notwendig. Lediglich denkbare personalisierte Dienste, bei denen Nutzer eventuell Profile hinterlegen könnten und so ihren Interessen entsprechend informiert werden könnten, erfordern die Eingabe umfangreicherer Daten. Wenn ein Nutzer beispielsweise angibt, dass er gerne klassische Opern ansieht oder vielleicht doch lieber Heavy Metal, so könnte ein Location Based Service ihm direkt die für ihn interessanten Veranstaltungen an seinem Aufenthaltsort vorselektieren. Unser Opernfan würde über die neue Hamlet-Inszenierung informiert, der Rockfan über das Metallica-Konzert im Stadtpark. Die Erhebung der hierzu grundliegenden Daten kann in einem mobilen Frontend, beispielsweise mit i-mode oder WAP realisiert werden, man könnte sie aber auch in das klassische Internet verlagern, wo die Eingabe komfortabler wäre. Für die spätere Nutzung ist die Erfassung solcher Daten allerdings nicht mehr relevant. Sind sie einmal vorhanden, so findet sich nur noch die SMS mit den notwendigen Informationen auf dem Handy. Alles weitere passiert für den Nutzer unsichtbar und vollautomatisch im Hintergrund.

6.3.1.4 Diskussion sonstiger Aspekte von Location Based Services

Die Investitionen zur Etablierung von Location Based Services sind keineswegs zu unterschätzen. Die Schnittstellenkommunikationen zwischen dem Ortungsmechanismus und dem logischen Backend einerseits und der Rückkanal vom logischen Backend der Applikation zum Nutzer sind technisch nicht trivial. Gerade die Kommunikation zum Endnutzer ist allerdings auch kein wirklich neues Thema. SMS-Push-Dienste gehören längst zum Alltag. So ziemlich jeder von uns dürfte bei einer Reise in das europäische Ausland per SMS von seinem neuen Provider begrüßt worden sein. Das Netz des Einreiselands hat die Einbuchung des fremden Handys bemerkt und einen solchen SMS-Push ausgelöst.

Je nach betrachtetem Dienst kann man hier auf unterschiedlich große Erfahrungen zurückgreifen. Im Allgemeinen handelt es sich bei der Entwicklung neuer Dienste jedoch um klassische Softwareprojekte, die dementsprechend zu kalkulieren und durchzuführen sind. Nur die wenigsten Dienste dürften Investitionsvolumina von einer Million Euro übersteigen, die meisten Dienste sollten eher deutlich unter dieser Marke liegen.

Je nachdem, wer ein solches Projekt initiiert, können diese Kosten hoch oder niedrig sein. Wenn man jedoch betrachtet, dass Location Based Services sich durchaus zu einem Faktor bei der Entscheidung für oder gegen einen Mobilfunkprovider entwickeln könnten und andererseits sogar die Mobilfunkanbieter selbst als Anbieter für Location Based Services in ihren Netzen auftreten,[388] so

---

[388] Dienste der Mobilfunkanbieter sind z.B. die Viag interkom Homezone, D2 Bestcityspecials oder die Swisscom Friendzone.

werden diese Zahlen stark relativiert. Das formulierte erwartete Marktvolumen tut ein Übriges.
Die standardisierte Bereitstellung einer Schnittstelle zu den Ortungsmöglichkeiten der Mobilfunknetze spielt hier eine weitere wichtige Rolle, die die Risiken für kleinere Anbieter lokalitätsbezogener Dienste stark verringern könnte. Solche Schnittstellen sind somit auch im Interesse der Mobilfunknetzbetreiber selbst und dürften von diesen in der Zukunft dementsprechend vorangetrieben werden.
Bei der Betrachtung der Marktzutrittsbedingungen und der Konkurrenzsituation für Location Based Services zeichnet sich ebenfalls ein positives Bild ab. Der Markt ist in Europa als noch sehr jung einzuschätzen. Zwar wurden bereits erste Angebote und Dienste realisiert, diese haben bisher allerdings eher einen Pilotcharakter und wurden meist von den Mobilfunknetzbetreibern selbst initiiert.
Das erwartete Marktvolumen und die große Anzahl der möglichen Modelle dürften einer Vielzahl auch kleinerer und jüngerer Unternehmen eine lohnende Perspektive bieten. Auch das zu erwartende Interesse der großen Mobilfunkbetreiber an dem Angebot innovativer Dienste in ihren Netzen und die mögliche Ausrichtung der Zahlungsbeziehungen sowohl auf den Endnutzer als auch auf Geschäftspartner sind positiv zu bewerten. Eventuell wären sogar Modelle möglich, in denen kleine Unternehmen als Application Service Provider für das Angebot ihrer Dienste in den Netzen der großen Provider auftreten und somit hier eine Geschäftsbeziehung aufgebaut wird.
Die Konkurrenzsituation ist bisher nur in bestimmten Bereichen der Location Based Services als schwierig einzuschätzen. Beispielsweise bei den Navigationsdiensten haben seit Jahren im stationären Internet erfolgreich platzierte kleinere Unternehmen einen Vorsprung aufgebaut. Auch haben sie ihre technischen Systeme meist von vornherein darauf ausgerichtet, in das mobile Umfeld portiert zu werden. In diesem Bereich dürfte ein Marktzutritt für neue, unerfahrene Unternehmen schwieriger sein.[389] Andere Modelle der Location Based Services hingegen haben sich im deutschen Markt bisher kaum etabliert. Beispielsweise die angesprochenen lokalitätsbezogenen Ticketservices haben bisher keinen relevanten Bekanntheitsgrad erreicht. Hier erlaubt die Konkurrenzsituation einen leichteren Marktzutritt.

---

[389] Seit längerem im Internet etablierte Navigationsdienste: Map24 (http://www.map24.de), Gate5 AG (http://www.gate5.de), etc.

6.3.1.5 Location Based Services - Verdichtung des Gesamtbildes in einer Übersichtstabelle

Tabelle 12: Bewertungstabelle - Location Based Services

Technologische Faktoren		
Netzwerktechnologie		
Zur Nutzung benötigte Übertragungsleistung	Keine besonderen Anforderungen, SMS reichen meist aus.	
Nutzbare Netzwerktechnologien?	Hauptsächlich Mobilfunknetze. W-LAN-Netze in Kombination mit GPS oder Cell-ID möglich, jedoch bisher Ausnahmefälle.	+
Netzwerke für den Markt zugänglich?	Ja.	++
Hohe Nutzungsgeschwindigkeit realisierbar?	Nicht relevant. SMS reichen für die Nutzung meist aus.	
Spezielle Anforderungen der Netzwerktechnologie		
Lokalisierung notwendig und gegeben?	Ja. Über Cell-ID, OTD, GPS sind unterschiedliche Verfahren verfügbar, die den Ansprüchen genügen.	++
Identifikation notwendig und gegeben?	Ja. Über SIM-Karte oder Mac-Adresse bzw. Zugangsdaten bei W-LAN.	++
Roaming notwendig und gegeben?	Im relevanten Mobilfunknetz problemlos.	++
Übertragungssicherheit notwendig und gegeben?	In Mobilfunknetzen relativ große Sicherheit. Bei W-LAN problematisch. Je nach Dienst kann dieses für W-LAN ein Hindernis sein. Dieses ist jedoch bisher kaum relevant für LBS.	+
Förderliches Preismodell verfügbar?	Bei einfachen SMS-Push-Diensten eigentlich nicht. Der SMS-Preis ist deutlich zu hoch. Er ist jedoch allgemein akzeptiert.	o

Endgerätetechnologie		
Mindestens benötigte Geräteklasse	Es reichen meist Handys mit SMS-Empfang.	
Verbreitung der notwendigen Geräteklasse im Markt	Sehr weit verbreitet.	++
Gerätetechnische Begrenzungen	Bei Handys: Kleines Display, schlechte Eingabe. Dieses ist jedoch aufgrund der sehr kurzen Informationen (bisher meist nur eine SMS) nicht so relevant.	o

Zusammenfassung der technologischen Faktoren	
Die meisten Location Based Services kommen mit der verfügbaren technischen Infrastruktur aus. Nur wenige stellen bisher auf die Nutzung von PDAs oder W-LAN ab. Als Push-Kanal zum Nutzer wird überwiegend die seit langem bekannte SMS genutzt. Das technologische Gesamtsetup ist positiv zu beurteilen.	++

Marktbetrachtungen		
Zielgruppenbetrachtung		
Adressierte Altersgruppen	Je nach Modell kann jedes Marktsegment adressiert werden.	++
Adressierte Berufsgruppen	Je nach Modell kann jedes Marktsegment adressiert werden.	++
Größe der Zielgruppen im Markt	Theoretisch wird der gesamte mobile Markt adressiert. Einzelne Dienste spezialisieren sich auf spezielle Segmente.	++
Wirtschaftliche Relevanz der Zielgruppen	Alle relevanten Zielgruppen können angesprochen werden.	++
Akzeptanzprobleme gegenüber der Applikation	Bei unaufgeforderten Push-Diensten ist ein Akzeptanzproblem gegeben. Bewusst angeforderte LBS hingegen haben keine Akzeptanzprobleme bei den Nutzern.	o

Abgleich mit den formulierten Anforderungen an die Anwendung		
Schnelle Nutzbarkeit (3 Minuten)?	Ja. Meist handelt es sich nur um eine SMS.	++
Einfache Bedienbarkeit, gute Benutzbarkeit realisierbar?	Ja. Begrenzung vor allem durch die Geräteklasse (meist werden noch Handys verwendet, die die Eingabe etwas komplizierter gestalten). Für die meisten Dienste sind jedoch keine umfangreichen Eingaben am Endgerät notwendig.	+
Möglicher Zusatznutzen?	Ja. Der Zusatznutzen wird durch Rabatte, Schnäppchenangebote und für den Nutzer in der aktuellen Situation relevante Informationen (Navigation) generiert.	++

Abgleich mit den formulierten Bedürfnissen der Nutzer		
Pflege sozialer Beziehungen, Anerkennung?	Je nach Dienst möglich. Beispiel: FriendZone.	+
Unterhaltung	Je nach Dienst möglich. Beispiel: Ortsbezogene Hintergrundinformationen.	+
Sicherheit	Ja. Ortungsfunktionalität bietet an sich bereits Sicherheit.	++

Zusammenfassung der Marktbetrachtungen		
Durch die große Diversifizierbarkeit der möglichen Dienste können Location Based Services alle relevanten Segmente des mobilen Marktes ansprechen. Sie können auch alle Nutzerbedürfnisse adressieren und reale Mehrwerte bieten. Auch ist von einer hohen Akzeptanz auszugehen und erste Erfahrungen sowie Umfragen bestätigen das positive Gesamtbild. Location Based Services dürften von mobilen Nutzern überwiegend gut angenommen werden.		++

Sonstige Aspekte des Geschäftsmodells		
Investitionsaufwand	Je nach Anwendung gering bis mittelgroß.	+

Entwicklungsaufwand	Die Schnittstellenkommunikation (vor allem Ortung) birgt einen gewissen technischen Aufwand. Auch die Backendlogik muss für die meisten Dienste wohl neu entwickelt werden. Lediglich Navigationsdienste können hier auf umfangreiches Wissen aus dem Internet zurückgreifen.	-
Marktzutrittsbedingungen	Es handelt sich um einen sehr jungen Markt, in dem ein Zutritt relativ gut möglich ist. Nur wenige Segmente sind bisher stärker besetzt, z.B. Navigationsdienste.	++

Zusammenfassung der sonstigen Aspekte	
Die größte Unsicherheit der sonstigen Aspekte sind die technischen Projekte bei der Entwicklung der Anwendungen für Location Based Services. Die Verbindung der unterschiedlichen Technologien könnte hier zu Problemen führen. Die Investitionssummen sind je nach Größe des entsprechenden Unternehmens neutral bis kaum relevant. Die Konkurrenzsituation schließlich ist in den meisten Bereichen sehr positiv zu beurteilen. Ausnahme: Die schon recht lange im herkömmlichen Internet etablierten und recht gut portierbaren Navigationsdienste.	++

Zusammenfassende Bewertung	
Location Based Services geben ein überwiegend positives bis sehr positives Gesamtbild ab. Es handelt sich nach übereinstimmender Einschätzung aller Quellen und nach meinen eigenen Beobachtungen um einen aufstrebenden Markt mit durchaus relevanter Größe, der bisher nur an wenigen Stellen besetzt ist. Die Vielfalt der möglichen Anwendungen, Investitionsvolumina und Technologie ermöglicht den Marktzutritt auch für kleine und mittlere Firmen mit unterschiedlichen Geschäftsmodellen.	++

6.3.1.6 Fazit zum Modell Location Based Services

Wenn man sich im Umfeld mobiler Netze bewegt, Artikel, Whitepapers oder Diskussionsforen hierzu liest, werden Locations Based Services sehr oft als die kommende Killerapplikation für Mobilfunk und mobiles Internet eingestuft.[390]
Bisher existieren allerdings wenige Angebote. Das in Deutschland bekannteste Beispiel dürfte die Homezone von O2 sein. Es gibt jedoch bereits heute eine Anzahl anderer Anwendungen, von denen auch einige bereits angesprochen wurden.[391] Die große Mehrzahl der bisher realisierten Location Based Services verzichtet jedoch derzeit noch auf den eigentlichen Kern des Angebots, nämlich die automatische Lokalisierung des Nutzers. So gibt es im Internet längst eine Fülle ortsbezogener Angebote, bei denen der Nutzer zunächst einmal seinen Standort ganz klassisch eingeben muss. Teilweise werden auch rein sprachbasierte Dienste angeboten wie zum Beispiel der Berliner Stadtlotse der Firma Mecomo. Ganz klassisch per Telefon liefert er Kinoprogramme und Events.[392] Die Angebote, die eine automatische Lokalisierung beinhalten, funktionieren bisher nicht wirklich zuverlässig. Selbst auf die Homezone wollte O2 keine Ga-

---

[390] Vgl. **Bager, J.** (2002a)
[391] Vgl. **Diederich, B.; Lerner, T.; Lindemann, R.; Vehlen, R.** (2001), S. 104 ff.
[392] Vgl. **Bager, J.** (2002a)

rantie geben. Für die viel beschworene Killerapplikation dürften die bisher gezeigten Angebote also noch nicht reichen. Eine Weiterentwicklung in Zuverlässigkeit und auch eine weitere Diversifizierung des Angebots sind notwendig.[393] Trotzdem sollten Location Based Services zukünftig nicht unterschätzt werden. Zu groß sind die möglichen Einsatzgebiete und die damit verbundenen zu schaffenden Mehrwerte für die Nutzer. Auch erwarten mobile Nutzer das Angebot von Location Based Services von ihrem Provider und gerade die weit verbreitete Bereitschaft vieler Nutzer, zu einem anderen Provider zu wechseln, sollte ihr aktueller Provider die Dienste nicht anbieten, dürfte im hart umkämpften Markt der Netzbetreiber einen gewissen Push-Effekt für Location Based Services auslösen. In Anbetracht der vielen Möglichkeiten dürften wir also zukünftig eine Vielzahl von Location Based Services angeboten bekommen. Der Markt in Europa ist hier keineswegs gesättigt. Technisch gibt es zwar noch einige Hindernisse, die in der Zukunft allerdings weitgehend beseitigt werden dürften.

Die Gemengelage aus hohen Nutzererwartungen, den hiermit verbunden Push-Effekten durch Provider, real möglichen Mehrwerten und kaum besetztem Marktumfeld lassen Location Based Services trotz der vorhandenen, vor allem technischen, Kinderkrankheiten sehr positiv erscheinen.

6.3.2 M-Advertising – Geschäftsmodelle des mobilen Werbemarkts

M-Advertising ist grundsätzlich jede Art von Werbung, die auf mobilen Endgeräten betrieben wird. Naturgemäß ist dieses aktuell vor allem Werbung auf Handys, da andere mobile Endgeräte erst deutlich weniger verbreitet sind. Ähnlich der Werbung im Internet bietet Werbung auf mobilen Endgeräten aber eine Fülle neuer Aspekte und ist durch die spezielle Nutzungssituation und die Möglichkeit, den Nutzer immer und überall zu erreichen, sehr interessant. Gleichzeitig ist die Bereitstellung von Infrastruktur für mobile Werbung auch eine technologische Aufgabe, weswegen das Modell hier im Bereich der mobilen Anwendungen angesiedelt wird.

6.3.2.1 Vorstellung des Geschäftsmodells M-Advertising

Mobile Werbung hat rein technisch deutlich weitreichendere Möglichkeiten als Werbung in anderen Medien. Lediglich Werbung im Internet ist in Bezug auf Personalisierung und Adaption der Nutzerinteressen ähnlich leistungsfähig. Allerdings werden diese Fähigkeiten im Internet bisher nur von den allerwenigsten Websites genutzt. Auch sind zur Realisierung Cookies oder Logins notwendig. Logins auf Webseiten sind jedoch eine echte Hürde für den Nutzer, werden meist gar nicht genutzt und Cookies werden nicht von allen Nutzern akzeptiert. Die Personalisierungsinformationen erhält man jedoch in mobilen Netzen quasi

---

[393] Vgl. **Bager, J.** (2002a)

gratis über SIM-Karten, MAC-Adressen oder Logins, die zur Nutzung des Netzes an sich bereits notwendig sind.
Werbung im mobilen Medium ist technisch betrachtet eine Form des One-to-One- oder Direktmarketings. Im Gegensatz zu Print- oder Broadcastmedien wie Radio oder Fernsehen kann hier tatsächlich der Nutzer ganz individuell angesprochen werden. Diese Möglichkeit liegt in der technischen Struktur mobiler Netze begründet, in der der Endnutzer einzeln identifiziert werden kann. Die Werbeaktivität wird somit nicht auf einen Nutzerstamm oder eine Gruppe von Zuschauern ausgerichtet, sondern kann ganz gezielt, eben One-to-One, auf Nutzer ausgerichtet werden, die in irgendeiner Form eine Affinität für das beworbene Produkt gezeigt haben.
Die Personalisierung kann sich im Internet in Form von speziellen Werbeeinblendungen, Produkteinblendungen, entsprechend vorausgewählten redaktionellen Beiträgen oder sonstigen Inhalten zeigen. Selbst Menüs und Seitenlayout können den gezeigten Interessen des Nutzers angepasst werden. Hierzu wird das Verhalten eines Nutzers auf der Website ausgewertet und vollautomatisch dementsprechend reagiert. Solche Möglichkeiten hat mobile Werbung grundsätzlich auch.[394]
Mobile Werbung kann neben der Inhaltsorientierung, bei der die Werbung mit einem abgerufenen Inhalt, einem besuchten Channel oder ähnlichem verknüpft ist, auch transaktionsorientiert, responseorientiert und natürlich textbasiert oder graphisch sein oder sogar ein binäres Format haben. Bei der Transaktionsorientierung steht ein Abverkauf von Standardprodukten im Vordergrund. Hierzu können Gutscheine oder Discountrabatte an ein Handy geschickt werden. Bei responseorientierter Werbung wird der Nutzer mit einem so genannten Eye-Catcher zu einer Antwortaktion animiert. Dieses kann der Besuch einer (mobilen) Website sein, ein Anruf bei einem Callcenter oder auch eine Rück-SMS. Textbasierte und graphische Werbung sind die Portierung der klassischen Formate auf das mobile Endgeräte und binäre Werbeformate schließlich ermöglichen Programmausführungen auf einem Handy. Die Programme oder Programmierungen können beispielsweise per WAP oder ein Link per SMS gesendet werden. Dieses ist allerdings in Fragen der Nutzerakzeptanz sicher sehr problematisch und funktioniert auch nur bei Nokia-Handys.[395] Hier sind jedoch Parallelen zum Viral Marketing des stationären Internets erkennbar.
Das mobil hauptsächlich verwendete Handy ist ohnehin auch das ideale Medium für Werbung. Es ist so gut wie immer dabei und wird nur sehr ungern aus der Hand gegeben. Somit ist es möglich, einen Nutzer direkt am Ort einer Kaufentscheidung oder einer bestimmten Aktion zu erreichen, nicht zu Hause auf dem

---

[394] Vgl. **Grimm, R.; Jüstel, M.; Klotz, M.** (2002), S. 177 ff.
[395] Vgl. **Lippert, I.** (2002), S. 139 f.

Sofa.[396] In Verbindung mit den vorgestellten Ortungsmethoden wäre es technisch sogar möglich, den Verbraucher in dem Moment zu benachrichtigen, in dem er in der Fußgängerzone gerade an einem Geschäft mit einem für ihn interessanten Angebot vorbeigehen wollte. Gerade durch diese Ubiquität ist bei der relativ jungen Werbeform auf mobilen Endgeräten zu beachten, dass die Werbung nicht zu schnell ihre Wirkung verspielt und als aufdringlich empfunden wird, weil die Nutzer alle paar Sekunden mit Nachrichten belästigt werden. Immerhin kosten die meist benutzten SMS ja auch immer noch Geld. Mind-Matics[397] hat diesen Anspruch in ihrer 4P-Strategie zusammengefasst. Demnach soll Werbung „Permittet, Polite, Paid and Profiled" sein.[398]

Die herkömmlichen Werbeformen, vor allem graphisch orientierte Werbeformen, werden es aufgrund der gerätetechnischen Einschränkungen, vor allem wegen der zu kleinen und unterschiedlich auflösenden Displays, eher schwer haben. Stattdessen werden die neuen, personalisierten Werbeformen, die auf das Endgerät optimiert sind und einen eigenen, bisher nicht möglichen Mehrwert schaffen können, ihnen den Rang ablaufen.[399]

Nach ersten Erfahrungen ist die Effizienz von mobiler Werbung, beispielsweise per SMS, deutlich höher als die von Werbebannern im Internet oder anderen Werbeformen.[400] So startete Mobile Attitude[401] bereits im August 2000 in der San Francisco Bay Area einen Responsetest gemäß den Grundsätzen der 4P-Strategie mit 6000 Kunden. Die Rücklaufquote lag mit 8% weit über der von anderen Werbeformen. Wichtig für die Akzeptanz war, dass die Nutzer selbst bestimmen konnten, wann, welche und wie viele Angebote sie erhalten. Die meisten Nutzer ließen sich zwei Angebote am Tag schicken, die einen Kontext zu ihrem persönlichen Umfeld hatten. Am meisten wurden Rabattcoupons genutzt, beispielsweise für das örtliche Kino des Nutzers.[402] Der Dienst Mr. Adgood ist ein Beispiel für einen solchen profilierten, personalisierten Werbedienst, der auch bereits in Deutschland angeboten wird.[403]

Eine ähnliche Erfahrung machte die größte japanische Videothekenkette Tsutaya. Tsutaya nutzte i-mode seit August 2000 zur Kommunikation und Werbung. Sie erreichten im ersten Monat alleine 30.000 neue Mitglieder.[404]

Aufgrund der hohen Antwortraten ist mobile Advertising zudem günstiger als andere Werbeformen. Im Endeffekt kann es auch nicht in den Bereich des On-

---

[396] Vgl. **Zobel, J.** (2001), S. 60 ff.
[397] Mind-Matics im Internet: http://www.mindmatics.de
[398] Vgl. **Gora, W.; Röttger-Gerigk, S.** (2002), S. 137 und **Lippert, I.**(2002), S. 135 ff.
[399] Vgl. **Zobel, J.**(2001), S. 223 f.
[400] Vgl. **Steimer, F.; Maier, I.; Spinner, M.**(2001), S. 22
[401] Vgl. **Batista, E.** (2000)
[402] Vgl. **Zobel, J.** (2001), S. 104 f.
[403] Mr. Adgood im Internet: https://www.misteradgood.com/de/index.jsp
[404] Vgl. **Zobel, J.** (2001), S. 112 f.

line Marketings eingeordnet werden, sondern gehört tatsächlich in den Bereich des Dialogmarketings, denn es findet eine individuelle, wenn auch automatische Kommunikation mit dem Endkunden statt. Hierbei werden Streuverluste sehr stark minimiert.[405]

Tabelle 13: Mobile Advertising ist eine der kostengünstigsten Varianten des Direktmarketings

	1000 Kontakte / €	Response Rate	Preis pro Response / €
Direct Mailing	1200	1%	120
Bannerwerbung	30	0,55%	5,45
E-Mail Marketing	240	7,5%	3,2
Mr. AdGood (non-profiled)	125	7%	1,8
Mr. AdGood (profiled)	175	10%	1,75

Quelle: **MindMatics AG** (2001), im Internet: http://www.mindmatics.de

Das Erlösmodell des M-Advertising ist im Gegensatz zu den geradezu revolutionären technischen Möglichkeiten altbekannt. Wie alle anderen Werbemaßnahmen auch, wird M-Advertising im Endeffekt auf einem Tausenderkontaktpreis (im folgenden TKP) basierend abgerechnet. Selbst Anzeigen in Printmedien basieren im Endeffekt auf dieser allgemeinen Grundlage. M-Advertising liegt somit eine schon seit vielen Jahrzehnten erprobte Business-to-Business-Geschäftsbeziehung als Ertragsmodell zu Grunde, in der ganz klassisch Aufträge vergeben und Rechnungen geschrieben werden. Zum Endnutzer wird normalerweise keine Geschäftsbeziehung aufgebaut. Der Nutzer zahlt maximal den Preis für seine SMS.

6.3.2.2 Erläuterung zentraler technologischer Parameter von M-Advertising

Mobile Werbung stellt in ihrer bisher meistgenutzten Form kaum größere technische Anforderungen. Die SMS-Versendung gehört heute technisch zu den sicher beherrschten Dingen im Mobilfunksektor. Es stehen passende Gateways mit entsprechend definierten Schnittstellen zur Verfügung, die durch die Werbeversender angesprochen werden können. Die Profilierung der Nutzer wird bisher meist unter Inkaufnahme eines Medienbruchs über das stationäre Internet vorgenommen. Hier melden sich die Nutzer auch an oder ab. Auf der gewohnten

---

[405] Vgl. **Lippert, I.** (2002), S. 141 ff.

Browseroberfläche sind umfangreichere Eingaben in großen Formularen kein großes Hindernis mehr. Die entsprechende Profilierung über i-mode oder WAP wäre zeitaufwändig und deswegen auch teuer.
Die so erfassten Daten zu Interessen, Alter, Geschlecht, Aufenthaltsort etc. werden in einer zentralen Profildatenbank gespeichert. Diese Datenbank enthält auch die vom Betreiber eingestellten Werbekampagnen der werbetreibenden Kunden des Dienstes. Zu jeder Kampagne existieren hier ebenfalls Profile darüber, für welche Interessen-, Altersgruppen oder geographischen Orte sie bestimmt sind. Die dritte Datenquelle für einen mobilen Werbedienst ist schließlich das Mobilfunknetz selbst, über das der Dienst Daten seiner Nutzer erhalten kann. Beispielsweise die Ortungsdaten sind bei geographisch gebundenen Angeboten sehr interessant. Diese Daten werden allerdings bisher kaum genutzt. Häufiger vertreten ist die Erhebung von Lokalisierungsdaten über das Web-Frontend. Hier gibt der Nutzer dann seinen normalen Aufenthaltsort selbst an.
All diese Daten werden in einem zentralen Prozess miteinander abgeglichen und dementsprechend entschieden, welche Nutzer informiert werden sollen. Anschließend versendet das System über einen passenden Mechanismus seine Werbebotschaften. Ähnlich der medienneutralen Auslieferung bei den Content Management Systemen ist auch hier idealerweise eine medienneutrale Auslieferung anzustreben.
Der Personalisierungsanspruch beschränkt dieses zwar selbstverständlich auf personalisierbare Medien, doch hier sind zumindest ein Web-Frontend, eine E-Mail-Versendung, ein WAP- oder i-mode-Frontend und auch direct Mailing in Papierform je nach Kanal, über den ein Nutzer angesprochen werden möchte und über die Kampagnen laufen sollen, denkbar.
Die ausgelieferten Werbebotschaften werden bei Ihrer Auslieferung automatisch im System vermerkt. Aufgrund dieser Daten können dann ebenso automatisch der Leistungsnachweis für die gebuchten Kundenkontakte an den Werbetreibenden und die Abrechnung erfolgen.
Da W-LAN noch in den Kinderschuhen steckt und UMTS noch längere Zeit keine Rolle spielen wird, werden für mobile Werbedienste bisher hauptsächlich die aktuell verfügbaren GSM-Mobilfunknetze mit der enthaltenen SMS-Funktionalität genutzt. Die technischen Möglichkeiten des Kontakts per WAP oder i-mode sind hingegen bisher kaum realisiert. Stattdessen setzen die Anbieter zunehmend eher auf die Weiterentwicklung der SMS, nämlich der MMS. Werbebotschaften per MMS erlauben immerhin schon die Mitsendung aufwändigerer Grafiken und von Tönen.
Es ist kaum anzunehmen, dass sich in naher Zukunft eine andere mobile Netzwerktechnologie als GSM soweit verbreitet, dass ihre Nutzer eine weithin werberelevante Größe erreichen würden. Auf einen Zeithorizont von mindestens zwei, eher drei Jahren hin wird GSM also der Hauptwerbeträger für M-Advertising bleiben. Eine Adaption der auf dieser Netzbasis möglichen WAP- und i-

mode-Technologie für M-Advertising scheint aus heutiger Sicht wenig lohnenswert, da die über diese Kanäle erreichten Zielgruppen doch vergleichsweise klein sind. Stattdessen wird sich M-Advertising eher kurzfristig in Richtung der MMS orientieren. Mit Verfügbarkeit von UMTS oder einer großflächigeren Adaption von W-LAN-Netzen könnten sich auch für dieses Modell technologische Neuentwicklungen durchsetzen.

Für die Nutzung des SMS-Kanals ist das technische Umfeld als unproblematisch zu bezeichnen. Das Beispiel Mr. AdGood zeigt die erfolgreiche Adaption bestehender und erprobter Technologien zum Aufsetzen eines mobilen Werbedienstes in diesem Umfeld. Die Weiterentwicklung in Richtung einer MMS-Versendung ist nicht wesentlich aufwändiger. Lediglich die Aufbereitung der Werbebotschaften muss selbstverständlich entsprechend angepasst und eine entsprechende Schnittstelle beliefert werden. Alles in allem nutzt das aktuell praktizierte M-Advertising nur einen Bruchteil der technischen Möglichkeiten, vermeidet dafür aber jegliches technisches Wagnis. Dief Erschließung vor allem der Lokalisierungsfunktionen dürfte allerdings nochmals ganz neue Dimensionen der Werbung öffnen. Hier ist mit erhöhtem Entwicklungsaufwand in der näheren Zukunft zu rechnen.

Abbildung 77: Profilierung und Personalisierung für Werbedienste über das klassische Internet - Beispiel Mr. Adgood

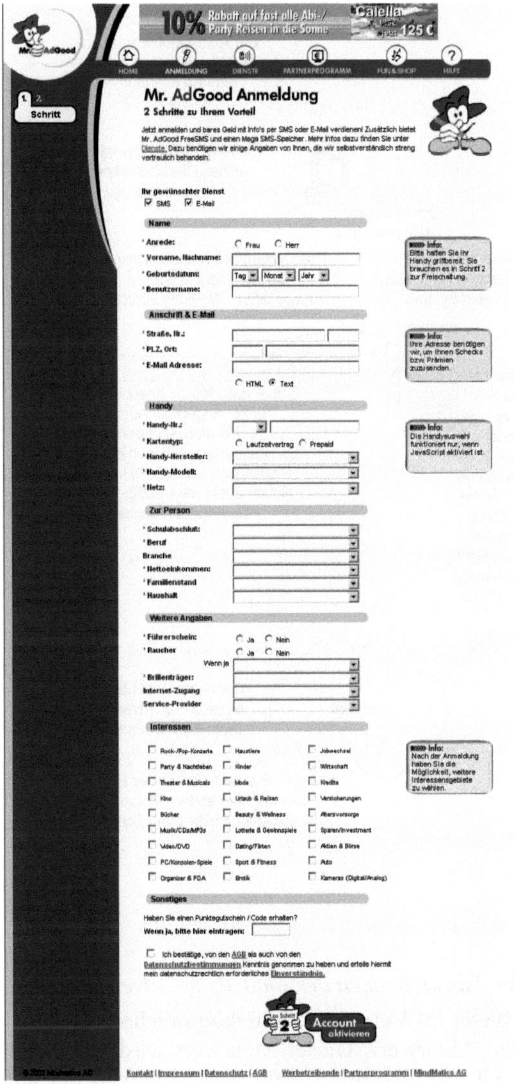

Das Registrierungsformular fordert umfangreiche Informationen ab. Persönliche Daten und Interessen, zu denen man informiert werden möchte. Hierüber wird die Werbung später auf dem mobilen Kanal erlaubt und gleichzeitig profiliert und personalisiert.
Quelle: http://www.misteradgood.de

Abbildung 78: Grundsätzliche Funktionsweise eine mobilen Werbedienstes

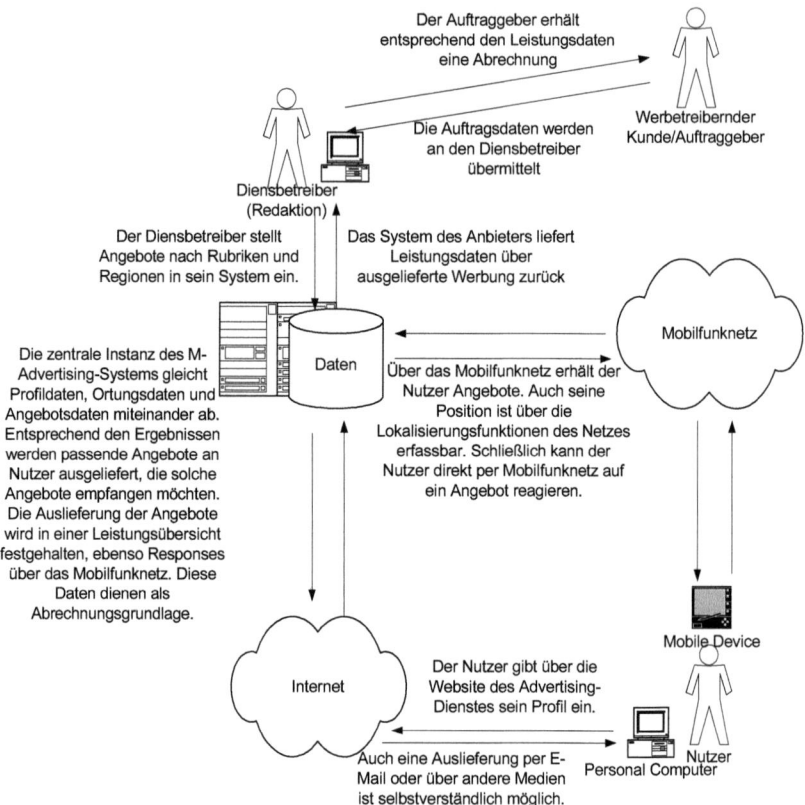

6.3.2.3 Prüfung der Marktchancen des Modells M-Advertising

Mobile Werbung bietet im Vergleich zu herkömmlicher Werbung vor allem eines für den Nutzer: Mehrwert. Dieser Mehrwert wird wie beschrieben durch Personalisierung und Profilierung erreicht. Der Mehrwert der auf diese Weise zugestellten Werbebotschaften wird oft mit Rabatten in der Art von Coupons erzielt oder durch die Versorgung mit ganz spezifischen, vom Nutzer gewünschten beziehungsweise auch gebrauchten Informationen. Die angesprochenen Bedürfnisse können somit vor allem im Bereich der monetären Bedürfnisse angesiedelt werden. Im weiteren Sinne werden je nach Art der Werbebotschaft auch Unterhaltungs- und Informationsbedürfnisse adressiert. Einer genauen Zielgruppenbetrachtung entzieht sich auch dieses Geschäftsmodell. Zusammenfassend kann man davon ausgehen, dass vor allem preisbewusste, jüngere Zielgruppen als erste adressiert werden. Die Mediadaten des Dienstes Mr. AdGood, die durch MindMatics selbst veröffentlich werden, geben hier ein relativ gutes Bild der erreichten Zielgruppen. Es gibt also kaum große Unterschiede zu der Betrachtung des Gesamtmarktes. Die durch die Nutzer angegebenen Interessen erlauben allerdings einen Rückschluss auf die Bedürfnisse, die ein mobiler Werbedienst neben den genannten monetären Bedürfnissen noch adressieren sollte. Mit großer Mehrzahl werden hier typische Jugend- und Freizeitthemen wie Kino, Musik/CD/MP3, Urlaub/Reisen oder Parties/Nachtleben genannt. Auch Internet/Kommunikation dürfte wohl vor allem dem Kommunikationsbedürfnis dienen. Es ist also festzustellen, dass das Unterhaltungsbedürfnis in einem mobilen Werbedienst ebenfalls eine große Zielgruppe hat. Werbekampagnen sollten dementsprechend ausgerichtet werden.

6.3.2.4 Diskussion sonstiger Aspekte des Modells M-Advertising

Bei der Betrachtung weiterer Aspekte dieses Geschäftsmodells fällt zunächst vor allem der sehr junge Markt auf. Zwar hat sich praktisch jeder Handybesitzer schon über unerwünschte Werbe-SMS geärgert, trotzdem ist dieser Markt für klassische Werbetreibende noch sehr neu. Die bisher meist unaufgefordert zugeschickten Werbebotschaften stammen von den Netzbetreibern selbst, die damit auf eigene, meist kostenpflichtige Mehrwertangebote aufmerksam machen wollen. Die meisten Werbetreibenden haben mobile Werbung bisher hingegen noch gar nicht oder in nur in einzelnen Pilotkampagnen genutzt. Mit M-Advertising wird also ein ähnlich junges Geschäftsmodell wie Location Based Services betrachtet. Die meisten Quellen sagen M-Advertising in naher Zukunft ein starkes Wachstum im Marktvolumen voraus.

Gerade eine Einbeziehung der noch nicht ausgenutzten technischen Möglichkeiten in Bezug auf Lokalisierung und Ausgabekanäle dürfte das Angebot von M-Advertising weiter veredeln. Auf diese Weise könnten sogar noch über die ohnehin übereinstimmend positiv beurteilte Marktenwicklung hinaus weitere Potentiale erschlossen werden.

Weniger positiv dürfte sich die Konkurrenzsituation perspektivisch entwickeln. Ein mobiler Werbedienst ist prinzipiell auch nur ein Werbeträger wie viele andere auch. Er ist also vergleichbar mit einem Print- oder einem Broadcastmedium. Seine Attraktivität sowohl für den werbetreibenden Kunden als auch für den Nutzer leitet sich zu einem großen Teil aus der Bekanntheit der Marke ab. Ein Werbeträger mit einem großen Namen zieht viele werbetreibende ganz von allein an, ebenso wie die Nutzer. Gleichzeitig schöpfen starke Marken die Nutzerschaft sehr effektiv von weniger starken Marken im gleichen Segment ab. Es ist bei mobilen Werbeträgern somit ein relativ effektiver Konzentrationsprozess zu erwarten. Auf mittlere oder lange Sicht werden sich auch beim M-Advertising starke Werbeträger etablieren, die hohe Reichweiten haben. Diese werden aufgrund ihrer Reichweite per se schneller neue Nutzer werben können als weniger bekannte. Langfristig dürfte es also zu einer Konzentration auf wenige Anbieter in diesem Markt kommen. Solche Voraussetzungen sind für Newcomer ungünstig.[406]

Abbildung 79: Entwicklung des Marktvolumens für M-Advertising 2000 bis 2005

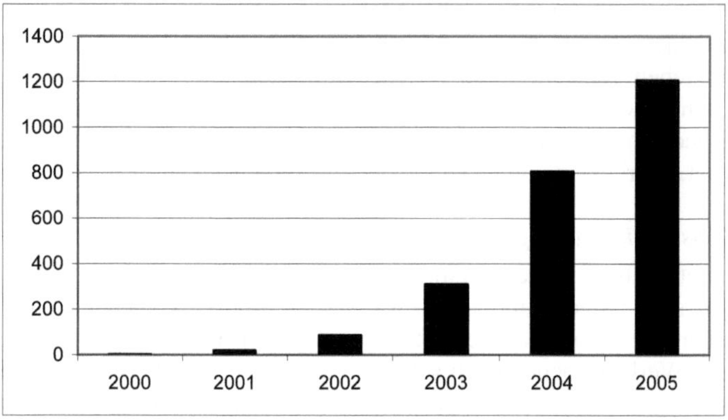

Quelle: **MindMatics AG** 2001, in **Gora, W.** (2002) S. 136

Andererseits handelt es sich um einen sehr jungen Markt, in dem bisher noch keine wirklich starken Marken etabliert sind. Der mehrfach beispielhaft angeführte Dienst Mr. AdGood ist einer der ganz frühen Pioniere. Allerdings ist seine Bekanntheit beispielsweise auf dem deutschen Markt bisher gering. Die Konkurrenzsituation ist zum aktuellen Zeitpunkt also noch positiv zu betrachten, obwohl es mit MindMatics und einigen anderen Anbietern Unternehmen im Markt gibt, die schon einige Erfahrung gesammelt haben. Mit dem Einstieg entsprechend starker Marken könnte es hier schnell zu starken Verschiebungen kommen. Andererseits sind Partnerschaften mit solchen Marken auch eine große Chance für kleine, eher technologiegetriebene Unternehmen, in diesem Umfeld Fuß zu fassen.

Die Aufwände für die Einrichtung eines mobilen Werbedienstes sind je nach Umfang der zu realisierenden Inhalte, mit Lokalisierung oder ohne, nur SMS-

---

[406] Vgl. **Zobel, J.** (2001), S. 223 f.

Versand oder auch MMS, i-mode und WAP, unterschiedlich. Ein Dienst in Form des vorgestellten Beispiels ist aus heutiger Sicht einfach und mit dementsprechend geringen Investitionen zu bis ca. 100.000 Euro zu entwickeln. Ein Markteinstieg ist daher auch für kleinere Unternehmen durchaus interessant.

6.3.2.5 M-Advertising - Verdichtung des Gesamtbildes in einer Übersichtstabelle

Tabelle 14: Bewertungstabelle - M-Advertising

Technologische Faktoren		
Netzwerktechnologie		
Zur Nutzung benötigte Übertragungsleistung	Alle. Bereits SMS sind ausreichend.	
Nutzbare Netzwerktechnologien?	Bisher praktisch ausschließlich Mobilfunknetze. Im W-LAN-Umfeld wird eher klassische Webwerbung genutzt.	+
Netzwerke für den Markt zugänglich?	Ja.	++
Hohe Nutzungsgeschwindigkeit realisierbar?	Nicht relevant. SMS reichen für die Nutzung meist aus.	
Spezielle Anforderungen der Netzwerktechnologie		
Lokalisierung notwendig und gegeben?	Ja. Über Cell-ID, OTD, GPS sind unterschiedliche Verfahren verfügbar, die den Ansprüchen genügen.	++
Identifikation notwendig und gegeben?	Ja. Über SIM-Karte oder Mac-Adresse bei W-LAN.	++
Roaming notwendig und gegeben?	Im relevanten Mobilfunknetz problemlos.	++
Übertragungssicherheit notwendig und gegeben?	In Mobilfunknetzen relativ große Sicherheit. Bei W-LAN Problematisch. Je nach Dienst kann dieses für W-LAN ein Hindernis sein. Sicherheit ist für M-Advertising jedoch nur sekundär wichtig.	+
Förderliches Preismodell verfügbar?	Bei einfachen SMS-Push-Diensten eigentlich nicht. Der SMS-Preis ist deutlich zu hoch. Er ist jedoch allgemein akzeptiert.	o
Endgerätetechnologie		
Mindestens benötigte Geräteklasse	Es reichen meist Handys mit SMS-Empfang.	
Verbreitung der notwendigen Geräteklasse im Markt	Sehr weit verbreitet.	++
Gerätetechnische Begrenzungen	Bei Handys: Kleines Display, schlechte Eingabe. Dieses ist jedoch aufgrund der sehr kurzen Informationen (bisher meist nur eine SMS) nicht so relevant. Verbesserung bei Farbdisplays und MMS-fähigen Handys. Diese setzen sich am Markt derzeit durch.	+

Zusammenfassung der technologischen Faktoren	
Die aktuell am Markt vertretenen mobilen Werbedienste nutzen nur eine kleine Menge der theoretischen technischen Möglichkeiten. Die verwendete Technologie ist somit als sicher und erprobt zu bezeichnen. In der Zukunft ergeben sich technisch noch Potentiale zur Weiterentwicklung in Bezug auf Ausgabekanäle und Lokalisierung.	++

Marktbetrachtungen

Zielgruppenbetrachtung

Adressierte Altersgruppen	Je nach Kampagne kann jedes Marktsegment adressiert sein.	++
Adressierte Berufsgruppen	Je nach Kampagne kann jedes Marktsegment adressiert sein.	++
Größe der Zielgruppen im Markt	Theoretisch wird der gesamte mobile Markt adressiert. Einzelne Dienste spezialisieren sich auf spezielle Segmente.	++
Wirtschaftliche Relevanz der Zielgruppen	Alle relevanten Zielgruppen können angesprochen werden.	++
Akzeptanzprobleme gegenüber der Applikation	Bei unaufgeforderten Push-Diensten ist ein großes Akzeptanzproblem gegeben. Werbedienste, die sich an den 4P-Grundsatz halten werden hingegen eher positiv wahrgenommen.	o

Abgleich mit den formulierten Anforderungen an die Anwendung

Schnelle Nutzbarkeit (3 Minuten)?	Ja. Meist handelt es sich nur um eine SMS.	++
Einfache Bedienbarkeit, gute Benutzbarkeit realisierbar?	Ja. Begrenzung vor allem durch die Geräteklasse (meist werden Handys verwendet, die die Eingabe etwas komplizierter gestalten). Für die meisten Botschaften sind jedoch keine umfangreichen Eingaben am Endgerät notwendig. Die Eingabe am mobilen Gerät wird durch Webfrontends erfolgreich umgangen.	+
Möglicher Zusatznutzen?	Ja. Der Zusatznutzen wird durch Rabatte, Schnäppchenangebote und für den Nutzer in der aktuellen Situation relevante Informationen generiert.	++

Abgleich mit den formulierten Bedürfnissen der Nutzer

Pflege sozialer Beziehungen, Anerkennung?	Kaum.	--
Unterhaltung	Je nach Kampagne möglich. Beispiel: Rabatte bei Veranstaltungstickets, Hintergrundinformationen hierzu etc.	+
Sicherheit	Nicht relevant.	o

Zusammenfassung der Marktbetrachtungen

Die angesprochenen Zielgruppen können durch den Charakter des Direktmarketings fast beliebig verändert werden. Je nach Kampagne können anhand der Profildaten die passenden Konsumenten automatisch ausgewählt werden. Die wirtschaftliche Relevanz einer Zielgruppe ist somit vor allem von der Reichweite des Dienstes und den Profildaten abhängig. Sie ist in der Regel jedoch recht hoch. Weiterhin positiv ist	+

	der mögliche Mehrwert für den Endnutzer zu betrachten. Vor allem an den Werbekanal gebundene Rabatte und Schnäppchenangebote haben eine große Wirkung.	
Sonstige Aspekte des Geschäftsmodells		
Investitionsaufwand	Je nach angebotenem Dienst gering bis mittelgroß.	+
Entwicklungsaufwand	Wenn ein Werbedienst die technischen Möglichkeiten in Bezug auf Lokalisierung nutzen möchte, ist hier ein gewisser Entwicklungsaufwand bezüglich der Schnittstellen-Kommunikation mit den Mobilfunknetzen notwendig. Ohne dieses Element ist die Technologie ohne besonderen Entwicklungsaufwand vorhanden. Lediglich die Logik zum Abgleich von Profilen und Kampagnenanforderungen ist quasi für jeden neuen Anbieter zu entwickeln.	o
Marktzutrittsbedingungen	Es handelt sich um einen sehr jungen Markt, in dem ein Zutritt relativ gut möglich ist. Perspektivisch werden sich allerdings nur einige Anbiete am Markt behaupten können, da Reichweite und Bekanntheit eine große Rolle spielen. Partnerschaften mit bekannten Marken sind daher wichtig.	+

Zusammenfassung der sonstigen Aspekte	
Ein einfacher mobiler Werbedienst ist mit überschaubarem Aufwand zu entwickeln. Kleine, technologiegetriebene Unternehmen sind hier im Vorteil. Bei der Etablierung am Markt ist jedoch eine große Reichweite essentiell wichtig. Diese ist für junge, unbekannte Unternehmen eher schwierig zu erreichen. Es ist in einer späteren Entwicklungsphase des Geschäftsfelds mit einer starken Konsolidierung zu rechnen. Trotzdem ist das Modell aufgrund großer Wachstumsraten im Marktvolumen und des noch sehr jungen und kaum besetzten Marktes auch im Umfeld der sonstigen Aspekte positiv zu beurteilen.	+

Zusammenfassende Bewertung	
Insgesamt sind mobile Werbedienste positiv zu bewerten. Zwar wirkt sich die zu erwartende langfristige Konzentration für einen Marktzutritt meist eher negativ aus, andererseits ist der Markt in Deutschland und Europa nicht vollständig besetzt und in Zusammenarbeit mit entsprechend starken Partnern können sich hier aus entsprechend interessante Erlösperspektiven eröffnen. Einfache SMS-Dienste sind technisch leicht zu realisieren. Die Weiterentwicklung in Richtung Lokalisierung und Ausgabekanäle birgt zwar technisch einige Herausforderungen, erschließt jedoch auch neue Potentiale in Qualität und Reichweite des Dienstes.	+

6.3.2.6 Fazit zum Geschäftsmodell M-Advertising

M-Advertising portiert ein klassisches Geschäftsmodell in das mobile Umfeld und entwickelt es dabei den technischen Möglichkeiten entsprechend weiter. Als jüngstes Massenmedium haben mobile Netze in Bezug auf Werbung die am weitesten entwickelten Möglichkeiten bei der Personalisierung und der Profilie-

rung der Nutzer. Während eine Zielgruppenansprache bei Broadcastmedien nur durch Positionierung der Werbung bei entsprechenden, für die Zielgruppen interessanten Sendungen beziehungsweise Zeiten möglich ist und das Internet zwar eine Personalisierung erlaubt, diese jedoch über Cookies oder Logins nur indirekt, erreicht man über mobile Netze, vor allem über Mobilfunknetze, den Nutzer direkt und eins zu eins.
Die formulierte Einordnung des M-Advertisings in das Direktmarketing ist somit zutreffend. Tatsächlich bietet M-Advertising die Möglichkeit, Individuen in bisher nicht gekannter Exaktheit vollautomatisch anzusprechen. Hieraus leitet sich eine größere Qualität der Werbung ab, die sich auch in den Antwortraten mobiler Werbung deutlich wiederspiegelt, wie sie in Tabelle 12 gezeigt wurden. Diese höhere Qualität lässt sich auch an Beispielkampagnen von Com!Online und Vitago ablesen, die 3% und 9% Response bei ihren Aktivitäten erzielten.[407]
Verbindet man die Vorteile von profilierter und personalisierter Werbung mit der Möglichkeit zur Lokalisierung, so kann die Qualität der Ansprache noch einmal stark gesteigert werden.
Als Werbeträger unterliegt der Markt allerdings dem Zwang, schnell eine hohe Reichweite über eine große Bekanntheit zu erzielen. Nur so können Werbekunden akquiriert und gute Kontaktpreise erzielt werden. Sobald also eine Sättigung des Marktes eintritt, wird voraussichtlich eine Konsolidierung auf einige große Anbieter eintreten.
Kurzfristig betrachtet bietet der Markt bei starkem Wachstum und bisher nur geringer Besetzung durch Konkurrenten große Potentiale auch für kleine Unternehmen. Das Geschäftsmodell wird mit großer Wahrscheinlichkeit auch langfristig tragfähig sein. Der kürzliche Fall des Rabattgesetzes und das Einsetzen einer wahren Rabatt- und Coupon-Flut in Deutschland begünstigt diese Werbeform darüber hinaus.

6.3.3 M-Payment Services – Mobile Bezahldienste

Mobile Bezahldienste oder M-Payment Services bezeichnen die Möglichkeit, finanzielle Transaktionen mit einem mobilen Endgerät auszuführen. Das Modell wurde in der Vergangenheit stark beworben und einige Anbieter haben es inzwischen auch schon geschafft, weitreichende Bekanntheit im deutschen Markt zu erreichen. In den letzten Monaten ist es allerdings auch um M-Payment wieder sehr ruhig geworden.

6.3.3.1 Vorstellung des Geschäftsmodells M-Payment Services

M-Payment bedeutet das Anbieten finanzieller Transaktionen mit Hilfe eines mobilen Endgeräts. Es ist somit in gewisser Weise eine Weiterentwicklung des E-Payments in mobile Netze. Der Dienst wird meistens in Zusammenarbeit zwischen Finanzdienstleistern und Telekommunikations- beziehungsweise IT-Un-

---

[407] Vgl. **Lippert, I.** (2002), S. 145. f.

ternehmen angeboten. Eine gewisse Bekanntheit und Größe sowie eine etablierte Stellung in den Finanz- und IT-Märkten sind bei solch sicherheitskritischen Applikationen von Vorteil, da die Erfahrungen des Internets zeigen, dass der Kunde bei der Wahl seiner Zahlungsmethoden sehr vorsichtig und konservativ ist. Hierbei ist das Handy die zentrale Einheit des Bezahlvorgangs. Da es personalisiert und immer dabei ist, ist es als Endgerät für Bezahldienste hervorragend geeignet.[408]

Das Geschäftsmodell selbst besteht meist aus dem Angebot einer Zahlungsmöglichkeit, bei der weder Bargeld noch Kreditkarte, sondern üblicherweise das Mobiltelefon zur Authentifizierung und zur Abwicklung genutzt wird. Diese Zahlungsmethoden sind einerseits ideal für abgelegene Orte oder Orte, an denen kein Netzzugang zum Beispiel zum Abgleich der Kreditkartendaten zur Verfügung stehen, andererseits haben sie aber auch einen gewissen Charme als Zahlungsmethode für klassischen E-Commerce, selbstverständlich auch ganz besonders für M-Commerce.

Ganz ähnlich den bereits etablierten bargeldlosen Zahlungsmethoden funktioniert auch bei mobilen Bezahldiensten das Erlösmodell. Die Dienstanbieter werden so gut wie immer prozentual an den Umsätzen, die über ihre Dienste abgewickelt werden, beteiligt. In den meisten Fällen wird diese Umsatzprovision durch den
Anbieter einer Ware getragen. Die Abrechnung erfolgt hier anhand der im System aufgezeichneten Transaktionsdaten auf regelmäßiger Basis. Der Dienstanbieter kann hierbei sowohl als reiner Vermittler für die Geschäfte von Anbietern und Kunden als auch als Inkassostelle auftreten. Bei letzterem Modell zieht der Dienstanbieter die Rechnungsbeträge selbst von seinen registrierten Kunden ein und schüttet anschließend abzüglich seiner Provision an die entsprechenden Warenanbieter aus. Es sind allerdings auch Abrechnungen über die Telefonrechnung mit dem Käufer einer Ware selbst denkbar.

6.3.3.2 Erläuterung zentraler technologischer Parameter von M-Payment Services

Aus unterschiedlichen Gründen spielt beim M-Payment bisher praktisch nur das Handy eine Rolle. Neben den bereits mehrfach erwähnten Faktoren von Verbreitung und Marktreife der Handynetze im Vergleich zu W-LAN-basierten Netzen spielen in diesem Umfeld auch sicherheitstechnische Überlegungen eine ganz besondere Rolle. Im Bereich der Übertragungssicherheit und Endgeräteidentifikation sind die relativ geschlossenen Mobilfunknetze mit dem Mechanismus der eindeutigen SIM-Karten in den Endgeräten den W-LAN-Netzen neben der reinen Größe der Märkte auch sicherheitstechnisch stark überlegen.[409] Während W-

---

[408] Vgl. **Mosen, M.** (2002), S. 192 ff.
[409] Vgl. **Rothwell, S.** (2001)

LAN-basierte Lösungen im Prinzip nur die nach wie vor großen technischen und Akzeptanzprobleme internetbasierter Lösungen in ein mobiles Netz portieren, bieten Mobilfunknetze hier deutlich bessere Voraussetzungen. Bei der Betrachtung dieses Geschäftsmodells soll daher vor allem auf das Umfeld der Mobilfunknetze Bezug genommen werden.

Zentrale Bedeutung hat bei der Abwicklung finanzieller Transaktionen die eindeutige Identifikation des zahlenden Nutzers. Diese Voraussetzung kann in Mobilfunknetzen anhand des Handys sehr gut erfüllt werden. Mobiltelefone sind von ihrem prinzipiellen Ansatz her mit Hilfe der eindeutigen SIM-Karten sehr sicher zu identifizieren. Hinzu kommt, dass Mobiltelefone von den meisten Nutzern ähnlich sorgfältig behandelt werden wie ihre Portemonnaies. Was auch schon beim M-Advertising von großem Vorteil war, gilt auch hier: Die Mobiltelefone sind immer dabei und werden nur äußerst ungern aus der Hand gegeben. Und sie sind eindeutig identifizierbar. Genau so könnte man auch von den Kreditkarten der Nutzer sprechen.

Schließlich bieten Handys mit der überlegenen Reichweite der Mobilfunknetze die notwendige Ubiquität, um große Marktpotentiale sowohl auf der Endnutzer-, wie auch auf der Verkäuferseite zu erschließen. Handys sind somit technisch, wie auch in ihrer Handhabung ideal als zentrales Element eines mobilen Bezahldienstes geeignet.

Im technischen Ablauf gibt es bereits heute eine große Anzahl unterschiedlicher Lösungen für mobile Bezahldienste. Das Angebot der verschiedenen Finanzdienstleister, Startups oder IT-Unternehmen ist so groß, dass die ersten Marktteilnehmer den Markt bereits wieder verlassen haben. Erschwerend kommt hinzu, dass jedes Angebot eine eigene technische Lösung für die Transaktionsabwicklung nutzt. Dieser Faktor wird in der Betrachtung der sonstigen Aspekte des Modells noch näher zu erörtern sein. Alle Angebote nutzen jedoch das Handy als Kommunikations- und Authentifizierungsmittel für die Zahlung in einem.

Zur näheren Erläuterung der technischen Funktionsweise mobiler Bezahldienste wird aufgrund dieser Vielfalt ein prinzipielles Beispiel betrachtet. Der beispielhafte Bezahldienst nutzt das Handy – wie alle Dienste – zur Authentifizierung und als Infrastruktur der notwendigen Kommunikation mit dem Nutzer. Der Dienst wird über einen eigenständigen Dienstbetreiber angeboten, die Abrechnung erfolgt über die Telefonrechnung und nutzt somit den Mobilfunkbetreiber als Inkassodienstleister. Auf die genauen technischen Merkmale von verschlüsselter Kommunikation, beispielsweise über Wireless Transport Layer Security[410] (im Folgenden WTLS) oder andere Verschlüsselungstechnologien, wie zum

---

[410] Eine Einführung zu WTLS im Internet: http://www.vbxml.com/wap/articles/wap_security/howell1text3.asp#WTLS

Beispiel Wallet-Technologien,[411] soll hier nicht näher eingegangen werden. Hier nutzt jeder Dienst eigene Verfahren.
Der Ablauf einer Transaktion in dem beispielhaften Dienst könnte folgendermaßen gestaltet sein. Der Nutzer findet im Angebot des Händlers die gewünschte Ware. Es ist hierfür unerheblich, ob es sich um einen virtuellen Shop im Internet, im mobilen Netz oder einen realen Laden in der nächsten Fußgängerzone befindet. Selbst die Kommunikation mit Automaten ist technisch problemlos möglich. Der Nutzer begibt sich zum Kauf zur (virtuellen) Kasse. Hier gibt er als Zahlungsinformation seine Mobilfunk-Verbindungsdaten an. Der Händler übermittelt diese Daten an seinen M-Payment Betreiber. Dieser Vorgang ist vergleichbar der Datenübermittlung an ein Kreditkartenunternehmen. Der M-Payment Betreiber schickt nun eine Nachricht an das Mobiltelefon des Nutzers, in der er die Transaktionsdaten nennt und um Bestätigung, in unserem Beispiel anhand einer PIN, bittet. Der Nutzer gibt seine PIN ein und bestätigt die Transaktion somit. Es ist auch eine automatische Bestätigung anhand eines Wallets auf dem Mobiltelefon des Nutzers denkbar, so dass dieser beispielsweise eine automatisch generierte SMS mit der bereits enthaltenen Wallet-Authentifizierung nur noch wieder absenden müsste.
Nach Empfang der Bestätigung kann der M-Payment Anbieter die Transaktion mit dem Mobilfunkbetreiber abgleichen. Dieser prüft noch einmal die Zuordnung seines Nutzers zur Transaktion und schreibt die Transaktionssumme der nächsten Mobilfunkrechnung des Nutzers zu. Anschließend gibt auch er die Transaktion bei einem Erfolg frei. Nach der erfolgten Freigabe durch den Mobilfunkbetreiber kann der M-Payment Betreiber die Transaktionsbestätigung an den Händler schicken. Dieser liefert seine␣Ware daraufhin aus.
Zur Zahlungsabwicklung wird nun der Transaktionsbetrag mit der nächsten Mobilfunkrechnung des Nutzers eingezogen. Nach Abzug der Provision für die Inkassoleistung des Mobilfunkbetreibers wird der Restbetrag mit Angabe der gespeicherten Transaktionsdaten zunächst dem M-Payment Betreiber überwiesen, welcher abermals eine Provision einbehält und den dann verbleibenden Restbetrag dem Händler auszahlen kann.

---

[411] Vgl. **Mosen, M.** (2002), S. 195 ff.

Abbildung 80: Schematische Darstellung eines beispielhaften Bezahlvorgangs in einem M-Payment Dienst mit Inkasso durch die Mobilfunkbetreiber und PIN-Authentifizierung durch den Nutzer

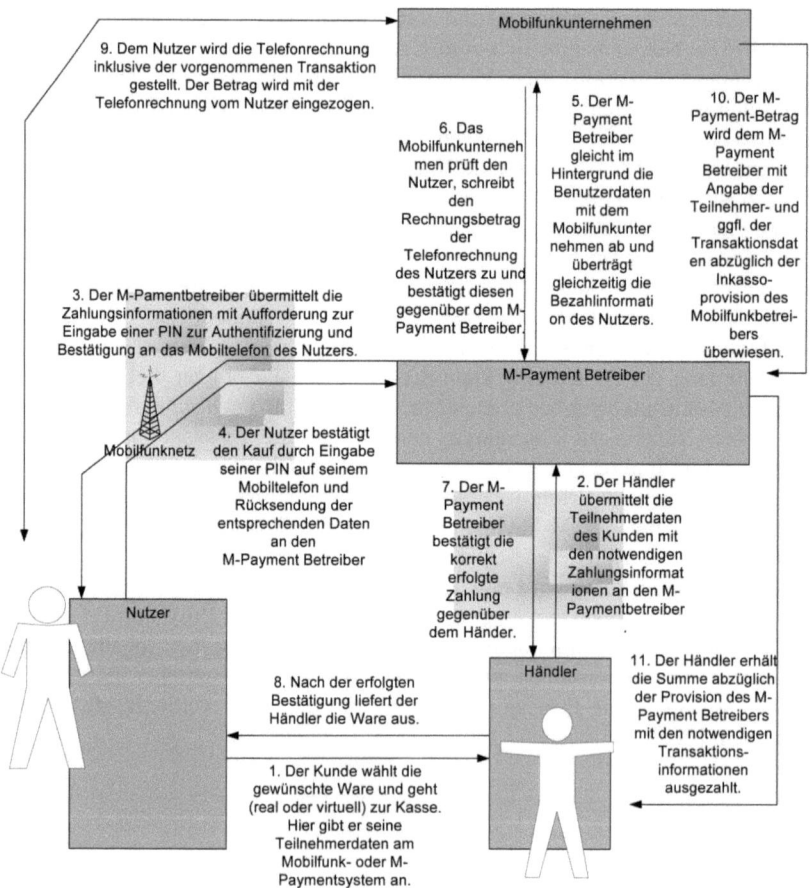

In der technologischen Betrachtung stellt die Implementierung eines M-Payment Dienstes keine besondere Herausforderung dar. Das schwierigste Element in dem Modell ist die Absicherung der Kommunikation über die Funkstrecke. Hier sind Mobilfunknetze allerdings per se schon in großem Vorteil gegenüber den W-LAN-Netzen oder dem Internet. Die bewegten Datenmengen sind verschwindend gering, mit SMS und WAP stehen auch weit verbreitet nutzbare Da-

tendienste zur Verfügung, die für das Angebot genutzt werden können. Schließlich ist zu erwähnen, dass viele bereits seit Jahren im Einsatz befindliche Mechanismen des bargeldlosen Zahlungsverkehrs für diese Modelle zu übernehmen oder anzupassen sind. Selbstverständlich sind hier auch Kenntnisse notwendig, weswegen sich auf dem Bereich der Finanzdienstleistungen erfahrene Unternehmen auch technisch eindeutig im Vorteil befinden.
In Bezug auf die mobile Komponente jedoch ist das System technologisch wenig kompliziert und stellt nur sehr geringe Anforderungen an die Netze. Das technische Gesamtsetup im Mobilfunkumfeld ist somit positiv zu beurteilen.

6.3.3.3 Prüfung der Marktchancen des Modells M-Payment Services
Die Zielgruppe der Betreiber mobiler Bezahldienste ist primär die Gruppe der Händler, die das System als Zahlungsmethode anbieten sollen. Es handelt sich somit primär um ein B2B-Geschäftsmodell. Diese Akzeptanzstellen sind einerseits die eigentliche Erlösquelle des Geschäftsmodells, andererseits sind sie für die Nutzerakzeptanz eines Bezahldienstes entscheidend. Nur Dienste, die schnell eine große Anzahl an Akzeptanzstellen aufbauen können, werden auch vom Nutzer akzeptiert. Andererseits ist eine große Nutzerzahl auch entscheidend, um wiederum neue Akzeptanzstellen für sich gewinnen zu können. Die Kunden der Händler, also die Endnutzer des Systems, sind somit eine sekundäre und keineswegs zu vernachlässigende Zielgruppe. Wenn man die Endnutzer näher betrachtet, so kommen auch hier theoretisch alle Nutzer eines Mobiltelefons in Frage. Es ist allerdings zu beobachten, dass vor allem jüngere Menschen auch bereit sind, das Handy als Zahlungsmittel zu verwenden, während ältere beim Thema Geld eine konservativere Einstellung haben. Das bereits bekannte Bild der jüngeren Nutzer als Vorreiter gilt somit auch für dieses Geschäftsmodell.
In diesem gegenseitigen Zusammenhang liegt eines der Hauptprobleme der Paymentanbieter sowohl im E- wie auch im M-Commerce. Hat sich ein System erst deutlich erkennbar durchgesetzt, so werden Akzeptanzstellen und Nutzer deutlich leichter zu gewinnen sein. So lange jedoch mehrere relativ unbekannte Systeme am Markt miteinander konkurrieren, ist bei beiden Zielgruppen eine große Zurückhaltung zu beobachten.
Mobile Bezahldienste dienen der Befriedigung unterschiedlicher Bedürfnisse. Sie stellen einerseits eine Form der Sicherheit dar, indem sie ein weiteres, alternatives Bezahlmittel sind. Andererseits können sie auch monetäre Bedürfnisse erfüllen, ähnlich einer Kreditkarte beispielsweise die Abrechnung des Betrags erst nach bis zu einem Monat mit der nächsten Mobilfunkrechnung. Schließlich ist auch beim mobilen Bezahlen oft ein gewisser Anerkennungs- und Repräsentationsfaktor enthalten, denn es zeigt momentan noch, dass man einer der Vorreiter ist. Allerdings ist es bisher in der Praxis kaum möglich, dieses zu demonstrieren, da man Akzeptanzstellen als Nutzer noch lange suchen muss.

Die Nutzbarkeit unter mobilen Bedingungen schließlich ist eindeutig gegeben. Der Kommunikationsaufwand eines Bezahldienstes ist derart gering, dass kleine Displays und umständliche Handytastaturen kein Hindernis darstellen. Auch die mobile Nutzungssituation stellt keine Hürde dar. Meist ist die Nachricht mit den Zahlinformationen innerhalb weniger Sekunden erhalten und die Antwort – in unserem Beispiel mit der PIN – ebenso schnell getippt und zurückgeschickt.

Die reinen Marktbetrachtungen für mobile Bezahldienste sind daher relativ positiv zusammenzufassen. Sicher wird die Applikation vom Markt nicht händeringend erwartet, die Chancen für eine gewisse Akzeptanz sind jedoch insgesamt positiv zu bewerten. Hierbei ist natürlich immer zu betrachten, dass Entwicklungen beim Thema Geld immer vergleichsweise langsam vor sich gehen und dementsprechend eine große wirtschaftliche Ausdauer der Diensteanbieter zur Etablierung eines Dienstes notwendig ist. Auch wurde der Faktor der fehlenden Standardisierung angesprochen, der die Entwicklung des Modells behindert. Dieses Problem ist nicht zu unterschätzen und soll im Bereich der sonstigen Faktoren noch näher dargestellt werden.

6.3.3.4 Diskussion sonstiger Aspekte von M-Payment Services

Der auffallendste sonstige Aspekt bei mobilen Bezahldiensten ist die Konkurrenzsituation. Dieser Aspekt hat für dieses spezielle Modell eine besondere Auswirkung, da sich Nutzer und Händler meist – wenn überhaupt - für genau einen mobilen Bezahldienst entscheiden. So lange nicht gewährleistet ist, dass man auf ein zukunftsträchtiges Modell setzt, entscheidet man sich lieber, weiter abzuwarten. Die Existenz verschiedener technischer Lösungen von verschiedenen Anbietern, die untereinander üblicherweise nicht kompatibel sind, ist somit eines der größten Probleme für dieses Geschäftsmodell. Während der Nutzer nämlich bei den meisten anderen Modellen zwischen verschiedenen Anbietern leicht wechseln kann, sind hier erstens eine Registrierung und zweitens auch ein weitaus größeres Vertrauensverhältnis zum Anbieter notwendig. Für Händler sind meist sogar Investitionen in Software und eventuell auch Hardware zu tätigen.

Im Jahr 2001 waren alleine am deutschen Markt mit Brokat[412], Paybox[413], Mobilpay[414], YES.Pay/YES.wallet[415], Trintech[416], Virbus[417], Payitmobile[418], M-Bro-

---

[412] Brokat Mobile Payment, im Internet: http://www.brokat.de oder http://www.wiwi.uni-frankfurt.de/~schwind/Mobile+Payment+Bro+12.09.00.pdf
[413] Paybox im Internet: http://www.paybox.de/
[414] Mobilpay im Internet: http://www.mobilpay.org
[415] YES.wallet im Internet: http://www.yes-pay.com
[416] Trintech Paymentlösung im Internet: http://www.trintech.de/
[417] Virbus Paymentlösung im Internet: http://www.virbus.de/de/home/index.html
[418] Payitmobile im Internet: http://www.payitmobile.de, allerdings nicht mehr verfügbar, da das Angebot bereits wieder eingestellt wurde.

ker[419], Firstgate[420] etc. mehr als zehn Anbieter mobiler Bezahldienste aktiv. Die meisten waren Joint Ventures namhafter IT- und Finanzdienstleister, einige auch Startups ohne branchenspezifischen Hintergrund. Selbst bei Menschen, die seit Jahren im Umfeld der neuer Medien tätig sind, haben nur wenige Anbieter beziehungsweise Angebote wie Paybox, Payitmobile oder Firstgate es geschafft, überhaupt einen gewissen Bekanntheitsgrad zu erreichen. Die Mehrzahl der Anbieter ist heute noch immer weitgehend unbekannt oder sogar bereits wieder vom Markt verschwunden. Die starke Konkurrenz der Unternehmen und ihrer Lösungen hat in diesem Geschäftsmodell also längst ihre Wirkung entfaltet.

Auch wenn die Technologie und Investitionsvolumina für die Firmen, die meist hinter M-Payment-Aktivitäten stehen, überschaubar sind und auch die technischen Risiken kontrollierbar erscheinen, so ist dieses Geschäftsmodell doch von der extrem schwierigen Konkurrenzsituation in einem besonders sensiblen Marktumfeld stark behindert. Eine Weiterentwicklung, wie sie im E-Payment nach einer vergleichbaren Startphase nun langsam einsetzt, ist bis heute im Bereich mobiler Zahlungssysteme nicht erkennbar. Stattdessen stellten selbst bekanntere Anbieter wie Paybox in der jüngeren Vergangenheit ihre Dienste ein. Hierdurch findet zwar die notwendige Konsolidierung am Markt statt, kurz- und mittelfristig ist das Modell jedoch vor diesem Hintergrund eher negativ zu beurteilen.

6.3.3.5 M-Payment Services - Verdichtung des Gesamtbildes in Übersichtstabelle

Tabelle 15: Bewertungstabelle - M-Payment Services

Technologische Faktoren		
Netzwerktechnologie		
Zur Nutzung benötigte Übertragungsleistung	Keine besonderen Anforderungen. SMS reichen bereits aus.	
Nutzbare Netzwerktechnologien?	Aus Sicherheitsgründen praktisch ausschließlich Mobilfunknetze, im W-LAN-Umfeld werden herkömmliche E-Paymenttechnologien eingesetzt.	+
Netzwerke für den Markt zugänglich?	Ja.	++
Hohe Nutzungsgeschwindigkeit realisierbar?	Nicht relevant. SMS reichen für die Nutzung meist aus.	

---

[419] MoreMagick Software M-Broker im Internet: http://www.moremagic.com/solutions_mbroker.html
[420] Firstgate im Internet: http://www.firstgate.de

Spezielle Anforderungen der Netzwerktechnologie		
Lokalisierung notwendig und gegeben?	Nicht notwendig	
Identifikation notwendig und gegeben?	Ja. Über SIM-Karte, zusätzlich PIN oder Wallet.	++
Roaming notwendig und gegeben?	Nicht notwendig, da der Nutzer sich bei einer Zahlungsaktion kaum bewegt.	
Übertragungssicherheit notwendig und gegeben?	In Mobilfunknetzen relativ große Sicherheit. Zusätzliche Sicherheit ist durch besondere Sicherheitsmechanismen (z.B. WTLS) möglich.	++
Förderliches Preismodell verfügbar?	Bei einfachen SMS-Push-Diensten eigentlich nicht. Der SMS-Preis ist deutlich zu hoch. Er ist jedoch allgemein akzeptiert.	o

Endgerätetechnologie		
Mindestens Benötigte Geräteklasse	Es reichen meist Handys mit SMS-Empfang.	
Verbreitung der notwendigen Geräteklasse im Markt	Sehr weit verbreitet.	++
Gerätetechnische Begrenzungen	Bei Handys: Kleines Display, schlechte Eingabe. Dieses ist jedoch aufgrund der sehr kurzen Informationen (bisher meist nur eine SMS und PIN-Eingabe) nicht sehr relevant. Verbesserung bei Farbdisplays und MMS-fähigen Handys. Diese setzen sich am Markt derzeit durch.	+

Zusammenfassung der technologischen Faktoren	
Mobile Bezahldienste benötigen im Prinzip nur einen sehr kleinen Ausschnitt der technischen Leistungsfähigkeit von Mobilen Netzen. Die Datenmengen sind sehr gering. Auch die Anforderungen an Darstellung und Dateneingabe sind sehr gering. Wichtiger ist der Faktor Sicherheit, den Mobilfunknetze überzeugend bieten können.	++

Marktbetrachtungen		
Zielgruppenbetrachtung		
Adressierte Altersgruppen	Grundsätzlich wird jeder Mobilfunknutzer adressiert. Da es sich jedoch um ein sehr konservatives Umfeld (Finanzdienstleistungen) handelt, dürften jüngere Nutzer eine Vorreiterrolle spielen.	++
Adressierte Berufsgruppen	Alle.	++
Größe der Zielgruppen im Markt	Es wird der gesamte Markt der Mobilfunknutzer adressiert.	++
Wirtschaftliche Relevanz der Zielgruppen	Alle relevanten Zielgruppen können angesprochen werden. Da allerdings eine Übergewichtung der jüngeren Zielgruppen zu erwarten ist, werden hier noch nicht die optimalen Potentiale ausgeschöpft.	+

Akzeptanzprobleme gegenüber der Applikation	Ja. Die Applikation selbst ist hierbei nur sekundär Grund der zögerlichen Adaption am Markt. Vielmehr handelt es sich bei Zahlungsmethoden um eine traditionell sehr konservative und kritische Applikation, deren Einführung lange Zeit kritisch beobachtet wird, bevor eine breite Akzeptanz geschaffen werden kann. Die Angebotsvielfalt verstärkt diesen Effekt.	-

Abgleich mit den formulierten Anforderungen an die Anwendung		
Schnelle Nutzbarkeit (3 Minuten)?	Ja. Meist handelt es sich meist nur um eine SMS.	++
Einfache Bedienbarkeit, gute Benutzbarkeit realisierbar?	Ja. Die Datenmengen sind so gering, dass auch ältere Mobiltelefone gut nutzbar sind.	++
Möglicher Zusatznutzen?	Ja. Es wird z.B. meist ähnlich einer Kreditkarte ein Kredit eingeräumt.	+

Abgleich mit den formulierten Bedürfnissen der Nutzer		
Pflege sozialer Beziehungen, Anerkennung?	Für diese Applikation nicht relevant.	
Unterhaltung	Für diese Applikation nicht relevant.	
Sicherheit	In gewisser Weise wird durch die Verfügbarkeit eines ubiquen Zahlungsmittels ein Sicherheitsbedürfnis befriedigt.	+

Zusammenfassung der Marktbetrachtungen	
Mobile Bezahldienste haben durchaus eine Perspektive, sich am Markt zu etablieren. Besonders das Handy ist durch seine speziellen Eigenschaften als Zahlungsmittel sehr gut geeignet. Ein Problem ist die schleppende Marktakzeptanz gegenüber Zahlungsmitteln, die in diesem Umfeld quasi direkt auf die extrem schnell agierende Telekommunikations- und IT-Branche trifft. Die realistischen Zeithorizonte und die Erwartungen liegen oft wie auseinander. Trotzdem dürfte für mobile Bezahldienste mittel bis langfristig ein durchaus interessanter Markt zu erschließen sein.	+

Sonstige Aspekte des Geschäftsmodells		
Investitionsaufwand	Je nach Architektur des Dienstes gering bis mittelgroß.	+
Entwicklungsaufwand	Bei einfachen Diensten reicht die Nutzung eines entsprechenden SMS-Gateways und die Entwicklung einer zentralen Software für den Datenabgleich von Händlern, Nutzer- und Teilnehmerdaten. Unter Einbeziehung höherer Sicherheitstechnologien kann der Aufwand allerdings quasi beliebig gesteigert werden.	+
Marktzutrittsbedingungen	Der Markt ist aufgrund seiner konservativen Nutzerschaft für einen mobilen Zahlungsdienst eher langfristig zu erschließen. Auch werden sich nur sehr wenige Angebote am Markt durchsetzen und bis eine solche Standardisierung durchgeführt ist, ist auch eine weite Verbreitung der Applikation eher unwahrscheinlich. Vor diesem Hintergrund ist der Marktzutritt stark negativ zu beurteilen.	--

Zusammenfassung der sonstigen Aspekte	
Tatsächlich ist in der langsamen Adaption von Bezahldiensten durch den Markt und dem Angebot von vielen mobilen Bezahldiensten meiner Meinung nach das primäre Problem des M-Payments zu sehen. So lange sich kein Standard entwickelt hat, gibt es keine große Marktverbreitung. Es wird also eher eine Konsolidierung der Anbieter stattfinden, als ein erfolgreicher Zutritt weiterer Anbieter. Das Modell ist daher für den Zutritt weiterer Anbieter negativ zu beurteilen. Im Markt aktive Unternehmen sollten dringend mit entsprechenden Partnern Standards etablieren, die auch als solche wahrnehmbar sind.	--

Zusammenfassende Bewertung	
Obwohl auch Mobile Payment oft als die Killerapplikation mobiler Netze angesehen wurde, ist es bis heute eher ein Nischenprodukt. Zwar sind die technischen Voraussetzungen sehr gut, die einzusetzenden Technologien meist bekannt und erprobt und die Ansprüche an Übertragungsnetze werden bereits durch GSM gut erfüllt, doch sind Bezahldienste trotzdem etwas besonders. Geldbezogene Applikationen etablieren sich immer sehr langsam am Markt. Dieses gilt auch für mobile Märkte. Ein fehlender Standard tut ein Übriges. Kurzfristig ist das Modell daher negativ bis sehr negativ zu beurteilen. Es hat eine Konsolidierung eingesetzt, die noch nicht abgeschlossen sein dürfte.	-

6.3.3.6 Fazit zum Geschäftsmodell M-Payment Services

Mobile Payment scheidet nach wie vor die Geister. Während Optimisten in dem Modell noch immer die Killerapplikation mobiler Märkte sehen,[421] davon sprechen, dass mobile Payment schon in einigen Jahren das Plastikgeld ersetzen könnten,[422] gehen Skeptiker von einer langsamen Entwicklung aus, da Geld schon immer Gewohnheitssache war und Gewohnheiten sich nur selten in der Geschwindigkeit der New Economy entwickelt haben.[423] Darüber hinaus ist Skepsis in der gesamten IT- und Telekommunikationsbranche und auch im Umfeld der Finanzdienstleister momentan sehr weit verbreitet. Auch dieses hat negative Auswirkungen auf junge, mit hohen Erwartungen[424] gestartete Aktivitäten, die diese nach zwei bis drei Jahren nicht erfüllen können. Hierzu zählen ganz besonders mobile Bezahldienste, die in der Hochzeit der New Economy an den Markt gebracht wurden und bis heute kaum angenommen wurden.

So erwartete beispielsweise Durlacher 75 Milliarden Euro Umsatz in europäischen M-Business Märkten für 2004[425] und Celent prognostizierte ebenfalls für 2004 60 Millionen M-Payment Nutzer in Europa.[426] Dieses ist aus heutiger Sicht nicht mehr erfüllbar. Ganz im Gegenteil: Bis Ende 2003 waren nicht einmal die

---

[421] Vgl. **Rothwell, S.** (2001) und **Zobel, J.** (2001), S. 210
[422] Vgl. **Diederich, B.; Lerner, T.; Lindemann, R.; Vehlen, R.** (2001), S. 45
[423] Vgl. **Diederich, B.; Lerner, T.; Lindemann, R.; Vehlen, R.** (2001), S. 156
[424] Vgl. **Durlacher Research Ltd.** (2001)
[425] Vgl. **Durlacher Research Ltd.** (2001)
[426] Vgl. **Fonseca, I.** (2001)

den Berechnungen zugrundeliegenden UMTS-Netze in Betrieb genommen worden.

In der heutigen Realität ist das Bild des Modells M-Payment also deutlich kritischer zu zeichnen als noch vor zwei Jahren, als das Modell allgemein stark diskutiert wurde. Kurz- und auch mittelfristig wird es kaum gelingen, einen M-Payment-Standard zu etablieren, da sich die verbliebenen Anbieter am Markt vorläufig gegenseitig noch regelrecht blockieren. Stattdessen werden wir wohl zunächst eine weitere Konsolidierung der Anbieter sehen. Erst mittel- und langfristig, über einen Zeitraum von fünf, vielleicht zehn Jahren erscheint M-Payment ein wirklich interessantes Geschäftsmodell zu werden. Auf dem Weg dorthin müssen vor allem Standardisierungs- und Akzeptanzprobleme gelöst werden. Ein allgemein verwendbarer Standard dürfte hier allerdings, wie im Vorwege bereits dargestellt, eine sehr positive Wirkung auf die Akzeptanz bei Händlern und Nutzern haben. Auch hat ein etablierter M-Payment-Standard große Auswirkungen auf den gesamten M-Commerce-Bereich. M-Payment kann hier als ein starker „Enabler" wirken.[427] Ein fehlender Standard hingegen bremst eine positive Entwicklung. Durch die Finanzdienstleister und Telekommunikationsunternehmen sollte daher dringend ein entsprechendes Regelwerk aufgestellt und etabliert werden. Kurzfristig erscheint das Geschäftsmodell des M-Payment in einem Teufelskreis aus fehlender Bekanntheit und fehlender Akzeptanz durch Nutzer und Händler gefangen. Hinzu kommt starker finanzieller Druck durch die allgemein schlechtere Wirtschaftslage, die auch die Mutterunternehmen der meisten M-Payment-Anbieter unter Druck setzt. Ein wirtschaftlicher Erfolg erscheint vor diesem Hintergrund kurzfristig kaum realisierbar.

Mittel und langfristig ist allerdings schon von der Etablierung eines mobilen Bezahldienstes auszugehen. Ähnlich der Entwicklung im E-Commerce werden sich einige wenige Anbieter nach einer Phase der Desorientierung mit einem oder maximal zwei bis drei Standards durchsetzen. Die Nutzer werden sich langsam an das mobile Endgerät als Zahlungsmittel gewöhnen und entsprechende Erfahrungen sammeln. Dann besteht auch die Möglichkeit, dass das Handy als Zahlungsmittel tatsächlich der Kreditkarte Konkurrenz machen könnte.[428]

6.4 Geschäftsfeld Automotive Anwendungen

Ähnlich der mittlerweile sehr intensiven, jedoch öffentlich nur wenig wahrgenommenen Nutzung des stationären Internets durch die „Old Economy" ist davon auszugehen, dass auch das mobile Internet in kurzer Zeit stark von „herkömmlichen" Wirtschaftszweigen genutzt werden wird. In Ansätzen ist dieses vor allem im Automotive-Bereich bereits erkennbar. Hierbei wird das mobile

---

[427] Vgl. **Mosen, M.** (2002), S. 201
[428] Vgl. **Zobel, J.** (2001), S. 210

Internet kaum als solches wahrgenommen. Vielmehr wird die Kommunikationstechnologie im Hintergrund genutzt, um notwendige Informationen auszutauschen. Während bei den bisherigen Modellen das Endgerät und auch die Technologie eine wichtige Rolle in der Wahrnehmung spielten, sind sie bei diesem Modell nur noch stark untergeordnetes Mittel zum Zweck.

Die bisher verwendete Metrik zur Evaluierung der Geschäftsmodelle kann in diesem Umfeld teilweise nur eingeschränkt Verwendung finden, da sich die beiden folgenden Geschäftsfeldern, Automotive Anwendungen und mobile Gesundheitsüberwachung und Diagnose, in ganz maßgeblichen Punkten stark von dem bisher evaluierten Geschäftsfeld unterscheiden. So sind beispielsweise sowohl Nutzungssituation der Anwendungen als auch technische Voraussetzungen für die Geräte vollkommen anders zu beurteilen als bei den bisherigen Modellen.

Unter Automotive-Anwendungen werden grundsätzlich solche Anwendungen verstanden, die im weitesten Sinne mit Kraftfahrzeugen zu tun haben. Im Zusammenhang dieser Arbeit sollen solche Modelle betrachtet werden, die die Möglichkeiten mobiler Kommunikation mit Kraftfahrzeugen verbinden.

Dieses hat einige Auswirkungen auf die Grundlagen der Bewertungen. Es setzt gewisse Einschränkungen außer Kraft und verursacht an anderer Stelle neue Einschränkungen oder eine andere Beurteilung gewisser Einschränkungen. So ist in einem Kraftfahrzeug endgerätetechnisch meist eine viel größere Freiheit gegeben als bei den Endgeräten, die zu Fuß mitgeführt werden müssen. Kraftfahrzeuge verfügen über vergleichsweise unerschöpfliche Energie. Sie haben starke Batterien und einen eigenen Generator. Auch sind die Gerätegröße und das Gewicht nur sekundär wichtig. Im Gegenzug bewegen sich die Plattformen mit hohen Geschwindigkeiten über weite Strecken. Kommunikation über W-LAN-Hotspots wird hierdurch ohne entsprechendes Roaming und ein entsprechend dichtes Netz an Hotspots so gut wie unmöglich. Im Umfeld der Automotive-Anwendungen ist aufgrund dieser veränderten Voraussetzungen auch oft eine Ausweitung der Geschäftsmodelle in die Endgeräteentwicklung hinein zu beobachten.

Da die verschiedenen Ansätze im Bereich Automotive untereinander in starker gegenseitiger Abhängigkeit stehen, soll im Folgenden nicht jedes Modell von aktiver Navigation über Flottenmanagement und Warenverfolgung bis zu automatischer technischer Diagnostik einzeln betrachtet werden, sondern es soll unter der Überschrift der Automotive-Anwendungen ein beispielhaftes Gesamtpaket der aktuell verfügbaren Modelle in diesem Bereich betrachtet werden.

6.4.1 Vorstellung des Geschäftsmodells integrierter Automotive Anwendungen

Das Modell der Automotiveanwendungen bezieht sich auf die Herstellung und das Angebot eines Kommunikations-, Navigations- und Diagnostiksystems für

Kraftfahrzeuge. Auch die aktuell viel diskutierte Mauterfassung soll in dem Beispiel integriert sein. Ein hiermit mobil vernetztes Kraftfahrzeug kann unterschiedliche Anwendungen nutzen, die allesamt auf die Verwendungen von GSM beziehungsweise später UMTS-Technologien in Verbindung mit GPRS und in Einzelfällen auch W-LAN oder Bluetooth aufsetzen. Die Liste der denkbaren Einsatzszenarien ist nahezu beliebig lang. Viele der in diesem Kapitel skizzierten Systeme sind bereits seit einigen Jahren als Insellösungen oder in eingeschränktem Funktionsumfang im Einsatz. Typischerweise sind vor allem Speditionen mit größeren LKW-Flotten die ersten Nutzer solcher Automotive-Systeme. Einige der im Modell mit angeboten Anwendungen sind für Privatfahrzeuge nicht relevant. Im Folgenden soll daher ein Modell skizziert werden, in dem ein LKW ein Paket aus insgesamt vier einzelnen Anwendungen nutzt, die in einem Gerät zusammenfassbar sein sollten. Die Verwendung von technischen Paketen, die nur eine Auswahl der folgenden Anwendungen nutzen und so auch im PKW-Bereich angeboten werden können, ist auf Basis des zu beschreibenden Gesamtpakets problemlos realisierbar. In diesem Gesamtsystem sind die folgenden Anwendungen miteinander, mit den externen Kommunikations- und Informationskanälen wie GSM oder GPRS und mit der Fahrzeugelektronik vernetzt. Das Produkt besteht also aus einem Paket verschiedener Einzelanwendungen:

- **Aktive Navigation und Routenplanung**
- **Flottenmanagement und Warenverfolgung**
- **Straßennutzungsgebühren**
- **Technische Überwachung und Diagnostik**

Aktive Navigation und Routenplanung ist ein Dienst, der neben der bereits eingesetzten statischen Navigation in der Lage ist, entsprechend der aktuellen Verkehrslage seine Routenberechnungen entsprechend anzupassen. Dieses beispielsweise bei längeren Sperrungen einer Strecke. Hierzu muss das System mit den entsprechenden Daten versorgt werden und dynamisch auf veränderte Verkehrslagen reagieren können. Ein solcher Dienst bietet große Vorteile bei der Steuerung von Kraftfahrzeugflotten, besonders vor dem Hintergrund eines ständig steigenden Verkehrsaufkommens mit entsprechenden Verkehrsbehinderungen. Am Markt sind heute bereits erste Einzelanwendungen verfügbar, die diese Funktionalitäten unterstützen.

Flottenmanagement und Warenverfolgung spielen im Speditionsgewerbe und bei allen weiteren Unternehmen, die größere Fahrzeugflotten steuern müssen, eine zunehmende Rolle. Auf Basis dieser Anwendung ist es möglich, detailliertere Informationen über Standorte der Fahrzeuge zu erhalten und sie in Verbindung mit der aktiven Navigation besser zu steuern und auszulasten. Bereits seit einiger Zeit sind Systeme im Einsatz, die die Position von LKWs per WAP-Mobiltelefon an eine Dispositionszentrale übermitteln. Das Logistic Offer and Order Net (im Folgenden LOON) bietet bereits seit 2001 eine Lösung, bei der Transport, Hersteller, Logistikunternehmen und Kunde online miteinander vernetzt werden[429], bereits seit 1998 ist das Intelligent Transportations System (im folgenden ITS) in ständiger Weiterentwicklung.[430] In Zeiten von „rollenden" Lagern und Just-in-Time-Produktion bietet ein solches System auch für die Industrie Vorteile bei der logistischen Planung beispielsweise ihrer Zulieferungen.[431] Die Anwendung zur Erfassung von Straßennutzungegebühren befindet sich aktuell aufgrund der Verzögerungen bei der Einführung des Systems von Toll Collect in einer starken öffentlichen Diskussion. Die Positionserfassung über GPS sowie die vollautomatische Abrechnung in Echtzeit über GSM-Netze stellt eine klassische mobile Anwendung des Automotivebereichs dar. Aufgrund der Integration aller notwendigen technischen Elemente in dem angedachten System wäre die zusätzliche Integration der Anwendung zur Mauterfassung ebenfalls anzustreben. Selbstverständlich ist diese Funktionalität entsprechend der Notwendigkeit nur für LKW, die deutsche Autobahnen nutzen, sinnvoll. Eine günstigere Variante des Gesamtsystems ohne diese Anwendung wäre für andere Fahrzeuge interessant.

Die letzte vorgeschlagene Anwendung des Systems ist die Integration einer technischen Fahrzeugdiagnostik. Zur Fahrzeugdiagnostik werden die Sensorendaten der Fahrzeugelektronik mit dem System verbunden. Der Vorteil sind vollautomatische Rückmeldungen über den Zustand des Fahrzeugs an den Fahrer, bei unklaren Informationen die Möglichkeit zur direkten Rückfrage bei einer mit entsprechenden Spezialisten besetzten Zentrale. Im Pannenfall kann das System automatisch den Pannendienst benachrichtigen und hierbei gleich qualifizierte Informationen über die Art der Panne liefern, so dass gegebenenfalls entsprechende Ersatzteile oder entsprechend geschulte Mitarbeiter des Pannendienstes gleich mitgenommen werden können. Im Notfall dient die Lokalisierung per GPS darüber hinaus der Sicherheit aller Beteiligten, da die Informationen direkt wieder an das integrierte Navigationssystem der Helferfahrzeuge gesendet werden und über die Verkehrsleitfunktion die betroffenen Fahrzeuge erreichen könnten. Auf Basis dieser Möglichkeiten ist noch eine Fülle weiterer Anwendungen denkbar. Für die folgende Betrachtung sollen jedoch zunächst nur diese grundlegenden Anwendungen einbezogen werden.

Das Geschäftsmodell deckt hierbei grundsätzlich die komplette Wertschöpfungskette der zum Betrieb dieser Anwendungen notwendigen Systeme ab. Von der Endgeräteherstellung über die Anwendungsentwicklung und den Verkauf bis zum Betrieb der Systeme. In der Praxis wird jedoch eine Kooperation mit entsprechend qualifizierten Partnern vor allem im Bereich der Endgeräteherstellung und gegebenenfalls auch der Anwendungsentwicklung günstiger sein.

---

[429] LOON im Internet: http://www.myloon.de
[430] ITS im Internet: http://www.nawgits.com/icdn.html, http://www.itsonline.com/ und **Pundari, M.** (2002)
[431] Vgl. **Steimer, F.; Maier, I.; Spinner, M.** (2001), S. 163 und **Hearn, C.** (2001)

Der Komplex bietet für einen Anbieter auch unterschiedliche Ertragsmodelle. Zunächst ist der Endgeräteverkauf in Zusammenarbeit mit der Automobilindustrie zu nennen. Ein weiterer Faktor ist die Softwarelizensierung für die Endgeräte und schließlich ist auch der Betrieb beziehungsweise die Nutzung der Anwendung und der hierzu notwendigen stationären Systeme eine denkbare Erlösquelle. Bei den ersten beiden Erlösmodellen ist von einem Branding der Systeme durch die Automobilindustrie auszugehen, die als Anbieter gegenüber dem Endkunden auftreten dürfte. Beim letzten Modell sind sowohl eine Geschäftsbeziehung zum Endkunden, der den Dienst beispielsweise auf monatlicher Basis bezahlen könnte als auch über die Automobilindustrie oder Verbände denkbar, die als Vermarkter auftreten könnten und somit die Geschäftsbeziehung zum Endkunden unterhalten würden.

6.4.2 Erläuterung zentraler technologischer Parameter integrierter Automotive Anwendungen

Da alle Teile des beschriebenen Pakets als Insellösungen oder mit eingeschränkten Funktionalitäten bereits genutzt werden, besteht die größte technologische Herausforderung in der Kombination aller Anwendungen in einer Zentraleinheit, die den Anwendungen die physischen Möglichkeiten zur Positionsbestimmung und Kommunikation sowie Rechenleistung und Speicherplatz zur Verfügung stellt. Im Prinzip haben wir es also mit einem klassischen Bordcomputer zu tun, der GSM zur Kommunikation und GPS zur Ortsbestimmung nutzt. Beide Elemente wären an einem normalen Laptop mittels Cardphone[432] und einer GPS-Maus[433] ohne größeren Aufwand bereits heute zu realisieren. Auch entsprechende Kommunikations- und Navigationssoftware ist am Markt verfügbar. Außerdem muss die Zentraleinheit mit der Fahrzeugelektronik und vernetzt sein, um hierüber Daten zur technischen Diagnostik des Fahrzeugs zu erhalten[434]. Diese zentrale Rechnereinheit kann wie durch die Firma Toll Collect als On Bord Unit (im Folgenden OBU) bezeichnet werden.

---

[432] Vgl. z.B. Nokia D211, im Internet:
http://www.nokia.de/de/mobiltelefone/modelluebersicht/d_211/startseite/2996.html
[433] Vgl. z.B. Royaltek Sapphire RGM2000, im Internet:
http://www.royaltek.com/proditem.asp?hotitem=yes&hid=1
[434] **Michelsen, D.; Schaale, A.** (2002), S. 128

Abbildung 81: Grundsätzliche Funktionsweise der Anwendung aktive Navigation und Routenplanung

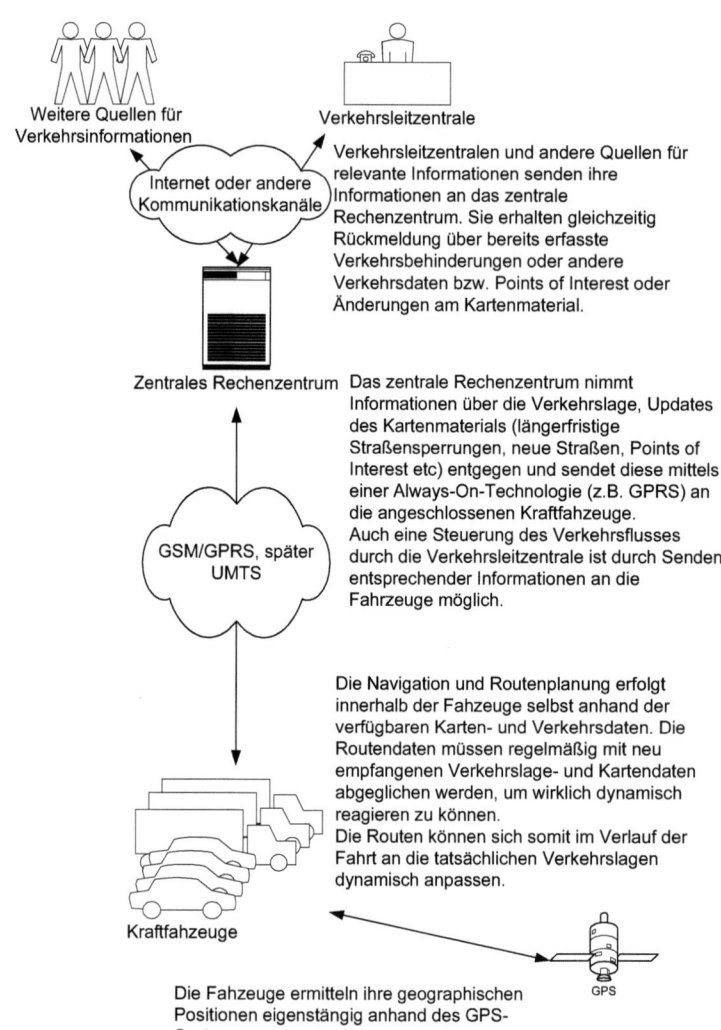

Das **aktive Navigations- und Routenplanungssystem** stellt eine Weiterentwicklung der heute bereits serienweise eingesetzten Navigationssysteme in Kraftfahrzeugen dar. Diese Systeme greifen auf digitalisierte Straßenkarten und GPS-Daten zurück. Der per GPS ermittelte Standort wird hierbei auf die digitalisierte Straßenkarte projiziert. Aktuelle Navigationssysteme erkennen auf dieser Basis bereits heute bis auf wenige Meter genau den Standort des Fahrzeugs. Die Karteninformationen werden beispielsweise von der Firma Teleatlas[435] für Europa angeboten. Je nach Detaillierungsgrad kann die Datenbasis zum Beispiel für die Bundesrepublik Deutschland eine CD füllen. Im Datenmaterial können bereits Informationen über relevante Punkte wie zum Beispiel Tankstellen oder Werkstätten enthalten sein. Auch ständige Verkehrsbehinderungen können bereits hier gespeichert werden. Die neuesten Systeme beziehen bereits über GSM oder spezielle Radiosignale aktuelle Verkehrsinformationen und arbeiten diese dynamisch in die Streckenführung mit ein. Ein Stau kann so automatisch umfahren werden.[436] Der Verkehrsfluss kann bei einem weitverbreiteten Einsatz der Systeme allgemein besser gelenkt werden.

Das System sollte um eine automatische Updatefunktion der Datenbasis erweitert werden, bei der Änderungen am Verkehrswegenetz, an Points of Interest oder andere wichtige Informationen über den GSM Kommunikationskanal an das Endgerät übertragen und automatisch in die Datenbasis eingearbeitet werden könnten. Somit wäre das regelmäßige Update der Daten überflüssig, was bisher den regelmäßigen Neuerwerb einer Navigations-CD erfordert. Selbst Reiseführerfunktionalitäten sind über die Points-of-Interest Funktionalität bereits realisiert.

Die Anwendung **Flottenmanagement und Warenverfolgung** nutzt zur Kommunikation die gleiche Infrastruktur wie aktive Navigation und Routenplanung. Die Ortsbestimmung erfolgt über GPS, die Kommunikation über GSM/GPRS oder später UMTS. Durch Flottenmanagement können Lieferungen besser koordiniert werden.

Ein LKW, der Güter für eine Baustelle anliefern soll, kann beispielsweise, wenn an der Baustelle Verzögerungen dazu führen, dass sich die Anlieferungen bereits stauen, über das Flottenmanagement hierüber informiert werden. Der Fahrer kann dann auch gleich neue Anweisungen erhalten. So könnte er zunächst einen anderen Bestimmungsort ansteuern und andere Güter zuerst ausliefern oder er könnte eine Pause vorziehen und so die absehbare Wartezeit „sinnvoll" umgehen. Diese Möglichkeiten werden durch die integrierte Warenverfolgung noch stark gesteigert. Empfänger und Versender können über ein solches System je-

---

[435] Vgl. TeleAtlas im Internet: http://www.teleatlas.com
[436] Vgl. hierzu z.B. Blaupunkt TravelPilot DX-N, im Internet: http://www.blaupunkt.de/7612200416_main.asp

derzeit per Internet die aktuelle Position der Lieferung einsehen und den aktuell anzunehmenden Ankunftszeitpunkt erfahren. Sie können über das Warenverfolgungssystem gleichzeitig einen gewünschten Empfangstermin eingeben oder äußern, wann eine Entgegennahme der Lieferungen nicht möglich ist. Hierdurch könnte die Zahl der vergeblichen Auslieferungsversuche beispielsweise bei Kurierdiensten verringert werden.

Abbildung 82: Grundsätzliche Funktionsweise der Anwendung Flottenmanagement und Warenverfolgung

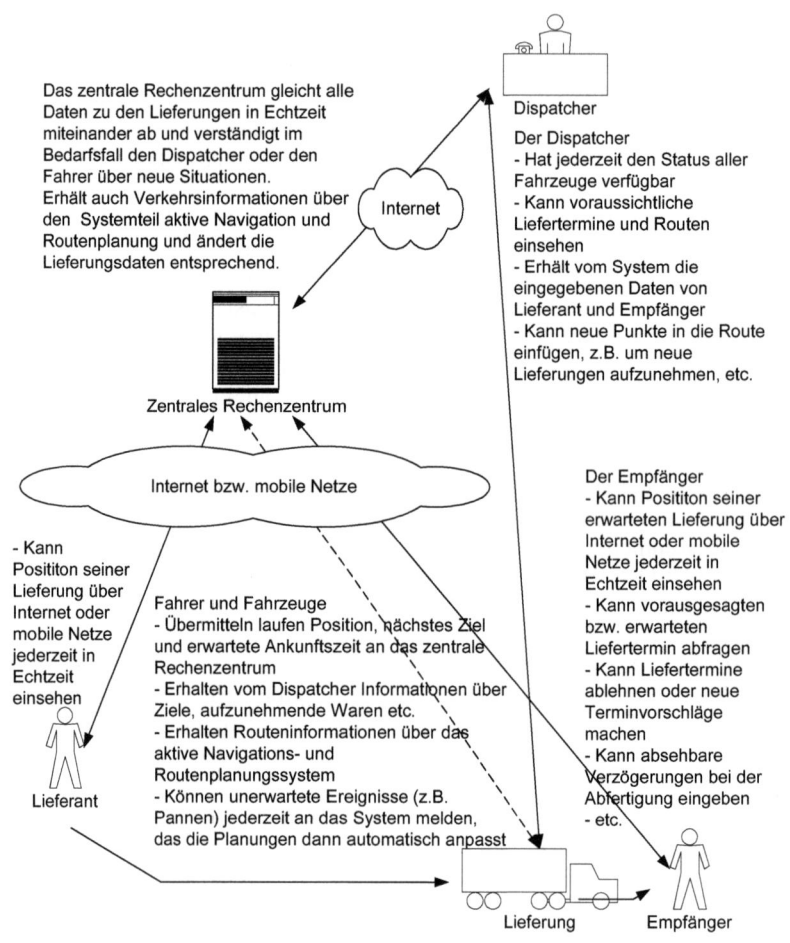

Zentrale Instanz eines solchen Planungssystems ist ein Server, der die Lieferungs- und Positionsdaten verarbeitet, diese über das (auch mobile) Internet zur Verfügung stellt und dabei selbstverständlich auch das notwendige Interface für Eingaben bereitstellt.[437]

Abbildung 83: Ansicht einer On Board Unit zur Mauterfassung durch Toll Collect

Die Endgeräteentwicklung stellt bei Automotiveanwendungen eine neue Herausforderung gegenüber den bisher betrachteten Geschäftsfeldern da, die allesamt bestehende Endgeräte nutzen.
Quelle: http://www.toll-collect.de/frontend/press/picturearchive/PictureEntryListVP.do

Die Anwendung **Straßennutzungsgebühren** ist prinzipiell im Moment durch die Firma Toll Collect[438] in Entwicklung. Das System erfreute sich einer zweifelhaften öffentlichen Aufmerksamkeit, die in erster Linie aufgrund von nicht eingehaltenen Terminversprechungen und den damit verbundenen Einnahmeausfällen für den Staat zustande kam. Die Gründe hierfür dürften wohl in erster Linie in der, vielleicht sogar bewusst in Kauf genommenen und juristisch offenbar sehr gut abgesicherten, viel zu kurzen Entwicklungszeit für ein prinzipiell gar nicht mal außergewöhnlich kompliziertes Telematiksystem liegen.
Auf die ebenfalls angebotenen Möglichkeiten der manuellen Einbuchung in das System von Toll Collect soll hier nicht weiter eingegangen werden, da es sich dabei um keine mobile Anwendung handelt. Die automatische Einbuchung hingegen ist eine klassische Automotiveanwendung, die abermals die gleiche technische Infrastruktur nutzt, wie die beiden bereits vorgestellten Anwendungen, nämlich GSM/GPRS und GPS.

---

[437] Vgl. **Michelsen, D.; Schaale, A.** (2002), S. 125
[438] Toll Collect im Internet: http://www.toll-collect.de

Abbildung 84: Grundsätzliche Funktionsweise der Anwendung Straßennutzungsgebühren in einer Darstellung von Toll Collect

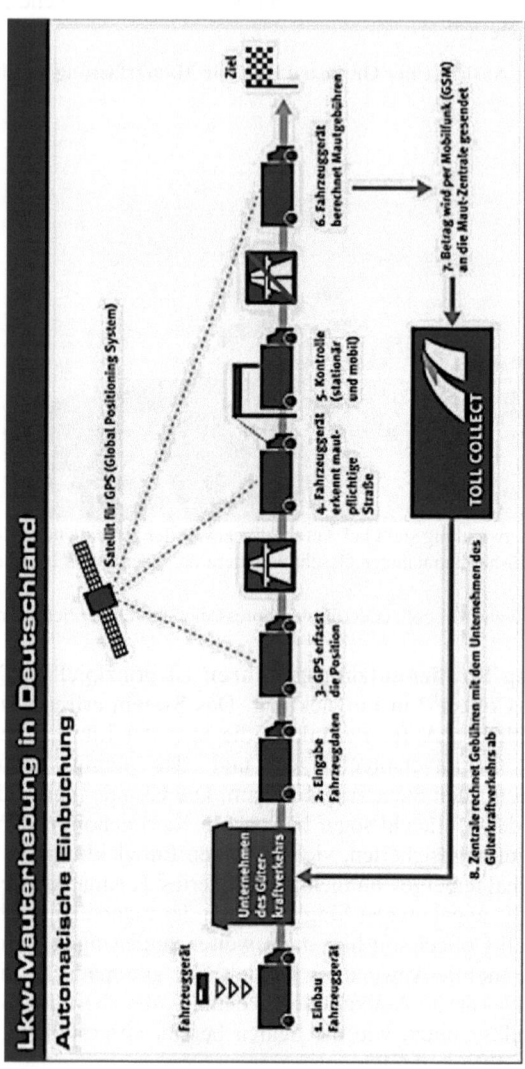

Toll Collect realisiert mit der automatischen Einbuchung ein Mauterfassungssystem auf dem aktuellen Stand der Technik. Die öffentlich diskutierten Probleme scheinen weniger aus der technischen Anforderung als vielmehr aus unrealistischen Zeitlinien zu resultieren.
Quelle:http://www.toll-collect.de/frontend/press/picturearchive/PictureEntryListVP.do

Über die Ortsbestimmung per GPS wird in dieser Anwendung ermittelt, wann eine gebührenpflichtige Straße befahren wird. Dieses kann aufgrund der hohen Genauigkeit von GPS im Prinzip bis auf wenige Meter genau, auf jeden Fall bis auf den Kilometer genau erfolgen. Die Anwendung errechnet auf Basis der geographischen Daten nach dem Verlassen einer gebührenpflichtigen Straße die gefahrene Kilometerzahl und übermittelt diese mitsamt den notwendigen Fahrzeugdaten per GSM/GPRS an ein zentrales Rechenzentrum. Hier wird anhand von Tarif und Kilometerzahl der Mautbetrag errechnet. Dieser Betrag wird dann vollautomatisch bei der entsprechenden Spedition eingezogen.

Diese Anwendung greift prinzipiell auf bereits heute sicher funktionierende Teile der Anwendung Navigation und Routenplanung zurück, wenn es um die Identifizierung von befahrenen Straßen geht. Auch die Entfernungsermittlung ist im Rahmen der Routenplanung in den heute verfügbaren Systemen realisiert. Die Übermittlung der Daten ist auf Basis von GSM-Netzen technisch eigentlich auch keine besondere Herausforderung mehr.[439] Die Schwierigkeiten des Projekts mit den Endgeräten enthüllen jedoch ein zentrales Problem des gesamten Geschäftsfeldes, nämlich die Endgeräteentwicklung und die Integration von Software in neu zu entwickelnde Endgeräte. Diese Aufgaben sind im Vergleich zu den bisher vorgestellten Geschäftsmodellen hier ganz neu und sollten in der Komplexität nicht unterschätzt werden.

Allerdings ist der Anspruch, ein flächendeckendes System mit Endgeräteentwicklung in rund einem Jahr entwickeln zu wollen auch ohne diesen Risikofaktor auf Sicht der Projektleitung nur schwer als realistisch anzusehen. Die aktuellen Probleme mit der Anwendung scheinen daher weniger in der technologischen Basis als vielmehr in projektleiterischen Problemen bei der Zusicherung unrealistischer oder sehr optimistischer Zeitlinien zu liegen. Die Anwendung an sich ist ein Beispiel für eine sinnvolle Verbindung der technischen Einzelsysteme.

Technische Überwachung und Fahrzeugdiagnostik ist die vierte in diesem Modell integrierte Anwendung. Technische Kernbereiche sind hier der Zugang zur bestehenden Fahrzeugelektronik und die Kommunikation per GSM/GPRS oder später UMTS. Auch die Anwendung der technischen Überwachung und Fahrzeugdiagnostik führt keine wirklich neuen Technologien ein, sondern ermöglicht durch die Vernetzung bestehender Technologien neue und weiterreichende Nutzung. Die Diagnostik durch Fahrzeugelektronik ist spätestens seit den neunziger Jahren üblich in der Kraftfahrzeugentwicklung. In jeder Werkstatt wird heutzutage zunächst ein Computer an das Fahrzeug angeschlossen, um die

---

[439] Vgl. **Fell, F.** S.5 ff. (2003)

vielfältigen Sensorendaten abzufragen und hieraus eine Diagnose des technischen Fahrzeugzustands zu entwickeln.

Abbildung 85: Grundsätzliche Funktionsweise der Anwendung technische Überwachung und Fahrzeugdiagnostik

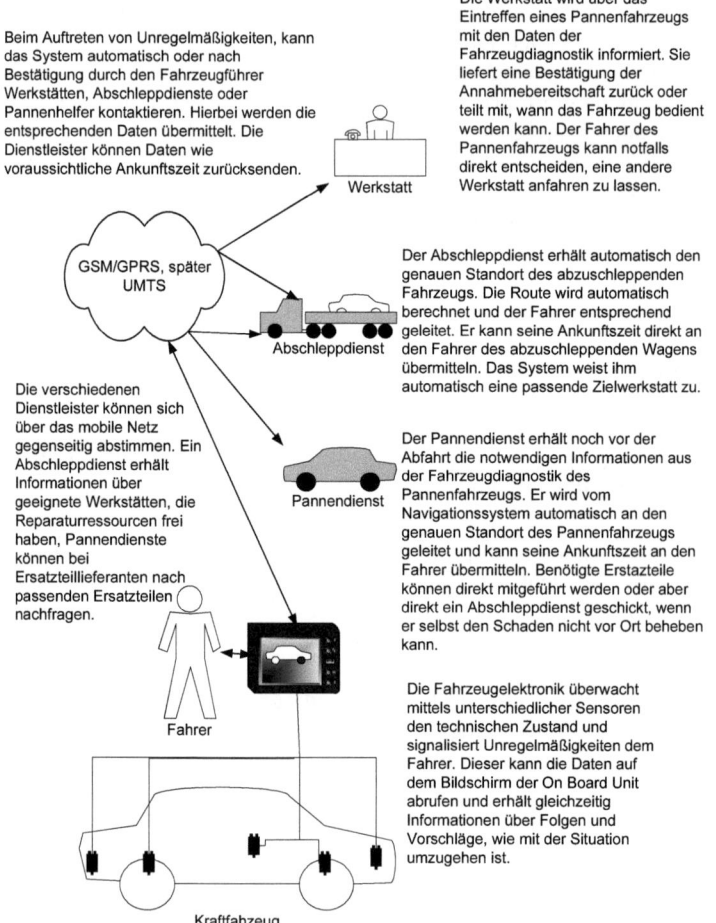

Technische Überwachung und Fahrzeugdiagnostik verbessern vor allem die Effizienz beim Einsatz von Ressourcen wie Werkstätten, Abschlepp- und Pannendiensten. Die Anwendung kooperiert eng mit den anderen genannten Anwendungen des Automotive-Felds. Auch eine Verbesserung der Verkehrssicherheit durch laufende Überwachung des technischen Zustands der Fahrzeuge ist zu erwarten.

Die Weiterentwicklung besteht in der laufenden Bereitstellung dieser Daten für den Fahrer über den zentralen Fahrzeugrechner und für Werkstätten oder Pannendienste über das GSM/GPRS-Netz und den damit verbundenen weiteren Möglichkeiten.
Der Fahrer kann über das zu entwickelnde Endgerät mit detaillierten Statusinformationen zu seinem Fahrzeug informiert werden und bei technischen Auffälligkeiten so besser entscheiden, ob und wann zum Beispiel eine Werkstatt aufzusuchen ist, oder ob ein so schwerwiegender Schaden eingetreten ist, dass das Fahrzeug sofort anzuhalten ist und nicht weiter bewegt werden darf. Hilfsdienste und Werkstätten können direkt bei der Information über die technische Diagnose informiert werden.[440] Pannendienste können entsprechende Ersatzteile mitnehmen oder eine Werkstatt kann die Annahme eines Fahrzeugs direkt verweigern und es zu einer anderen Werkstatt umleiten, wenn sie zum Beispiel ausgelastet ist oder nicht über die notwendige Ausrüstung verfügt. Auf diese Weise können schwerwiegende Folgeschäden an Fahrzeugen vermindert werden, die Verkehrssicherheit kann gesteigert und der Einsatz von Ressourcen wie Pannen- und Abschleppdienste sowie Werkstätten optimiert werden. Erste Pilotanwendungen einer integrierten Fahrzeugdiagnostik haben Siemens mit SIEaR oder auch Softing[441] implementiert.[442] Große Automobilkonzerne befinden sich aktuell ebenfalls in Entwicklungsphasen zu dieser Anwendung.[443]

Alle vorgestellten Anwendungen nutzen gemeinsam bereits heute verfügbare technische Infrastruktur: Eine GSM/GPRS Mobilfunkeinheit, eine GPS-Empfangseinheit, die bestehende Fahrzeugelektronik mit einer eventuell weiter ausbaubaren Sensorik in allen kritischen Fahrzeugsystemen und einen Zentralrechner. Die technische Herausforderung besteht in der Entwicklung einer Hardware, die den Anwendungen alle benötigten technischen Ressourcen zur Verfügung stellt. Diese Einheit kann in Anlehnung an die Namensgebung durch Toll Collect als On Board Unit bezeichnet werden. Der Fahrer dürfte die OBU vor allem in Form eines leistungsfähigen TFT Bildschirms wahrnehmen. Dieser Bildschirm könnte vergleichbar den bereits heute eingesetzten Geräten des Navigationssystems TravelPilot (z.B. bei Volkswagen) sein. Eine Touchscreen-Funktionalität würde die Bedienbarkeit stark verbessern und die Integration von Hardwarebedienelementen weitgehend überflüssig machen.
Im Verborgenen könnte ein Gerät in Form eines heutigen Autoradios arbeiten, das neben den angesprochenen Anwendungen auch die Audiounterhaltung im Fahrzeug abdecken könnte. Die Entwicklung dieser speziellen OBU bringt im Umfeld der Automobilindustrie einige neue Gesichtspunkte im Bereich der

---

[440] Vgl. **Michelsen, D.; Schaale, A.** (2002), S. 127
[441] Softing im Internet: http://www.softing.com
[442] Vgl. **Steimer, F.; Maier, I.; Spinner, M.** (2001), S. 201
[443] Vgl. **Eisele, P.** (2003), S. 13ff.

sonstigen Aspekte für dieses Geschäftsmodell mit sich. Die genutzten Elemente für sich sind allesamt sicher zu nutzen und es gibt jahrelange Erfahrungen bei der Nutzung jedes einzelnen Teils der Infrastruktur. Gewisse Investitionen sind im Bereich der Schnittstellenentwicklung von Fahrzeugelektronik zur OBU und gegebenenfalls zwischen dem GSM/GPRS und dem GPS Modul zur OBU zu erwarten. Hier kann allerdings großenteils auch auf bereits entwickelte Schnittstellen zurückgegriffen werden. Das technologische Gesamtsetup ist somit als überwiegend positiv zu beurteilen.

Abbildung 86: Erscheinungsbild eines integrierten Automotivesystems ist primär ein leistungsfähiger Bildschirm

Bereits heutige dynamische Navigationssysteme arbeiten mit leistungsfähigen TFT-Bildschirmen. Neben dem Bildschirm besteht z.B. das Blaupunkt TravelPilot DX-N aus einem Zentralrechner mit CD-ROM Laufwerk im Autoradioformat. Eine Touchscreenfunk-tionalität wäre wünschenswert.
Quelle: http://www.blaupunkt.de/7612200416_main.asp

6.4.3 Prüfung der Marktchancen des Modells integrierter Automotive Anwendungen

Eine Zielgruppendefinition für dieses Geschäftsfeld muss ganz anders ausfallen als bei den bisherigen Modellen. Ziel ist es, möglichst viele Kraftfahrzeuge mit dem beschriebenen System auszustatten. Die Primäre Zielgruppe dürften Berufskraftfahrer und Vielfahrer beziehungsweise deren Arbeitgeber sein. Jene Firmen also, die die Fahrzeuge für Berufskraftfahrer und Vielfahrer aussuchen und bestellen. Der Vertrieb dürfte analog zur Verbreitung von anderen Neuerungen in der Automobilindustrie hauptsächlich über den Verkauf von Neufahrzeugen und erst in zweiter Linie über die Nachrüstung bestehender Fahrzeugflotten erfolgen. Die Vorteile des integrierten Systems dürften zunächst vor allem für Speditionen und Kurierdienste eine größere Rolle spielen, später auch für Handelsvertreter und andere Vielfahrer. Das System dürfte sich ebenfalls in der bisher beobachteten Weise zunächst von den höherklassigen Fahrzeugen zu den niedrigpreisigeren Segmenten ausbreiten.

Die voraussehbare Entwicklung einer Anwendung im Automotivebereich folgt somit ziemlich exakt der wirtschaftlichen Relevanz für die Nutzer. Zunächst werden professionelle Nutzer adressiert, dann höherwertige Nutzergruppen und schließlich kann der Markt in der vollen Breite erschlossen werden.

Das Bündel der beschriebenen Anwendungen erfüllt vor allem ein Sicherheitsbedürfnis bei den Nutzern[444] sowie monetäre Bedürfnisse durch die möglichen Einsparungen in unterschiedlichen optimierbaren Situationen des Verkehrslebens. Dieses gilt primär natürlich bei Berufskraftfahrern, Handelsreisenden, Speditionen und sonstigen Firmenwagen. Des Weiteren werden Servicebedürfnisse der Nutzer adressiert und schließlich auch zu einem gewissen Teil – wie beim Themenkomplex Fahrzeug überhaupt – das Repräsentationsbedürfnis sofern man PKW betrachtet.

Die Frage nach der Nutzbarkeit unter mobilen Bedingungen schließlich spielt im Umfeld der Automotiveanwendungen eine sehr große Rolle. Während der Nutzer die Anwendung bei den bisherigen Modellen meist in Nischenzeiten nutzte, wird das Automotivepaket meist in Standzeiten des Fahrzeugs genutzt. Diese Standzeiten können die Zeiten vor der Abfahrt oder nach der Ankunft sein, jedoch auch Wartezeiten an Ampeln oder in sonstigen Verkehrssituationen. Realistischerweise ist immer auch davon auszugehen, dass Automotiveanwendungen auch während der Fahrt genutzt werden könnten. Dieses ist als Tatsache zu sehen und daher auf jeden Fall zu berücksichtigen, auch wenn die Bedienung eines solchen Systems während der Fahrt keineswegs der Straßenverkehrsordnung entspricht. Die Anwendungen laufen auch fortwährend im Hintergrund mit, während das Fahrzeug bewegt wird. Das Problem des Bootens der Anwendung wird so weitestgehend irrelevant.

Die verschiedenen Anwendungen sollten natürlich allgemein weitestgehend automatisch laufen. Sie sollten den Fahrzeugführer über Sprachkommunikation informieren und die Eingaben sollten einfach sein. Die Nutzung eines Touchscreens würde hier große Vereinfachungen gegenüber dem jetzigen Stand der Technik bedeuten. Die Integration von Spracherkennung und gesprochenen Anweisungen an das System wäre optimal, ist jedoch kurzfristig nicht zu erwarten. Microsoft kündigte im November 2003 für sein mobiles Betriebssystem

---

[444] Vgl. **Bager, J.** (2002a)

Windows CE eine Sprachsteuerung zentraler Officestandards an, was als ein erster Schritt zur Spracherkennung angesehen werden darf.[445]
Die Nutzbarkeit unter den speziellen mobilen Bedingungen des Automotiveumfelds kann bei einigen Anwendungen, wie zum Beispiel der Routenplanung und Navigation, schon heute sehr überzeugend unter Einsatz verschiedener Möglichkeiten wie Sprachausgabe, Richtungspfeilen im Armaturenbrett und Kartendarstellung auf Bildschirmen gelöst werden. Andere Anwendungen sind nur in Standzeiten sinnvoll zu nutzen, was jedoch beispielsweise im Fall des Herbeirufens eines Pannendienstes oder Abschleppwagens kein Problem darstellt. Der Großteil der Kommunikation sollte allerdings vom Fahrzeugführer vollkommen unbemerkt und ungesteuert automatisch ablaufen.
In der Summe der Betrachtungen für Markt und Nutzbarkeit wäre das beschriebene System überwiegend positiv zu beurteilen. Das Paket könnte eine für die Automobilindustrie typische Markterschließung durchlaufen. Es wäre in der speziellen Nutzungssituation meist gut nutzbar und bietet speziell für Berufskraftfahrer, Speditionen, Kurierdienste und sonstige Vielfahrer viele Vorteile bei der Ressourcenoptimierung.

6.4.4 Diskussion sonstiger Aspekte des Modells integrierter Automotive Anwendungen

Zentraler Aspekt des beschriebenen Modells und des hierauf aufbauenden Geschäftsmodells ist die die spezielle Situation, in der die Anwendung etabliert und betrieben werden muss. Durch die Notwendigkeit zur integrierten Endgeräteentwicklung und die zwangsläufige Nähe zur Automobilindustrie bewegt sich dieses Geschäftsmodell in einem anderen wirtschaftlichen Umfeld als die bisher betrachteten Modelle. Hier sind neben der Softwareentwicklung auch Hardwareentwicklung und die Zusammenarbeit mit Konzernen gefragt. Die Investitionsvolumina zur Entwicklung neuer Endgeräte und Interessen der Automobilindustrie, sich nicht an namenlose Startups zu binden – es sei denn, man denkt daran, sie gleich aufzukaufen – machen es für kleine und junge Unternehmen unmöglich, dieses Geschäftsmodell anzubieten. Vielmehr dürften hier namhafte Hardwareentwickler auftreten, die die entsprechenden Erfahrungen auf dem Gebiet der Endgerätetechnologie haben. Softwareentwickler oder Telekommunikationsunternehmen dürften nur zum Betrieb der Anwendungen oder zur Entwicklung von Einzelanwendungen als Partner auftreten. Des Weiteren sind komplette Eigenentwicklungen für die Automobilindustrie kaum lohnend. Stattdessen sind eher Modelle denkbar, bei denen ein System durch einen Automobilkonzern als fertiges Produkt erworben und gebranded wird.[446]

---

[445] Vgl hierzu im Internet: http://www.microsoft.com/windowsmobile/products/ voicecommand/default.mspx

[446] Vgl. **Michelsen, D.; Schaale, A.** (2002), S. 128

Als Anbieter und Betreiber des beschriebenen Systems kommen aus diesen Gründen eher alteingesessene Hardwareausrüster in Frage. Naturgemäß dürften die beteiligten Branchen die wichtigste Rolle spielen. Es sind also eher große Computerhersteller, Mobilfunkausrüster und Elektronikkonzerne als Player in diesem Geschäftsmodell zu erwarten als Softwarehäuser, Startups oder gar die bisher häufig vertretenen Medienunternehmen. Die bereits heute am Markt erfolgreichen Anbieter wie Blaupunkt, Siemens, Nokia etc. sind selbstverständlich als entsprechend potente Partner der Automobilindustrie in einem großen Vorteil.

Die Konkurrenzsituation ist ebenfalls als schwierig zu beurteilen. Alle Anwendungen sind für sich bereits vorgedacht und zumindest in Prototypen realisiert, in der Realisierung zur Serienreife befindlich oder bereits im Serieneinsatz. Im Bereich jeder Anwendung gibt es also bereits etablierte Firmen mit mehr oder weniger großen Erfahrungen mit der jeweiligen Anwendung. Der Schritt zur Entwicklung eines zentralen Bordcomputers, der die beschriebenen vier Anwendungen und gegebenenfalls noch weitere Anwendungen bereitstellt, wurde jedoch noch nicht realisiert. Es ist allerdings anzunehmen, dass diese integrierte All-in-One Strategie in den nächsten Jahren von verschiedenen der etablierten Anbieter formuliert werden wird. In Ansätzen ist die Richtung bereits durch die Integration von Radio- und sogar TV-Empfängern in den Navigationssystemen eingeschlagen wurden.

Die sonstigen Aspekte des Geschäftsmodells sind in der Summe neutral zu betrachten. Für Neueinsteiger dürfte der Markt nur sehr schwer zu erschließen sein. Zu hoch sind die Investitionsvolumina für die Endgeräteentwicklung und zu eng die Verbindungen zur Automobilindustrie. Eine Spezialisierung auf einen Teil, beispielsweise die Softwareentwicklung, einer der beschriebenen Anwendungen, am besten in Partnerschaft mit einem entsprechend starken Unternehmen aus dem Hardwarebereich, erscheint für Neueinsteiger sinnvoller als der Versuch, die große Lösung selbst anzubieten. Für etablierte Unternehmen des Sektors stellt die beschriebene Anwendung hingegen eine interessante Perspektive für die Weiterentwicklung der bisher als Insellösungen betrachteten Produkte in der Zukunft dar. Die Potentiale jedenfalls sind im Vergleich zu den meisten anderen betrachteten Geschäftsmodellen sehr groß. Besonders auch, da ein etablierter Produktzweig in der Automobilindustrie, laufende Weiterentwicklung selbstverständlich vorausgesetzt, einen Lebenszyklus von mehreren Dekaden haben kann.

6.4.5 Integrierte Automotive Anwendungen - Verdichtung des Gesamtbildes in einer Übersichtstabelle

Tabelle 16: Bewertungstabelle - Geschäftsfeld Automotive Anwendungen

Technologische Faktoren		
Netzwerktechnologie		
Zur Nutzung benötigte Übertragungsleistung		
Nutzbare Netzwerktechnologien?	GSM Netze mit GPRS Funktionalität reichen für alle beschriebenen Anwendungen aus. Always on ist wichtig.	+
Netzwerke für den Markt zugänglich?	Ja.	++
Hohe Nutzungsgeschwindigkeit realisierbar?	Nicht relevant. Die übertragenen Datenmengen sind nur relativ gering. Die Leistungsfähigkeit von GPRS reicht aus.	
Spezielle Anforderungen der Netzwerktechnologie		
Lokalisierung notwendig und gegeben?	Ja. Realisiert über GPS, jedoch auch über GSM denkbar.	++
Identifikation notwendig und gegeben?	Ja. Die Identifikation in der GSM Kommunikation kann durch eine SIM-Karte erfolgen.	++
Roaming notwendig und gegeben?	Ja. Sehr wichtig aufgrund hoher Geschwindigkeit und großer Reichweite. GSM leistet das notwendige Roaming.	++
Übertragungssicherheit notwendig und gegeben?	Übertragungssicherheit ist nicht sehr relevant.	
Förderliches Preismodell verfügbar?	Preismodelle für Automotive-Datendienste sind bisher kaum betrachtet worden. Die aktuellen Preise für GSM Datenübertragung wären deutlich zu teuer.	--
Endgerätetechnologie		
Mindestens benötigte Geräteklasse	Es ist ein spezielles Endgerät mit GPS, GSM/GPRS-Fähigkeit, hoher Speicherkapazität und Rechenleistung sowie Audioausgabe und TFT Touchscreen zu entwickeln.	
Verbreitung der notwendigen Geräteklasse im Markt	Muss erst entwickelt werden.	--
Gerätetechnische Begrenzungen	Das skizzierte Gerät würde kaum gerätetechnische Einschränkungen enthalten.	o
Zusammenfassung der technologischen Faktoren		
Die mobilen Kommunikations- und Lokalisierungstechnologien sind allesamt verfügbar und etabliert. Die Hardwareelemente für das zu schaffende Endgerät ebenfalls. Die Kombination in einem adäquaten Endgerät wurde bisher jedoch nicht vorgenommen. Hier und in der Schnittstellenentwicklung für die einzelnen Elemente liegt die größte Herausforderung.		+ (o)

Marktbetrachtungen		
Zielgruppenbetrachtung		
Adressierte Altersgruppen	Alle Kraftfahrer sowie Firmen, die Fahrzeugflotten unterhalten, werden adressiert.	+
Adressierte Berufsgruppen	Alle Kraftfahrer sowie Firmen, die Fahrzeugflotten unterhalten, werden adressiert.	+
Größe der Zielgruppen im Markt	Es zunächst der Markt der Berufskraftfahrer und Vielfahrer sowie Ihrer Unternehmen, später auch der gesamte Automobilmarkt adressiert.	+
Wirtschaftliche Relevanz der Zielgruppen	Der Markt würde über die wirtschaftlich relevantesten Zielgruppen erschlossen werden. Zunächst Berufsfahrer und Firmen, dann höherpreisige Fahrzeuge und deren Fahrer, schließlich der Gesamtmarkt.	++
Akzeptanzprobleme gegenüber der Applikation	Nicht zu erwarten. Die Anwendungen dürften – von den Straßennutzungsgebühren einmal abgesehen – überwiegend positiv angenommen werden. Die Ausnahme kann jedoch schon aufgrund der Gesetzeslage nicht zu einer Verweigerungshaltung führen.	++

Abgleich mit den formulierten Anforderungen an die Anwendung		
Schnelle Nutzbarkeit (3 Minuten)?	Größtenteils ja, teilweise laufend und passiv nutzbar.	+
Einfache Bedienbarkeit, gute Benutzbarkeit realisierbar?	Bei Verwendung des beschriebenen Endgeräts ja. Sonst eventuell schwierig.	+
Möglicher Zusatznutzen?	Ja. Die Infrastruktur ermöglicht die Integration einer Fülle weiterer Anwendungen.	++

Abgleich mit den formulierten Bedürfnissen der Nutzer		
Pflege sozialer Beziehungen, Anerkennung?	Anerkennung und Repräsentation durch die Technologie. Soziale Beziehungen kaum. Eventuell durch Nutzung der Kommunikationsinfrastruktur.	+
Unterhaltung	Ja, z.B. durch Integration von Radio- und TV-Empfang.	+
Sicherheit	Ja. Durch Positionsbestimmung, aktive Überwachung des technischen Fahrzeugstatus, Funktion um Hilfe zu rufen und zum Standort zu leiten.	++

Zusammenfassung der Marktbetrachtungen	
Das Anwendungspaket deckt alle primären Nutzerbedürfnisse ab. Für professionelle Nutzer birgt es sogar handfeste monetäre Potentiale durch bessere Ressourcenausnutzung. Auch die Adoption des Produktes am Automobilmarkt ist überwiegend positiv anzusehen. Es werden zunächst die wirtschaftlich relevanten Zielgruppen und später der Massenmarkt erschlossen.	+ (++)

Sonstige Aspekte des Geschäftsmodells		
Investitionsaufwand	Es sind hohe Investitionen für Hardwareentwicklung sowie Abstimmung der Applikationen aufeinander absehbar. Diese dürften nur von etablierten Unternehmen verwaltbar und leistbar sein.	--
Entwicklungsaufwand	Die Hardwareentwicklung und die Systemintegration stellen technisch einige Herausforderungen dar. Es ist von einem Entwicklungszyklus von mindestens eineinhalb bis zwei Jahren auszugehen. Es müssen allerdings keine neuen Komponenten entwickelt werden, weswegen die technische Entwicklung nicht mit großen Risiken verbunden ist.	o
Marktzutrittsbedingungen	Schwierig für junge Unternehmen. Das Angebot des beschriebenen Produktes ist nur etablierten Unternehmen zuzutrauen. Gründe sind die Aufwände und Erfahrungen in der Hard- und Softwareentwicklung, dem bereits laufenden Angebot von Einzeldiensten und den Beziehungen zur Automobilindustrie. Für etablierte Unternehmen deutlich leichter. Hier teilweise sogar positiv.	o

Zusammenfassung der sonstigen Aspekte	
Es handelt sich um ein sehr aufwändiges Produkt, das in einem industriellen Markt eingeführt werden muss. Die Einbeziehung einer Endgeräteentwicklung stellt eine Besonderheit im Vergleich zu allen bisherigen Geschäftsmodellen dar. Außerdem ist das Produkt an die Partnerschaft sehr großer Konzerne gebunden, die naturgemäß wenn möglich nur mit entsprechend potenten Partnern zusammenarbeiten. Das Modell dürfte daher nur von Firmen mit entsprechender Position zu erschließen sein. Für diese bietet es jedoch auch große und langfristige Gewinnpotentiale, da sowohl Herstellung als auch Betriebsaufgaben enthalten sind. Kleine Unternehmen haben höchstwahrscheinlich nur als spezialisierte Partner für Teilbereiche eine Chance.	- (o)

Zusammenfassende Bewertung	
Die Summe der Investitionen in Hardware- und Softwareentwicklung und Etablierung eines verlässlichen Betriebs der Applikationen lässt das Produkt sehr aufwändig erscheinen. Dem gegenüber stehen allerdings langfristige Erlösmöglichkeiten in großem Umfang. Für Elektronikausrüster oder andere entsprechend qualifizierte Unternehmen ist dieses Modell daher doch überwiegend positiv zu beurteilen.	+

6.4.6 Fazit zum vorgestellten Geschäftsmodell integrierter Automotive Anwendungen

Das vorgeschlagene Automotiveprodukt stellt in gewisser Weise die Portierung des All-in-One-Gedankens der mobilen Endgeräte auf das Umfeld der Automobilindustrie dar. Ein solches Gerät leistet mehr als die Summe der Einzelgeräte, da alle Anwendungen nahtlos miteinander kommunizieren können. So nutzt die Fahrzeugdiagnostik fließend den Kommunikationskanal und die Navigation, um beispielsweise einen Pannendienst zu rufen. Auch dürfte das Gerät deutlich günstiger sein als die Summe der Einzelgeräte.

Die Erlösmöglichkeiten sind ebenfalls sehr interessant, da es sich einerseits um ein Stück Hardware handelt, dass im automobilen Leben einmal verankert einen sehr langen Lebenszyklus haben kann – man vergegenwärtige sich einmal die inzwischen mehrere Dekaden dauernde Entwicklung des ABS - und andererseits auch Erlöse aus dem Betrieb der integrierten Dienste erschlossen werden können. Auch wird ein sehr interessanter und weltweit agierender Markt bearbeitet. Die modulare Austauschbarkeit der Mobilfunkstandards im System ist hierbei natürlich schon vor dem Hintergrund von UMTS und seiner vorerst nicht flächendeckenden Verbreitung sowie verschiedenen Standards in verschiedenen geographischen Märkten zu beachten. Es handelt sich also von der Endgeräte- über die Dienste- und Softwareentwicklung bis zum Betrieb der Dienste um ein Modell, das sehr viele Säulen mobiler Geschäftsmodelle überspannt, das dementsprechend aber auch deutlich komplexer ist als die bisherigen Modelle, die sich meist nur auf einen oder wenige Teile dieser Wertschöpfungskette konzentrieren konnten.

Die Komplexität und das Umfeld sehr großer und so gut wie ausschließlich global agierender Konzerne der Automobilindustrie bedeuten allerdings auch hohe Ansprüche an die Firmen, die ein solches Projekt verwirklichen wollen. Es dürfte sich hier ausschließlich um größere und etablierte Hardwareausrüster handeln. Firmen, die bereits im Bereich einzelner Automotiveanwendungen aktiv sind, sind stark im Vorteil.

Auch ist neben den vier vorgestellten Anwendungen bereits heute eine Fülle weiterer Möglichkeiten für ein solches System im Gespräch. Im Bereich der Sicherheits- und Notfallanwendungen kann man sich beispielsweise intelligente Ampeln vorstellen, die bei Annäherung von Rettungsfahrzeugen automatisch und rechtzeitig den Weg frei machen, indem sie sich entsprechend der Route umschalten.[447] Durch Integration von visuellen Sensoren und Kurzstreckenkommunikation – dieses zum Beispiel per W-LAN – könnten die Fahrzeuge untereinander kommunizieren. Fahrzeuge mit vergleichbaren Routen könnten sich so zu einem „Zug" zusammenkoppeln, wie es von Verkehrsplanern und Umweltschützern schon seit längerem gefordert wird und auf diese Weise Energie sparen und die Ressource Straße besser ausnutzen.[448] Wenn sich Fahrzeuge auf diese Weise gegenseitig erkannt haben, wäre auch eine automatische Kommunikation der Aktionen eines Fahrzeugs an seine Umgebung möglich. So könnte etwa automatisch gemeldet werden, dass ein Fahrzeug gerade eine Vollbremsung einleitet. Dahinter fahrende Fahrzeuge würden hierdurch ihre Reaktionszeit deutlich verkürzen. Dieses dürften freilich noch einige der eher in fernerer Zukunft liegenden Anwendungen für den Automotivesektor sein.

---

[447] Vgl. **Pundari, M.** (2002)
[448] Vgl. **Knecht, J.** (2003)

Diese Gesamtkonstellation macht das Modell für kleine, junge Unternehmen sehr schwierig. Für entsprechend etablierte Firmen jedoch bietet es durchaus gute und langfristige Perspektiven.

6.5 Geschäftsfeld Mobile Gesundheitsüberwachung und Diagnose

Das Gesundheitsbereich ist noch immer ein schnell wachsender Markt. Immer neue Medikamente und Technologien erlauben immer ausgefeiltere Behandlungsmethoden für immer mehr Krankheiten. Gleichzeitig steht nicht nur das deutsche Gesundheitssystem einer beispiellosen Kostenexplosion gegenüber.

Wie beim Geschäftsfeld Automotive handelt es sich auch hier nicht um ein typisches Anwendungsgebiet für mobiles Internet. Vielmehr ist der medizinische Bereich ein Geschäftsfeld, in dem sich unter Einbeziehung der heute bereits verfügbaren Technologien eine Anzahl neuer Geschäftsmodelle ergeben. Im Folgenden soll in diesem Zusammenhang beispielhaft das Geschäftsmodell der mobilen Gesundheitsüberwachung und Diagnose betrachtet werden.

6.5.1 Vorstellung des Geschäftsmodells mobile Gesundheitsüberwachung und Diagnose

Das grundsätzliche Geschäftsmodell im Bereich mobile Gesundheitsüberwachung und Diagnose beruht auf dem Angebot einer Lösung, mit der über mobile Datenkommunikation Gesundheitsdaten der Patienten mobil und laufend an eine möglichst automatische Überwachungsinstanz gesendet werden. Hier werden die Daten ausgewertet und beim Überschreiten bestimmter, für jeden Patienten individuell einstellbarer Grenzwerte verschiedener Parameter wird ein entsprechender Arzt benachrichtigt. Darüber hinaus werden die Daten über einen längeren Zeitraum aufgezeichnet und ermöglichen so eine Langzeitbeobachtung von Risikopatienten, ohne diese im Krankenhaus zu behalten oder aber täglich zum Arzt vorzuladen. In der weiteren Entwicklung sind auch Anwendungen denkbar, die aktiv auf den Patienten, zum Beispiel durch Verabreichung entsprechender Medikamente, direkt einwirken könnten.

Größter Vorteil dieser Lösung sind die Kosteneinsparungen durch Verringerung der stationären Einweisungen in Krankenhäuser, Fahrtkosten oder unnötigen Vorstellungen und Einweisungen der Patienten. Gleichzeitig bietet die Lösung bessere Möglichkeiten, bei der laufenden Langzeitüberwachung, höhere Datenqualität in Echtzeit und für den Patienten eine deutlich höhere Lebensqualität sowie eine größere Sicherheit durch Integration von Notfallapplikationen, die bei Überschreiten kritischer vitaler Werte automatisch Hilfskräfte alarmieren können.[449]

Die unterschiedlichen Erlösquellen in Zusammenhang mit dem System liegen in der Herstellung passender Systeme inklusive notwendiger Erstellung von Hard-

---

[449] Vgl. **Michelsen, D.; Schaale, A.** (2002), S. 135 ff.

und Software sowie deren Vertrieb, gegebenenfalls der Installation bei Patienten und dem Betrieb der Anwendung. Die Geschäftsbeziehung wird üblicherweise zwischen den Herstellern beziehungsweise Betreibern der Anwendung und den Trägern der Behandlungskosten entstehen. Im heimischen Markt dürften dieses demnach Krankenkassen und Krankenhäuser sein. Hier ist der Erfolg jedoch von der Anerkennung des Mehrwerts durch eben diese Institutionen abhängig. Wird die Anwendung des Systems von den Kassen nicht anerkannt, so dürfte eine breite, wirtschaftlich profitable Etablierung der Lösung in Deutschland deutlich schwieriger werden. In Einzelfällen ist schließlich auch von der Nutzung durch Privatpersonen auszugehen.

Prototypen und Beispielanwendungen gibt es ebenfalls bereits. Die Überwachung der Herzfrequenz mittels einer Uhr ist heute in jedem Fitnessstudio zum Training schon eher ein normaler Anblick. Auch die Überwachung von Blutdruck und Blutzuckerspiegel wurden schon realisiert.[450]

6.5.2 Erläuterung zentraler technologischer Parameter mobiler Gesundheitsüberwachung und Diagnose

Die technologischen Anforderungen des Geschäftsfelds sind ganz unterschiedlicher Natur. Von der Endgerätentwicklung bis zur Softwareentwicklung sind ähnlich dem Geschäftsfeld der Automotiveanwendungen Anforderungen enthalten. Noch mehr als im Automotivebereich ist jedoch die Modularität die größte Herausforderung. Wirklich zukunftsweisend ist im medizinischen Umfeld nur eine Lösung, die als Basis ein mobiles Trägersystem enthält, in das sich möglichst beliebige Anwendungen und Sensoren integrieren lassen. Außerdem wäre eine vollautomatische Nutzung von mindestens einer Mobilfunk- und einer drahtlosen Netztechnologie aus dem PC-Umfeld wünschenswert.

Die mobile Zentraleinheit ist im Prinzip ein kleiner Rechner, im Formfaktor vielleicht vergleichbar einem PDA. Eventuell ist auch die Integration in ein spezielles Handy denkbar, das dem Patienten dann anstatt seines normalen Handys zur Verfügung gestellt wird. Auch eine Armbanduhr könnte ein passendes Trägergerät sein. Somit muss der Patient dann keine zusätzliche Recheneinheit tragen. Dieses tragbare Gerät muss automatisch Kontakt zu einem zentralen Rechenzentrum halten, in dem die übertragenen Patientendaten ausgewertet werden. Hier werden die medizinischen Grenzwerte der Patienten und die einzuleitenden Anwendungen bei Auslösung der Grenzwerte gespeichert und initiiert.

Die Kommunikation sollte aus Kostengründen möglichst auf Basis einer günstigen Kurzstreckenfunktechnologie wie 802.11a, 802.11b W-LAN oder Bluetooth erfolgen. Eine in der Wohnung des Patienten installierte Empfangsstation kann die Daten entgegennehmen und automatisch per Standleitung im stationären In-

---

[450] Vgl. **Michelsen, D.; Schaale, A.** (2002), S. 135 ff.

ternet an das zentrale Rechenzentrum übermitteln. Gleichzeitig muss das System aber auch in der Lage sein, dynamisch auf eine GSM/GPRS-Nutzung umzuschalten, sollte der Patient die Reichweite der Kurzstreckenfunktechnologie verlassen.

Die tragbaren Systeme sollten dem Gedanken des PAN (Personal Area Network) folgen. Verschiedene Sensoren sollten mit entsprechenden Profilen von beliebigen Stellen am Körper mit der tragbaren Zentraleinheit kommunizieren. Typischerweise wäre diese Kommunikation eine Aufgabe für eine Kabelverbindung, wie es bei den erwähnten Pulsmessern meist realisiert wurde, oder praktischer gedacht eine Bluetoothverbindung. Bluetooth bietet sich durch seine geringen Produktionskosten, die kleinen Abmessungen, den geringen Stromverbrauch und die bereits in der Entwicklung des Standards stark modulare Ausrichtung, die die leichte Integration neuer Profile für neue Endgeräte (Sensoren) erlaubt, besonders an. Der Patient könnte somit die notwendigen Sensoren praktisch ohne Einschränkungen am Körper tragen. Die Daten würden zunächst per Bluetooth an die tragbare mobile Zentraleinheit übermittelt und anschließend per W-LAN/Standleitung, Bluetooth/Standleitung oder GSM/GPRS zum zentralen Rechenzentrum geschickt. Im Umfeld der Wohnung ist auch das Ablegen der mobilen Zentraleinheit denkbar. Die Reichweite von Bluetooth würde für eine normale Wohnung vollkommen ausreichen.

Die verschiedenen Endgeräte unterliegen allesamt gewissen gemeinsamen Anforderungen. Sie sollen leicht sein, ganz besonders eventuell am Körper anzubringende Sensoren natürlich. Bei einer kabellosen Vernetzung mit der mobilen Zentraleinheit sind in jedem Sensor eigene Stromquellen zu bedenken. Tatsächlich dürfte die Entwicklung passender Akkus eines der größten hardwaretechnischen Probleme sein, denn das regelmäßige Aufladen der Stromquellen kann sich speziell bei älteren Menschen schnell zu einem ganz praktischen Problem entwickeln. Wenn viele alte Menschen bereits beim kabellosen DECT-Telefon die Nutzung mit dem Hinweis ablehnen, sie würden immer vergessen, es aufzuladen, stellt sich das Problem bei filigranen Sensoren zur Gesundheitsüberwachung natürlich noch um einigeres schwieriger dar. Die Integration standardisierter Akkus sowie der Einbau von entsprechenden Erinnerungsfunktionen in die Endgeräte sind daher eventuell notwendig.

Abbildung 87: Schematische Darstellung der Anwendung mobile Gesundheitsüberwachung und Diagnose

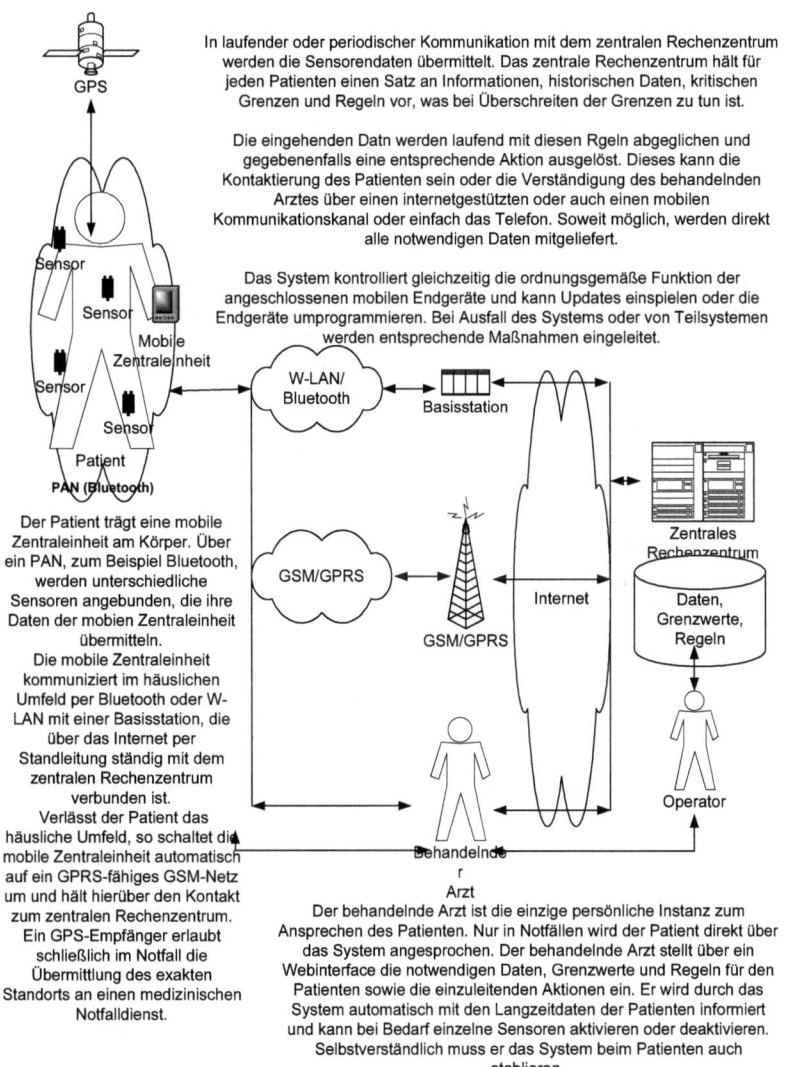

Der Erinnerungsmechanismus darf hierbei ruhig mit Nachdruck das Auswechseln eines Akkus in einem Einzelgerät fordern. Auch die gegenseitige Überwachung ist anzustreben, damit nicht nach dem dritten Mal der Akku der Zentraleinheit einfach herausgenommen wird und damit das gesamte System offline ist. Ist ein Überwachungssystem offline, so ist dieses natürlich auch im zentralen Rechenzentrum zu überwachen und entsprechend, beispielsweise per Anruf durch den Hausarzt, zu reagieren.

Schließlich kann das System entsprechend autorisierten Personen die relevanten Patientendaten zur Verfügung stellen. In Notfällen kann der Notarzt so auf dem Weg zum Patienten einen Blick in die Krankenakte werfen, notwendige Informationen über bisherige Behandlungen und festgestellte Probleme, auch Blutgruppe, regelmäßige Medikamente und weitere wichtige Informationen erhalten. Die Verfügbarkeit dieser Daten in Echtzeit an quasi jedem Ort stellt im Notfall eine deutliche Verbesserung der Chancen eines Patienten dar.[451]

Die Eingabemöglichkeiten der Endgeräte spielen für die beschriebene Anwendung praktisch keine Rolle. Im Gegenteil: Es ist sogar ein vollkommen bedienungsfreies System beim Patienten wünschenswert. Die Überwachung der technischen Parameter, eventuelle Updates oder Programmierungen sollten am besten per Fernübertragung aus dem zentralen Rechenzentrum erfolgen.

Schließlich ist die Integration eines GPS-Empfängers für die exakte Ortung in Notfällen bei Geräten für Risikopatienten wünschenswert.

Die anzuwendenden Technologien sind seit einigen Jahren verfügbar. Neuentwicklungen sind die mobilen Endgeräte. Auch ist bei der Vernetzung der verschiedenen Kommunikationskanäle, beispielsweise beim automatischen Umschalten von Bluetooth/W-LAN auf GSM, einiger Aufwand zu erwarten. Hinzu kommt selbstverständlich die Entwicklung eines entsprechenden Softwareumfeldes. Trotzdem sind dieses alles relativ überschaubare technische Aufgaben. Das technische Gesamtbild der Anwendung ist daher überwiegend positiv zu beurteilen.

6.5.3 Prüfung der Marktchancen des Modells mobiler Gesundheitsüberwachung und Diagnose

Die Anwendung selbst adressiert primär pflegebedürftige oder chronisch kranke Menschen. Aufgrund der speziellen Situation sind die Kunden eines Herstellers oder Betreibers solcher Systeme so gut wie nie die Patienten selbst, sondern primär Krankenkassen, Krankenhäuser, andere Organisationen des Gesundheitswesens. Dieses ist bei der Etablierung eines solchen Systems am Markt natürlich zu beachten.

Die Marktentwicklung dieses Geschäftsfelds ist vor dem Hintergrund der Bevölkerungsentwicklung in den Industrienationen besonders interessant. In

---

[451] Vgl. **Steimer, F.**; **Maier, I.**; **Spinner, M.** (2001), S. 183

Deutschland gibt es bereits heute je nach Definition ein bis fünf Millionen pflegebedürftige oder chronisch kranke Menschen. Die Überwachung und Datenauswertung pro Patient schlägt mit einhundert bis fünfhundert Euro pro Monat zu Buche. Der Gesamtmarkt allein in diesem Sektor beträgt folglich eine bis zehn Milliarden Euro Umsatz pro Monat. Ein Marktanteil von einem bis zehn Prozent für mobile Anwendungen wird allgemein als kurzfristig realistisch angesehen. Die Überwachung per GSM ist schon seit einigen Jahren technisch möglich. Erst durch Einführung von GPRS wurde es allerdings auch finanziell tragbar. In den nächsten Jahrzehnten ist mit einem weiteren Wachsen dieser „Zielgruppe" aufgrund der allgemeinen demographischen Entwicklung zu rechnen.[452] Hinzu kommen Anwendungsmöglichkeiten bei Patienten, die nicht der Gruppe der chronisch kranken oder pflegebedürftigen Menschen zuzuordnen sind, sondern aus anderen Gründen eine dann meist zeitlich befristete Überwachung gewisser medizinischer Werte benötigen. Auch die Etablierung einer Überwachung auf Betreiben von Patienten selbst auf Basis ihrer eigenen Sicherheitswünsche ohne eine zwingende medizinische Indikation ist denkbar. Die Zielgruppen haben in der Summe also eine relativ hohe wirtschaftliche Relevanz.

Die Themen Nutzerbedürfnisse und Nutzbarkeit unter mobilen Bedingungen spielen bei dieser speziellen Anwendungsform nur sehr untergeordnete Rollen. Die Bedürfnisse sind selbstverständlich primär Sicherheitsbedürfnisse. Allerdings ist zunächst eher von einer Verordnung durch den Arzt auszugehen als von einer individuellen Entscheidung eines Patienten, sich medizinisch überwachen zu lassen. Es sind allerdings Komfortanforderungen an die tragbare Ausrüstung zu formulieren. Alles muss leicht sein, unauffällig und mit möglichst ausdauernden Batterien versehen sein. Störende Ausrüstung wird oft nicht entsprechend dem Gedanken einer laufenden Überwachung getragen werden, sondern sie wird oft „vergessen" werden.

Die Nutzbarkeit unter mobilen Bedingungen spielt schließlich so gut wie gar keine Rolle mehr. Das System sollte gezielt so konstruiert werden, dass der Patient möglichst geringen Einfluss auf die Geräte nehmen kann. Eine Nutzung unter mobilen Bedingungen sollte somit möglichst nicht stattfinden. Das System sollte möglichst vollständig automatisch oder per Fernwartung funktionieren. Die Interaktion des Patienten sollte sich auf die notwendigsten Wartungsarbeiten, wie Akkus wechseln und aufladen, beschränken.

---

[452] Vgl. **Michelsen, D.; Schaale, A.** (2002), S. 135 ff.

6.5.4 Diskussion sonstiger Aspekte des Modells mobiler Gesundheitsüberwachung und Diagnose

Ähnlich dem Geschäftsfeld der Automotiveanwendungen handelt es sich bei dem hier beschriebenen System um ein relativ komplexes Gesamtsystem. Die notwendigen Aktivitäten reichen auch bei dem Modell der mobilen Gesundheitsüberwachung und Diagnose von der Entwicklung der Endgeräte über die Entwicklung von Software und Schnittstellen bis zum dauerhaften Betrieb des Dienstes mit allen notwendigen Sicherheitsmaßnahmen zur Betriebssicherung. Durch die Verbindung von zwei bis drei Standards zur mobilen Datenkommunikation mit verschiedenen, weitgehend unabhängig voneinander arbeitenden und kommunizierenden Endgeräten im PAN des Patienten ist dieses Geschäftsfeld sogar noch anspruchsvoller als der Automotivebereich. Die hohe Relevanz der Daten, sowohl für die Sicherheit der Patienten als auch datenschutzrechtlich, stellen einen weiteren, komplexitätssteigernden Gesichtspunkt dar. Auch spielen Energieversorgung und Gewicht deutlich erfolgskritischere Rollen als im Kraftfahrzeug. Die Anforderungen an Hardware und Software sind also noch höher als im zuvor behandelten Automotivebreich. Dementsprechend dürfte auch die Endgeräteentwicklung aufwändiger sein.

Die Sensorik für die medizinischen Messdaten ist zwar entwickelt, jedoch existiert ein starker Zwang zur Verkleinerung und Verringerung des Stromverbrauchs bei gleichzeitiger Integration einer PAN-Sendevorrichtung wie Bluetooth. Auch sind die medizinischen Daten der Patienten teilweise nur durch verschiedene Sensoren an verschiedenen Stellen des Körpers abzulesen. Es handelt sich also um die Entwicklung einer größeren Anzahl solch komplexer Endgeräte und einer Basiseinheit. Die Investitionen in das Entwicklungsprojekt dürften daher relativ hoch sein. Eine fundierte Kenntnis des medizinischen Umfelds ist stark von Vorteil, so dass als realisierende Unternehmen wohl vor allem erfahrene und etablierte Medizintechnikausrüster, eventuell in Zusammenarbeit mit Mobilfunkausrüstern, in Frage kommen.

Ähnlich komplex sind die Anforderungen an Übertragungswege, Datensicherheit und Ausfallsicherheit der Systeme. Alleine für den Aufbau entsprechend ausfallsicherer Netze und eines entsprechenden zentralen Rechenzentrums mit technischer und medizinischer Betriebsgruppe sind weitere hohe Investitionen zu erwarten.

Gleichzeitig sind die Marktzutrittsbedingungen bei Erfüllung der formulierten Anforderungen an medizintechnische Erfahrung und wirtschaftliche Leistungsfähigkeit für die erfolgreiche Durchführung eines entsprechenden Projektes sehr verlockend. Es wird ein in der Zukunft fast garantiert wachsender Markt neu erschlossen und bearbeitet. Die Erlöse resultieren auch hier nicht nur aus dem einmaligen Verkauf der Systeme, sondern es werden langfristige Erlösquellen über Betrieb und Wartung der Systeme sowie Ersatzbeschaffung erschlossen. Bisher jedenfalls sind keine großen, integrierten mobilen medizinischen Diagnose- und Überwachungssysteme etabliert. Die grundsätzliche Funktionalität solcher Systeme wurde allerdings am Beispiel von Prototypen oder Einzelimplementierungen bereits gezeigt. Die Verbindung der Einzelsysteme, modulare Erweiterbarkeit und der mögliche flächendeckende Einsatz sind die entscheidenden Weiterentwicklungen, um eine Anwendung für den Massenmarkt zu schaffen.

Die Aspekte Investitionsvolumina und Marktzutrittsbedingungen sind daher unterschiedlich zu beurteilen. Sehr hohen Investitionen in Hardwareentwicklungen, Softwareentwicklungen und Aufbau von Infrastruktur stehen entsprechend hohe realisierbare Erlöse gegenüber. Für Firmen mit entsprechenden Erfahrungen und entsprechendem medizintechnischem Know How kann das Modell daher als positiv bezeichnet werden. Für Neueinsteiger ist es ungleich schwieriger. Die Marktzutrittsbedingungen sind grundsätzlich positiv zu beurteilen. Am Markt sind bisher allenfalls Einzelimplementierungen oder Prototypen beziehungsweise Kleinserien verfügbar.

6.5.5 Mobile Gesundheitsüberwachung und Diagnose - Verdichtung des Gesamtbildes in einer Übersichtstabelle

Tabelle 17: Bewertungstabelle - Mobile Gesundheitsüberwachung und Diagnose

Technologische Faktoren		
Netzwerktechnologie		
Zur Nutzung benötigte Übertragungsleistung	Normalerweise weniger als 9,6 Kbit/s (CSD)	
Nutzbare Netzwerktechnologien?	Alle. Selbst CSD würde technisch ausreichen.	++
Netzwerke für den Markt zugänglich?	Ja. Es können GSM, Bluetooth und W-LAN Netze genutzt werden.	++
Hohe Nutzungsgeschwindigkeit realisierbar?	Ja. In allen Netzen ausreichende Geschwindigkeit.	++
Spezielle Anforderungen der Netzwerktechnologie		
Lokalisierung notwendig und gegeben?	Am besten über GPS, jedoch nur sekundär relevant.	
Identifikation notwendig und gegeben?	Ja. Identifikation zwingend notwendig. In W-LAN-Netzen eventuell problematisch. In GSM und Bluetooth vorhanden.	+
Roaming notwendig und gegeben?	Ja. Außerhalb der Wohnung wird GSM verwendet. Hier ist das Roaming problemlos.	++
Übertragungssicherheit notwendig und gegeben?	Bei der Übertragung per W-LAN eventuell problematisch, bei Bluetooth und GSM/GPRS bessere Absicherung.	+
Förderliches Preismodell verfügbar?	Im GSM/GPRS-Umfeld nicht. Da die Hauptlast im Modell über den häuslichen Internetanschluss abgewickelt wird vertretbar. Bei W-LAN und Bluetooth günstige Flatrates in das Internet.	+

Endgerätetechnologie		
Mindestens benötigte Geräteklasse	Die verschiedenen Endgeräte sind erst neu zu entwickeln oder aus bestehenden Geräten weiter zu entwickeln. Die Benutz-barkeit in Bezug auf Gewicht und Akku ist ein Hauptprobem.	
Verbreitung der notwendigen Geräteklasse im Markt	Muss erst entwickelt werden.	--
Gerätetechnische Begrenzungen	Bei spezieller Entwicklung für die Anwendung keine. Erkannte Problemfelder sind geringe Größe und Gewicht, lange Akkulaufzeiten und geringer Stromverbrauch.	++

Zusammenfassung der technologischen Faktoren		
Die Übertragungstechnologien sind verfügbar. Es gibt im W-LAN-Umfeld größere Probleme bei der Datensicherheit. Die Endgerätetechnologie erfordert umfangreiche Neu- und Weiterentwicklungen. Prototypen und einzelne Sensoren sind allerdings bereits realisiert. Die technische Machbarkeit ist hierdurch ausreichend bewiesen.		+ (++)

Marktbetrachtungen		
Zielgruppenbetrachtung		
Adressierte Altersgruppen	Vor allem ältere, pflegebedürftige und chronisch kranke Menschen. Diese Zielgruppe ist bereits sehr groß und wächst in den nächsten Jahren aufgrund der Demographie weiter.	++
Adressierte Berufsgruppen	Nicht relevant.	
Größe der Zielgruppen im Markt	Die Zielgruppe hat bereits eine wirtschaftlich relevante Größe erreicht und wächst aufgrund der demographischen Situation in den meisten Industrieländern weiter.	++
Wirtschaftliche Relevanz der Zielgruppen	Aufgrund der Struktur des Gesundheitswesens in Deutschland kaum relevant.	
Akzeptanzprobleme gegenüber der Applikation	Wenige Akzeptanzprobleme sind zu erwarten. Eher Probleme bei der Benutzung des Systems durch ältere oder chronisch kranke Menschen. Das System muss daher möglichst einfach und automatisch gestaltet werden.	+

Abgleich mit den formulierten Anforderungen an die Anwendung		
Schnelle Nutzbarkeit (3 Minuten)?	Nicht relevant.	
Einfache Bedienbarkeit, gute Benutzbarkeit realisierbar?	Nicht relevant	
Möglicher Zusatznutzen?	Steigerung der Lebensqualität für Patienten, Kosteneinsparungen für Krankenkassen.	++

Abgleich mit den formulierten Bedürfnissen der Nutzer		
Pflege sozialer Beziehungen, Anerkennung?	Nicht relevant.	
Unterhaltung	Nicht relevant.	

| Sicherheit | Ja. Sehr stark. | ++ |

Zusammenfassung der Marktbetrachtungen	
Das Gesamtbild der Marktbetrachtungen zeigt zunächst, dass viele der sonst verwendeten Parameter im speziellen Umfeld dieser Lösung keine Rolle spielen. Die relevanten Parameter sind jedoch alle positiv bis sehr positiv zu bewerten, so dass sich bei den Marktbetrachtungen ein sehr positives Gesamtbild ergibt.	++

Sonstige Aspekte des Geschäftsmodells		
Investitionsaufwand	Durch das komplexe technische Umfeld ist mit hohen Projektkosten zu rechnen. Auch der Betrieb der Anwendung im hochkritischen medizinischen Umfeld ist mit höheren Kosten verbunden.	--
Entwicklungsaufwand	Der Entwicklungsaufwand fällt vor allem bei der Endgeräteentwicklung, der Schnittstellenentwicklung und Absicherung von Daten und bei der Ausfallsicherheit an. In diesen Bereichen sind umfangreiche Neuentwicklungen zu leisten, die auch ein gewisses Projektrisiko bergen.	--
Marktzutrittsbedingungen	Die Marktzutrittsbedingungen sind – einmal abgesehen von den Investitions- und Entwicklungsaufwänden – eher positiv. Es gibt bislang keine integrierten Trägersysteme für die mobile Überwachung verschiedener Gesundheitsdaten. Der Markt steht entsprechend qualifizierten Unternehmen also offen.	++

Zusammenfassung der sonstigen Aspekte	
Die sonstigen Aspekte sind vor allem aufgrund hoher Investitions- und Entwicklungsaufwände eher schwierig zu bewerten. Entsprechend erfahrene Medizintechnikhersteller dürften sich hiervon allerdings auf Dauer nicht abschrecken lassen. In Partnerschaft mit entsprechend qualifizierten Mobilfunkausrüstern sind die Projektrisiken als beherrschbar anzusehen. Unerfahrene oder kleine Unternehmen dürften allerdings nur schwer in der Lage sein, ein solches Projekt erfolgreich abzuschließen.	-

Zusammenfassende Bewertung	
Bei dem beschriebenen Produkt und seinem Geschäftsmodell stehen einer komplexen Technologie und komplexen Betriebsaufgaben große Erlöspotentiale gegenüber. In der Summe ist das Geschäftsmodell jedoch positiv bis sehr positiv zu beurteilen, da es sich bei einem Entwicklungsprojekt primär um die Kombination bestehender Technologien handelt und gleichzeitig große Erlösquellen im Bereich von Ausrüstung und Betrieb der Anwendung erschlossen werden können.	+(++)

6.5.6 Fazit zum Geschäftsmodell mobile Gesundheitsüberwachung und Diagnose

Das skizzierte Modell zur mobilen medizinischen Überwachung und Diagnose ist nur eine Möglichkeit zur Erschließung des skizzierten Marktes. Technisch gesehen sind kleinere Lösungen, die sich auf den Transport von einigen medizinischen Parametern beschränken und auch auf die Kommunikation über unter-

schiedliche mobile Netzwerke verzichten, deutlich einfacher zu realisieren und auch solche Lösungen bieten einem Patienten oft schon deutlich höhere Lebensqualität bei niedrigeren Kosten für die Träger der Krankenversorgung. Medizinische Notfallsysteme spielen in diesem Zusammenhang eine steigende Rolle. In Kopplung mit dem beschriebenen Überwachungs- und Diagnosesystem können Notfallsysteme eine kritische Situation vollautomatisch melden. Alle notwendigen Patientendaten können auf dem Weg zum Patienten an die Helfer übermittelt werden. Seine exakte Position natürlich auch.
Die beschriebene Lösung stellt nahezu das Optimum des technisch möglichen dar. Die Realisierung ist dementsprechend komplex. Es müssen verschiedene Endgeräte entwickelt werden. Schnittstellen zwischen verschiedenen mobilen Funknetzwerken sind zu schaffen und zu verwalten. Schließlich ist ein zentrales Rechenzentrum mit hoher Ausfall- und Datensicherheit einzurichten und zu betreiben.
Die Etablierung eines solchen, modularen Systems erlaubt jedoch die Integration praktisch aller aktuell denkbaren Diagnosemöglichkeiten, die Patientendaten von der Körperoberfläche aus aufnehmen. Gegenüber Einzellösungen ergeben sich hier wirtschaftlich deutliche Vorteile, da die Abfrage eines weiteren medizinischen Wertes nur die Nutzung eines weiteren Sensors durch den Patienten und nicht die Nutzung eines kompletten zusätzlichen Systems bedeutet.
Die hohen Potentiale des Geschäftsfeldes wiegen die genannten Schwierigkeiten bei der Erstellung des Systems problemlos auf. Die flächendeckende Versorgung von Pflegebedürftigen und chronisch Kranken mit mobilen Überwachungs- und Diagnosesystemen und der Betrieb der Anwendungen bieten die Möglichkeit zur Bearbeitung eines neuen Massenmarktes im Gesundheitssektor. Schließlich ist bei diesem Geschäftsmodell im Besonderen auch der große Mehrwert an Lebensqualität, den die mobile Überwachung und Diagnose den Patienten bieten kann, nicht zu unterschätzen. Der Einschätzung von Michelsen und Schaale, hier entstünde ein neuer Massenmarkt, kann man sich anschließen.[453]

---

[453] Vgl. **Michelsen, D.; Schaale, A.** (2002), S. 135 ff.

7 Fazit und Ausblick

Das mobile Internet hat in den letzten Jahren eine fast noch schwierigere Entwicklung durchgemacht als das Internet. Noch stärker war der Boom gewesen und noch geringer die tatsächlichen Ergebnisse als im stationären Internet. Nach einem drei Jahre währenden Niedergang haben sich trotzdem bereits heute einige Geschäftsmodelle im mobilen Internet behauptet. So verkaufen Unternehmen durchaus erfolgreich Klingeltöne, Handylogos oder Spiele für Handys über WAP. Per SMS werden Chats im Fernsehen angeboten oder Abstimmungen vorgenommen.

Alles in allem kann man sagen, dass mobiles Internet heute am Ausgangspunkt der Enttäuschungsphase einer klassischen Hype-Kurve steht und damit am Anfang von Realismus und Wachstum. Während sich mobiles Internet und M-Commerce zunächst als neuer Meilenstein im Siegeszug der elektronischen Medien präsentierten, entwickelten sie sich während der vergangenen Jahre mehr und mehr zu Problemfällen.[454]

Abbildung 88: Typische Hype-Kurve, wie sie auch für den mobilen Markt zutrifft

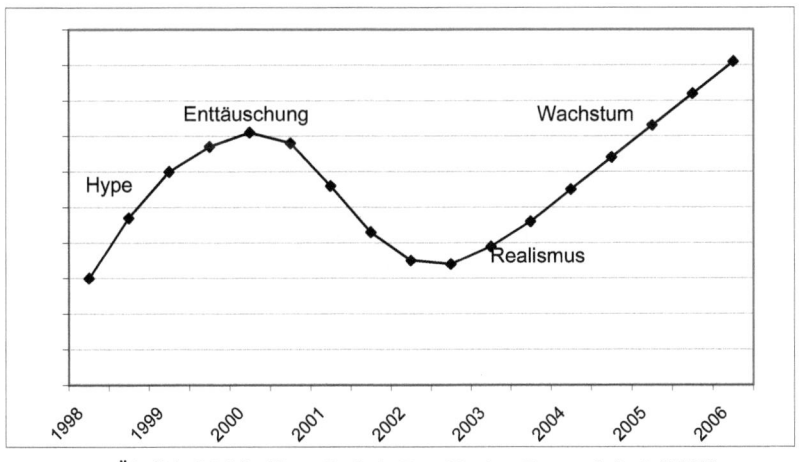

Ähnlich: Mobile Hype-Cycle in **Durchlacher Research Ltd.** (1999)

Für die Zukunft ist von einem langsameren, jedoch auch nachhaltigeren Wachstum der Branche auszugehen. Der Hype wurde offenbar überwunden, der Realismus ist bei den meisten Beteiligten eingekehrt.

---

[454] Vgl. **Horster, B.** (2002), S. 58 und **Knape, A.** (2002)

Im Rückblick auf die letzten Jahre ist festzustellen, dass die vielmals postulierte Forderung nach einem Zusammenwachsen der beiden grundlegenden technologischen Welten Mobilfunk und W-LAN nur langsam vorangekommen ist. Die Integration von Bluetooth hat bei beiden Technologien deutlich schnellere Fortschritte gemacht. Auch der Vergleich der beiden technischen Umfelder ist schwierig. Während im Mobilfunkumfeld globale Konzerne arbeiten, ist der Sektor der mobilen Computernetze noch in einer Aufbruchstimmung. Es fehlen der Technologie aber noch zu zentrale Elemente um eine ernsthafte Konkurrenz für UMTS zu sein: Sicherheit, Reichweite, Roaming, Dienstqualität, sind nur einige Stichworte. Es werden sich noch lange zwei mobile Welten nebeneinander entwickeln, bevor eine wirkliche Vernetzung stattfindet. Trotzdem dürfte diese Entwicklung langfristig kaum aufzuhalten sein.[455]

Der Hype ist vorbei, die Enttäuschung jedoch auch. Der Sektor steht vor einem gesunden, evolutionären, nachhaltigen Wachstum anstatt vor weiteren Revolutionen. Mobilfunk- und W-LAN-Technologien werden miteinander zunehmend vernetzt, dieses ist jedoch ein sehr langfristiger Prozess. Beide werden vorerst weiter nebeneinander existieren.

Gleichzeitig wurden in dieser Arbeit einige zentrale Probleme für die weitere Entwicklung mobiler Dienste identifiziert, die ich hier auch noch einmal zusammenfasse.
Ein ganz zentrales Hemmnis einer schnelleren Entwicklung ist bisher die Preispolitik, vor allem der großen Mobilfunkkonzerne. Während der W-LAN-Zugang berechenbare Preismodelle hat oder sogar kostenlos ist, ist die Nutzung von Datendiensten über Mobilfunknetze viel zu teuer. Darüber hinaus sind am Datenvolumen oder an der Verbindungsdauer bemessene Nutzungsentgelte auch nicht ohne weiteres durch den Nutzer einzuschätzen. Niemand weiß im Voraus genau, wie schnell das langsame Mobilfunknetz einen Inhalt übertragen haben wird und wie viele Kilobyte tatsächlich bewegt werden. Das Verhältnis von Preis und Leistung ist so schlecht, dass jeder die Nutzung auf das absolut notwendige Minimum beschränkt. Erste Ansätze zu einer Verbesserung wurden in letzter Zeit durch die Einführung spezieller Datentarife durch einige Mobilfunkanbieter gemacht, sie reichen jedoch wohl noch lange nicht aus.
Das zweite zentrale Problem sind Nutzungsfreundlichkeit, Bedienbarkeit und Interessantheit der verfügbaren Dienste. Nutzer beschränken sich darauf, solche Dienste regelmäßig zu nutzen, die einfach und schnell den gewünschten Mehrwert beziehungsweise die Information erbringen und dabei möglichst auch noch Spaß machen. Das Wie und das Was bestimmen also ganz maßgeblich den Er-

---

[455] Vgl. **Diederich, B.; Lerner, T.; Lindemann, R.; Vehlen, R.** (2001), S. 61 ff. und **Steimer, F.; Maier, I.; Spinner, M.** (2001), S. 197

folg der meisten mobilen Dienste. Anders formuliert bestimmen Inhalt und Art der Präsentation den Erfolg. Dienste, die nicht in beiden Gesichtspunkten gut sind, werden keinen Erfolg haben. Auch hier gibt es für die bisher verfügbaren Datendienste einiges nachzuholen.[456]

Die größten Hemmnisse für schnellere Entwicklungen sind undurchsichtige, viel zu teure Preismodelle für Datendienste im Mobilfunkbereich und schlecht bedienbare Dienste mit uninteressanten Inhalten sowie wenig Mehrwert.

Neben den beispielhaften, in dieser Arbeit detailliert behandelten Geschäftsmodellen birgt mobiles Internet selbstverständlich Anwendungsmöglichkeiten und Potentiale für eine Fülle weiterer Geschäftsmodelle und ganzer Geschäftsfelder. Mobile Unterhaltungsdienste, Musik, Spiele, Chat- und Communityanwendungen erscheinen auf den ersten Blick zum Beispiel ebenfalls vielversprechend.[457] Auch auf klassische Wertschöpfungsketten bezogen sind große Potentiale erkennbar. Im E-Commerce galt, dass bewährte Strategien der Old Economy durch das Internet wirksamer wurden. Dieses ist auch für das mobile Internet zu erwarten. So dienen viele der heute erkennbaren Anwendungsmöglichkeiten der Effizienzsteigerung und strategischen Neupositionierung von Unternehmen und Produkten. Mobile Technologie ist somit ein wichtiger Enabler für die Effizienzsteigerung klassischer Geschäftsprozesse. In diesem Umfeld tut sich ein ganz neues Anwendungsgebiet für mobile Technologie auf, nämlich Business to Employee (im folgenden B2E), ein Markt, in dem McKinsey allein für das Jahr 2004 Einsparungspotentiale von bis zu achtzig Milliarden US Dollar prognostizierte.[458]

Ausgangspunkt jeglicher Überlegungen hierbei sollte allerdings immer das Unternehmen sein. Während früher oft die Technologie die Geschäftsmodelle hinter sich quasi herzog und Unternehmen manchmal fast zwanghaft nach Anwendungen suchten, um eine neue Technologie auch einzusetzen, hat sich das Verhältnis inzwischen weitgehend normalisiert. Unternehmen sehen Möglichkeiten, neue Technologien sinnvoll zu nutzen. Die vorgeschlagenen Anwendungsformen in den Beispielen des medizinischen und des Automotivebereichs können hier als gute Beispiele angeführt werden.[459]

Neben den vorgestellten Geschäftsmodellen ist eine Fülle weiterer Modelle denkbar. Mobile Technologie dient hierbei auch als wichtiger Enabler für die Effizienzsteigerung herkömmlicher Geschäftsprozesse. Dem Bereich B2E sind

---

[456] Vgl. **Röttger-Gerigk, S.** (2002), S. 23 ff.
[457] Ählich: **Steimer, F.; Maier, I.; Spinner, M.** (2001), S. 198
[458] Ähnlich: **Porter, M.** (2001) S. 64 ff., **Karmani, F.; Nachtmann, M.; Gregor, B.** (2002), S. 5 und **Pflug, V.** (2002), S. 211 ff.
[459] gl. **Karmani, F.; Nachtmann, M.; Gregor, B.** (2002), S. 2

eine sehr große Bedeutung und sehr große Potentiale beizumessen, auch Spiele und Communityanwendungen erscheinen auf den ersten Blick erfolgversprechend. Technologie treibt inzwischen nicht mehr die Modelle zur wirtschaftlichen Nutzung vor sich her wie in den Boomjahren, sondern erschließt heute meist sinnvolle Optimierungspotentiale bei klassischen Geschäftsmodellen.

Die primären Erkenntnisse dieser Arbeit sind allerdings die Ergebnisse aus der Evaluierung der insgesamt neun verschiedenen Geschäftsmodelle. Interessant hieran ist, dass viele der beschriebenen Modelle technologisch mit den heute bereits verfügbaren Netzen auskommen. Keines der Modelle war dringend auf die Nutzung von UMTS- oder gar W-LAN-Bandbreiten angewiesen – von den Modellen der Netzbetreiber beider Technologien natürlich einmal abgesehen. Vielleicht ist auch dieses als ein verstärkender Effekt bei der schleppenden Entwicklung der letzten Jahre vor allem in der UMTS-Installation zu sehen.

Tabelle 18: Übersicht der Bewertungen für die betrachteten Geschäftsmodelle

Modell	Kommentar	Bewertung
UMTS Mobilfunk Geschäftsmodell		
	UMTS ist im technologischen Bereich zwar innovativ, es ist von der Leistungsfähigkeit her den Technologien aus dem Computerumfeld unterlegen. Die höhere Reichweite der Funkzellen und die höhere Datensicherheit können dieses bei bestimmten Anwendungen ausgleichen. Im Bereich der Marktbetrachtung ist UMTS positiv zu sehen. Als Nachfolgetechnologie von GSM wird es die Nutzer der GSM-Netze langsam übernehmen und somit eine sehr große Marktbasis erreichen. Die großen Investitionen für UMTS sind schließlich als sehr negativ zu sehen. Das Verhältnis von finanziellem Aufwand und erbrachter Leistung ist im Vergleich zu anderen mobilen Technologien sehr schlecht.	Neutral
Wi-Fi Hotspot Geschäftsmodell		
	In der Summe ihrer Aspekte sind Geschäftsmodelle im W-LAN-Umfeld positiv zu bewerten. Geringe Investitionskosten bei hoher Leistungsfähigkeit sorgen trotz kleinerer Zielgruppe und bestehender Probleme mit Sicherheit oder fehlendem Roaming für ein positives Gesamtbild.	Positiv bis sehr positiv
Mobile Contentgetriebene Portale		
	Das Gesamtbild für das Geschäftsmodell heute bestehender contentgetriebener Portale für eine Ausweitung auf den mobilen Ausgabekanal ist positiv zu sehen. Die Technologiebasis existiert und ist weitestgehend erprobt und die Investitionen halten sich in Grenzen. Dafür können im mobilen Umfeld zusätzliche Erlösmodelle erschlossen werden. Für Neueinsteiger ist der Markt extrem schwierig.	Positiv bis sehr positiv
Mobile Content Syndication		
	Der Handel mit Inhalten ist in der Summe positiv zu bewerten. Durch die Ausweitung auf mobile Ausgabekanäle gewinnt er weiter an Attraktivität,	Positiv bis

	da hier zahlungsbereite Endkunden angesprochen werden und die Anzahl der Kunden für Content Syndicatoren wieder steigt. Der Markt ist in Nischensegmenten noch nicht gesättigt und technologisch spielen die Kinderkrankheiten der mobilen Datenübertragung nur eine indirekte Rolle, da diese Themen vor allem bei den Kunden der Content Syndicatoren angesiedelt sind.	Sehr positiv
Location Based Services		
	Location Based Services geben ein überwiegend positives bis sehr positives Gesamtbild ab. Es handelt sich nach übereinstimmender Einschätzung aller Quellen und nach meinen eigenen Beobachtungen um einen aufstrebenden Markt mit durchaus relevanter Größe, der bisher nur an wenigen Stellen besetzt ist. Die Vielfalt der möglichen Anwendungen, Investitionsvolumina und Technologie ermöglicht den Marktzutritt auch für kleine und mittlere Firmen mit unterschiedlichen Geschäftsmodellen.	Sehr positiv
M-Advertising – Geschäftsmodelle des mobilen Werbemarktes		
	Insgesamt sind mobile Werbedienste positiv zu bewerten. Zwar wirkt sich die zu erwartende langfristige Konzentration für einen Marktzutritt eher negativ aus, andererseits ist der Markt in Deutschland und Europa nicht stark besetzt und in Zusammenarbeit mit entsprechend starken Partnern können sich hier interessante Erlösperspektiven eröffnen. Technisch sind einfache SMS-Dienste unproblematisch zu sehen. Die Weiterentwicklung in Richtung Lokalisierung und Ausgabekanäle birgt zwar technisch einige Herausforderungen, erschließt jedoch auch neue Potentiale in Qualität und Reichweite des Dienstes.	Positiv
M-Payment Services – Mobile Bezahldienste		
	Obwohl Mobile Payment oft als die Killerapplikation mobiler Netze angesehen wurde, ist es bis heute eher ein Nischenprodukt. Zwar sind die technischen Voraussetzungen sehr gut, die einzusetzenden Technologien meist bekannt und erprobt und die Ansprüche an Übertragungsnetze werden bereits durch GSM gut erfüllt, doch sind Bezahldienste trotzdem etwas besonders. Geldbezogene Applikationen etablieren sich immer sehr langsam am Markt. Dieses gilt auch für mobile Märkte. Ein fehlender Standard tut ein Übriges. Kurzfristig ist das Modell daher negativ bis sehr negativ zu beurteilen. Es hat eine Konsolidierung eingesetzt, die noch nicht abgeschlossen sein dürfte.	Negativ
Geschäftsfeld Automotive-Anwendungen		
	Die Summe der Investitionen in Hardware- und Softwareentwicklung und Etablierung eines verlässlichen Betriebs der Applikationen lässt das Produkt sehr aufwändig erscheinen. Dem gegenüber stehen allerdings langfristige Erlösmöglichkeiten in großem Umfang. Für Elektronikausrüster oder andere entsprechend qualifizierte Unternehmen ist dieses Modell daher doch überwiegend positiv zu beurteilen.	Positiv
Geschäftsfeld mobile Gesundheitsüberwachung und Diagnose		
	Bei dem beschriebenen Produkt und seinem Geschäftsmodell stehen einer komplexen Technologie und komplexen Betriebsaufgaben große Erlöspotentiale gegenüber. In der Summe ist das Geschäftsmodell jedoch positiv bis sehr positiv zu beurteilen, da es sich bei einem Entwicklungsprojekt primär um die Kombination bestehender Technologien handelt und gleichzeitig große Erlösquellen im Bereich von Ausrüstung und Betrieb der Anwendung erschlossen werden können.	Positiv bis Sehr positiv

Tatsächlich reichen den Modellen die Übertragungsraten von GPRS meist aus, was jedoch auch mit der Auswahl der evaluierten Modelle zusammenhängt. Es ließen sich auch eine Anzahl von Geschäftsmodellen finden, die auf UMTS-Leistungen angewiesen wären. Besonders Videoübertragung wird sich als ein Herausstellungsmerkmal des UMTS-Zeitalters etablieren, wenn auch nur in sehr begrenzter Qualität und bzw. oder zu sehr hohen Kosten.

Bezogen auf die Endgerätetechnologie hingegen haben gerade die letzten beiden Modelle Automotive und Gesundheitsüberwachung und Diagnose Entwicklungsbedarf. Auch die contentgetriebenen Modelle würden hiervon profitieren und dann allerdings schließlich auch den Ruf nach höheren Übertragungsraten auslösen.

Die große Mehrzahl der Modelle wurde positiv bewertet. Dieses soll trotz der relativ geringen Zahl der bewerteten Modelle als eine grundlegende Richtung für den Gesamtmarkt der mobilen Datendienste angesehen werden und deckt sich mit der Eingangs formulierten These in Bezug auf den mobilen Hype-Cycle. Es ist auch erkennbar, das Marktwachstum in Europa nicht mehr ausschließlich über steigende Nutzerzahlen zu realisieren ist, sondern dass das Volumen der einzelnen Nutzer gesteigert werden muss. Hierzu spielen mobile Datendienste beziehungsweise mobiles Internet eine wichtige Rolle.

Die Mehrzahl der vorgestellten Modelle wurde positiv bewertet. Auch den Gesamtbereich mobiles Internet schätze ich daher positiv ein. Die meisten Modelle kommen mit den Übertragungsraten und Übertragungsformen der bereits verfügbaren mobilen Technologien aus. Einige nutzen sogar nur SMS. Der Druck für Weiterentwicklungen auf Netzseite ist daher geringer als allgemein angenommen. Endgerätetechnisch sind teilweise Weiterentwicklungen notwendig. Marktwachstum ist in Europa nur noch in geringem Umfang über Steigerung der Nutzerzahlen realisierbar. Stattdessen muss das Volumen der einzelnen Nutzer gesteigert werden. Hierzu spielen mobile Datendienste eine zentrale Rolle.

Der Ausblick auf die Entwicklung in den nächsten Jahren ist stark durch laufende Misserfolge, nicht eingehaltene Termine bei der UMTS-Einführung, die Insolvenzen vieler junger und auch etablierter Unternehmen in dem Sektor während dieser Jahre geprägt. Alles in allem werden wir wohl weder die vielbeschworene Killerapplikation des mobilen Internets noch große technische Revolutionen auf dem Markt sehen. Die bereits erreichte Leistungsfähigkeit lässt sich durch neue Technologien zwar weiter steigern, revolutionär neue Dienste werden diese Technologien jedoch vorerst nicht mehr mit sich bringen. Man

kann also die Zukunft des mobilen Internets tatsächlich als evolutionär und nicht revolutionär bezeichnen.[460]
Um wirtschaftlich erfolgreich zu sein, sind jedoch auch keine weiteren technischen Revolutionen mehr notwendig. Vielmehr ist der bewusste Einsatz des technisch möglichen bei konsequenter Kostenkontrolle und dem erfolgreichen Einsatz einer zumindest in Deutschland oft noch recht jungen Disziplin erforderlich – Projektmanagement. Zu viele gescheiterte Aktivitäten der vergangenen Jahre sind auf explodierende Projektkosten, nicht eingehaltene Zeitlinien und krasse Fehleinschätzungen der Märkte zurückzuführen gewesen.
Der Markt für mobile Datendienste wird sich entwickeln. Mobile Datendienste werden auch stark von klassischen Industriezweigen adaptiert und hier ganz neue Potentiale eröffnen. Diese Etablierung der Technologien geschieht allerdings im Gegensatz zur gleichen Entwicklung im Medien-, Telekommunikations- und Werbebereich oft fast lautlos, dafür aber umso effektiver. Die vorgestellten Modelle in den Bereichen Automotive und Medizin sind nur zwei Beispiele hierfür. Der kurz angesprochene Bereich der Prozessoptimierung im B2E-Bereich eröffnet vielleicht sogar noch größere Potentiale. Die langsam erkennbare wirtschaftliche Erholung nach den Krisenjahren wird auch positive Auswirkungen auf die weitere Entwicklung haben.
Wir werden also tatsächlich in der Zukunft ganz selbstverständlich mobile Datendienste nutzen. Dieses wird jedoch nur selten so revolutionär und offensichtlich geschehen, wie es in den Boomzeiten der New Economy durch große Marketingkampagnen vorgezeichnet wurde. Es wird stattdessen ein ganz selbstverständliches Medium sein, manchmal auch nur ein Kommunikationskanal weit ab von dem Eindruck, es würde sich überhaupt um ein neues Medium handeln. Schließlich wird das oft beschriebene Evernet doch nur die logische Weiterentwicklung von Mobilfunk und Internet sein und beide haben ihre revolutionären Auswirkungen ja schon im letzten Jahrzehnt gezeigt.
Trotzdem bleibt darauf hinzuweisen, dass es sich noch immer um einen sehr agilen, schnellen Markt handelt, wenn seine Geschwindigkeit auch zuletzt vor allem darin erkennbar war, wie die Starttermine für UMTS weiter nach hinten verlegt wurden. Trotzdem ist es nicht ausgeschlossen, dass es in diesem Umfeld doch wieder bahnbrechende Neuentwicklungen geben wird, die alle Betrachtungen dieser Arbeit binnen Monaten in einem neuen Licht und vielleicht sogar als überholt erscheinen lassen. Diese Entwicklungen sind jedoch bisher nicht eingetreten und derzeit auch nicht absehbar.

---

[460] Ähnlich: **Röttger-Gerigk, S.** (2002), S. 19 und **Stoffmeister, G.; Böer, F.** (2002), S. 210

Verzeichnis der Quellen

(Verweise auf Websites: Stand 20.12.2003)

Aberdeen Group: "Aberdeen's Third Generation Definition" (2001), im Internet: http://www.aberdeen.com/eti/currentissue/sep5/3g-wl_definition.htm

Aberdeen Group: „Cutting EDGE: The 3G Alternative – An Executive White Paper" (2000), im Internet: http://www.the3gportal.com/cgi-bin/jump.cgi?ID=2890

Ahlers, Ernst; Zivadinovic, Dusan: „Leinen los! Bluetooth und was dahinter steckt" (2002), im Internet: http://www.heise.de/mobil/artikel/2002/04/30/bluetooth/default.shtml
http://www.heise.de/mobil/artikel/2002/04/30/bluetooth/02.shtml
http://www.heise.de/mobil/artikel/2002/04/30/bluetooth/03.shtml

Ahlers, Ernst; Ziegler, Peter-Michael: „Luftbrücken – USB-Adapter und Basistationen für Funknetzverbindung", in c't 18/2001, S. 126ff.

Ambrosini, Christopher: "Seeds of Change – Grass Roots Demand fpr Broadband Sprouts New Wireless Networks" (2001), im Internet:
http://www.shorecliffcommunications.com/magazine/volume.asp?Vol=21&story=207

Ambrosini, Christopher: „The Changing Wireless LAN-scape – Will Wireless LANs Transform How the Public Network Evolves?" (2002), im Internet:
http://www.shorecliffcommunications.com/magazine/volume.asp?Vol=24&story=208

Armor, Daniel: "Das Handy gegen Zahnschmerzen und andere Geschäftsmodelle für Dienstleister von morgen", Galileo Business, Galileo Press, Bonn 2002

Appnell, Timothy: „Introducing MIDP 2.0" (2002), im Internet:
http://www.onjava.com/pub/a/onjava/2002/12/18/midp.html

Bager, Jo: „Das Handy kennt den Weg – Location Based Services" (2002), im Internet: http://www.heise.de/mobil/artikel/2002/03/04/lbs/

Bager, Jo: „Überall am Netz – Unterwegs E-Mail, Web, WAP und Organizer nutzen" (2002), im Internet: http://www.heise.de/mobil/artikel/2002/04/19/mobil/

Batista, Elisa: „Consumer Coupons Going Mobile" (2000), im Internet:
http://www.wired.com/news/business/0,1367,37577,00.html

Behnke, Harald: "Was Japans i-mode-Erfolg wirklich lehrt", in: Gora, Walter; Röttger-Gerigk, Stefanie: „Handbuch Mobile Commerce", Springer Verlag, Berlin Heidelberg New York 2002

Benedix, Markus; Woizik, Adrian: „Mobiles Internet" (2002), Im Internet:
http://yauw.de/projects/ss02-PervCom-Mobile-Internet.pdf

Bidaud, Bertran; Ingelbrecht, Nick: „Vodafone wants to Re-Energize Japan Telecom's Unit" (2001), im Internet: http://www3.gartner.com/DisplayDocument?id=341262&acsFlg=accessBought

Blackwell, Gary: "Case Study: Global Wireless Goes Fishing" (2002), im Internet: http://www.80211-planet.com/columns/print/0,,1781_977221,00.html

Blackwell, Gary: "Case Study: Rethinking the WiFi Hotspot Business Model" (2002), im Internet: http://www.80211-planet.com/columns/print/0,,1781_1004981,00.html

Burns, Tyler: "Clarity & Unterstanding: The High-Speed WLAN standards debate" (2002), im Internet: http://www.80211-planet.com/tutorials/print/0,,10724_990101,00.html

Brokat: "Mobile Payment Services – Das Mobiltelefon als neues Zahlungsmittel" (2000), im Internet: http://www.wiwi.uni-frankfurt.de/~schwind/Mobile+Payment+Bro+12.09.00.pdf

Casonato, Regina: "The Cost of Mobile Security" (2001), im Internet: http://www3.gartner.com/DisplayDocument?id=338831&acsFlg=accessBought

Deighton, Nigel; Hooley, Margot: "At First, Vodafone's 3G Services Will Offer Less" (2001), im Internet: http://www3.gartner.com/DisplayDocument?id=340768&acsFlg=accessBought

Deininger, Olaf: „Mobile Publishing – Das große Geheimnis" (2001), im Internet: http://www.heise.de/tp/deutsch/inhalt/on/11104/1.html

Deshpande, Sumit: „Enabling Mobile eBusiness Success" (2002), im Internet: http://wp.bitpipe.com/resource/org_943197149_209/enabling_mobile_ebiz_wp_bpx.pdf

Diebold Deutschland GmbH: „Winning in mobile Markets", Frankfurt 2000

Diederich, Bernd; Lerner, Thomas; Lindemann, Rolf D.; Vehlen, Ralf: „Mobile Business – Märkte, Techniken, Geschäftsmodelle", Betriebswirtschaftlicher Verlag Dr. Th. Gabler, Wiesbaden 2001

Dulaney, Ken; Tornbohm, Cathy; Hooley, Margot: "BT Cellnet Will Sell Limited BackBerry Devices for Mobile E-Mails" (2001), im Internet: http://www3.gartner.com/DisplayDocument?id=333197&acsFlg=accessBought

Durlacher Research Ltd.: „Mobile Commerce Report" (1999), im Internet: http://www.durlacher.com/downloads/mcomreport.pdf

Durlacher Research Ltd.: "UMTS-Report - An Investment Perspective" (2001), im Internet: http://www.durlacher.com/downloads/umtsreport.pdf

Eggers, Tim: "Machbarkeitsanalyse für das Customer Relationship Management großer redaktioneller Websites", 2001

Eisele, Patrick: „Übersichtsdarstellung & Klassifikation der heutigen Telematikanwendungen im Auto" (2003), im Internet: http://ebus.informatik.uni-leipzig.de/www/media/lehre/seminar-fahrzeuge/Patrick-Eiserle-Vortrag.pdf

Endres, Jphannes; Opitz, Rudolf: "Renner für unterwegs – Acht GPRS-Handys im Test" in c't 21/2001, S.182ff.

Ericsson: „EGDE – Introduction of High-speed data in GSM/GPRS networks" (2002), im Internet: http://www.3gamericas.org/pdfs/Ericsson_EDGE_WP_tech_2002.pdf

Ericsson Consulting: "UMTS – Perspektiven und Potenziale, perspektive Unternehmen"

Evans, Allan: "Succeeding in a Down Market – It's Time To Look at Emerging Markets" (2001), im Internet: http://www.shorecliffcommunications.com/magazine/volume.asp?Vol=24&story=229

Fell, Fabian: "Funktionsweise und Sicherheit von Toll Collect" (2003), im Internet: http://www.crypto.ruhr-uni-bochum.de/Seminare/BeitraegeITS/toll_collect_report.pdf

Flower, Mike: „HiperLAN2 Global Forum further strengthended with addition of Nortel and Xilinx, Inc." (2001), im Internet: http://www.hiperlan2.com/presdocs/site/h2gfl4_9_00.doc

Fonseca, Isabella: „Wireless Payments - Money into thin Air"(2001), im Internet: http://www.celent.com/PressReleases/20010108/mPayments.htm

Forit GmbH: „Mobile Commerce in Deutschland – Jenseits der Euphorie", 2000

Fruehauf, Hugo: "SAASM and Direct P(Y) signal acquisition, a better way of life for the military GPS user" (2002), im Internet: http://www.zyfer.com/research/whitepapers/pdf/SAASM_White_Paper_April_2002.PDF

Gerlach, Matthias: "WLAN-MAC Architectures" (2001), im Internet: http://www.stud.uni-hannover.de/~matzi/adhoc-networking/ahn_llarchitectures.pdf

Goasduff, Laurence: „GPRS will be the most used technology in 2007", Gartner (2003), im Internet: http://www.systems-world.de/index.php?id=6554&CMEntries_ID=21220

Gonzales, J. Day: „A Roadmap to Wireless – The State of the Technology" (2002), im Internet: http://www.air2web.com/pdf/roadmap.pdf

Gora, Dr. Walter; Röttger-Gerigk, Stefanie: „Handbuch Mobile-Commerce", Springer-Verlag Berlin Heidelberg New York 2002

Green, James W.; Henrichon, Steve; Shmed Said, Magdi; Roberts, Steve: "802.11a or HiperLAN2: Which Technology Will Emerge as the 5 GHz WLAN Standard?" (2002), im Internet: http://198.11.21.25/capstoneTest/Students/Papers/docs/5GHz_WLANs311234.pdf

Grimm, Rudi; Jüstel, Matthias; Klotz, Michael: "Methoden zur Personalisierung im M-Commerce", in: Gora, Walter; Röttger-Gerigk, Stefanie: „Handbuch Mobile Commerce", S. 177 – 190, Springer Verlag, Berlin Heidelberg New York 2002

Hearn, Christopher: „XML links logistic companies to form global powerhouse" (2001), im Internet: http://www.softwareag.com/xml/applications/Loon.htm

Henckel, Dr. Joachim: „Mobile Payment" (2001), in: Silberer, G. (Hrsg.): Mobile Commerce, Gabler Verlag, Wiesbaden (2001) oder im Internet: http://www.innotec.de/forschung/henkel/MP_JH.pdf

Herrmann, Peter; Wurdack, Alexander: "Mobil in die Zukunft?", in: Gora, Walter; Röttger-Gerigk, Stefanie: „Handbuch Mobile Commerce", S. 125 - 134, Springer Verlag, Berlin Heidelberg New York 2002

HomeRF Working Group: "Home Networking Technologies" (2001a), im Internet: http://www.homerf.org/data/tech/consumerwhitepaper.pdf

HomeRF Working Group: "Wireless Network Choices for the Broadband Intenet Home" (2001b), im Internet: http://www.homerf.org/data/tech/homerfbroadband_whitepaper.pdf

Horster, Bettina: "M-Commerce – Flop oder Top?", in: Gora, Walter; Röttger-Gerigk, Stefanie: „Handbuch Mobile Commerce", Springer Verlag, Berlin Heidelberg New York 2002

Hooley, Margot: „European Countries Diverge in 3G Wireless Deployments" (2001), im Internet: http://www3.gartner.com/DisplayDocument?id=345415&acsFlg=accessBought

Johnsson, Martin: "HiperLAN2 Global Forum (H2GF)" (2000), im Internet: http://www.hiperlan2.com/presdocs/site/25.2.00.pps

Jones, Nick: "The Supranet: From Wireless to Wearables" (2001), im Internet: http://www3.gartner.com/DisplayDocument?id=333197&acsFlg=accessBought

Karlsson, Peter: „H2GF Comments On Allocation For Wireless Access Systems Operating In The Frequency Range 5150 To 5875 MHz" (2000), im Internet: http://www.hiperlan2.com/presdocs/site/H2GF-RA5GHz_Conference.ppt

Karlsson, Peter: „Integration of WLAN and Cellular Networks" (2002), im Internet: http://newton.ee.auth.gr/summit2002/presentations/mob_intwlancell_thessaloniki170602.pdf

Karmani, Fritjof; Nachtmann, Matthias; Gregor, Birgit: „Mobile Strategien im M-Commerce – Wettbewerbsvorteile erzielen, Einstiegsfehler vermeiden" in: Gora, Walter; Rötger-Gerigk, Stefanie: „Handbuch Mobile-Commerce" Springer-Verlag Berlin Heidelberg New York 2002

Killermann, Udo; Vaseghi, Sam: „Wege zwischen Technologie und Wertschöpfung" in: Gora, Walter; Rötger-Gerigk, Stefanie: „Handbuch Mobile-Commerce" Springer-Verlag Berlin Heidelberg New York 2002

Knape, Alexandra: „UMTS – Killerapplikation ist tot" (2002), im Internet: http://www.manager-magazin.de/ebusiness/artikel/0,2828,232812,00.html

Knasmüller, Robert; Keul, Thomas: „Real New Economy – Übr die geplatzten Träume und wahren Chencen des digitalen Wirtschaftswunders", Financial Times Prentice Hall Education Deutschland GmbH, München 2002

Knecht, Jochen: „Toyota PM – Überraschungs-Ei" (2003), in Stern Online, im Internet: http://www.stern.de/sport-motor/autowelt/index.html?id=515010&nv=hp_rt

Kohlschein, Ingo: "Content Syndication – Wie das Internet die Wertschöpfung der Medien verändert – 28 Hyptohesen" (2001), Price Waterhouse Coopers, Deutsche Revision, im Internet: http://www.pwc.de/30000_publikationen/getattach.asp?id=378

Lim, Byung Keun: „3G Mobile Communication Systems using IPv6" (2001), im Internet: http://www.ipv6.or.kr/ipv6summit/Download/3rd-day/Session-III/s-3-4.ppt

Lindstrom, Annie: „Standards for Survival – Efforts by Standards Bodies May Hold the Key to MMDS' Future – if Service Providers' Needs Can Be Fulfilled" (2001), im Internet: http://www.shorecliffcommunications.com/magazine/volume.asp?Vol=21&story=200

Lippert, Ingo: "Mobile Marketing", in: Gora, Walter; Röttger-Gerigk, Stefanie: „Handbuch Mobile Commerce", S. 135 – 146, Springer Verlag, Berlin Heidelberg New York 2002

Liu, Bob: „The Fallout from MobileStar" (2001), im Internet: http://www.internetnews.com/wireless/article.php/10692_902841

Lüders, Daniel: „CeBIT-Corschau: Taschenfunker auf dem Vormarsch" (2002), im Internet: http://www.heise.de/mobil/artikel/2002/03/07/taschenfunk/

Johnsson, Martin: „HiperLAN2 Global Forum (H2GF)" (2000), im Internet: http://www.hiperlan2.com/presdocs/site/25.2.00.pps

Keen, Ian: "The ABCs of 802.11 standards" (2002), im Internet: http://www.zdnet.com/filters/printerfriendly/0,6061,2857227-92,00.html

Killermann, Udo; Vaseghi, Sam: "Wege zwischen Technologie und Wertschöpfung", in: Gora, Walter; Röttger-Gerigk, Stefanie: „Handbuch Mobile Commerce", Springer Verlag, Berlin Heidelberg New York 2002

Mackanzie, Michele; O'Loughlin, Ann: „WAP Market Strategies", Ovum Ltd 2000

Magrassi, Paul: „Technologies Soon to Enter Your Radarscreen" (2001), im Internet: http://www3.gartner.com/DisplayDocument?id=341726&acsFlg=accessBought

Manhardt, Klaus: „Mobile Payment auf Erfolgskurs", in: Funkschau 11/01, S. 56 ff. oder im Internet: http://www.telko-net.de/heftarchiv/pdf/2001/fs1101/FS0111056.pdf

Meta Group Deutschland GmbH: „Der Markt für Portale, Marktplätze und Mobile Commerce in Deutschland" (2000)

Meyfarth, Dr. Ralph: "Bei mobilen Datendiensten hat Bluetooth Vorteile" (2001), im Internet:
http://www.networkworld.de/defaults/printversion.cfm?id=65699&pageid=548&CFID=1443877&CFTOKEN=31895002

Michelsen, Dr. Dirk; Schaale, Dr. Andreas: "Handy Business – M-Commerce als Massenmarkt", Financial Times Prentice Hall Pearson Education GmbH München, 2002

Mosen, Marcus W.: "Mobile Payment – Dienstleistung im Spannungsfeld zwischen Finanzdienstleistern und Telekommunikationsanbietern", in: Gora, Walter; Röttger-Gerigk, Stefanie: „Handbuch Mobile Commerce", S. 191 - 202, Springer Verlag, Berlin Heidelberg New York 2002

Müller, Christel; Trinkel, Marian: "Konzepte und Anwendungsszenarien im Umfeld mobiler Portale", in: Gora, Walter; Röttger-Gerigk, Stefanie: „Handbuch Mobile Commerce", S. 163 – 176, Springer Verlag, Berlin Heidelberg New York 2002

Nachtmann, Matthias; Trinkel, Marian: „Geschäftsmodelle im M-Commerce", in: Gora, Walter; Röttger-Gerigk, Stefanie: „Handbuch Mobile Commerce", Springer Verlag, Berlin 2002

Nett, Edgar; Mock, Michael; Gergeleit, Martin: „Das drahtlose Ethernet – Der IEEE 802.11 Standard: Grundlagen und Anwendung", Addison-Wesley, Imprint: Perason Education Deutschland, München 2001

Nicolai, Alexander T.; Petersmann, Thomas: "Strategien im M-Commerce", Schäffer-Poeschel Verlag, Stuttgart 2001

Northstream: "White Paper on the Role of EDGE Technology" (2002a), im Internet:
http://www.northstream.se/download/northstreamedgewp.pdf

Northstream: "Will MMS be a success?" (2002b), im Internet:
http://www.northstream.se/download/MMS.pdf

o.V.: „Distefora P1 – Westentaschenlotse" (2002a), im Internet:
http://www.heise.de/mobil/artikel/2002/02/25/distefora/

o.V. : „GPRS – Immer im Netz" (2002b), im Internet:
http://www.heise.de/mobil/artikel/2002/02/25/gprs/

o.V.: „HSCSD – Mit Handy und Laptop unterwegs" (2002c), im Internet:
http://www.heise.de/mobil/artikel/2002/02/25/hscsd/

o.V. : "Mit dem Handy ins Internet – WAP und I-Mode" (2002d), im Internet:
http://www.heise.de/mobil/artikel/2002/02/25/inetmobil/

o.V.: "NEWS ANALYSIS – Is CDMA Winning The Race To 3G?" (2002e), im Internet: http://www.mformobile.com/main.asp?pk=25346&pollid=x

o.V.: „Spectrum for UMTS" (2001a), im Internet : http://www.3g-generation.com/3g_spectrum.htm ,

o.V.: „Standard für schnelles W-LAN ratifiziert" (2000a), im Internet: http://www.heise.de/mobil/newsticker/data/ea-13.06.03-000/

o.V.: „What is 3G" (2001b), Im internet: http://www.3g-generation.com/what_is.htm

o.V.: „Will MMS be a success?" (2002f), im Internet: http://www.northstream.se/download/mms.pdf

o.V.: „WLANs gegen UMTS – im Kaffeeladen" (2001c), im Internet: http://www.heise.de/newsticker/data/ea-27.11.01-000/

Opitz, Rudolf; **Ahlers, Ernst**: Datenweitwurf – Wie man die Reichweite von WLAN-Netzen erhöht", in c't 18/2001 S.134 ff.

Övrebö, Olav Anders; Schwan, Ben: "UMTS gemeinsam mit WLAN: Highspeed-Doppelfunker" (2002), im Internet: http://www.heise.de/mobil/artikel/2002/04/24/doppelfunker/

Parks, Gregory: "802.11e makes wireless universal" (2001), im Internet: http://www.nwfusion.com/news/tech/2001/0312tech.html

Paulak, Eric; Hooley, Margot: "Enterprises Face Less Coice as Operators Return 3G Licences" (2001), im Internet: http://www3.gartner.com/DisplayDocument?id=338971&acsFlg=accessBought

Peretz, Matthew: "Cirrus Advances 802.11e for the Home" (2001), im Internet: http://www.80211-planet.com/news/article.php/914851

Pflug, Volkmar: "Mobile Business macht Geschäftsprozesse effizient", in: Gora, Walter; Röttger-Gerigk, Stefanie: „Handbuch Mobile Commerce", S. 211 - 224, Springer Verlag, Berlin Heidelberg New York 2002

Poropudas, Tim: "Datamonitor: Mobile is not enough, besides it comes slowly" (2002), im Internet: http://www.mobile.commerce.net/print.php?story_id=1723

Porter, Michael E.: „Bewährte Strategien werden durch das Internet noch wirksamer" in Harvard Business Manager 5/2001 S. 64 – 81

Porter, Michael. E.: „Wettbewerbsvorteile: Spitzenleistungen erreichen und behaupten", Campus Verlag 4., durchgesehene Auflage, Frankfurt/ Main, New York 1996

Postel, J.: "User Datagram Protocol – Introduction" (1980), im Internet: http://www.ietf.org/rfc/rfc0768.txt?number=768

Pundari, Mohan: "802.11a Hits The Road, Jack" (2002), im Internet: http://www.80211-planet.com/columns/print/0,,1781_1005771,00.html

Reischel, Gerald: "Die mobile Revolution: Das Handy der Zukunft und die drahtlose Informationsgesellschaft", wirtschaftsverlag Ueberreuter, Wien 1999

Ro, Isaac; Wright, David; Fletcher, Chris: "InSight – PDAs in the Enterprise: Analyzing Supplier Viability" (2001), im Internet: http://www.aberdeen.com/2001/research/09010010.asp

Ro, Isaac; Wright, David; Fletcher, Chris: "InSight – Winning the Enterprise: Pocket PC Will Be the Pervasive Handheld Platform by 2005" (2001), im Internet: http://www.aberdeen.com/2001/research/09020011.asp

Röttger-Gerigk, Stefanie: „Mobile Dienste – Aber welche?" in: Gora, Walter; Röttger-Gerigk, Stefanie: „Handbuch Mobile-Commerce", Springer-Verlag Berlin Heidelberg New York 2002

Ross, Keith W.; Kurose, James F.: "Connectionless Transport: UDP" (1996), im Internet: http://www-net.cs.umass.edu/kurose/transport/UDP.html

Rothwell, Stephen: „3G will make it" (2001), im Internet: http://www.w2forum.com/news/w2fnews11728.html

Schmund, Hilmar: "Mit Superhandy ins Turbonetz", in: Der Spiegel 25/2002, im Internet: http://www.spiegel.de/spiegel/0,1518,201029,00.html

Sanders, Timothy: "The Art of Thinking Small – How To Market Fixed Broadband Wireless Services in overlooks Smaller Communities" (2002), im Internet: http://www.shorecliffcommunications.com/magazine/volume.asp?Vol=25&story=236

Sanders, Timothy: "Wireless Startups in the Unlicensed Bands – Even During Difficult Economic Times, Small Companies Are Emerging in the Broadband Wireless Access Industry" (2001), im Internet: http://www.shorecliffcommunications.com/magazine/volume.asp?Vol=23&story=217

Schill, Prof. Dr. Alexander: „Ortung, Lokalisierung" (2003), im Internet: http://www.rn.inf.tu-dresden.de/scripts_lsrn/lehre/verkehr/print/Ortung.pdf

Setälä, Mika: „What is Wireless LAN? And what it is not!" (2000), im Internet: http://www.hiperlan2.com/presdocs/site/whatiswirelesslan.pps

Shankar, Bhawani: "Providing Bandwith for the Masses" (2001), im Internet: http://www.gartner.com

Siegle, Jochen A.: „Willkommen an der Laptop-Uni" (2002), im Internet: http://www.spiegel.de/unispiegel/studium/0,1518,218478,00.html

Siering, Peter: "WLAN-Wegweise – Was man zum Aufbau eines 802.11b-Funknetzes braucht" in c't 18/2001, S.122 ff.

Smith, Tony: „802.11g is a standard (official)", (2003), im Internet: http://www.theregister.co.uk/content/69/31187.html

Stähler, Patrick: „Geschäftsmodelle in der digitalen Ökonomie: Merkmale, Strategien und Auswirkungen", Josef Eul Verlag, Köln-Lohmar, 2001

Steimer, Prof. Dr. Fritz L.; **Maier, Iris**; **Spinner, Mike**: „mCommerce – Einsatz und Anwendung von portablen Geräten für mobilen eCommerce", Addison-Wesley München 2001

Steuer, Jan; **Meincke, Michael**; **Tondl, Peter**: „UMTS-Technik - Konzept mit vielen Rafinessen" (2002), im Internet:
http://www.heise.de/mobil/artikel/2002/04/17/umts_technik
http://www.heise.de/mobil/artikel/2002/04/17/umts_technik/02.shtml
http://www.heise.de/mobil/artikel/2002/04/17/umts_technik/03.shtml
http://www.heise.de/mobil/artikel/2002/04/17/umts_technik/04.shtml
http://www.heise.de/mobil/artikel/2002/04/17/umts_technik/05.shtml
http://www.heise.de/mobil/artikel/2002/04/17/umts_technik/06.shtml
http://www.heise.de/mobil/artikel/2002/04/17/umts_technik/07.shtml
http://www.heise.de/mobil/artikel/2002/04/17/umts_technik/08.shtml

Stoffmeister, Gerd; **Böer, Frank-Michael**: "Unified Messaging und M-Commerce – Wie UM-Technologien den mobilen Manager unterstützen", in: Gora, Walter; Röttger-Gerigk, Stefanie: „Handbuch Mobile Commerce", S. 203 – 210, Springer Verlag, Berlin Heidelberg New York 2002

Svensson, Anders: „HiperLAN/2 – A new wireless standard" (2001), im Internet:
http://www.h2gf.com

Taferner, Manfred; **Bonek, Ernst**: „Wireless Internet Acess over GSM and UMTS", Springer-Verlag, Berlin, Heidelberg, New-York 2002

Thomas, Jeff: „802.11e brings QoS to WLANs" (2003), im Internet:
http://www.nwfusion.com/news/tech/2003/0623techupdate.html

Thorne, Mark: "Sicherheit in drahtlosen Netzen – Auf die Mischung kommt es an" (2001), im Internet:
http://www.networkworld.de/defaults/printversion.cfm?id=65705&pageid=548&CFID=1443877&CFTOKEN=3189500

Townsend, Lisa: TTPCom, 7layers open test joint venture" (2001), im Internet:
http://www.mwee.com/printableArtivle?doc_id=OEG20010509S0006

Violka, Karsten: "Java für Handys – Mobile Anwendungen selbst entwickeln" in c't 21/2001, S. 266ff.

Violka, Karsten: „Java Virtual Machine – Software für Handys" (2002), im Internet:
http://www.heise.de/mobil/artikel/2002/03/22/java/

Weber, Dr. Ricarda; Koch, Dr. Michael: "Technological Foundations of E-Commerce" (2001), im Internet:
http://www11.informatik.tu-muenchen.de/lehre/vorlesungen/ss2001/ecommerce/EC-kap6-1.pdf
http://www11.informatik.tu-muenchen.de/lehre/vorlesungen/ss2001/ecommerce/EC-kap5-4.pdf
http://www11.informatik.tu-muenchen.de/lehre/vorlesungen/ss2001/ecommerce/

Wexler, Joanie: "It might pay to wait for QoS" (2000), im Internet:
http://www.nwfusion.com/newsletters/wireless/2000/1030wire1.html

Williams, Steve u. A.: "Specification of the Bluetooth System – Core" (2001), im Internet:
http://www.bluetooth.com/pdf/Bluetooth_11_Specifications_Book.pdf

WirelessDevNet: „GSM, TDMA, CDMA, & GPRS... what is it?" (2002), im Internet:
http://www.wirelessdevnet.com/newswire-less/feb012002.html

Witt, Martin: „GPRS – Start in die mobile Zukunft", MITP-Verlag, Bonn 2000

Wittmann, Helmut: "Erfolgreiches Customer Relationship Management im M-Commerce-Umfeld", in: Gora, Walter; Röttger-Gerigk, Stefanie: „Handbuch Mobile Commerce", Springer Verlag, Berlin Heidelberg New York 2002

Xircom: „GSM Technology Background" (1997), im Internet:
www.baglan.com.tr/urunler/xircom/wwan/gsm.pdf

Zehl, Dr. Andre: "Das >>mobile Internet<< rückt näher" (2002), im Internet:
http://www.networkworld.de/defaults/printversion.cfm?id=74319&pageid=58

Zerdick, A.; Picot, A.; u.a.: "Internet-Ökonomie – Strategien für die digitale Wirtschaft", Springer Verlag, Berlin 1999

Ziegler, Peter-Michael: Shake-Hands – Datentausch per Hautkontakt" (2002), im Internet:
http://www.heise.de/mobil/artikel/2002/10/31/shakehands/

Ziegler, Thomas: „Einführung in WAP und WML", MITPverlag, Bonn 2000

Zivadinovic, Dusan: „Funktnetz – Letzte Meile selbst gestrickt – Ein Funknetz für den Wettbewerb im Ortsnetz" (2002), im Internet:
http://www.heise.de/mobil/artikel/2002/07/13/funknetz/

Zivadinovic, Dusan: „Zimmerfunker – Sechs Bluetooth-Geräte" in c't 20/2001, S.122ff.

Zivandinovic, Dusan: „Kabellose Enterhaken – Internet-Zugang per Mobilfunk" in c't 21/2001, S.178 ff.

Zobel, Jörg: „Mobile Business und M-Commerce – Die Märkte der Zukunft erobern", Carl Hanser Verlag München Wien, 2001

Anhang

Websites zum Thema
Stand: 20.12.2003
Onlinepublikationen und Magazine:

3G Americas	http://www.3gamericas.com
3G Generation	http://www.3g-generation.com
3G Portal	http://www.the3gportal.com/
3G Today	http://www.3gtoday.com/
802.11-Network / Wi-Fi Network	http://www.wi-fiplanet.com
Americas Network	http://www.americasnetwork.com/
Business 2.0	http://www.business2.com
CommNow.com	http://www.commnow.com/
Computeruser.com	http://www.computeruser.com/
Financial Times	http://www.ft.com
Heise Mobil	http://www.heise.de/mobil
Heise Online	http://www.heise.de
Horizont.net	http://www.horizont.de
Informationweek	http://www.informationweek.com/
InfoWorld	http://iwsun5.infoworld.com/
Internet News	http://www.internetnews.com
Line 56	http://www.line56.com/
M-Business Daily	http://www.mbusinessdaily.com
M-Commerce Times	http://www.mcommercetimes.com/
M For Mobile	http://www.mformobile.com
Manager Magazin Online	http://www.manager-magazin.de
Microwave Engineering Online	http://www.mwee.com
Mobile CommerceNet	http://www.mobile.commerce.net/
Mobile Trax	http://www.mobiletrax.com/
Network World Fusion	http://www.nwfusion.com
Network World Germany	http://www.networkworld.de/
On Java	http://www.onjava.com
Spiegel Online	http://www.spiegel.de
Stern.de	http://www.stern.de
TecChannel.de	http://www.tecchannel.de
The Register	http://www.theregister.co.uk
Top XML	http://www.vbxml.com
Wired News	http://www.wired.com
Wireless Developer Network	http://www.wirelessdevnet.com
Wireless World Forum	http://www.w2forum.com
Xonio.com	http://www.xonio.com/
ZDNet	http://www.zdnet.com

Datenübertragungsstandards, technische Informationen:

IEEE 802.11 Familie	http://www.802.org/11/
Bluetooth	http://www.bluetooth.com
	http://grouper.ieee.org/groups/802/15
CDG – CDMA Development Group	http://www.cdg.org/
GSM	http://3g.cellular.phonecall.net/gsm.html
HiperLAN2-Forum	http://www.hiperlan2.com
Home RF	http://www.homerf.org
IT Papers	http://www.itpapers.com/

Organisationen, Standardisierungsinstitute:

Bluetooth Special Interest Group – SIG
  http://www.bluesooth.com/sig/
CNRG – Coputer Networks Research Group, University of Massachusetts
  http://www-net.cs.umass.edu
ETSI – European Telecommunications Standards Institute
  http://www.etsi.org
FCC - Federal Communications Commission
  http://www.fcc.gov
IEEE – Institute of Electrical and Electronics Engineers
  http://www.ieee.org
IETF – Internet Engineering Task Force
  http://www.ietf.org
ITU – International Telecommunications Union
  http://www.itu.int/home/index.html
MMAC-PC – Multimedia Mobile Access Communications Systems Promotion Council
  http://www.arib.or.jp/mmac/e/
WECA – Wireless Ethernet Compatibility Alliance
  http://www.weca.net
WLANA – Wireless Local Area Networking Association
  http://www.wlana.com/index.htm

Fachmessen, Kongresse, Verbände, Vereine etc.:

CeBIT	http://www.cebit.de/
DMMV – Deutscher Multimedia Verband	http://www.dmmv.de
Free Networks.org	http://www.freenetworks.org
M-Commerce-World	http://www.m-commerceworld.de/
MedieMit	http://www.mediamit.de/
Mobile Access	http://www.mobileaccess.de
Mobile Payment Forum	http://www.mobilepaymentforum.org/
Mobile World	http://www.m-commerceworld.de/
Systems	http://www.systems.de/

Mobile Funknetzbetreiber:

3 (Mobilfunk)	http://www.drei.at
AT&T Wireless (Mobilfunk)	http://www.attwireless.com
Boingo Wireless (Wi-Fi)	http://www.boingo.com
British Telecom (Mobilfunk)	http://www.bt.com/index.jsp
France Telecom (Mobilfunk, Wi-Fi)	http://www.francetelecom.com/en/
Hamburg Hotspot (Wi-Fi)	http://www.hamburg-hotspot.de
Hutchison Whampoa (Mobilfunk)	http://www.hutchison-whampoa.com/eng/
Ipass (Wi-Fi)	http://www.ipass.com
Netario Wireless (Wi-Fi)	http://www.netario.com
NTT Docomo (Mobilfunk)	http://www.nttdocomo.co.jp/english/
Roomlinx (Wi-Fi)	http://www.roomlinx.com
Sonera (Mobilfunk)	http://www.sonera.fi/
Swisscom (Mobilfunk)	http://www.swisscom.ch
Telefonica (Mobilfunk, deutsche Website)	http://www.telefonica.de/
T-Mobile (Mobilfunk)	http://www.t-mobile.de
T-Mobile Hotspot (ex Mobilestar, Wi-Fi)	http://www.t-mobile.de/hotspot
TMR (Wi-Fi)	http://www.tmr.de
Verizone (Mobilfunk)	http://www.verizonwireless.com/b2c
Vodafone (Mobilfunk)	http://www.vodafone.de
Wayport (Wi-Fi)	http://www.wayport.om

Marktforschung, Consultants, Marktinformationen:

Aberdeen Group	http://www.aberdeen.com
Accenture	http://www.accenture.com
ACNielsen Deutschland	http://www.acnielsen.de/
AdLink	http://www.adlink.de/index.php
Analysys	http://www.analysys.com
Axel Sprinter Verlag Mediapilot	http://www.mediapilot.de
BerLecon Research	http://www.berlecon.de/index.html
BWCS	http://www.bwcs.com/
Canalys.com	http://www.canalys.com/
Celent	http://www.celent.com
ComCult Research	http://www.comcult.de
Consult Hyperion	http://www.consult.hyperion.co.uk/
Datamonitor.com	http://www.datamonitor.com/
Durlacher Research Ltd	http://www.durlacher.com
Easton Consultants	http://www.easton-consult.com/
Forrester Research	http://www.forrester.com
Gartner Group	http://www.gartner.com
GfK - Gesellschaft für Konsumforschung	http://www.gfk.de
Giga Information Group	http://www.gigaweb.com/homepage/

Gruhner+Jahr Electronic Media Sales	http://www.ems.guj.de/
IAB – Internet Advertising Bureau	http://www.iab.net/
Jupiter Research	http://www.jup.com/home.jsp
Market & Opinion Research International	http://www.mori.com
Meridien Research	http://www.meridien-research.com
MetaGroup	http://www.metagroup.de/
Mummert Consulting	http://www.mummert-consulting.com
Northstream	http://www.northstream.se
Price Waterhouse Coopers	http://www.pwc.de
Shorecliffcommunications	http://www.shorecliffcommunications.com
Telecompetition.com	http://www.telecompetition.com
WebAgency	http://www.webagency.de/

Industrie und Ausrüster:

Blaupunkt (Elektrotechnik)	http://www.blaupunkt.de
Compaq Wireless Homepage	http://www.compaq.de/wireless
DIRC - Digital Inter Relay Communication	http://www.dirc.net/
Garmin (GPS Ausrüstung, Navigation)	http://www.garmin.com
Hewlett Packard (Computer)	http://www.hp-expo.com
IBM Deutschland (Computer)	http://www.ibm.com/de/
Intersil Corporation	http://www.intersil.com/cda/home/
Motorola (Mobilfunkausrüstung)	http://www.motorola.com/de/
Nokia (Mobilfunkausrüstung)	http://www.nokia.de
Royaltek (GPS Ausrüstung, Navigation)	http://www.royaltek.com
Sagem (Mobilfunkausrüstung)	http://www.sagem.com/en/
Samsung (Mobilfunkausrüstung)	http://www.samsung.de
SonyEricsson (Mobilfunkausrüstung)	http://www.sonyericsson.com/de/
Trimble (GPS Ausrüstung, Navigation)	http://www.trimble.com
Zyfer (GPS Ausrüstung)	http://www.zyfer.com

Sonstige Websites und Unternehmen

Air 2 Web (Softwareentwicklung)	http://www.air2web.com
ASContent (Content Syndication)	http://www.ascontent.de
Brokat (Mobile Payment)	http://www.brokat.com/
Coremedia (Content Management Systeme)	http://www.coremedia.de
Firstgate (Mobile Payment, E-Payment)	http://www.firstgate.de
Friendzone (Location Based Community)	http://www.friendzone.ch
Gate5 (Location Based Services)	http://www.gate5.de
ITS (Logistik, Automotive)	http://www.itsonline.com
LOON (Logistik, Automotive)	http://www.myloon.de
MapInfo (Location Based Services)	http://www.mapinfo.com
Map24 (Location Based Services, Navigation)	http://www.map24.de

Microsoft Windows Mobile	http://www.mircosoft.com/windowsmobile
Mindmatics AG (Mobile Advertising)	http://www.mindmatics.de
Misteradgood (Mobile Advertising, Deutsch)	http://www.misteradgood.com/de/
Mobilpay (Mobile Payment)	http://www.mobilpay.org/
MoreMagick M-Broker	http://www.moremagic.com/
Paybox (Mobile Payment)	http://www.paybox.de/
Payitmobile (Mobile Payment)	http://www.payitmobile.de (eingestellt)
Skype (Voice over IP, Internettelefonie)	http://www.skype.com
Softing (Fahrzeugelektronik, Automotive)	http://www.softing.com
Software AG (LOON, Logistik, Software)	http://www.softwareag.com
Tele Atlas (Kartenmaterial für Navigation etc.)	http://www.teleatlas.de
Toll Collect (Straßennutzungsgebühren)	http://www.toll-collect.de
Trachyourkid.de (Location based Services)	http://www.trackyourkid.de
Trintech (Mobile Payment)	http://www.trintech.de
Virbus (Mobile Payment)	http://www.virbus.de/
Xeebion (Content Management Systeme)	http://www.xeebion.de
Yes.wallet (Mobile Payment)	http://www.yes-pay.com

Frequenzbänder der Mobilfunknetze
Übersicht der genutzten und zugeteilten Frequenzbänder für GSM und UMTS

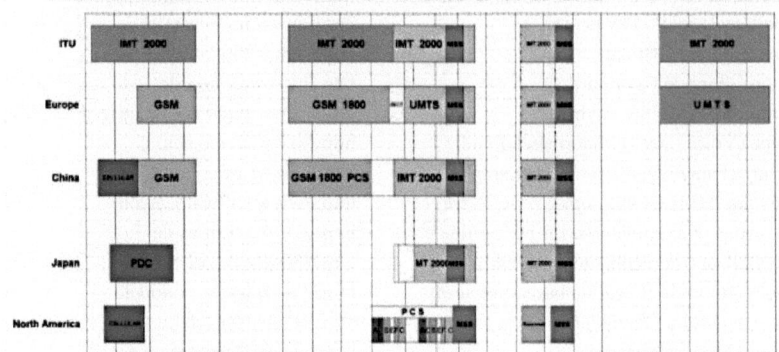

Detailansicht der zugeteilten terrestrischen Frequenzbänder für GSM und UMTS

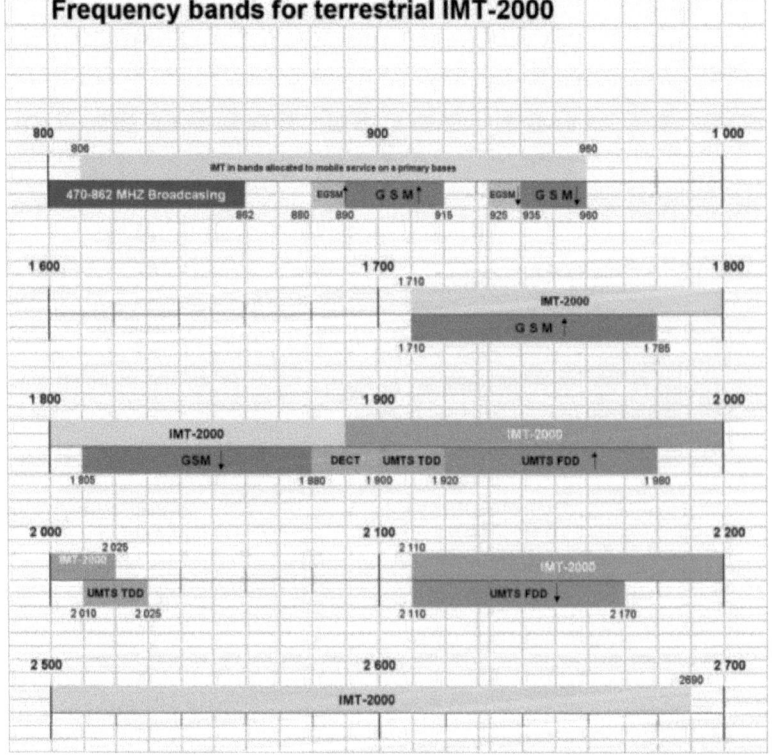